新疆地貌格局及其效应

程维明 包安明 柴慧霞 赵尚民 方 月 著

科学出版社

北京

内 容 简 介

基于中国数字地貌类型、遥感影像、DEM、ICESat、地质、土地利用、气象和水资源等多源数据，本书深入研究了新疆地貌特征、地貌格局及其效应。在新疆地貌特征上，分析了新疆地貌的形成条件与演化机制，从形态特征、地貌成因和图谱结构三方面分析了新疆地貌的空间分布格局，基于新疆数字地貌类型研究了新疆地貌的区划方法，并划分为地貌区、地貌亚区和地貌小区3个等级。在新疆地貌空间分布格局方面，分析了新疆主要盆地和各大山地的地貌格局、区域地貌差异性、地貌特征及其形成演化过程。在新疆地貌效应的研究上，以赛里木湖为实验区，研究了湖泊面积增长与天山山脉供水冰川退缩之间的关系；分析了新疆典型冰川变化特征及其对关键气象因子的响应；基于地貌特征与水资源分区分析了新疆的耕地资源变化及差异情况，并对新疆耕地后备资源的潜力进行了评价，为新疆的可持续发展提供数据支撑。

本书可供从事地貌、遥感和地理信息系统等学科的科研人员以及高等院校相关专业的师生参考使用。

审图号：新 S(2018)050 号
图书在版编目(CIP)数据

新疆地貌格局及其效应/程维明等著. —北京：科学出版社，2018.12
ISBN 978-7-03-059919-3

Ⅰ.①新⋯ Ⅱ.①程⋯ Ⅲ.①地貌-研究-新疆 Ⅳ.①P942.45

中国版本图书馆 CIP 数据核字(2018)第 271490 号

责任编辑：彭胜潮　赵　晶/责任校对：何艳萍
责任印制：肖　兴/封面设计：铭轩堂

科学出版社 出版
北京东黄城根北街 16 号
邮政编码：100717
北京汇瑞嘉合文化发展有限公司 印刷
科学出版社发行　各地新华书店经销

*

2018 年 12 月第 一 版　　开本：787×1092　1/16
2018 年 12 月第一次印刷　印张：24
字数：563 000
定价：220.00 元
(如有印装质量问题，我社负责调换)

序

  新疆位于亚洲大陆腹地，处于欧亚大陆中心，是世界上距大陆周边海岸最远的地区。因此，新疆具有典型的亚洲大陆地貌特征及空间分布格局，地形特征复杂，地貌类型种类繁多，是研究区域地貌，特别是亚洲地貌的最佳区域。

  我国探险家、旅行家及地理工作者很早就开始了对新疆地貌、地质、水文与景观等的考察与研究。例如，《汉书·地理志》《周书·西域传》和《大唐西域记》等对沙漠有所描述；1803年松筠主编的《西陲总统事略》和1823年徐松撰写的《西域水道记》分别记载了伊犁河岸侧蚀作用与霍城沙漠的存在。西方探险家、军事冒险家、旅行家、地理学家、地质学家也较早关注和涉足包括我国新疆在内的亚洲腹地的地质、地貌、自然环境、古文化遗址等方面。1843年，A.洪保德和李戴尔编制的《亚洲中部山文图》，是天山较早的研究资料；19世纪80年代，普尔热瓦斯基、彼夫佑夫、博格达维奇、斯文·赫定、斯坦因与诺林等外国学者的旅行记载，则主要侧重于自然景观的描述；1946年，奥勃鲁契夫等编制了1∶150万新疆地质图及其说明书，对新疆地区的地层、构造单元等进行了划分，这是中华人民共和国成立前新疆地质与地貌研究最具代表性的成果。

  中华人民共和国成立后，新疆地区的地质与地貌研究工作发展很快，取得了一系列重要成果。1956~1959年，中国科学院新疆自然资源综合考察队首次对新疆进行了大规模综合考察，出版了《南疆地貌考察报告》等专著和报告，并附有一幅1∶250万地貌图，为全面、系统地了解新疆地貌特征奠定了坚实基础；1970年研制出版的《中国沙漠分布图(1∶200万)》和《中华人民共和国沙漠图(1∶400万)》，首次揭示了新疆风成地貌各种形态成因类型、分布以及沙丘运动方向和移动强度的规律；1978年，中国科学院综考队地貌组编辑出版了《1∶250万新疆地貌图》和《新疆地貌》专著，对新疆地区按照成因原则划分出不同等级的地貌类型；1984~1988年，中国科学院新疆地理研究所根据1∶50万MSS遥感影像和其他参考资料编制了1∶100万新疆地貌草图，并于1994年由袁方策、毛德华和杨发相等编著出版了《新疆地貌概论》，第一次系统地对新疆地貌类型、特征结构及形态成因做出了详细描述。21世纪以来，随着遥感与GIS技术的快速发展，地貌研究从定性的描述向定量化、数字化、可视化、精细化方向转变，同时更加关注地貌研究在生态环境保护和国民经济建设中的应用。

  中国科学院地理科学与资源研究所程维明研究员带领的研究团队，从20世纪90年代末开始了中国数字地貌研究，先后出版了《中华人民共和国地貌图集(1∶100万)》《数字地貌遥感解析与制图》《青藏高原高寒地貌格局与变化》等图集与专著。这本《新疆地貌格局及其效应》专著则是这项研究的延续与发展，以数字地貌数据为基础，详细分析了新疆地貌的形成条件、演化过程与特点，从形态、成因和图谱结构三个方面论述了新疆地貌的空间分布格局，并对各主要地貌成因类型及山地地貌和盆地地貌的格局特征与形成演化过程进行了深入分析，以此建立了新疆地貌区划的原则与方法，按照地貌区、地貌亚区和地貌小区三个等级进行了新疆地貌区划研究，并以地貌区为单元对新疆地貌格局进行了差异性分析。

对于效应研究，该书以赛里木湖为案例，首先基于 ICESat 和遥感影像数据提取了赛里木湖的面积变化、水位变化和天山山脉供水冰川的退缩情况，研究了赛里木湖的湖水面积扩张与天山山脉供水冰川退缩之间的相关关系。然后，以新疆博格达地区冰川、喀尔力克山地区冰川、音苏盖提地区冰川和友谊峰地区冰川等典型冰川为例，利用遥感和 DEM 数据获取了典型冰川的边界变化、面积变化、面积重心变化和面积坡向变化，并研究了年际和年内尺度上冰川变化对关键气象因子的响应。同时，按照水土平衡原则，在分析新疆各流域水资源开发利用现状和土地利用与耕地开发现状的基础上，对新疆各流域耕地后备资源潜力进行了分析与评价。最后，基于地貌特征与水资源分布特征，分析了新疆地貌区和水资源分区的耕地资源的数量差异、形态差异和区域差异。

《新疆地貌格局及其效应》一书是新疆数字地貌及效应研究的重要学术专著，它的出版有助于全面、详细和深入地掌握新疆地貌的形成条件、演化过程、格局特征与区划结果。同时，获取的诸如湖泊、冰川、耕地及其后备资源的变化状况资料对新疆的经济开发建设、水资源利用和生态环境保护等有一定的应用价值，也扩大了新疆地貌研究的知识库。总体来讲，该书具有较大的科学意义和社会实践价值。

中国科学院院士
第三世界科学院院士
2017 年 11 月 22 日

前　言

新疆位于中国西北边陲，总面积约占全国陆地面积的 1/6。境内分布的著名山脉自北而南有阿尔泰山脉、天山山脉和昆仑山脉，盆地则为准噶尔盆地和塔里木盆地，从而形成"三山夹两盆"的地貌格局。独特的地貌和漫长复杂的地貌演化历程，形成了颇具特色的地形特征和种类繁多的地貌类型，成为国际、国内地貌研究的热点地区之一。然而，由于新疆处于亚洲大陆腹地，是世界上距大陆周边海岸最远的地区，干旱少雨的气候条件形成了广袤的沙漠。复杂的自然条件、相对不便的交通和地广人稀等状况，使得新疆地区的地貌考察和研究长期落后于中国东部地区。

遥感的快速发展和大量全球高分辨率遥感影像的不断出现，以及 GTOPO30、SRTM DEM、ASTER GDEM、AW3D-30 和 ICESat 等全球陆地数字高程模型数据的免费发布，生成了一系列覆盖全国的地表产品。同时，数字地貌类型数据、土地利用数据、基础地理数据、地质数据、植被数据和土壤数据等各种数据集的日益丰富和功能强大的 GIS 技术的不断发展，为新疆地貌特征、格局和效应的研究提供了坚实的数据基础和技术条件。新疆大量的冰川、高山湖泊、广袤的沙漠和丰富的耕地资源，为新疆地貌及其效应研究提供了广阔舞台。同时，新疆地貌特征及其效应研究对新疆经济开发建设、水资源合理利用、生态环境保护等具有重要的现实意义。

因此，本书基于新疆数字地貌类型等多源数据集，利用 GIS、地学信息图谱等多种分析方法，在分析新疆地貌特征的基础上，对新疆地貌格局及其效应进行了深入研究。全书分 3 篇共 12 章。第一篇为绪论与新疆地理概况，包括第 1~2 章。第 1 章为绪论，主要介绍新疆地貌与地貌格局、当前国内外研究现状、当前研究中仍需解决的科学问题以及本书研究的意义；第 2 章为新疆地理概况与主要数据源，不仅介绍新疆的地理位置、行政区划、自然地理概况和地貌轮廓，同时介绍本项研究的主要数据源，如数字地貌数据、遥感影像数据、ICESat 数据和气象数据等。第二篇为新疆地貌，包括第 3~6 章；第 3 章为宏观地貌的演化机制，包括内营力条件、外营力条件、形成机制、演化过程与特点等；第 4 章为新疆地貌格局与特征，从地学统计和空间格局两个方面分析地貌形态与地貌成因的格局特征，并利用图形分析方法进行了新疆地貌的图谱结构分析；第 5 章为地貌成因类型的格局特征，对主要地貌成因的地貌类型分别进行了地形统计特征、空间分布特征和结构特征等分析；第 6 章为新疆地貌区划，基于数字地貌类型数据，按照地貌区划原则与方法，对新疆进行了三级地貌区划，并设计了新疆地貌区划图。第三篇为新疆地貌格局与效应研究，包括第 7~12 章；第 7 章为新疆山地地貌格局及特征，分析了阿尔泰山、天山与昆仑山等山地的地貌格局、区域差异性及形成演化过程；第 8 章为新疆盆地地貌格局及特征分析，分析了准噶尔盆地、塔里木盆地等的地貌格局、区域地貌形成的差异性、地貌特征及其形成演化过程；第 9 章为赛里木湖的湖水变化及冰川退缩，基于遥感影像获取赛里木湖的面积变化和冰川退缩情况，利用 ICESat 数据获取赛里木湖的水位变化，进而研究赛里木湖增长与供水冰川退缩之间的相关关系；第 10 章为新疆典型冰川变化特征及其对关键气象因子的响应，首先利用遥感与 DEM 数据分析了新疆典型冰川的面积、面积重心和面积坡向变化，然后利用气象数据在年际和年内尺度上研究了冰川变化对气象因子的响应；第 11 章为基于地貌特征的新疆耕地资源变化，不仅分析了基于水资源分区和地貌特征的新疆耕地资源数量变化，同时研究了耕地资源在不同水资源分区和不同地貌区的区域差异；第 12 章为新疆耕地后备资源潜力评价与分析，通过建立耕地后备资源潜力评价方法，按照水土平衡原则对新疆各流域的水资源、土地利用与耕地的开发利用现状进行了分析，对新疆耕地后备资源的数量、质量、等级及空间分布格局进行了评价。

全书由程维明负责通稿和定稿。程维明负责第 1 章、第 9 章、第 11 章的编写。包安明负责第 10 章的编写。柴慧霞负责第 3 章、第 4 章、第 5 章、第 6 章、第 7 章和第 8 章的编写。赵尚民负责第 2 章、第 11 章的编写。方月负责第 12 章的编写。黄晓然硕士为第 10 章提供了重要的数据和资料。

本书的顺利编写及出版得到众多老师、同事、学生和亲人们的大力支持。周成虎院士、陈曦研究员、汤奇成研究员、申元村研究员、罗格平研究员、张百平研究员、李炳元研究员、钱金凯研究员和房金福研究员等审阅了稿件，并提出了重要的修改建议；张一驰博士、武文娇硕士、邢永鹏硕士、章诗芳硕士、刘樯漪硕士、李卓建硕士、郭鹏程硕士、蒋艳博士、欧阳如琳博士、赵敏博士、王楠博士、张文杰博士、王睿博硕士、高晓雨硕士、叶超凡硕士、张珂硕士、陈建军博士、熊俊楠博士、张永民博士、刘海江博士、宋扬工程师、朱晓蓉工程师、李瑞兰工程师、吴国玲工程师和路小娟工程师等参加了文字校对和图件编辑的相关工作。在此向他们表示深深的敬意和感谢。

在本书编写过程中，始终得到科学技术部、国家自然科学基金委员会等有关部门领导的大力支持，并得到国家自然科学基金项目(41421001，41590845，41571388)、重点研发计划（2017YFC0404501）、重点研发计划（2017YFB0503603）、国家重点基础研究发展计划(2015CB954101)等的资助，在此谨以谢忱。

新疆地域广阔，气候干旱，交通相对不便，开展野外考察与验证工作相对难一些；遥感与 GIS 等高新技术日新月异，各种新的分析方法和研究手段层出不穷；同时，新疆地貌类型复杂，与之相关的效应研究如冰川、高山湖泊、耕地等要素处于动态变化之中。由于作者能力所限，书中疏漏之处在所难免，恳请广大同行专家和读者批评指正。另外，作者承诺在本书中出现的一切学术问题，全部责任由作者自行承担。

程维明　包安明　柴慧霞　赵尚民　方　月

2017 年 11 月 3 日

目 录

序
前言

第一篇 绪论与新疆地理概况

第1章 绪论 ·········· 3
1.1 地貌与地貌格局 ·········· 3
1.2 研究现状 ·········· 5
1.3 当前研究中存在的问题 ·········· 18

第2章 新疆地理概况与主要数据源 ·········· 21
2.1 新疆地理概况 ·········· 21
2.2 主要数据源 ·········· 25

第二篇 新疆地貌

第3章 宏观地貌的演化机制 ·········· 35
3.1 新疆地貌形成条件 ·········· 35
3.2 新疆地貌演化过程与特点 ·········· 44

第4章 新疆地貌格局与特征 ·········· 51
4.1 地貌形态的格局特征 ·········· 52
4.2 新疆地貌成因类型的格局特征 ·········· 58
4.3 新疆地貌格局的图谱结构 ·········· 62

第5章 地貌成因类型的格局特征 ·········· 66
5.1 流水地貌特征 ·········· 66
5.2 湖成地貌特征 ·········· 116
5.3 风成地貌特征 ·········· 126
5.4 干燥地貌特征 ·········· 137
5.5 冰川与冰缘地貌特征 ·········· 140
5.6 其他地貌特征 ·········· 145

第6章 新疆地貌区划 ·········· 149
6.1 地貌区划内容与数据 ·········· 149
6.2 地貌区划原则与方法 ·········· 151
6.3 地貌分区描述 ·········· 163
6.4 地貌区划图设计与结果分析 ·········· 173

第三篇　新疆地貌格局与效应研究

第 7 章　新疆山地地貌格局及特征分析 ················· 181
　7.1　新疆山地地貌格局及分布特征 ················· 181
　7.2　新疆山地区域地貌形成的差异性 ················· 206
　7.3　新疆山地地貌特征及其形成演化 ················· 211
第 8 章　新疆盆地地貌格局及特征分析 ················· 229
　8.1　新疆盆地地貌格局 ················· 229
　8.2　新疆盆地区域地貌形成的差异性 ················· 248
　8.3　新疆盆地地貌特征及其形成演化 ················· 250
第 9 章　赛里木湖的湖水变化及冰川退缩 ················· 260
　9.1　实验区域概况 ················· 261
　9.2　研究方法 ················· 262
　9.3　研究结果 ················· 263
　9.4　对比分析 ················· 266
第 10 章　新疆典型冰川变化特征及其对关键气象因子的响应 ················· 268
　10.1　研究区冰川概况 ················· 268
　10.2　研究方法 ················· 271
　10.3　冰川特征变化分析 ················· 277
　10.4　冰川变化对关键气象因子的响应 ················· 285
第 11 章　基于地貌特征的新疆耕地资源变化 ················· 294
　11.1　研究方法 ················· 295
　11.2　基于水资源分区的新疆耕地资源数量变化分析 ················· 295
　11.3　基于地貌特征的耕地资源分析 ················· 301
　11.4　耕地资源变化的区域差异 ················· 303
第 12 章　新疆耕地后备资源潜力评价与分析 ················· 305
　12.1　耕地后备资源潜力评价的原则与方法 ················· 305
　12.2　新疆人工绿洲分布概况与数据处理 ················· 312
　12.3　新疆耕地后备资源适宜性评价 ················· 316
　12.4　新疆耕地后备资源水土平衡分析 ················· 345

参考文献 ················· 363
附录　新地质年代表（Geological Time Scale） ················· 375

第一篇 绪论与新疆地理概况

第1章 绪　　论

新疆位于中国西北边陲，区位上处于欧亚大陆腹地，构造上属于"古亚洲"构造域范围。新疆地壳经历了漫长复杂的地质发展历程，留下了丰富多彩的地质构造形迹，形成了颇具特色的地貌格局，展现出复杂多样的地质面貌特征和演化规律以及独特的自然地理景观，以沉积岩、岩浆岩、变质岩广泛发育，构造变动频繁为显著特点(中国自然资源丛书编撰委员会，1995)，成为国内外地貌、构造、生态环境等学科领域研究的热点地区之一。参考前人的研究成果，在阅读大量文献资料的基础上，搜集整理了相关的数据资料，从地貌类型、地貌格局、地貌形成演化等方面综述国内外有关地貌学的研究状况及主要研究内容；在此基础上，提出本研究的研究内容、研究目标、研究方法和研究意义。

1.1　地貌与地貌格局

1. 地貌学

地貌是地球表面各种起伏形态的总称，也称地形。地貌学是研究地表形态特征、成因、分布及其演变规律的学科，又称地形学(周成虎，2006)。地貌学不仅研究地球表面微小形态，也研究地球表面巨大形态(马尔科夫，1957)。地貌学是介于自然地理学和地质学之间的一门边缘科学。在我国，地貌学在地理学界和地质学界都受到一定的重视；也可以说，我国的地貌学是随着地理科学和地质科学的发展成长起来的。但不同学科对地貌研究侧重点不同：地理学主要关心地貌的空间分布特征及其发育与自然乃至人文地理环境要素的关系，地质学则更关心地貌发育和岩石圈内部因素的关系。近年来，由于全球变化和地球系统科学的发展，对地貌的研究呈现出多学科交叉的趋势(吴正，1999；高抒和张捷，2006)。

研究地貌必须掌握以下3个方面的基础理论(吴正，1999)：

(1)地貌的基本性质。包括五点，即物质性、界面性、动力性、天然性和变化性。地貌是地表的天然起伏形状，其外形多样，但都是由岩石或土组成，位于岩石圈与大气圈、水圈或生物圈的接触面上（杨景春和李有利，2001）。地貌产生、变化与发展的复杂程度不一，形成的形态多种多样，但实质上都是物质和能量在地表流动的结果。地貌既是自然环境的主要组成部分，又是重要的自然资源，故与人类的生存和发展息息相关，对地貌的研究不仅具有重要的地学意义，而且有重要的实用价值。

(2)地貌的营力差异性。地貌成因与形成地貌的物质基础与受到的动力影响和时间有关。地貌形成的物质基础是地质构造和岩石，其主要动力作用有两类，即内力作用和外力作用（杨景春，1993）。地貌的形成发展是内外力相互作用的结果。内力是指地球内部放射能等引起的作用力。内力作用造成地壳的水平运动和垂直运动，并引起岩层的褶皱、断裂、岩浆活动和地震等。除火山喷发、地震等现象外,内力作用一般不易为人们所觉察,但实际上它对于地壳及其基底一直起着作用,并产生深刻影响。地球上巨型、大型的地貌主要是由内力作用所造成的。内、外力作用的时间也是引起地貌差异的重要原因之一。其他条件相同,作用时间长短不同,所形成的地貌形态也有区别,显示出地貌发育的阶段性及形态差异性(杨景春,1993)。

(3)地貌的地带性。气候是地貌形成的重要外部因素之一,它决定着外力的性质和强度,从而影响到其塑造的地貌(杨景春,1993)。不同的气候条件下,有着不同的外力及其组合,并且各种外力的相对重要性也是不同的,所以,地区的气候决定了当地的外力,从而影响了该地区的地貌,使得地貌具有明显地带性规律。

2. 构造地貌学

大陆地壳结构与岩石圈构造对地貌具有显著的控制作用,所以地貌形成演化机制研究离不开地质学基础、构造运动等地学知识(杨景春,1993)。地貌形成演变与构造活动、水平运动与垂直运动、盆地沉降与山脉隆升、演变历史、演变过程、动力机制等存在密切关系。第四纪时期,尤其是晚更新世以来,连续堆积的地层是研究冰期与间冰期气候,干旱期与偏湿期波动,以及由它引起的古水文、古植被、古土壤、古地貌、古沙漠等一系列变化最理想的客体对象,因为这套堆积物距今年代较新,保留的自然环境过程的记录最清楚、最完整(杨景春,1993)。

本研究要探讨分析新疆地貌的形成演化,必须认识掌握新疆构造活动,地质环境,各种地貌特征的形成原因、不同地质时期的构造运动的影响、形成过程、演变机制等知识和信息,还要考虑地貌类型形成演化过程中的动力学特征。

3. 气候地貌学

受气候条件所控制而形成的地貌称为气候地貌,研究不同气候条件下地貌形成过程及其演变规律的学科称为气候地貌学(杨景春,1993)。气候对局地地貌的形成和发育具有重要作用,如湿润多雨区以流水地貌为主,干旱地区以风沙地貌为主,严寒地区以冻融、冰川地貌为主(周成虎,2006)。新疆地处我国内陆,气候带属于干旱区,故盆地内部干燥地貌和风沙地貌分布广泛,山区因地势高差大,气候寒冷,形成与盆地截然不同的冰川、冰缘、流水地貌,故新疆地貌研究中,除了地质构造对区域地貌控制外,局地应注重气候地貌的空间分异特征。

随着对研究问题的不断细化和深入,气候地貌学的分支学科,如冰川地貌学、风沙地貌学、冰缘地貌学等都取得了长足发展。新疆地区这些气候地貌研究已经有非常深厚的基础。按照区域地貌结构的组合特征来综合研究各类地貌在空间上的分布及配置关系,将有助于更进一步理解地貌的形成和演化机制。

4. 地貌格局与效应

各种地貌类型之间具有一定的空间配置和组合特征,即地貌结构,且各自又分别拥有不同的海拔、起伏、成因、坡度、物质组成等特征,这些特征在空间分布上存在一定的差异性，故可形成不同的空间地貌格局（杨景春和李有利，2001）。地貌格局表达不同地貌类型在空间上的分布特征及其组合配置等关系，在一定程度上可以反映出地貌的成因机制、形成演化等。地貌结构是指微观形态类型的组合关系，如平原河流两侧的河漫滩、阶地组合等；地貌格局指地貌类型在宏观上的空间配置，如山前平原带、丘陵带、低山带等。从某种意义上说，地貌类型的微观组合就是地貌结构，而地貌格局的宏观展布与地貌区划有相似的含义。区划是地理学的传统工作和重要研究内容，是从区域角度观察和研究地域综合体，探讨区域地貌单元的形成发展、分异组合、划分合并和相互联系，是对过程和类型综合研究的概括和总结(郑度等，2005)。

本研究中涉及新疆地貌区划研究，因此，需要掌握区划的原则、方法以及区划体系等理论知识，还要理解有关新疆的生态环境问题和现状，以前人的研究成果为指导和参考，利用新的数据源和技术手段进一步分析研究新疆的地貌区划体系。同时地貌空间分布格局及差异性，对区域资源形成不同的利用方式，也塑造了截然不同的环境效应，本研究中，将山地与盆地组合特征的宏观格局与局地微地貌有机结合起来，研究新疆地貌格局及其效应，对区域资源环境利用和可持续发展研究具有重要的指导作用。

1.2 研 究 现 状

1. 全国地貌研究现状

1) 地貌类型与地貌区划

地貌类型是根据地貌成因、形态等多方面差异对地貌特征进行划分的结果（沈玉昌等，1982）。地貌是内外营力共同作用的产物，以内营力为主塑造的地貌，其空间格局决定于地质构造和新构造运动；以外营力为主塑造的地貌，其空间格局受气候和人类活动等因素控制（杨景春和李有利，2001）。外营力作用具有区域小尺度的、随机的特性，内营力作用具有长期的、大尺度的特性，因此，内外营力共同作用形成的各种地貌类型的形态、成因、物质组成等方面的特征造就了不同的地貌空间格局，可以认为，这种地貌格局所显示出来的规律性、系统性是一定构造应力场控制下的各种形式的地壳运动的反映。作为地貌学研究的重要内容之一，研究地貌格局对深入分析地貌成因、地貌演化、地貌利用、生态修复、环境保护等具有重要意义，而且地貌类型及其分布格局可作为研究活动构造及评估地震危险性的标志(韩恒悦等，2001)。

地貌区划与地貌类型一样，都是地貌学研究的重要内容。地貌区划是根据各地区地貌的相似性对不同区域进行划分的研究工作(沈玉昌等，1982；Ishiyama et al., 2007)，是对区域地貌过程与地貌类型综合研究的概括和总结(郑度等，2005)。

关于全国和区域地貌格局研究，已有大量研究成果。如李四光从地质观点提出的中国地貌区划、周廷儒提出的全国三个地形综合体等，特别是 1956 年周廷儒、施雅风、陈述彭等明确提出了地形区划的原则和指标,并将全国分为 29 个地貌区(周廷儒等,1956)。中国科学院自然区划工作委员会(1959)对中国依据山地、平原、高原等地表形态特征进行地貌分区，并对各区地貌格局特征进行了描述分析，是目前中国地貌学研究最具代表性成果之一。李四光(1973)从地质学的角度对我国的地貌空间格局进行了分区。李炳元等(2013)将全国划分出6个大区、37个小区等。

在区域地貌格局研究中,张保升(1981)对秦岭山地地貌格局进行了分析,依据内外营力作用不同,从南坡和北坡两个方面对秦岭山地地貌结构的空间分布格局进行了较详细地描述。孙广友(1988)对三江平原地貌格局进行了研究,并依据该区地貌格局特征提出区域合理开发建议。单鹏飞(1989)从宏观地貌格局入手,研究宁夏地貌格局与咸苦水、高氟潜水间的分布特征,指出地貌格局在一定程度上控制着区域水体的构成与空间分布。袁国强(1990)对桐柏大别山区地貌格局进行研究,从图形空间组合角度,总结出该区地貌格局特征具有平面环状地貌格局、垂向层状地貌格局、水平方向岭谷相间地貌格局以及山盆地貌格局。万晔等(2005)对点苍山地区地貌格局进行研究,指出苍山-洱海地区的地貌格局为层状结构,是一种多元化、多层次、聚变式的地貌组合。Qi等(2005)对中国丹霞地貌的空间格局进行研究,划分出东南、西南和西北三大集中分布区,各分布区的丹霞地貌格局分别为弧形延伸带、马蹄形过渡带和T型分布等。

诸多科学家对全球地貌格局也开展了格局与区划研究,如陈宁欣和王皓年(1984)按照地质构造和地貌特征差异,将大洋洲的地貌格局归纳为西澳高原区、中澳平原区、东澳山地区、大陆型岛屿区和海洋型岛屿区五个大区。

地貌格局与区域生态环境、地质构造关系密切。白占国(1993)利用地形相对高差、坡度、沟壑密度等地貌特征对土壤侵蚀问题进行研究,指出从地貌空间格局特征预测土壤侵蚀发展趋势具有一定的可行性。许林书和李琦(1998)对小流域地貌格局与农林牧业发展的关系进行了研究,指出小流域的横向地貌格局、纵向地貌组合以及地面坡度组成共同决定了流域内生态环境的分异等。史学建(1998)从宏观地貌格局的成因分析角度,探讨东亚边缘海域地貌格局与岛弧地震活动时空差异的关系,指出在岛弧海沟系的两端弧与弧的交接地段或岛弧与海岭的交接地段,地震活动性较强,即地貌格局在一定程度上影响地震活动性的强弱。韩恒悦等(2001)对渭河盆地地貌格局与活动断裂及新构造运动间的关系进行研究,指出地质活动格局控制和影响地貌格局的形成和演化,地貌类型及其分布格局可作为研究活动构造及评估地震危险性的标志。Kocurek 和 Ewing(2005)利用分析沙丘分布地区的自我组织能力,来揭示简单沙丘与复杂沙丘的空间分布格局,把沙丘的分布格局看作是复杂系统的自我组成。Arnau-Rosalén等(2008)以西班牙东南部阿利坎特市的地中海山坡为研究区,对影响地表径流模式的土壤表面物质组成分布格局进行了分析。Stroeven等(2008)利用 SRTM-DEM 数据和遥感影像数据制作了黄河上游地区的地貌图,并在此基础上分析地貌特征与格局,特别对冰川地貌格局和流水侵蚀过程进行了研究。随着遥感和地理信息系统技术的发展,采用新数据源和技术方法研究地貌区划,有利于深入了解各种地貌类型的空间组合特征、正确认识地貌形成演化机制和因地制宜的利用和改良地貌,进而分析地貌与生态环境保护、国土资源开发利用的关系,为国民经济建设、环境保护、生态保育与重建,以及国防建设等提供必要的区域地貌信息(刘会平,1996;刘闯,2004)。

可见,有关地貌格局研究的文献大体分为三种:一是针对不同研究区进行地貌格局的区域特征分析(张保升,1981;陈宁欣和王皓年,1984;袁国强,1990;万晔等,2005;

Kocurek and Ewing，2005)，并据地貌格局特征进行地貌分区(周廷儒，1956，1960；中国科学院自然区划工作委员会，1959；李四光，1973；Qi et al.，2005；)；二是根据不同研究目的，在分析地貌格局特征的基础上，研究其与生态问题之间的关系(白占国，1993；单鹏飞，1989；许林书和李琦，1998；Arnau-Rosalén et al.，2008)以及地貌格局与自然灾害之间的关系(史学建，1998；韩恒悦等，2001；Stroeven et al.，2008)；三是在地貌格局研究基础上，为区域发展的合理开发提出建议等(孙广友，1988)。

2) 地貌形成与演化

地貌形成和演化机制是地貌学研究的主要内容之一，它是对不同地貌类型和不同区域地貌各自的及其相互之间的形成条件、发育模式和发育阶段、地质背景、古地理环境演化、地貌演化环境、演化机制等进行深入的量化分析，通过地貌演化阶段的研究，预测区域地貌演化趋势(杨景春，1993)。因为在宏观大格局上，地貌类型由大地域单元所控制，大格局不会引起质的变化，但在外营力作用下，会出现地貌成因类型上量的变化，表现在垂直带的上下移动等。例如，流水地貌如果长期在干燥、风力作用影响下，会逐渐转变为干燥地貌，若持续受干燥、风化环境影响，将最终演化成风成地貌；随着温度增加，降雨减少，会致使冰雪消融，冰川退缩，雪线上移，从而导致冰川地貌随之转变为冰缘地貌，进而可能演化为流水地貌；受干旱气候影响，水分减少，使得植被枯死，风成地貌中的固定、半固定地貌类型将会转变为流沙型地貌，反之，如果水分充足，气候湿润，流沙型地貌类型则会转变为半固定、固定沙地地貌类型等。

在地貌形成演化机制研究方面，前人从不同角度开展过长期的调查和研究工作，形成了不同的观点和认识，提出过许多动力学模式。1899 年，Davis 提出了地貌侵蚀循环理论，认为地貌发育演化过程分为幼年、壮年和老年三个阶段。作为我国地貌学开创者之一的叶良辅先生，主要从夷平面和地文期的角度分析地貌发展演化过程，他在 1920 年主编了《北京西山地质志》，是我国最早的也是当时最完善的一份区域地质调查报告(叶良辅，1920)；1925 年与谢家荣合著发表《扬子江流域巫山以下地质构造与地文史》，以地质构造为基础研究地貌，对长江三峡的成因和鄂西地文期地貌提出了独创的见解(叶良辅与谢家荣，1925)。到了 20 世纪 50 年代，Strahler 提出高程-面积积分曲线法，由此定量确定地貌发育阶段(Strahler，1952，1954，1956)。值得一提的是，利用 Strahler 提出的高程-面积积分曲线、地貌信息熵、侵蚀积分值等方法研究地貌演化的研究很多(艾南山，1987；陆中臣等，1991；彭建等，2002；姜鲁光和张祖陆，2003；孙希华等，2005；孙然好等，2006；王杰等，2007；阮诗昆和庄儒新，2007；杨松等，2009)。李四光则从地质力学的角度分析地貌形成机理和地质运动对地貌演化的影响(李四光，1973)。叶青超依据地貌成因形态特征，将黄河三角洲地貌格局划分为三角洲平原、水下三角洲和河口拦门沙三大类(叶青超，1982)。B. B. Mandelbort 提出了地貌分形理论(fractal geomorphology；Mandelbort，1982)，丰富了地貌形成演化分析的方法和思路，也推动和完善了地貌分形理论的进一步发展(Tarboton et al.，1988，1990；Barbera and Rosso，1989，1990；李后强和程光钺，1990；励强和袁宝印，1990；Rosso et al.，1991；李后强和艾南山，1991；冯平和冯焱，1997；梁虹和卢娟，1997；王协康和方铎，1998)。杨怀仁系统研究了中国大陆断裂构造地貌特征与造貌运动(morphogenic movement)规律,分析构造-地貌-环境耦合关系与机理(杨怀仁,1984)。周特先等(1985)在对宁夏地貌格局研究中,指出该区地貌格局存在南北差异,北部为山地、盆地、台地平行排列形成的带状地貌格局,南部为弧形山地和盆地相间排列形成弧形地貌格局。邵时雄等对黄淮海平原地貌格局进行了研究,指出该区地貌格局总体上受新构造控制,在区域上有明显的地貌分带性;在平面上,从山地-丘陵-台地-山前冲洪积平原过渡为中部冲积平原-沿海冲海积、海积平原;在垂直面上,从山区向平原至滨海其相应的地形高程面依次有规律地向海区降低(邵时雄等,1989)。Tapponnier 等(1976,1977,1982)提出了滑移线场理论(slip-line field theory)与东向挤出构造模式(propogating extrusion tectonics),认为印度板块向北推挤所产生的走滑与拉分是中国大陆及邻区新生代构造运动、构造-地貌演化的主要驱动力。张祖陆(1990)对沂沭断裂带构造地貌格局进行研究指出,该区地貌东西呈带状分异、南北呈块状分段,为双向结构复合型式的地貌格局,是李四光提出的棋盘式构造格局的地貌表现,并对该地貌格局的形成机制和发展演化进行了探讨。刁承秦(1991)研究了四川地貌格局的形成及其特征,指出从地貌类型组合角度看,该区宏观地貌格局分为东部完整的四川盆地,西部高山、高原,西南部中山、宽谷、山原和盆地三大地貌单元。林秋雁和石耀霖(1992)利用扩散方程研究地貌演化过程,并考虑演化过程的非线性特征和地质过程中一些随机因素的影响,运用有限差分方法对地貌演化进行了数学模拟。杨景春(1993)发表专著全面、系统地论述了中国地貌基本特征与演化规律。Molnar 等(1993)分析了地幔动力学过程—青藏高原隆升—印度季风形成之间的耦合关系与地幔深部过程对地表构造地貌、气候环境的控制机理。李吉均等(1979,1996)对青藏高原隆升及周缘地貌-水系-环境变迁过程进行了长期研究工作,分析了中国大陆晚新生代构造-地貌演化规律。汤家法和李泳(1998)利用流域面积和周长之间的关系所蕴含的地貌学意义,对沟谷系统的地貌发育演化进行分析,以此来反映地貌演化阶段。很多文献认为地貌系统发育包含着自组织特性,并分析了地貌演化过程中的地貌自组织问题(刘桂芳等,1996;Perron et al.,2009)。吴珍汉等(2001)对中国大陆及邻区新生代重大地质构造事件进行了综合研究,对东西部构造地貌反转与地壳翘变过程进行了定量分析,对不同时期地壳运动规律、构造地貌形成发展过程及驱动机理进行了探索。Rodgers 和 Gunatilaka(2002)以阿曼地区北部大面积的山麓冲积平原为研究对象,对该地貌类型的形成进行了详细研究。Abuodha(2004)对肯尼亚南部沿海地区的地貌演化及其过程进行了分析。Tan 等(2006)以新疆萨乌尔地区为研究区,对二叠纪火山岩的形成机制进行了研究,认为其受稀土元素的制约。张国庆等(2007)研究江西省丹霞地貌的空间格局时发现,江西省丹霞地貌主要分布在丘陵低山区,明显受不同级别河流的流域控制。Stroeven 和 Swift(2008)对冰川演化进行了研究,以此来揭示冰川的形成、过程以及分布格局。可见,前人对地貌形成演化的分析研究,大多是在地貌格局的基础上分析某种地貌格局的演化机制和发育模式,揭示地貌形成演化的内在规律和外在条件等地学背景。

3) 地貌与地理信息系统

由于地貌的形成受地质构造运动、新构造运动、各种外营力作用等因素的影响,而且在时间和空间尺度上也存在约束和差异,使得地貌演化过程具有自组织性、自相似性、突现性、多尺度性以及时空耦合性等特征(黄翀和刘高焕,2005),造就了一个复杂的地貌系统。地貌是一个非线性动态系统(nonlinear dynamical system)(Philips, 1995),单一的数理模型难以有效地表达复杂的地貌系统。当前地貌演化模拟逐渐采用自下而上、自上而下的建模方式,建立具有时空离散特征、复杂性计算功能的地貌演变模型。近年来,地貌演化模型方面的研究取得了重大进展,发展了许多以数学模型为基础的定量模拟地貌演化的方法和技术。如建立在格网基础上的元胞自动机模型(cellular automata model, CA)能够满足地貌系统复杂形态演化模拟的要求,并逐渐成为地貌演化模拟的有效工具(Smith et al., 1997a, 1997b; Wiel et al., 2007; Thomas et al., 2007)。国内 CA 模型主要应用于城市扩张(罗平等,2003;龙瀛等,2009;乔纪纲和何晋强,2009)、土地利用(汤君友和杨桂山,2003;杨青生和黎夏,2006;王璐等,2009)、地震过程(张山山,2004;孟晓静和杨立中,2009)、荒漠化(陈建平等,2004)等方面,地貌演化模拟方面的应用研究也有发展,如黄翀等曾对元胞模型在地貌演化模拟中的应用进行了分析(黄翀和刘高焕,2005)。陈建军等利用河流功率模型中的 DL(detachment limited)模型对基岩河道流域地貌进行了量化分析(陈建军等,2008)。Pelletier(2007)以 KPZ(Kardar-Parisi-Zhang)模型为基础,构建了确定性偏微分方程,研究流水地貌演化过程中的时空分形特征,认为分形结构是流水地貌形成演化过程中固有的内在特征。Moore 等(2009)利用 Tidal asymmetry 模型对河口地貌的演化进行了分析。Tomkin(2009)利用数学模型对阿尔卑斯山冰川地貌景观的演化进行了模拟。MacGregor 等(2009)利用数学模型对阿尔卑斯山谷地中的冰川侵蚀过程进行了模拟分析。

通过分析地貌演化研究进展,可知目前常用的地貌演化模拟方法和模型公式有以下几种。

(1) 高程-面积积分曲线(Strahler 曲线)(孙希华等,2005)

$$V = HA - \int_b^T a\mathrm{d}h \tag{1.1}$$

$$\frac{V}{HA} = 1 - \int_b^T \frac{a}{A} \mathrm{d}\left(\frac{h}{H}\right) = 1 - \int_0^1 x \mathrm{d}y \tag{1.2}$$

式中,$\frac{V}{HA}$ 表示侵蚀积分值;$\int_0^1 x\mathrm{d}y$ 表示高程-面积的积分值,在(0, 1)间取值;H 表示流域地势高差;A 表示流域面积;b 表示沟底;T 表示沟顶;h 表示等高线相对高度;a 表示等高线所切的水平断面面积。

当 $\int_0^1 x\mathrm{d}y$ 大于 0.6 时,表示地貌发育处于幼年期,为发育不均衡阶段,地貌特征变化迅速,水系不断扩展分支,流域侵蚀剧烈。

当 $\int_0^1 x\mathrm{d}y$ 小于 0.6 时,流域地貌形态基本上趋于稳定状态,为发育均衡阶段,侵蚀过程变缓,地貌特征不再发生明显变化。该阶段可分为两个阶段:$\int_0^1 x\mathrm{d}y$ 小于 0.6 大于 0.35 时,为地貌发育的壮年期;$\int_0^1 x\mathrm{d}y$ 小于 0.35 时,为地貌发育的老年期。

(2) 地貌信息熵(艾南山,1987):

地貌信息熵的表达式为

$$H = \int_{-\infty}^{+\infty} g(x) \ln g(x) \mathrm{d}x \tag{1.3}$$

$$g(x) = \begin{cases} \dfrac{f(x)}{\int_0^1 f(x)\mathrm{d}x}, & x \in [0,1] \\ 0, & x \notin [0,1] \end{cases} \tag{1.4}$$

式中,$g(x)$ 为密度函数;$y=f(x)$ 为 Strahler 曲线,$x=S_i/A$,$y=h_i/H$;H 为河源至河口高差;h_i 为某一等高线与河口高差;A 为流域面积;S_i 是 h_i 等高线以上的面积。

设 Strahler 曲线积分值为 $S = \int_0^1 f(x)\mathrm{d}x$,可得地貌信息熵的计算公式为

$$H(S) = S - 1 - \ln S \tag{1.5}$$

结合地貌信息熵与 Strahler 曲线,可知,地貌信息熵 H 与地貌发育阶段的关系为 $H<0.11$,地貌发育幼年期;$0.11<H<0.4$,地貌发育壮年期;$H>0.4$,地貌发育老年期。

(3) 侵蚀积分值(陆中臣等,1991):

$$E_i = \frac{HA - \int_0^H a\mathrm{d}h}{HA} = 1 - \int_0^1 x\mathrm{d}y = 1 - S \tag{1.6}$$

式中,H 为流域地势差;A 为流域面积;h 是等高线的相对高度;a 是等高线所切的水平断面的面积。

结合高程-面积曲线和地貌信息熵,侵蚀积分值与地貌演化阶段之间的关系为:$0 \leqslant E_i < 30\%$,侵蚀早期;$30\% \leqslant E_i < 70\%$,侵蚀中期;$70\% \leqslant E_i < 100\%$,侵蚀晚期。

(4) 地貌分形理论,常见用于地貌学的分形函数有三种(李后强和艾南山,1991):

A. 魏尔斯特拉斯-曼德尔布罗函数(WM 函数),是最著名的一类分形函数,可模拟许多自然现象。单变量 WM 函数为

$$W(t) = \sum_{n=-\infty}^{\infty} b^{-n(2-D)} \left(1 - \exp(ib^n t)\right)\left(\exp(i\varphi_n)\right) \tag{1.7}$$

它关于 t 连续,但处处不可微,其形态决定于参数 b、φ_n 和 D。其中 $b>1$,$1<D<2$,φ_n 为相位。由于地貌具有自仿射性,这里的 D 值一般指局域维数。

B. 分数布朗运动(FBM),这是把随机运动的赫斯特(Hurst)指数 H 从 0.5 扩展到 $0<H<1$ 的一种随机模型。设 $B_H(t)$ 为运动粒子的坐标,则有

$$V(t-t_0) = \left\langle \left(B_H(t) - B_H(t_0)\right)^2 \right\rangle \propto |t-t_0|^{2H} \tag{1.8}$$

式中,$H = 2 - D$,这给出的是地貌轮廓的分维。实际上 $B_H(t)$ 有较复杂的形式,如:

$$B_H(t) = \frac{1}{\Gamma(H+1/2)} \int_{-\infty}^{t} (t-t')^{H-1/2} \mathrm{d}B(t') \tag{1.9}$$

博格达维奇、斯文·赫定、斯坦因、诺林等外国学者的旅行记载,侧重自然景观的描述(中国科学院新疆地理研究所,1988)。

1803年松筠主编的《西陲总统事略》和1823年徐松撰写的《西域水道记》,分别记载了伊犁河岸侧蚀作用与霍城沙漠的存在;1843年A.洪保德和李戴尔编制的《亚洲中部山文图》,是天山较早的研究资料;1892~1909年俄国B.A.奥勃鲁契夫曾对准噶尔盆地、塔城地区、乌伦古湖、巴尔鲁克山和塔尔巴哈台山进行过地质地貌考察;1902~1903年G.曼日拜恰编著了《中天山》一书;1908~1909年,俄国萨波日尼科夫对阿勒泰地区进行了两次考察;1932年E.诺林撰写有"塔里木盆地的第四纪气候变化"(中国科学院新疆综合考察队,1959);20世纪20年代,陈宗器在塔里木盆地东部和罗布泊地区进行了考察;同期,黄文弼对塔克拉玛干沙漠边缘地区的古城遗址作了研究,于1936年分别撰写了"罗布泊与罗布泊荒原""罗布诺尔水道变迁""罗布诺尔考古纪"等文章;1943年M.斯托良尔和H.N.托衣夫编制了1:50万新疆及苏联领界地质图及说明书;1943年李承三曾对阿尔泰山作过矿产地质调查,并于1944年编写了"新疆西北考察记要"一文;1945年,陈正祥编写了"伊犁河谷"一文;1946年,B.A.奥勃鲁契夫、H.A.别良耶夫斯基、B.T.湟赫洛舍夫和B.M.西尼村编制了1:150万新疆地质图及其说明书,对区内的地层、构造单元等进行了划分(中国科学院新疆综合考察队,1959;中国科学院新疆地理研究所,1988)。

解放后,新疆地区的地质地貌研究工作有了较大发展。1951年,新疆石油管理局对准噶尔盆地进行了全面调查。1956年中国科学院新疆综合考察队调查和研究了新疆地貌的区域特征及其结构,探索在不同形成因素综合影响下地貌的发展过程。1956~1959年,中国科学院新疆综合考察队首次对新疆进行了大规模综合考察,出版了《南疆地貌考察报告》等专著和报告,并附有1:250万地貌图一幅,是比较全面系统的考察资料。随着科学考察工作的开展和深入,有关新疆地貌的文章、专著逐渐丰富起来(中国科学院新疆综合考察队,1978)。1956~1958年,出版了O.C.维亚洛夫、B.M.西尼村、B.A.奥勃鲁切夫、B.A.费道洛维奇、H.J.库兹涅佐夫等对准噶尔盆地、天山,以及准噶尔西部地区的地质、湖泊、黄土、冰期等问题的论文集刊(中国科学院新疆综合考察队,1959);周廷儒、严钦尚、B.A.费道洛维奇等对阿勒泰地区、塔城地区和昌吉地区作过专门地貌考察(中国科学院新疆综合考察队,1959;中国科学院新疆地理研究所,1988);1959年,中国科学院新疆综合考察队出版了《吐鲁番盆地地貌区划》(中国科学院新疆综合考察队,1959);1957~1958年,新疆地质局第一区测队在天山山区进行了1:100万和1:20万区域地质测量,较全面地论述了天山北坡的地质构造、地层等。从1957年至1965年,中国科学院组织了沙漠综合考察队和建立了莫索湾、和田、民勤等治沙观测试验站,对古尔班通古特沙漠、塔克拉玛干沙漠、库姆塔格沙漠和鄯善沙漠等进行多学科综合性的考察和观测试验研究,总体上查明了沙漠的形态成因类型和分布、风沙移动特点以及沙区水土生物资源等。代表性论著有《准噶尔盆地沙漠地貌发育的基本特征》《塔克拉玛干沙漠风沙地貌研究》《塔克拉玛干沙漠成因的探讨》《塔克拉玛干沙漠的环境演变与环境特征》等(中国科学院新疆综合考察队,1978)。

1960年,周廷儒(1960)发表文章"新疆综合自然区划纲要";1961年,地质部水文地质工程地质局第二大队在准噶尔盆地开展1∶50万综合性地质-水文地质普查,对本区的地质地貌进行了较系统的记述,并附有1∶50万地貌图;1963年E. N. 谢里万诺夫,发表过"准噶尔盆地地貌"一文;严钦尚和夏训诚(1962)对额尔齐斯河流域地貌进行了专门探讨;1964年,新疆地质局、新疆石油管理局编辑出版了青河幅1∶100万地质图及说明书(附入阿尔泰幅),比较系统地总结了该区的地质研究成果;1964~1965年,袁方策与新疆大学、新疆农科院农机所协作,编制了全疆1∶300万农业机械化地貌条件类型图。1965年,地质部新疆地质局编制的新疆1∶100万地质图及其说明书,是比较系统和完整的地质资料,自治区地质局水文地质队编写的水文地质报告,有的还附有相应比例尺的地貌图;1966年,新疆地质局区域地质测量大队,编制出版了库普幅1∶20万地质矿产图,并撰写有区域地质矿产报告(中国科学院新疆综合考察队,1996)。

1970年研制出版的《1∶200万中国沙漠分布图》和《1∶400万中华人民共和国沙漠图》,首次揭示了新疆风成地貌各种形态成因类型和分布以及沙丘运动方向和移动强度的规律。1977年,新疆地质局水文地质工程地质大队,编制了准噶尔盆地南缘1∶50万水文地质图及其说明书,并附有1∶25万地貌图;1978年,中国科学院综考队地貌组编辑出版了《1∶250万新疆地貌图》和《新疆地貌》专著。《新疆地貌》根据成因原则划分地貌类型,高级单位划分为平原和山地两大类,每一类中又根据外营力作用过程分为类型组,然后再根据地貌形态、组成物质、地形年龄等进行更低级的分类(中国科学院新疆综合考察队,1978)。

自1980年以来,中国科学院兰州沙漠研究所、新疆生态与地理研究所等单位对新疆地区沙漠的类型、分布和形成演变过程进行了研究,进一步提高了对区内沙漠形成演化的认识。代表性专题图和论著有:《1∶400万中国现代沙漠动态演变图》《全新世古尔班通古特沙漠演化和气候变化》《1∶50万塔里木河流域沙漠图》《塔克拉玛干沙漠地区沙漠化过程及其发展趋势》《塔克拉玛干沙漠的环境演变与环境特征》等。1980年,袁方策、毛德华等对阿勒泰地区进行了地貌考察;毛德华、赵兴有等编制了阿勒泰地区1∶50万地貌图及说明书(袁方策等,1991);自治区荒地资源考察队编著出版了《新疆重点地区荒地资源合理利用》等专著(新疆荒地资源综合考察队,1985);同年,袁方策、穆桂金等撰写的"新疆阿尔泰地貌""阿尔泰山现代地貌的几个问题"等文章,论述了青河地区地貌、新构造运动等问题(袁方策等,1991)。1980~1981年,新疆荒地资源考察队编制了伊犁地区1∶50万地貌图及说明书。1981年,新疆荒地资源考察队编制的伊犁地区1∶50万彩色卫星像片,提供了直观的地貌信息。1983年,巴里坤哈萨克自治县和木垒县农业区划办公室在进行农牧区划工作中,编写有"巴里坤农业地貌条件评价""巴里坤自然区划报告""木垒县自然区划报告(讨论稿)""木垒县农业综合区划报告"等,分别就三塘湖、北塔山地区的自然资源、农业地貌条件进行了阐述(新疆荒地资源综合考察队,1985)。1984年和1987年,杨利普发表文章研究新疆山地的合理利用问题(杨利普,1984,1987a,1987b)。1984~1988年,中国科学院新疆地理研究所根据1∶50万MSS遥感影像和其他参考资料编制了1∶100万新疆地貌草图,并于1994年由袁方策等编著出版了《新疆地貌概论》一书,是对全疆地貌研究和制图的一次全面总结和提升,第一次系统地对全疆及各幅地貌类型、特征结构及形态成因作详细描述(袁方策等，1994)。《新疆地貌概论》依据形态成因原则和地貌外营力作用差异进行地貌分类，再依据海拔高度、坡度、起伏度以及地表组成物质对地貌类型进行细化。1985 年，《天山托木尔峰地区的自然地理》出版（中国科学院登山科学考察队，1985）。1986 年，新疆地理研究所编著的《天山山体演化》一书，较为系统地对天山及盆地形成、演化进行了研究。1992 年，胡汝骥发表了《新疆巩留县博图沟泥石流灾害调查》（胡汝骥，1992）。1995 年，乔木等发表文章研究新疆农业地貌区划问题（乔木等，1995）。1995 年，王树基发表了《亚洲中部山地梯级地貌初步研究》（王树基，1995），并于 1998 年出版了专著《亚洲中部山地夷平面研究——以天山山系为例》（王树基，1998）。1998 年，由中国科学院遥感应用研究所与新疆生态与地理研究所合作完成的"全国县级农业资源遥感调查"（新疆片）对山地与平原的界线、沙漠的范围、冰川及永久积雪的范围等首次依据遥感资料在 1∶10 万比例尺上进行了勾画。1988 年，中国科学院新疆地理所编制了青河幅 1∶100 万地貌图，并撰写地貌图说明书，该图中的地貌分类是按照 1987 年"中国 1∶100 万地貌图制图规范"所制定的"海拔和起伏度组合"原则划分形态类型（中国科学院地理研究所，1988）。2001 年起，中国科学院地理科学与资源研究所发起了"中国 1∶100 万数字地貌图"的编制工作。该项工作充分继承和发扬了 20 世纪 80 年代我国地貌学家编制 1∶100 万地貌图的分类规范，并借鉴国际上通用的 FAO（Food and Agriculture Organization）土壤分类方案，在此基础上，采用形态成因统一、分层和分级、主导因素、定量化、开放性或可扩展性等分类原则，进一步构建了中国 1∶100 万数字地貌分类体系，成为当前较为统一的地貌分类体系，为当前数字地貌研究提供了统一的科学基础（周成虎等，2009；程维明和周成虎，2014）。

相比而言，在这些研究新疆地貌的文献资料中，1978 年出版的《新疆地貌》是公认的比较全面的一本关于新疆地貌的专著。该书详细阐述了新疆地貌的基本特征及其成因，依据地貌特征分布进行了地貌分区，并探讨新疆地貌的若干问题。此外，1975 年出版的《中国天山现代冰川目录》（新疆维吾尔自治区科学技术委员会，1975）以及 1987 年出版的《中国冰川目录——天山山区》（中国科学院兰州冰川冻土研究所，1987），对新疆天山山脉的冰川分布状况有较全面的反映。

进入 21 世纪以来，新疆地貌从开始只单纯研究地貌形成、发育和演化过程，逐渐转变到研究地貌因素对各个领域的影响及其独特的旅游价值。特别是新疆的风蚀雅丹地貌、罗布泊等独特的地貌特征吸引着无数的学者对其进行探索和研究。此外，随着全球对生态环境等方面的日益重视，区域地貌研究也逐渐与这些热门问题相结合，来研究地貌景观、不同地貌条件下的生态环境功能评价等。如刘春涌和张慧（2000）发表有关新疆雅丹地貌的文章；Zhang 等（2003）发表文章研究新疆塔里木盆地的绿洲演化；杨发相等（2004）发表文章研究新疆地貌对交通建设的影响；Cheng 等（2002，2006）发表文章研究新疆天山山麓地带的景观格局分布和玛纳斯湖的绿洲分布等。2002~2004 年，由中国科学院新疆生态与地理研究所与新疆交通科研所、长安大学、新疆气象局、新疆水文地质大队等单位合作完成的"新疆公路自然区划"，编制了多幅图件，其中包括《新疆公路工程地貌类型图》，该图是在对 20 世纪 80 年代所编新疆 1∶100 万地貌图加以数字化并经地貌类型合并与更新、局部地貌界线有所调整的基础上完成的，从公路工程的角度对新疆地貌作了一次全新的审视（杨发相等，2004）。同时，一些与新疆区域地貌有关的研究成果不断问世，如吐尔逊哈斯木发表了"天山山地构造地貌初步研究"、赵兴有发表了"伊犁地区地貌基本特征与农业生产的关系"。李锰等（2002a，2003a）利用标准差法和固定质量法，研究了新疆天山地区跨越多个不同构造地貌单元的两条地形剖线的自仿射分形和多重分形特征，提供了对于新疆地貌的一些新认识。此外，与新疆地质构造相关的研究文章也有许多，如张国伟等的《新疆伊犁盆地的构造特征与形成演化》（张国伟等，1999），邓起东（2000）所著的《天山活动构造》，韩效忠等的《伊犁盆地新构造运动与砂岩型铀矿成矿关系》（韩效忠等，2004）等。这些研究对丰富和深化新疆地貌研究发挥了积极的作用。

总结而言，近年来对新疆地区的研究，大多注重于地质构造（张晓晖等，2001；曲国胜等，2005；Cui，2006）、矿产能源（陈华勇等，2000）、生态环境与气候（吴敬禄等，2003）、水资源（李卫红等，2006）、绿洲变化（Zhang et al., 2003; Cheng et al., 2006; Ishiyama et al., 2007）等方面，对地貌的研究多集中在局部地区的某种单一地貌类型分析上（南峰等，2005），未曾对新疆地貌空间分布特征进行总体和定量化系统分析。

2）新疆地貌区划研究

较系统的新疆地貌区划体现出现在 1959 年的《中国地貌区划（初稿）》中（中国科学院自然区划工作委员会，1959）。在该区划方案中，新疆地貌区划采用三级分区方案，其中一级区包括阿尔泰山地、准噶尔平原与山地、天山山地、塔里木-阿拉善平原、祁连山与阿尔金山、青藏山原昆仑山与横断山系等六个大区，有些大区进一步分为二级区和三级区，有些大区不再进一步分解，因而未能构成完整的新疆地貌等级区划方案。1978 年出版的《新疆地貌》（中国科学院新疆综合考察队，1978）采纳全国地貌区划的原则和方法，将新疆地貌分为 6 个一级区、23 个二级区和 86 个三级区，基本上构成了较为严格的三级区划系统，只有帕米尔高原、阿尔金山和喀喇昆仑山三个二级区未作进一步分解。一级区划体现新疆"山-盆"的宏观地貌格局，二级区划反映了山地的垂直分异和盆地的水平分异，三级区划较为全面地刻画了新疆基本地貌单元的空间分布特征，特别是对河流冲积洪积平原、山间盆地等给予了充分的重视，成为至今最为完备的新疆地貌区划系统。但由于基础资料的欠缺，该地貌区划方案未能形成精确的区划图，许多三级区划单元的界线都是示意性的，因而在一定程度上影响了该区划方案的进一步应用。

3）新疆地貌格局的方法研究

地貌复杂性促使气候条件和自然地理条件的复杂化，其最终结果是导致山地景观特征完全不同于盆地和平原，并通过物质输入，推动荒漠、盆地、平原内部自然界的地域分异（伍光和等，2000）。地球表面的一切地貌类型不论其规模大小和形态如何，其形成和发展演化均要受到内力和外力的共同作用，不同的地貌营力组合，就有不同的地貌格局（王升忠，2007）。地貌格局研究对深入分析地貌形成、地貌演化机制、地貌利用、生态修复等都具有重要意义。地貌格局研究内容可以概括为两个方面：一是对地貌图斑或地貌类型进行定量的数理统计特征分析；二是对地貌类型空间组合与配置进行抽象、概括，挖掘其内在规律。

地貌的存在形式与其在地球上的区位和环境条件有密切关系(杨景春，1993)。这种存在形式就是地貌的空间分布格局，反映在地貌的形态结构、成因类型、类型组合、空间分布等各个方面。新疆位于亚洲大陆腹部，亚洲大陆地理中心就位于乌鲁木齐市西南约 30 km 处，是世界上距大陆周边海岸最远的地点。因此，新疆具有典型的亚洲大陆地貌特征及空间分布格局，地形特征复杂，地貌类型种类繁多，是研究区域地貌特别是亚洲地貌的最佳区域。新疆地貌的多样性主要表现在地貌类型齐全，除海成地貌外，几乎各种陆地地貌类型都可以在新疆找到，并且还具有最典型的冲洪积扇地貌、雅丹地貌以及风成地貌等类型。新疆地貌的复杂性主要表现在各种地貌形态在成因、空间结构差异以及区域地貌组合特征等方面。

构造运动为新疆现代地貌的形成演化和空间分布格局奠定了基础(杨景春，1993)。塔里木地块形成于前寒武纪，加里东运动促成了阿尔泰褶皱带，海西运动造就了天山、昆仑褶皱带，后来的喜马拉雅运动以强烈的断块运动为主，表现为显著的差异性升降，老褶皱带也一度复活，构成了现代地貌中大规模的高原、盆地和山脉。所有地貌形态都是内外营力共同作用的结果，各种外营力所构成的侵蚀系统主要受气候、水文条件控制。新疆所处的地理环境下特定的气候、水文环境所形成的外营力组合，造就了该地区的地貌特征与空间分布格局特征(赵济，1960)。

早期的新疆地貌格局研究，大都以定性分析描述为主，定量分析地貌空间分布格局的文献很少，例如赵济对新疆山前倾斜平原和冲积平原地貌的形成特点进行了定性研究(赵济，1960)。后来随着数学的发展，分形、分维理论的出现，推动地貌研究向着定量化方向发展，并产生了分形地貌学(张捷和包浩生，1994)。当代地貌学正进入一个发展与深化的新时代，表现在时空上不断扩充其研究尺度，即不仅向宏观与微观两端伸展，而且也向定量化与实验化方向推进。新疆地貌空间格局分析研究，当前较全面系统的文献是 1978 年出版的《新疆地貌》和 1994 年出版的《新疆地貌概论》。《新疆地貌》按照分级分区的方式对新疆地貌类型进行了定性描述，并对一些专题地貌类型进行了描述，但对新疆地貌空间分布格局的定量化分析不足。《新疆地貌概论》虽然从定性定量的角度对新疆地貌进行了概述，但该书主要按照百万分之一标准分幅对每个图幅内部的地貌特征进行了分析，而且其制图过程中采用的数据源与技术和当前新的数据、技术等存在一定差异。

随后定量化研究逐渐被人们所重视。程维明等利用地理信息系统与遥感技术，论述了玛纳斯湖群景观第四纪以来的迁移演化过程，并对玛纳斯湖景观动态变化的自然和人为原因进行了分析(程维明等，2001)。王兮之等以新疆塔克拉玛干沙漠南缘中部的策勒绿洲为例，利用 SPOT 4 卫星遥感数据，定量化地揭示了策勒绿洲的景观分布格局与类型特征(王兮之等，2002)。李锰等利用地貌分形理论从定量的角度对天山地区地貌系统进行了分析(李锰等，2002b，2003b)。罗格平等以天山北坡三工河流域绿洲为例，主要从绿洲景观格局分析了人为驱动的绿洲变化(罗格平等，2005)。张俊等对新疆焉耆盆地绿洲景观的空间格局及其变化进行研究，分析了焉耆盆地内部绿洲景观类型的动态演化过程和空间分布特征(张俊等，2003，2006)。

随着"3S"技术的进步与发展，多样化的数据源和数据格式提供了高精度的海量数据，日益成熟和完善的图像处理和空间分析软件技术，为现阶段的地貌科学研究提供了先进的技术手段和方法。模拟实验、精密测量、遥感和 GIS 技术等新技术的应用为地貌学的定量分析创造了必要条件，同时也为地貌学与数学、力学、物理学的广泛结合奠定了基础(郭彦彪等，2002)。因此，定量化研究新疆地貌空间格局，定量计算地貌形态特征可为精确刻画和描述新疆地貌特征提供有力保障。

4) 新疆地貌的形成演化研究

前人已从地质学、新构造学、第四纪地质等不同角度对新疆整体及不同区域的地貌进行了长期的调查与研究，取得了很多成果，为本书的研究提供了基础。近年来，有不少研究新疆地貌演化的文献发表。如刘训通过研究新疆地学断面，对天山-塔里木-昆仑山地区的沉积-构造演化历史进行了分析(刘训，2001)。王子煜等分析了塔里木盆地与相邻褶皱带的区域构造演化阶段(王子煜等，2001)。张晓晖等运用岩石学、地球化学方法，结合沉积作用分析研究了新疆东准噶尔喀姆斯特地区晚古生代浊积岩沉积构造环境(张晓晖等，2001)。李志忠对塔里木沙漠公路沿线风沙地貌的形成演化进行了分析(李志忠，2002)。周尚哲等对乌鲁木齐河谷地貌与天山第四纪抬升进行了研究(周尚哲等，2002)。郑洪波等对新疆叶城地区山前盆地的演化进行了分析(郑洪波等，2002，2003)。屈建军等对塔里木盆地东部库姆塔格沙漠的形成演化进行了研究(屈建军等，2005)。南峰等研究了新疆奎屯河流域山前河流地貌特征及其演化(南峰等，2005)。史正涛等对古尔班通古特沙漠的形成演化进行了分析(史正涛等，2006)。崔卫国等对玛纳斯河山麓冲积扇地貌的演化进行了分析研究(崔卫国等，2006，2007)。

研究新疆地貌形成与演化不仅能揭示区域地貌发育过程的内在规律及区域地貌发育过程中各地形要素之间的相互关系，还能揭示区域气候、环境变迁的规律和潜在趋势，为精确刻画和描述区域地貌特征及正确认识新疆地貌形成演化提供科学依据。

1.3 当前研究中存在的问题

通过前面研究背景分析可知，当前新疆地貌研究取得了较大进展，但是还存在一些问题，有待于进一步解决。

首先，区域地貌学研究内容与方向的转变。在全球变化的大环境下，研究方向与内容从为农业区划提供基础数据，转移到研究流域地貌对生态与环境变化的响应分析；而且研究对象和研究区范围也从大区域单元转变到小流域单元。由前面的文献综述可知，在20世纪五六十年代，区域地貌学研究很热，主要与农业区划相关，但是现在有关区域地貌学研究已经演变为流域地貌。因此，本研究开展新疆数字地貌空间格局、地貌区划与特征分异规律分析，意在拓展区域地貌学中地貌格局与过程分析的研究内容和理论基础。

其次，区域地貌学研究方法与技术的改进。随着遥感和地理信息系统技术的发展，以及研究方向与内容的转变，必须改进与发展区域地貌学的研究方法与技术。新疆维吾尔自治区内所包括的地貌类型种类多、差异性大，利用新的技术手段提高地貌分区的精确度和可靠性，应用新的数据源来充分阐明各区域的地貌类型和特征，以及它们在各区内的组合规律，具有一定的科学研究意义和区域经济发展建设价值。而且以新的地貌数据为基础，提出一个基于遥感和 GIS 技术的新疆地貌区划新方案，是新疆地貌研究一个必然过程。因此，本研究以最新的新疆数字地貌数据为立足点，大大提高了系统性量化地貌空间特征的可靠性，比前人定位、定性、定量化研究更准确；在此基础上，全面系统地分析新疆数字地貌的空间分异规律，深入剖析新疆的圈层地貌结构，揭示新疆内外营力共同塑造的地貌分布特征与规律，探讨其形成演化过程。本研究通过综合应用数理统计、空间叠加、图形分析等方法，提出数字化的新疆地貌区划方法，设计新疆数字地貌区划方案，力图为区域地貌研究提供技术和方法支持。

最后，随着科学研究和信息技术的快速发展，地貌基础研究面临新的问题，区域地貌学研究的战略性地位产生变化。

日益加剧的全球环境问题及其生态后果，使人们意识到科学认识各生态地域及生态系统的功能，以适度、有效开发利用资源，减少和避免生态破坏，是缓解资源利用与环境保护矛盾的必要选择（燕乃玲和虞孝感，2003）。区域发展问题已经成为各级党和政府决策的核心问题之一。当前的区域发展，已不仅仅单纯是科学研究的问题，而是当地整个社会经济发展的问题。我国由南到北各区域的自然资源条件差异较大，且各区域的历史发展背景也有较大差异。主体功能区划研究应运而生，强调各区域必须深入分析各自的自然条件和人文环境，来准确定位其自身的主体功能，进而因地制宜地制定相应的发展规划，促进区域特色发展，以实现协调和统筹各区域的发展，缩小区域之间的社会水平差异，发挥各区域的优势，提高当地的社会水平。地貌作为解决这些问题的最根本的要素之一，必须顺应新的发展要求，进行更深入的研究分析。因此，本研究结合区域土地空间分布规律、生态功能区划等地貌基础研究试验，探索新疆地貌基础应用的分析模式，构建区域生态与环境变化的地貌基础应用分析模式，尝试为区域地貌学研究提供地貌基础应用分析的范例。

新疆地貌类型复杂多样，是长期内、外营力相互作用下形成的，它们的发展和演化记录了地球演变的历史。新疆的各大山脉中分布有众多的大小山间盆地。第四纪沉积物的发育、分布及其厚度，均受地质构造的严格控制。构造运动所衍生出来的地貌标志及第四纪沉积物的特征有较明显的规律性（中国科学院新疆资源开发综合考察队，1994）。

本研究以解决上述问题为出发点，以新疆地学信息为知识背景，重点分析新疆地貌空间分布格局，从定性、定量、定位三方面详细分析新疆地貌的空间分布特征，总结其空间分布与组合规律。具体为利用基于遥感影像和 DEM 等多源数据综合解译得到的最新地貌类型数据和地貌区划数据，细致分析新疆地貌的空间格局，研究不同地貌基本形态、微观形态、基本成因和营力作用方式之间的组合特征及相互关系。在此基础上，深刻认识和理解新疆独特的地貌特征，从地质、构造、动力学特征等方面详细分析新疆地貌的形成演化机制。主要表现在以下几个方面：

（1）以最新新疆数字地貌数据为基础，综合应用数理统计、空间分析、图形图谱、景观指数和数值模拟等方法，分析新疆数字地貌的分布特征与格局，总结其空间分布规律和模式，可以大幅度提高系统性量化地貌空间特征的可靠性，比前人定位、定性、定量化研究更准确。

(2)采用新的数据源和技术方法研究新疆地貌区划,有利于深入了解各种地貌类型的空间组合特征、正确认识地貌形成演化机制和因地制宜的利用和改良地貌,进而分析地貌与生态环境保护、国土资源开发利用的关系,为国民经济建设、环境保护、生态保育与重建,以及国防建设等提供必要的区域地貌信息(刘会平,1996;刘闯,2004)。新疆地貌区划能够指导今后新疆地貌空间格局的研究,为分析新疆地貌的宏观规律和区域特征提供科学依据。

(3)定量化"三山夹两盆"("三山",指的是阿尔泰山与北塔山—准噶尔西部山地、天山山地、昆仑山与阿尔金山;"两盆"指的是准噶尔盆地和塔里木盆地)六个大地貌区划单元的地貌形态和成因分布及数值变化,分析各区域地貌特征和分布模式,寻求各区域的地貌差异性,为各区域因地制宜地利用和改良地貌条件提供科学依据。

(4)分析新疆山盆相间大地貌格局的形成条件,在地貌学研究基础上,结合地质构造研究,为深入细致地分析新疆地貌形成演化过程奠定基础。

(5)对新疆各种成因类型地貌的形成演化进行研究,对揭示新疆地貌总体、区域等地貌格局的形成和分布模式具有重要意义,可以分析各区域内气候地貌的分布特征,探讨其地貌特征的演化模式。

总的来说,本研究为深刻理解新疆地貌空间分布格局提供了科学依据,为今后分析新疆各种区划规划、可持续利用与发展、生态功能恢复等提供基础数据;并为新疆的经济开发建设、工农业发展规划建设、环境保护、生态保育与重建,以及国防建设等提供必要的区域地貌信息和重要的科学指导。

第 2 章 新疆地理概况与主要数据源

本章首先介绍新疆概况,包括地理位置和行政区划、自然地理概况和地貌轮廓,然后对本次研究的主要数据源,包括基础数据、数字地貌数据、遥感影像数据、ICESat/GLA14 数据、气象数据和其他数据进行简要说明。

2.1 新疆地理概况

1. 地理位置和行政区划

新疆维吾尔自治区位于东经 70°33.3′~96°22.9′,北纬 34°20.5′~49°10.7′。南北最宽处约 1 650 km,跨越纬度 14°30′,东西最长处约 1 900 km,跨越经度 22°50′(图 2.1)。境域地

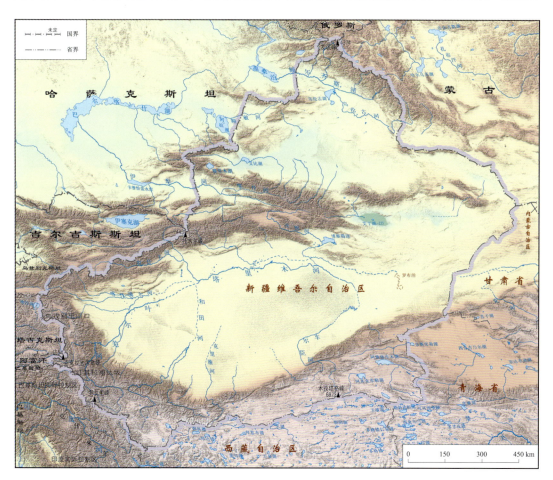

图 2.1 新疆的地理区位

处亚欧大陆腹地，亚洲地理中心位于乌鲁木齐市近郊。从东北至西南与蒙古、俄罗斯、哈萨克斯坦、吉尔吉斯斯坦、塔吉克斯坦、阿富汗、巴基斯坦及印度等八国接壤，边境线长 5 700 余千米，是中国边境线最长、对外开放口岸最多的省区，新疆是古丝绸之路的重要通道，现为第二座"亚欧大陆桥"的桥头堡，战略地位十分重要(新疆维吾尔自治区测绘局，2004)。

2. 自然地理概况

新疆的东部和南部与甘肃、青海和西藏等省区相邻，土地面积约 $164.032\times10^4\,\mathrm{km}^2$(投影面积)，占全国土地总面积的 1/6，为我国面积最大的省级行政区(图 2.1)。新疆地处欧亚大陆腹地，四周为山体环绕，地貌总体轮廓是"三山夹两盆"(图 2.2)。北有阿尔泰山、西为西天山和帕米尔高原，南为昆仑山、阿尔金山和青藏高原相接，东北和甘肃境中的北山山脉相连；天山横亘于新疆中部，平均山脊线海拔 4 000 m 左右，将新疆划分成南北两大疆土(中国科学院新疆综合考察队，1978)。北疆有准噶尔盆地，南疆有塔里木盆地、塔克拉玛干沙漠。各山地中分布着许多盆地和河谷，如吐鲁番盆地、哈密盆地、焉耆盆地、拜城盆地、昭苏盆地、伊犁河谷、乌什谷地等，是新疆绿洲重要分布区之一，这种特殊的地形单元和地貌轮廓形成了新疆土地、生物、气候条件的明显的地带性分布和土地利用的区域性特点(中国科学院新疆综合考察队，1978)。

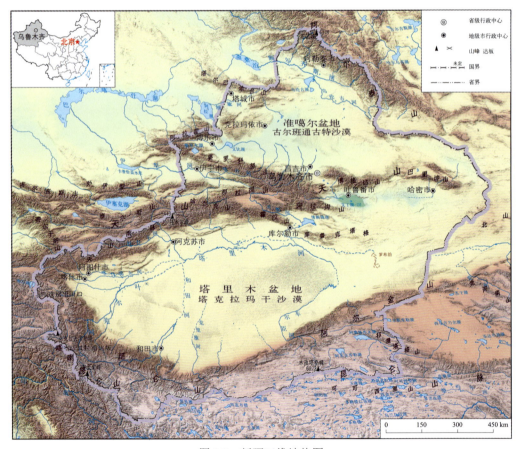

图 2.2　新疆三维地势图

新疆现辖有 4 个地级市、5 个地区、5 个自治州；13 个市辖区、24 个县级市、62 个县和 6 个自治县(图 2.3)。

地理位置的特殊性和地形条件的独特性，使得新疆维吾尔自治区内光热资源丰富，盆地降水稀少，高山依靠夏季降雨量和冰雪融水形成众多的河流，为发展农业提供了优越的自然条件。区内蕴藏有丰富多样的能源与矿产资源，既有广泛分布的油、气与煤炭，又有丰富的金属、非金属矿产，为发展工矿业提供了充足的原材料。因此，从资源条件来看，新疆具有工农业综合发展的雄厚物质基础(中国自然资源丛书编撰委员会，1995)。

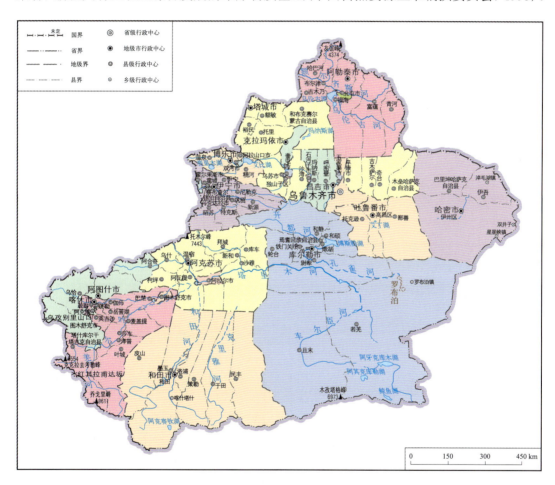

图 2.3　新疆行政区划图

新疆远离海洋，四周高山环抱，是典型的温带大陆性干旱气候，这里降水稀少，蒸发强烈，年、日温差大，光照充足。全疆大致以天山为界，北疆为温带大陆性干旱气候，南疆为暖温带大陆性干旱气候，天山南北差异甚大。新疆气候为晴天多阴天少，日照射期长，年平均气温 10.4 ℃，全疆最冷月为 1 月，准噶尔盆地平均气温–16 ℃左右；最热月为 7 月，吐鲁番盆地是全国最为炎热的地区，平均气温为 32.7 ℃，最高温度曾高达 49.6 ℃；北部富蕴县可可托海，极限低温达–51.5 ℃，寒冷程度仅次于黑龙江省漠河(侯磊，2008）。全疆日较差一般都在 12℃上下，最大可达 35.8℃。其年均降水量 188.1 mm，为全国平均 630 mm 的 1/4，是全国降水量最少的地区。全年无霜期北疆为 150 天，南疆为 200～250 天。丰富的光热资源，有利于棉花、糖类、瓜果等农作物生长(中国自然资源丛书编撰委员会，1995)。

土壤是土地资源的重要组成部分。新疆土壤有机质含量较低，质地较差，一般肥力较低。境内土壤具有明显的水平和垂直地带分布规律，两大盆地在温性和暖湿性干旱气候影响下由北向南形成棕钙土、灰钙土、灰棕荒漠土、棕漠土等水平地带性分布(崔文采，1987；江凌等，2005)。此外，盆地中尚有大面积的盐渍土、风沙土，以及零星分布的草甸土、沼泽土等隐域性土壤(非地带性土壤)。山区土壤由于海拔和光热状况的不同具有垂直地带性分布的特点(中国自然资源丛书编撰委员会，1995)。

新疆河流绝大部分属于内陆河流，另外还有流入境外湖泊的河流：准噶尔盆地西部的额敏河，天山西部的伊犁河和帕米尔高原个别河流。全疆有大小河流 570 余条，大多流程短、水量少；其中年径流量在 1 亿 m^3 以下的河流有 487 条，径流总量仅有 82.9 亿 m^3；年径流量在 10 亿 m^3 以上的河流有 18 条，年径流量达 534 亿 m^3，占全疆总流量的 60.4%。新疆河川径流总量为 882 亿 m^3，其中国外来水量 88 亿 m^3，出境水量 244 亿 m^3，地下水天然补给量 65 亿 m^3，地下水保采量为 252 亿 m^3。按土地面积计算，新疆属于贫水地区。水资源分布不均的地域性特点制约着新疆各地区土地利用的规模（中国科学院新疆综合考察队，1966)。

总的来说，新疆全区地形复杂多样，气候差异显著，资源丰富，具有良好的发展前景。对于存在的问题需要借助科学手段来认识、分析，从而解决问题。在地球表层系统中，地貌是最重要的组成要素，它影响并制约着水文、气候、土壤等其他生态与环境因子的空间分布与变化，而且地貌因素也是影响各类生产、生活的基础条件。因此，研究新疆区域地貌空间分布格局及其演化，有利于深入了解各种地貌类型的空间组合特征，正确认识地貌形成演化机制和因地制宜的利用和改良地貌条件，进而分析地貌与生态环境保护、国土资源开发利用的关系，为国民经济建设、环境保护、生态保育与重建以及国防建设等提供必要的区域地貌信息和重要的科学指导。

3. 地貌轮廓

新疆地貌的山盆结构特征非常典型，山地与盆地相间排列，北部为阿尔泰山，南部为昆仑山，天山横亘中部，将新疆分为南疆和北疆两部分，南部为塔里木盆地，北部为准噶尔盆地(图 2.2)。其中，塔里木盆地是中国最大的盆地；塔克拉玛干沙漠位于盆地中部，是中国第一、世界第二的流动沙漠；塔里木河长约 2 100 km，是中国最长的内陆河；艾丁湖是我国海拔最低的湖泊，海拔约-154 m(新疆维吾尔自治区测绘局，2004；中国科学院新疆综合考察队，1978)。

新疆的三大山系与两大盆地大致沿纬线方向伸展，影响了自然条件的各个方面，具有鲜明的水平和垂直地带性分布现象(中国科学院新疆综合考察队，1978；杨利普，1987a)。北部阿尔泰山山脉为北西-南东走向，中部天山山脉总体上呈现出自西向东走势，南部昆仑山山脉大体遵循自西向东的走向，但中部向南突出。昆仑山从北至南，山地海拔逐渐增高，最高处位于我国与克什米尔地区交界地带的喀喇昆仑山，主峰乔戈里峰高达 8 611 m，为世界第二高峰。准噶尔盆地轮廓呈不规则三角形，中部为库尔班通古特沙漠，西部山地是许多平行断块山地。塔里木盆地四周环山，是一个闭塞的盆地，轮廓呈不规则菱形，中部为塔克拉玛干沙漠。

新疆的山地和盆地具有各自独特的地貌组合结构。塔里木盆地和准噶尔盆地边缘的山麓，经流水搬运堆积形成了冲积、洪积平原，在河流两岸和冲洪积扇前缘都有绿洲分布。罗布泊洼地和准噶尔西北的乌尔禾，地层或盐壳软硬相间，正对风口，出现风蚀的垄岗和雅丹地貌，成为新疆的特殊地貌旅游开发景区(陈述彭，1990)。新疆东部由于干燥剥蚀和风蚀作用，形成大面积的戈壁荒漠。这些戈壁大都属于碎屑石质戈壁，经受了长期的干燥剥蚀和风蚀，基岩被削平，地形已经准平原化，岩石裸露，残积-坡积岩屑厚度不足 1 km，表面偶有油黑漆皮。阿尔泰山、天山和昆仑山的地貌分布具有垂直带谱特征，从山顶到山脚大致分布着高山冰川、冰缘地貌带—中山流水、干燥地貌带—低山丘陵干燥、黄土地貌带。有些地貌带是相互交错分布，有些地貌则断续分布，没有形成带状特征（中国科学院新疆综合考察队，1978）。

中国拥有 13 大沙漠和沙地，其中新疆分布有 3 个，即塔克拉玛干沙漠、古尔班通古特沙漠和库姆塔格沙漠。塔克拉玛干沙漠以流动沙丘为主要地貌类型，沙丘高大，次级地貌形态类型复杂多样。古尔班通古特沙漠为我国第二大沙漠，由于降水相对较多，植被较好，所以地貌类型以固定、半固定沙丘为主。库姆塔格沙漠全部为流动沙丘，羽毛状沙丘覆盖在湖积-冲积平原、洪积扇及山地斜坡上（中国科学院新疆综合考察队，1978；陈述彭，1990)。

2.2 主要数据源

1. 基础数据

本书中涉及的主要基础数据见表 2.1。简要说明如下。

(1) 新疆数字地貌类型与地貌区划数据："中国 1:100 万数字地貌信息更新、集成和共享"等项目完成了最新的新疆地貌类型数据。根据地貌类型数据，综合获得了新疆三级地貌区划数据。

(2) SRTM-DEM 为美国实施的"航天飞机雷达地形测量计划"(Shuttle Radar Topography Mission，SRTM)对全球 60°N 到 56°S 之间的高精度高程格网数据，采样格网大小为 90 m 和 30 m 两种。其设计的垂直误差为 16 m；从全球来看，实际垂直误差还要高出 9 m (Farr et al., 2007)。用 SRTM 数据比较山地与盆地高程，更便于理解研究区域的地貌差异。

(3) 遥感影像 Landsat TM 和 ETM 分别为 1990 年与 2000 年左右夏季的遥感影像，分辨率为 30 m，img 格式，由 7、4、2 波段合成的假彩色合成影像。

(4) 新疆 1:10 万土地利用数据，包括 1995 年、2000 年、2005 年、2008 年、2012 年等多个时期，分别由相应时段的遥感影像解译获得，由中国科学院资源环境数据中心提供。

(5) 新疆基础地理数据，由原国家测绘地理信息局提供，为本研究参考数据源。

(6) 水文与气象数据：包括新疆气象测站计算数据(年平均气温,大于10℃期间的日数和积温,无霜期,最暖月平气温,最冷月平均气温,年平均降水量,干燥度等),以及主要河流的径流数据(南疆河流、三工河、玛纳斯河等)，为本研究参考数据源。

(7) 新疆草场资源、2002年新疆生态环境质量综合评价图等一些专题图件和历史图件等，为本研究参考数据源。

(8) 新疆水资源分区数据：在《新疆地表水资源研究》水资源流域三级分区(章曙明,等，2008)的基础上，为反映流域水资源特点，将水资源分区与行政分区进行叠加，进一步细分或合并计算单元，由原26个调整为30个，以确保水资源的统一管理及行政分区的完整性。

2. 数字地貌数据

新疆地貌类型多且齐全，形态复杂多样。可以说，我国陆地地貌的主要类型，除了海成地貌外都可以见到(袁方策等，1994)。

依据2009年由科学出版社出版的《数字地貌遥感解析与制图》专著中提出的中国数字地貌分类体系，按照地貌类型的特征和规模，在地貌制图时将不同的地貌类型划分出形态成因类型和形态结构类型，其中前者由面状图斑区域展示，后者由点、线、面局部展示(周成虎等，2009；程维明等，2014)。

表 2.1 主要基础数据列表

数据名称	比例尺与分辨率	数据来源	可利用性及精度分析
数字地貌类型与区划数据	1:100万	中国科学院地理科学与资源研究所	精度高，可利用性强，主要数据源
SRTM-DEM	90 m、30 m	http://srtm.csi.cgiar.org/	可利用性强，主要数据源
遥感影像(TM/ETM)	30 m	http://glovis.usgs.gov/	可利用性强，主要数据源
土地利用数据	1:10万	中国科学院资源环境数据中心	精度相对较高，为辅助参考数据源
基础地理数据	1:100万	国家测绘局	参考数据源
水资源分区数据		新疆地表水资源研究	可利用性强，主要数据源
植被图	1:100万	中国1:100万植被图(2007年)	精度相对较高，为辅助参考数据源
土壤图	1:100万	中国科学院南京土壤研究所	精度相对较高，为辅助参考数据源
地质图	1:50万	国家地质调查局	精度相对较高，为辅助参考数据源
其他数据资料		科学院图书馆	参考数据源

根据新疆地貌的宏观格局与特征，提出了新疆数字地貌的分类体系，包括三等六级七层(表2.2)。其中，三等包括地貌纲、地貌类和地貌型。六级包括基本形态的地势起伏度、海拔高度、基本成因、主营力作用方式、形态特征、物质。七层中，第一层为基本地貌形态类型，由地势起伏度和海拔高度共同产生；第二层和第三层分别为为基本成因与主营力作用方式；第四、第五、第六层分别为营力形态、微观形态和坡面特征；第七

层为物质组成或岩性特征。

与全国地貌的形态成因类型不同的是，在基本成因中，除去了海成的地貌类型。其余的基本成因在新疆地貌分类中都有体现(表 2.2)。

形态结构地貌类型在所有地貌成因类型中都有反映(除海成地貌外)，为方便编码，新疆的形态结构类型用基本成因来区分，并将所有地貌类型分为面状、线状和点状三种类型(表 2.3)。和形态成因类型一样，形态结构类型在数据库中存储为点、线、面格式(杨发相，2011)。

表 2.2 展示的分层分级地貌分类方法中，基本形态类型由地势起伏度(即切割深度)和地貌面的海拔高度两个指标组合而成。其中海拔高度分为低海拔、中海拔、高海拔、极高海拔四类；地势起伏度分为平原、台地、丘陵、小起伏山地、中起伏山地、大起伏山地、极大起伏山地七类。故根据地势起伏度和地貌面海拔高度等级可组合成 23 个基本形态地貌类型，见表 2.4。

表 2.2 新疆数字地貌分类方案(形态成因类型)

三等	地貌纲		地貌亚纲	地貌类	地貌亚类	地貌型		地貌亚型
六级指标	第一级		第二级	第三级	第四级	第五级		第六级
	基本形态特征			成因特征		形态特征		物质组成
七层指标	第一层			第二层	第三层	第四层	第五层	第六层	第七层
	地势起伏度	海拔高度	基本成因	主营力作用方式	营力形态	微观形态	坡面特征	物质组成或岩性
类型	平原 台地 丘陵 小起伏山地 中起伏山地 大起伏山地 极大起伏山地	低海拔 中海拔 高海拔 极高海拔	湖成 流水 风成 冰川 冰缘 干燥 黄土 喀斯特 火山熔岩	随基本成因类型的变化而变化，基本分为抬升/侵蚀、下降/堆积两种	按照主营力作用方式来进一步细分的形态类型	随营力形态而变，需进一步细分的微观形态类型	平原和山地平坦的 倾斜的 起伏的 丘陵和山地平缓的 缓的 陡的 极陡的	按照成因类型、地表物质组成、岩性来区分

表 2.3 新疆地貌分类方案(形态结构类型)

基本成因 \ 图斑类型	面(polygon)	线(line)	点(point)
基本成因类型(13 种)	面状	线状	点状
举例：构造	断层三角面	断层	

表 2.4 中给出了基本形态类型中海拔和地势起伏两个指标的划分依据，需要注意的是，地貌类型单元需要按照坡折线、山麓线和沟谷线等一些特征线来精确定位，故

表 2.4 中的指标数值为参考依据。在编制新疆地貌类型数据时局部地区按照其实际地貌规律,作了适当的调整,即根据雪线高度和多年冻土界限调整海拔高度分级。将冰缘下限作为划分中、高海拔的分界线,现代雪线下界作为高海拔和极高海拔的分界线。对于阿尔泰山南坡,干燥地貌的上限大致为 1 000~1 500 m,冰缘地貌下限大致为 2 400 m,现代雪线的下限大致为 3 200 m。对于天山北坡,干燥地貌的上限大致为 2 000 m;冰缘地貌的下界 2 800 m;现代雪线的下限大致为 3 500 m。对于天山南坡,干燥地貌的上限大致为 2 000~2 500 m;冰缘地貌的下界西段大致为 3 500 m,向东逐渐降低巴里坤附近为 3 200 m,再往东端降低到 3 000 m。现代雪线天山南坡西段大致为 4 500 m,中段大致为 4 200 m,东段为 4 000 m,天山内部大致为 3 500 m。昆仑山山脉,冰缘地貌的下界基本上为西部为 3 500 m,中东部为 4 600~4 800 m;现代雪线大致上西部为 4 500 m,中东部为 5 500 m(中国科学院新疆综合考察队,1978;周幼吾等,2000)。

表 2.4 新疆基本形态地貌类型的分类指标及划分依据

地势起伏形态 \ 海拔	低海拔 <1 000 m	中海拔 1 000~3 500 m	高海拔 3 500~5 000 m	极高海拔 >5 000 m
平原（<30 m）	低海拔平原	中海拔平原	高海拔平原	极高海拔平原
台地 （>30 m）	低海拔台地	中海拔台地	高海拔台地	极高海拔台地
丘陵 （<200 m）	低海拔丘陵	中海拔丘陵	高海拔丘陵	极高海拔丘陵
小起伏山地（200~500 m）	小起伏低山	小起伏中山	小起伏高山	小起伏极高山
中起伏山地（500~1 000 m）	—	中起伏中山	中起伏高山	中起伏极高山
大起伏山地（1 000~2 500 m）	—	大起伏中山	大起伏高山	大起伏极高山
极大起伏山地（>2 500 m）	—	—	—	极大起伏极高山

资料来源:周成虎等,2009

参考全国地貌的坡面特征划分,依据新疆地貌实体的特殊情况,坡面特征按照坡度值和坡向的组合特征,将坡面分类七大类(见表 2.5)。其中平原和台地的坡面类型包括:平坦的、倾斜的和起伏的坡面三类,丘陵和山地的坡面类型分为平缓的、缓的、陡的和极陡的坡面四类。

表 2.5 新疆地貌实体类型的坡面分类情况

坡面类型		基本特征
平原 和 台地	平坦的	一般向一个方向,或向中心倾斜,坡度一般<2°
	倾斜的	一般向一个方向,或向中心倾斜,坡度一般>2°
	起伏的	一般既有相向的坡,又有背向的坡,坡度一般>2°
丘陵 和 山地	平缓的	坡度一般 7°~15°
	缓的	坡度一般 15°~25°
	陡的	坡度一般 25°~35°
	极陡的	坡度一般>35°

资料来源:周成虎等,2009

3. 遥感影像数据

1) Landsat 遥感影像数据

为了获得赛里木湖地区天山山脉冰川的长时间序列变化信息，根据云量和采集日期，选择不同年份的代表性的图像(1972年、1975~1978年、1990年和1998~2011年)(表2.6)。将长时序陆地卫星多光谱扫描仪MSS、TM/ETM图像作为研究数据源，分析数据之前，先进行几何纠正和辐射纠正，并以单波段 GeoTiff 格式存储。Landsat MSS 和 Landsat TM/ETM 遥感影像的分辨率分别为90 m和30 m(表2.7)。利用这些遥感图像分别提取在1975年、1977年、1990年、2002年、2007年和2011年的冰川信息。

表2.6 赛里木湖地区研究所采用的遥感影像信息

数据源类型	Landsat MSS	Landsat TM	Landsat ETM
获取日期	22 Sep 1972; 8 Nov 1975; 16 Oct 1976; 25 Jun 1977; 13 Aug 1978	27 Aug 1990; 2 Oct 1998; 21 Aug 2006; 24 Aug 2007; 30 Sep 2009; 3 Oct 2010; 19 Aug 2011	26 Aug 1999; 28 Aug 2000; 14 Jul 2001; 18 Aug 2002; 20 Jul 2003; 24 Sep 2004; 27 Sep 2005; 15 Jun 2008
分辨率/m	90	30	30

同时，为了获得新疆典型冰川变化特征，用到的Landsat卫星数据具体包括两种传感器的遥感影像：TM 和 ETM+。TM 和 ETM+影像经过了系统的辐射校正和几何校正，校正所用的数字高程包括 SRTM、NED、CDAD、DTED 和 GTOPO30，所用地面控制点数据来源于GLS2005数据集。本研究所使用的波段是 TM 和 ETM+影像的1至5波段，空间分辨率为30 m，所用数据见表2.7。

表2.7 冰川地貌类型研究中所采用的遥感影像数据信息

地区	条带号	成像日期(年.月.日)	传感器	平均云量/%	分辨率/m	NDSI 提取阈值
博格达峰地区	142/30	1992.7.26	TM	6	30	0~0.95
	142/30	1994.7.16	TM	0	30	0~0.95
	142/30	1998.9.13	TM	8	30	0.1~0.92
	142/30	2000.9.02	TM	1	30	0.1~1
	142/30	2004.9.05	ETM+	1	30	0.1~0.97
	142/30	2007.8.29	ETM+	1	30	0.05~0.89
	142/30	2010.8.13	TM	0	30	0.1~1
	142/30	2012.8.13	ETM+	0	30	0.1~0.98
	142/30	2014.9.01	TM	13	30	0.1~1
喀尔力克山地区	138/30	1992.9.02	TM	0	30	0~0.93
	138/30	1994.8.21	TM	0	30	0~1
	138/30	1996.8.10	TM	0	30	0~0.95
	138/30	2000.9.02	TM	1	30	0~0.94
	138/30	2001.8.24	TM	16	30	0~0.98

续表

地区	条带号	成像日期(年.月.日)	传感器	平均云量/%	分辨率/m	NDSI 提取阈值
喀尔力克山地区	138/30	2002.9.28	TM	1	30	0~0.99
	138/30	2006.8.22	TM	0	30	0~0.93
	138/30	2008.8.11	TM	0	30	0~0.95
	138/30	2014.8.04	OLI	0	30	0~0.92
音苏盖提地区	148/35	1992.10.24	TM	25	30	0.1~0.92
	148/35	1994.7.26	TM	14	30	0.2~1
	148/35	1997.9.20	TM	2	30	0.1~0.94
	148/35	2000.9.02	TM	1	30	0~0.94
	148/35	2001.07.21	ETM+	6	30	0.35~0.923
	148/35	2004.8.14	ETM+	1	30	0.1~0.942
	148/35	2007.11.27	ETM+	6	30	0.1~0.942
	148/35	2010.8.23	TM	0	30	0.1~0.942
	148/35	2013.10.10	ETM+	2	30	0.3~1
	148/35	2014.7.25	ETM+	4	30	0.2~1
友谊峰地区	144/26	1989.8.25	TM	10	30	0.3~0.945
	144/26	1993.8.28	TM	0	30	0.2~0.968
	144/26	1998.8.26	TM	5	30	0~0.95
	144/26	2000.8.7	ETM+	7	30	0.2~0.939
	144/26	2004.8.18	ETM+	15	30	0.4~1
	144/26	2007.9.12	ETM+	0	30	0.4~1
	144/26	2008.8.13	ETM+	17	30	0.5~1
	144/26	2011.9.7	ETM+	0	30	0.2~0.939
	144/26	2015.9.10	OLI	1	30	0~0.92

2) 高分一号卫星数据

高分一号卫星是我国首颗设计寿命超过 5 年的低轨遥感卫星，采用 CAST2000 小卫星平台技术，共装载 6 台波段不同，分辨率不同的高分辨率相机和多光谱宽幅相机(如表 2.8)。卫星轨道高度为 645 km，高分相机侧摆 25°的可视范围为 700 km，可以实现 4 天重访，不使用侧摆功能时，覆盖天数为 41 天；对于宽幅相机，卫星不需要测摆就可以实现 4 天全球覆盖。

4. ICESat 数据

2003~2008 年期间，研究区所有的冰、云和陆地高程卫星数据(ICESat)地球科学激光高度计(GLA14) Release-31 高程数据均取自美国国家冰雪数据中心。

表 2.8　高分一号卫星信息

参数	2 m 分辨率全色/8 m 分辨率多光谱相机		16 m 分辨率多光谱相机
光谱范围	全色	0.45~0.9μm	
	多光谱	0.45~0.52μm	0.45~0.52μm
		0.52~0.59μm	0.52~0.59μm
		0.63~0.69μm	0.63~0.69μm
		0.77~0.89μm	0.77~0.89μm
空间分辨率	全色	2 m	16 m
	多光谱	8 m	
幅宽		60 km(2 台相机结合)	800 km(4 台相机组合)
重访周期（侧摆时）		4 天	
覆盖周期（不侧摆）		41 天	4 天

GLAS 系统高程是参考 Topex/Poseidon 椭球和 EGM96 大地水准面。ICESat/GLA14 数据垂直精度很高：裸平面精度约 0.1 m (1σ)，起伏植被表面精度约 1 m (1σ) (González et al.，2010)。对赛里木湖湖面监测中，湖面高程的数据精度可达到 0.1 m。

5. 气象数据

气象数据来自中国气象网(http://cdc.cma.gov.cn)的 1961~2014 年的月值 0.5°×0.5° 的地面气温及降水格点数据集(V2.0)，年值数据集主要来自月值数据集的累积加和，主要用于气候特征和变化趋势分析。

6. 其他数据

第一次、第二次中国冰川编目数据来源于中国科学院寒区旱区数据中心 (http://westdc.westgis.ac.cn/)。冰川编目数据主要用于帮助确定冰川边界的提取。中国行政基础地理数据来源于国家基础地理信息系统(NFGIS) (http://nfgis.nsdi.gov.cn/)全国 1∶100 万数据库。

# 第二篇　新疆地貌

第3章 宏观地貌的演化机制

地壳大规模运动造成的巨大褶皱、断裂、隆起、拗陷等大地构造形态，通过时间和空间上的复杂过程，表现为地貌上的高大山脉和高原、大型盆地和平原以及陆缘海盆地和边缘岛弧等(中国科学院《中国自然地理》编辑委员会，1985)。

新疆地区在地质构造体系中位于西伯利亚地台与印度地台之间，两者在相向运动过程中，通过地壳的挤压、褶皱以及海陆的转化，产生了一系列近北西-东西向的褶皱山地。阿尔泰山、天山和昆仑山地槽，在晚古生代海西运动期间完全关闭，并且褶皱迴返为山地。新生代以来由于印度板块向北推移过程中发生俯冲并与欧亚板块碰撞挤压，使古海完全消失，北喜马拉雅地槽强烈褶皱升起，强烈的地壳运动不仅使喜马拉雅山成为世界最高山地，而且使两大板块的缝合线-雅鲁藏布江深断裂以北1 000多千米的古老造山带回春，甚至使更大范围的地壳发生变形，青藏广大地区隆起为高原，天山、阿尔泰山等山地也沿着主要构造方向发生大幅度断块运动，夹在褶皱带之间的塔里木、准噶尔等古老的坚硬地块，受到南北向的挤压应力而成长为长轴近乎东西走向的菱形断块盆地(中国科学院《中国自然地理》编辑委员会，1985)。

3.1 新疆地貌形成条件

新疆现代地貌形态，从地貌平面格局和山地垂直结构来看，内营力起了主导作用；从地貌侵蚀和堆积形态而言，外营力占绝对优势。

1. 内营力条件分析

1) 地貌发育的地质构造基础

新疆构造上属"古亚洲"构造域范畴。地质构造对新疆地貌基本轮廓的形成起了决定性的作用，区域构造是新疆地貌发育的基础。三大山系在强烈褶皱的基础上，受断裂作用影响，隆升为巍峨的山地，山地内部又受次一级断裂作用的影响形成山间盆地。准噶尔盆地和塔里木盆地在较古老的基底上，覆盖着褶皱程度比较轻微的地层。新近纪、古近纪和第四纪构造运动强度较大，成为来自山区各沉积物的堆积场所，山地与盆地交界处是一系列断裂带，并经常有前山褶皱构造(中国科学院新疆综合考察队，1978；中国科学院新疆资源开发综合考察队，1994；袁方策等，1994)。图3.1概略表达了新疆的大地构造状况。表3.1和表3.2是图3.1的补充说明。表3.1中的大地构造单元编码对应着图3.1中的符号特征；表3.2中的编码对应着图3.1中的注记特征。

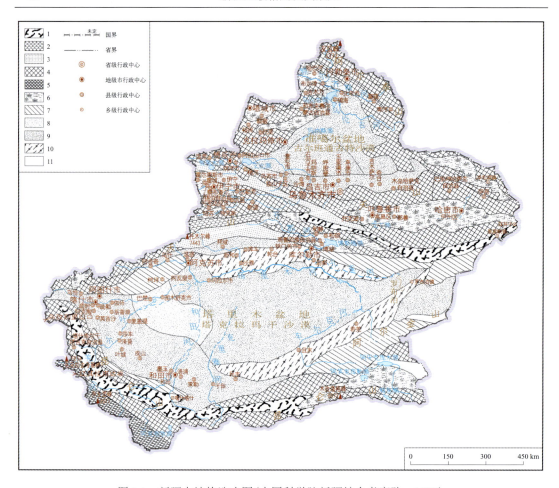

图 3.1 新疆大地构造略图(中国科学院新疆综合考察队,1978)

由表 3.1 可以看出,新疆大地构造单元主要分为地槽区和地台区两大类型,其中,编码 1~6 为地槽区,位于新疆的"三山"地区;编码 7~11 为地台区,位于新疆的两大盆地区。从地质年代可以看出,阿尔泰山及准噶尔西部山地主要为海西褶皱,天山和昆仑山山地区各个地质年代的地质构造多有体现。两大盆地的中心地带多为中—新生代沉积地层。

表 3.1 新疆大地构造分类单元、编码与地质年代

地槽区	1. 前震旦纪褶皱;2. 未划分的前震旦纪和加里东褶皱;3. 晚期加里东或早期海西褶皱;4. 海西褶皱;5. 燕山褶皱;6. 中-新生代山间凹陷
地台区	7. 前震旦纪褶皱基底及古生代地层出露地表地区;8. 前震旦纪褶皱基底埋藏不深及古生代地层出露地表地区;9. 充填中-新生代沉积的凹陷;10. 基底相对隆起地段;11. 构造性质不明地区

资料来源:中国科学院新疆综合考察队,1978

表 3.2 展示了新疆大地构造单元,可以看出,二级大地构造单元共划分出 45 个块体。在山地褶皱带里,分布着大小不同的凹陷,同样在地台区,也分布着少量的褶皱和台隆。这些单元将对地貌类型和地貌分区的划分都具有重要的指导作用。

表 3.2　新疆大地构造单元划分

一级构造区		二级构造单元
阿尔泰地槽褶皱带		1. 乌列盖地向斜褶皱带；2. 富蕴地背斜褶皱带；3. 额尔齐斯地向斜褶皱带；4. 三塘湖山间凹陷；5. 斋桑山间凹陷
准噶尔西部山地褶皱带		6. 塔尔巴哈台复背斜；7. 扎依尔夏向斜；8. 塔城山间凹陷；9. 和什托洛盖山间凹陷
准噶尔凹陷区		10. 准噶尔北缘凹陷；11. 准噶尔中央地块；12. 乌鲁木齐山前凹陷
天山地槽褶皱带	北天山山地向斜褶皱带	13. 准噶尔阿拉套复背斜；14. 依林哈比尔尕复向斜；15. 博格多复背斜；16. 哈尔里克背斜；17. 吐鲁番-哈密山间凹陷；18. 博风霍洛复背斜；19. 觉罗塔格复背斜；20. 巩乃斯复向斜；21. 伊犁山间凹陷；22. 中天山结晶带
	南天山山地向斜褶皱带	23. 东阿赖褶皱带；24. 麦丹塔格复向斜；25. 巴什索贡复背斜；26. 哈里克套复背斜；27. 萨阿尔明复背斜；28. 克泽尔塔明复背斜
塔里木地台		29. 柯坪断块；30. 库车山前凹陷；31. 沙雅-尉犁台隆；32. 库鲁克塔格褶皱带；33. 北山断块；34. 莎车台坳；35. 奥依哈尔德台隆；36. 塔里木中央台坳；37. 且末-诺羌台隆；38. 哈拉诺尔台坳；39. 铁克里克断块；40. 阿尔金山断块
昆仑地槽褶皱带		41. 北昆仑地向斜褶皱带；42. 昆仑中央结晶带；43. 南昆仑地向斜褶皱；44. 库木库里山间凹陷；45. 喀喇昆仑地槽褶皱带

资料来源：中国科学院新疆综合考察队，1978

从图 3.1 可以看出，新疆区域构造的主要单位是比较稳定的准噶尔地台、塔里木地台和活动性强大的阿尔泰山地槽、天山地槽及昆仑山地槽。地台和地槽界线明显，受到深大断裂的控制，这些深大断裂不仅影响古老地质基础，而且在新生代也都沿此强烈活动，并更进一步发展，因此在地形上的反映十分清晰。

地槽带频繁剧烈的活动，形成了巨大起伏的山系与盆地，具有复杂多样的岩性。在此基础上遭受强烈的流水、冰雪和剥蚀作用的影响，使得地貌形态变化万千。地台区地形起伏和缓，岩性单调，流水的冲积和风力吹扬作用强烈，形成各种堆积平原和复杂的沙丘类型(中国科学院新疆综合考察队，1978；袁方策等，1994)。因此，可以认为，新疆地貌发育的地质构造基础就是三大地槽和两大地台。在长时期地质发展过程中，地台与地槽经历了不同的阶段：海侵与海退、隆升与下降、剥蚀与堆积的转换，实际上就是地貌的演化过程。

2) 地貌发育的岩性基础

大地貌单元主要受大地构造所控制，而组成地貌的岩石性质与地层产状，对于中、小型地貌的发育具有一定的影响。依据《新疆地貌》可知，新疆地貌发育的岩性基础主要包括以下五个方面(中国科学院新疆综合考察队，1978；袁方策等，1994)：

(1) 火成岩类分布地区的地貌形成作用。由各种成分和不同颜色矿物所组成的粗粒火成岩和结晶岩在山区分布相当广泛，尤其是花岗岩、伟晶花岗岩、花岗斑岩以及受到变质的花岗片麻岩。这类岩石具有各种不同晶粒大小、颜色、热容量和膨胀系数晶体(如石英、正长石、黑云母、辉石、角闪石等)，在温度日较差和年较差极大的情况下，矿物晶体发生各种不同程度的胀缩，岩石逐渐被风化，容易受到各种外营力的剥蚀和夷平作用。

新疆山地区，这种巨大雄厚的块状岩体大多被磨蚀成平坦的山地轮廓。而干燥气候又限制山坡的切割程度，并延缓化学过程所能完成的磨蚀面的时间（中国科学院新疆资源开发综合考察队，1994）。

节理发育的花岗岩受特殊营力影响，形成各种小型地貌。在粗粒的花岗岩遭受冰川侵蚀的地区，岩面上出现坎坷不平的羊毛卷，顺着冰川方向岩面，比较平滑；而逆着冰川方向，岩面突起且具有小坎。在霍尔果斯河上游地区可以看到此类缩小的地形。在冰缘地区，花岗岩沿节理进行强烈的冻裂风化，形成一片巨大岩块叠成的"岩海"（中国科学院新疆资源开发综合考察队，1994）。

(2) 变质岩分布地区的地貌形成作用。新疆各主要山区的轴部广泛出露着下古生界为主的一系列受强度变质的地层，如板岩、石英岩、大理岩、云母片岩和千枚岩等。在外力作用下，形成了起伏和切割度较大的地貌。一般较坚硬岩石构成峭拔的高山，较软弱破碎岩石地形相对低下。在高山带和亚高山带地区，冻裂作用促使在这种变质岩节理和层理斜交的情况下发育成锯齿状的刃峰，如阿尔泰山、天山的现代冰川和古代冰蚀区都存在这类高山地貌。强烈的冰裂风化作用使岩石露头沿节理或片理破裂演变为具有棱角的石块体，以及由重力作用顺坡下移而造成倒石堆地形，成为新疆高山地区最为常见的地貌类型，尤以昆仑山上所见的规模最大。另有一类为以冻土滑动为主形成的泥流堆积地貌（中国科学院新疆资源开发综合考察队，1994）。

(3) 石灰岩分布地区的地貌形成作用。石灰岩节理特别发育的山区，地面径流易于渗漏。沿着石灰岩地层的节理、裂缝和层面的孔隙中含有水份，不断促使岩石冻裂成小块，遍布在山坡上。坡面没有地表水，沟壑不发育，植物稀少，岩面上石芽少见。只有在溪沟、河道或冰川刻蚀形成了陡坡和悬崖的谷地里，坚挺的石灰岩地层较能抗拒机械风化作用。赛里木湖南的果子沟就是发育在石灰岩区里的陡峻峡谷（中国科学院新疆资源开发综合考察队，1994）。

(4) 具有风蚀凹地的砂质地层的地貌形成作用。中生代和第三纪地层是一套各种大小粒径和颜色各异且疏实不一的砂质地层，它们常与泥板岩、黏土层与砾岩等组成互层。在盆地中部埋藏于第四纪沉积之下，而在盆地边缘露出地表，直接参与地貌的形成过程。在基底坚实的地区，倾角很小，甚至接近水平产状。而在天山南北麓和昆仑山北麓的边缘凹陷，则褶皱成为低山和谷地（中国科学院新疆资源开发综合考察队，1994）。

在接近水平产状的砂质地层地区，原始沉积地面在未受强烈外力作用条件下，地面起伏很小。但长期受风力作用和间歇性溪沟侵蚀作用，这种平坦地形的原始地貌已经大为改变，大小不一的风蚀凹地之间突起纷杂的平顶岗丘是区域最为典型的地貌形态。其中，乌伦古河下游西南至玛纳斯湖之间、乌伦古河与额尔齐斯河之间丘陵平原区、准噶尔盆地东部二台以南将军戈壁一带、东疆七克台与哈密间等地，风蚀洼地地貌最为发育。洼地小者不足 1 km²，深度自数米至二三十米不等，一般是圆形或椭圆形的浅且宽的盆地，四周坡面倾斜缓和，坡上堆积薄层坡积、洪积层，洼地底部有平坦的泥板龟裂地。大型洼地面积可达数百平方千米，其下陷深度可达几十至 200 多米，从其外形看来，有些洼地具有断陷的构造盆地，或为第四纪地方性古河道分布，后来被风蚀作用修饰而形成。大型洼地底部还经常为次一级的小型洼地所叠套。大型洼地的边崖常被为数众多的暴雨冲沟切割成劣地地貌。尽管大型洼地受到构造作用和各种外力作用（间歇性水流、雪蚀等）的影响，但风力吹卷使得疏松的砂质物得以外输，对洼地的形成起着最重要的作用（中国科学院新疆资源开发综合考察队，1994）。

(5) 中生代、新生代陆相地层在低山劣地地貌形成中的作用。天山南、北麓及山间盆地边缘、昆仑山北麓，中生代与第三纪陆相地层组成一系列梳状褶皱和箱状褶皱的山地及较宽广的向斜谷地。发源于山地的河流切过这一地带，在山前平原形成一系列复合冲积扇阶地。山地、向斜谷或阶地的一些地段常为黄土状物质所掩盖（中国科学院新疆资源开发综合考察队，1994）。

低山带气候干燥，但偶发性的暴雨对年轻的疏松岩层常形成强烈的冲刷。前山带的山岗和山坡上常堆积散流搬运干燥剥蚀的物质，并常为细流切成线状沟谷，形成"劣地"景观。例如，天山北麓第三纪的红色、绿色、杂色和苍棕色等岩系中的泥岩、砂岩和砾岩等薄层相间，或泥沙混合，或连续成厚层，经暴雨雕琢可使谷坡险陡，沟壑间的山脊，甚为尖刻。黄土层覆盖很厚的前山带，地面吸水能力特强，冲沟不很发育，劣地景观并不显著。而缺少黄土或砾层保护的低山，冲沟发达，受劣地的破坏亦最严重。这种情况在天山北麓玛纳斯河流域的卡子湾、海子湾一带最明显（中国科学院新疆资源开发综合考察队，1994）。

昆仑山山麓第三纪地层所组成的箱形褶皱，其背斜中心部分构造断裂破碎。平整的泥岩和细砂岩，受风和暴雨的侵蚀，成为凹地和低矮凌乱的桌状地。当地居民常筑坝堵住缺口，利用洼地作为小型水库使用（中国科学院新疆资源开发综合考察队，1994）。

2. 外营力条件分析

高大的山地，封闭的盆地，极端干旱的气候条件，形成了新疆多种多样的地貌外营力，如冰川、流水、重力、干燥、风力等。第四纪以来，几经气候波动，山地经冰川、流水等侵蚀剥蚀，并将侵蚀剥蚀物不断向盆地输送，还有风蚀与风积等作用，塑造了新疆现代的地貌格局。

1) 外营力类型

新疆独特的地理位置、巨大的"山-盆系统"，形成了丰富多变的气候条件，多样性的地貌外营力创造出多样的地貌形态。极高山和高山地区，冰川与冰缘作用显著，冰斗、角峰、刃脊、冰碛垄、石海、石河、石环、融冰泥流阶地等地貌类型举目可见。阿尔泰山的平均高度不大，缺少现代冰川和永久积雪的最高山带，但季节积雪多，山坡上雪蚀洼地、雪蚀冰斗常有出现。再如天山尤尔都斯盆地、昆仑山库木库勒盆地和喀什库尔干谷地等，海拔 2 500~4 000 m，年平均气温常在 0 ℃以下，以寒冻风化为主，可见冰碛台地、冰碛垄岗、冰水扇、冰水倾斜平原、冰水河谷平原、冰丘等地貌类型（中国科学院新疆综合考察队，1978）。

新疆三座大山的山区河网密集，峡谷、嶂谷发育，流水侵蚀作用强烈。河流将所携带物质堆积于山间盆地，形成冲积扇、冲积平原和洪积平原等。但天山东部地区有所不同，其海拔一般为 3 000~3 500 m，觉罗塔格和库鲁克塔格海拔仅 1 000~2 000 m，因西来湿润气流受西部高大山体阻挡，山地降水量减少。由于山地河流稀少，觉罗塔格和库鲁克塔格几乎为无径流区，干燥剥蚀作用十分强烈，山麓主要是洪积扇、洪积平原及冲洪积平原等（中国科学院新疆综合考察队，1978）。

准噶尔盆地和塔里木盆地，由于气候较干旱，风力强劲，风沙地貌分布显著（中国科学院新疆综合考察队，1978）。

新疆地貌外营力条件也呈现出显著的垂直地带差异。如天山北坡与南坡，西部与东部，因海拔高度、降水量、干燥度等不同，山地地貌类型组合有差异。北坡5 000 m以上为冰川作用的极高山；5 000~3 800 m为冰川作用的高山；3 800~3 000 m为冰缘作用的高山；3 000~1 700 m为流水作用的中山；1 700~1 200 m为干燥或半干燥作用的低山或丘陵；1 200 m以下为干旱冲积扇、冲积洪积平原、冲积平原等。南坡地貌垂直分带海拔一般较北坡高200~300 m，山麓主要是洪积平原和冲洪积平原。南坡雪线达4 100~4 200 m，高于北坡的3 800~3 900 m。天山西段海拔一般为4 000~5 000 m，最高峰托木尔峰高达7 435.3 m，加之伊犁谷地向西敞开，西来湿润气流直入，受山体拦截形成丰富的降水量达1 000 mm（中国科学院新疆综合考察队，1978）。

2) 气候条件

从大区来看，新疆气候带主要位于中温带和暖温带范围内，同时受山地和盆地组合特征的影响，各气候要素分布具有明显的区域差异，形成了多样的外营力条件，进而产生了丰富多样的地貌类型。由于新疆远离海洋的地理位置和高山环绕的特殊地貌条件，加上戈壁、沙漠为主的下垫面，使得新疆的气候具有强烈的大陆性特征，干燥作用极强，成为我国少有的干旱荒漠带。包围在群山之中的盆地封闭性明显，与盆地中的气候差异明显，故山地中形成与盆地截然不同的地貌特征（中国自然资源丛书编撰委员会，1995）。

据多年气象资料分析，新疆地区的气候特征是光照充足、温差大、降水少、蒸发强烈、风大、气候干燥。

(1) 光热资源丰富。新疆是我国日照长、日照百分率高、太阳辐射量大和光热资源丰富的地区（新疆维吾尔自治区畜牧厅，1993）。

新疆全年日照时数达2 550~3 500 h，年总辐射量达5 000~6 490 MJ/(m^2·a)，仅次于青藏高原，比同纬度的华北和东北地区多620~640 MJ/(m^2·a)，位居全国第二。日平均气温≥10 ℃的年积温南部多在4 000 ℃以上，吐鲁番高达5 500 ℃；准噶尔盆地东部3 100~3 900 ℃，北部200~2 900 ℃；无霜期南疆为180~220天，北疆为140~185天。

(2) 气温变化大，年平均气温南疆高于北疆，山地垂直递减明显。

冬季气温南北疆相差很大，夏季气温南北疆相差不大，春、秋季月平均气温变化剧烈，但以春季变化幅度为大。从年平均气温来看，塔里木盆地为10 ℃以上，准噶尔盆地在5~7 ℃之间；从1月平均气温来看，准噶尔盆地多在–17 ℃以下，塔里木盆地多在–10 ℃以上；从7月平均气温来看，北疆为20~25 ℃，南疆为25~27 ℃（郜金标等，2006）。

(3) 降水稀少，蒸发强烈。降水年际变化很大，分布不均。北疆平均年降水量约200 mm，南疆不足100 mm。南疆的降水多集中于5~8月，北疆各季节的差异不显著。各地蒸发量的分布规律是：南疆大、北疆小；东部大、西部小；平原大、山区小；盆地腹部大于盆地边缘；多风区大于少风区。各地全年中以春末和夏季蒸发最为旺盛，4～8月中的蒸发量占全年的70%以上。新疆盆地和平原地区，光热资源丰富，在地区分布上，由北向南略有减少，从西向东增加。从盆地到山区北疆呈递减趋势，南疆呈递增趋势（杨利普，1987b）。

(4) 风速大、沙暴多，多灾害性天气。新疆属多风地区，且风力大。风速的分布规律为：北疆大，南疆小，高山高原风速大，中低山区、平原及盆地风速小，风口风速最大。新疆灾害性天气有干旱、寒潮、大风、暴风雪、低温霜冻、冰雹、干热风、暴雨山洪、沙尘暴等，对新疆的农牧业生产，交通运输常造成危害。此外，在山区冬季有气温逆增的现象，对牲畜越冬提供了有利条件。但出现在谷地和盆地中的逆温则抑制气流扩散，是加重大气污染影响的重要因素（杨利普，1987b）。

(5) 气候干燥，除湿润山区外，全年空气相对湿度低。伊犁是全疆最湿润的地区，年平均相对湿度为65%～70%；北疆其他地区在60%左右；南疆大部分绿洲地区在45%～55%；塔里木盆地和东疆空气极为干燥，相对湿度最低，仅有35%～40%（新疆维吾尔自治区畜牧厅，1993）。

(6) 气候季节特征显著，各地气候季节差异大，尤以夏、冬季为甚。南疆和吐鲁番盆地的夏季分别为4个月和5个月，北疆北部和西部仅为2个月。冬季北疆漫长可达5个月，南疆则不足4个月（杨利普，1987b）。

3) 水文条件

(1) 降水。受地貌条件的影响，新疆的降水主要分布在山区，所以山地侵蚀、剥蚀、冰川、泥石流等作用特别强烈；盆地因封闭性降水量很少，造成盆地大部分为荒漠、沙漠（中国科学院新疆综合考察队，1978；袁方策等，1994；新疆维吾尔自治区测绘局，2004）。

新疆远离各大洋的地理位置决定了新疆水汽来源不足，全年降水总量多年均值约为$2400\times10^8\,m^3$，年平均降水量为145 mm，只占全国平均年降水量的23%。降水在地域分布上极不均匀，占全疆降水量84.3%的山地是荒漠区中的湿岛，成为新疆地表径流的形成区，孕育了大小河流570余条。高山、中山带海拔高、气温低、降水多、蒸发少，是径流形成区；低山带特别是南疆、东疆一些荒漠低山，仅在夏季降水时形成带有泥石流性质的临时性径流。出山口以下气温高、降水少、蒸发强，为径流散失区。盆地中部的沙漠及新疆东部的将军戈壁、诺敏戈壁、嘎顺戈壁是无流区（中国科学院新疆资源开发综合考察队，1989；中国自然资源丛书编撰委员会，1995）。

新疆水汽来源主要由西方和西北方侵入，受南北两支急流所左右，形成三个降水中心，即阿尔泰山区、天山山区和昆仑山西端高峰。前两个中心最大值都超过600 mm。各山区最多降水的地带不同，阿尔泰山在中山带，天山北坡也在中山带，而天山南坡在高山带，昆仑山则在最高山带。各地降水量中固体降水量北多南少。阿尔泰山冬季降雪较多；天山与昆仑山降水集中在6～8月，这都与急流移动位置有关。由于新疆位于西风带内，对流层上部的西风气流常年通过新疆上空，从大西洋带来的一些水汽，当遇到高山阻挡时，可形成一定降水，是新疆降水的主要来源。一般北疆山地降水400～600 mm，阿尔泰山海拔3 000 m以上地区达600～800 mm，伊犁谷地迎风坡可达1 000 mm，天山南坡 200～400 mm，昆仑山北坡 200～300 mm。在西部有些迎风坡可达 500 mm，准噶尔盆地西缘及伊犁谷地一般为 250～300 mm，盆地其他边缘地区 50～70 mm，南缘及东缘 20～50 mm，盆地中心不到 20 mm。吐鲁番盆地的托克逊，多年平均降水量只有 4 mm，是新疆降水最低记录。降水是河流和冰川的补给来源，降水量的多寡对于河流分布的密度、河流水量、冰川面积、冰川条数等都密切相关（中国科学院新疆综合考察队，1966）。

在降水中心区，侵蚀、剥蚀、冰川、冻裂风化和泥流作用等特别强烈。阿尔泰山的雨水集中于迎风坡的中山带，该区森林密茂，雨水径流加上雪水的补给，使得水量非常丰沛，水色澄清，切割形成很深的沟谷尖峰矗峙的地貌。天山西部的山峰，特别在南天山都在 4 000～5 000 m 以上，面向西来的湿气，多冰川积雪，雨水径流亦颇丰富，古准平原面受冰川和径流的分割，变得十分破碎，形成陡峻的高山地貌。至于昆仑山西部，主山脊平均在 6 000 m 左右，许多高峰超过 7 000 m。本可接受许多西来的水气，但因其位于荒漠性较强的地带上，且受西部山脉屏障，使其成为上述山地中最干燥的高山区。降水集中在慕士塔格山（7 555 m）一带，有现代冰川发育，沿构造裂谷放射。昆仑山西段高山北坡，接收降水略多于南坡，亦仅少数枯瘦的冰斗冰川分布在高坡上（中国科学院新疆综合考察队，1966）。

新疆的盆地，封闭性很强，故雨量寡少，准噶尔盆地年降水量大致在 100～250 mm，塔里木盆地中部和东南部不足 10 mm，即使在盆地边缘亦在 60～80 mm 以下。而且常以暴雨形式出现。低山带和山麓带偶尔发生暴雨，由于植被少，剥蚀作用特别强烈，那些新生代较松软地层所组成的山坡，被侵蚀得如乱刀砍划过一般，出现裂地景观。干旱的平原地区，也可有短时间的暴雨，出现次数虽少，但侵蚀作用猛烈。在一定条件下，降水量在 100 mm 以下的荒漠地区的侵蚀强度，还要比降雨量是 500 mm 以上的中山带湿润区激烈。由于后者植被覆盖度大（以阿尔泰山南坡、天山北坡为例），流水澄澈，河床固定，大部分是侵蚀深谷；而前者植被少，暴流剧烈，引起荒漠区坡面冲刷和冲沟活动。一次暴雨即可改变地面微地形的面貌，尤其具有不透水层的地面，破坏力特别显著（中国科学院新疆综合考察队，1966）。

(2) 地表水。新疆的河流绝大部分为内陆河，属典型的内流区域，是我国最大的内流区。除额尔齐斯河最终流入北冰洋外，其余河流都属内流河。全区可分为中亚细亚内流区、准噶尔盆地内流区、塔里木盆地内流区及羌塘内流区和源于昆仑山南部的水系。就全区而言，新疆河网密度小，具有干旱、半干旱特征。这些内流区水系均由高山向盆地汇流，构成各自独立的向心状水系。大部分河流水量不丰富，河流出山口后在冲积洪积扇地带被引用灌溉，余水沿河床渗漏地下和蒸发损失掉，只有在洪水季节，才能流入盆地内部潴水成湖（中国科学院新疆资源开发综合考察队，1989；中国自然资源丛书编撰委员会，1995）。

从河流类型及径流变化特点来看，新疆河流补给来源分五种类型：①源于天山、昆仑山北坡及帕米尔，以冰川、永久积雪和地下水补给的河流，具有汛期长、夏水集中、水量大的特点，如叶尔羌河、和田河等。②源于阿尔泰山和塔城山地的河流，以季节性积雪和夏季的中、低山地带降水补给为主，特点是春水集中，汛期短而枯水期长，年内分配相对不均匀，如哈巴河、额尔齐斯河等。③降雨和地下水补给的河流，多为中、小河流，水源赖以夏季降雨量大小。特点是春水略大于秋水，夏水不如融雪补给的河流集中，洪峰陡起陡落，来势凶猛。④全年以泉水和地下水补给的河流，水量受气象要素影响小，具有水量稳定、年内分配均匀的特点。⑤平时干枯，因融雪或暴雨产生径流的河流(中国科学院新疆资源开发综合考察队，1989；中国自然资源丛书编撰委员会，1995)。

新疆河流的补给源，中、高山融化冰雪占一定的比重，且冰雪融化与中、低山降水之间有互补调节作用，所以径流年际变化较小。其中以北部阿尔泰山诸河变化较大，南部昆仑山系河流次之，天山山区河流较小。全区河流径流年内分配情况是 3~5 月份占 17%，6~8 月份占 56%，9~11 月份占 18%，12 月~翌年 2 月占 9%。地表水水质表现在离子总量和总硬度增减，有二个地带性特点，即从北向南、从山区到平原河水离子总量及总硬度逐渐增高的趋势。全疆除阿尔泰地区个别河流 pH 低于 7，其他河流皆大于 8，南疆河流 pH 大于北疆。河流的悬移物质年平均含沙量自北向南亦呈递增趋势，源于阿尔泰地区的河流为 0.1 kg/m^3 以下，而源于昆仑山及南天山的河流可达 2~5 kg/m^3(中国科学院新疆资源开发综合考察队，1989；中国自然资源丛书编撰委员会，1995)。

(3)地下水。新疆的地下水具有以下特征：补给源丰富且水量稳定，但地域分布不均。新疆的地形有利于大气降水、地表水和地下水的相互转化。水源来自山区，人类活动于盆地边缘，自山前至盆地分布有第四系构造形成的天然"地下水库"，且含水层深厚。地下水因北部、西部降水较多、径流丰富，地下水亦丰富；东部、南部气候干燥、降水少，因此地下水贫乏(中国科学院新疆资源开发综合考察队，1989；中国自然资源丛书编撰委员会，1995)。

3. 新疆地貌格局的形成机制

地壳下地幔流是地貌特征形成的主要作用力之一。新疆地区存在着大致以天山为中心的地幔物质发散流。它以天山为界，天山以北地壳下地幔流使地壳向 NNE 方向移动，形成以 NNE 走向为主的拉张应力场。在此应力场作用下，引起地壳拗陷，造成准噶尔盆地的形成。天山以南，地幔流携带地壳物质向西南方向移动，也出现了 NNE-SSW 走向的拉张应力场，同样地壳拗陷导致了塔里木盆地的形成。而天山的形成则与地幔流上升有关(杨景春，1993)。

在印度洋锡兰岛南面存在一个地幔流发散中心，该处的地幔物质向北流动，经印度次大陆到达喜马拉雅山地区，并与天山发散中心向南的地幔流在西昆仑山一带相遇。地幔流的汇聚作用造成青藏高原地壳挤压应力场，地壳被挤压、加厚和缩短，从而引起地面强烈隆起。在近南北向地幔汇聚和挤压应力场作用下，发育了大致平行的近东西走向的褶皱山脉和压性断裂系统(杨景春，1993)。

当前，可利用现有资料和认识，对新疆地貌的空间分布格局进行定量、定性分析，划分新疆地貌区划体系，探讨新疆地貌形成演化过程，尚不能准确的利用数学模型来完美地展现新疆地貌的演化机制。

3.2 新疆地貌演化过程与特点

存在于地表的各种地貌体是内外营力作用下不断发展和演化的产物。当一种或几种地质营力在一定范围持续作用足够长的时间后，将会出现具有特定组合特征的地貌复合体或地貌景观。除地质营力和时间因素外，该范围内的原始地形及其物质组成也对地貌演化产生重要影响，而且该范围内气候变化、外营力条件等也会对地貌演化的过程和结果产生影响。在吸收《新疆地貌》《新疆地貌概论》《新疆第四纪地质与环境》和《中国地貌特征与演化》等前人研究的基础上（中国科学院新疆综合考察队，1978；袁方策等，1994；中国科学院新疆资源开发综合考察队，1994；杨景春，1993），本项研究将新疆地貌演化过程与特点归纳如下。

1. 新疆大地貌骨架发育的主要控制因素

1) 构造条件

新疆地貌骨架受构造作用的影响巨大。依据中国新生代构造类型组合分区（杨景春，1993），昆仑山以南山体抬升强烈，属于极端高原区，昆仑山以北地区属于菱形盆地区，盆地沉降幅度巨大，堆积作用强烈。

大地构造塑造了新疆的山盆地貌结构。山地走向与各地槽褶皱带走向一致，而地槽褶皱带走向又受准噶尔和塔里木地块的形状所控制。新疆境内的各地槽褶皱带，几乎都经历过加里东、海西、印支、燕山、喜马拉雅多期褶皱、断裂及剥蚀夷平阶段，由多条支脉组成各大山系。盆地也经历过隆升与下沉的变迁，且都经过第四纪以来的长期塑造，才形成现今的盆地地貌结构特征（杨利普，1987b）。

2) 断裂带条件

控制新疆大地貌单元的断裂主要形成于新生代。新疆地区以NW和NWW向的走滑、逆冲走滑断裂为主，辅以NEE向断裂，在这两组断裂的控制下，形成了大型的菱形盆地，如塔里木盆地和准噶尔盆地，它们构成了新疆大地貌单元的界线。

新生代断裂系统在地貌发育过程中具有重要作用：①构成不同地貌单元的界线；②改变本身及周围的气候环境，从而使外力作用发生明显变化；③沿断层上升，地块侵蚀、剥蚀加强，形成深切的峡谷或其他剥蚀地貌（中国科学院新疆地理研究所，1986）。

3) 气候外营力作用

新疆地区本就远离海洋，水汽到达很少，又受地形的影响，气候十分干燥，成为典型的风力作用区。盆地中的湖相沉积经过风力作用改造，出现广阔的沙漠。山地地区物理风化作用盛行，形成大量岩石碎屑。夏季多暴雨以及高山冰雪融水，造成坡地和河流冲刷强烈，并快速堆积在盆地边缘，形成宽阔的洪积-冲积扇、冲积平原和洪积平原。风力吹走洪积、冲积物中的细粒物质，留下粗大的砾石，成为广泛发育的戈壁地区（中国科学院新疆地理研究所，1986）。

2. 不同构造运动阶段的新疆地貌形成演化特点

地貌是地质作用所形成的特定地表形态，构造运动对地貌的形成具有明显的控制作用。根据新疆经历的多个构造运动阶段，分阶段分析其对新疆地貌塑造过程的影响具有重要意义（中国科学院新疆资源开发综合考察队，1994）。各构造运动对应的地质时代等信息见本书附录。

1）加里东运动

加里东期是指古生代早期。古生代早期地壳运动总称为加里东运动，其所形成的褶皱带称加里东褶皱带。这一阶段中发生的构造运动统称为加里东运动，这一时期也叫加里东构造期（中国科学院新疆资源开发综合考察队，1994）。

在加里东期（即早古生代），阿尔泰山、天山、昆仑等地槽发生大幅度下沉，接受大量沉积；随后有强烈褶皱和火成岩侵入活动，岩层发生深度变质。地槽内普遍出现由古老结晶岩组成的背斜带，成为以后构造运动的枢纽。同时在背斜两侧发生边缘坳陷，成为后期沉积的场所（中国科学院新疆资源开发综合考察队，1994）。

加里东运动使得阿尔泰地槽成为复杂的北西-南东向褶皱带和断裂构造，并伴有沿构造方向侵入的花岗岩。加里东运动使得古老岩层形成线状紧闭褶皱（中国科学院新疆资源开发综合考察队，1994）。

2）海西运动

海西期指晚古生代，该时期的地壳运动称为海西运动，又称华力西（Varisian）运动，得名于德国海西山，其所形成的褶皱带称海西或华力西褶皱带（中国科学院新疆资源开发综合考察队，1994）。

海西期地槽区表现为广泛的海侵，产生火山喷发和大规模的火成岩侵入活动，后期是强烈褶皱和断裂升降运动。海西运动后，全疆除了喀喇昆仑山外，所有地槽区都已全部隆起成陆地，形成阿尔泰山、天山、昆仑山等雄伟的山地和两大盆地。此时的成陆范围远超出加里东时期，而且褶皱和断裂活动表现较强烈。在阿尔泰山、天山、昆仑山等地区，基底断裂活动进一步发展，使得若干基底坚硬的断块山区的表层发生块状断裂，如库鲁塔格、柯坪山地、阿尔金山等。同时，塔里木和准噶尔地台区虽有升降运动，但十分轻微，极少有火山活动，只是局部具有海侵与海退活动，也有较和缓的褶皱与断裂（中国科学院新疆资源开发综合考察队，1994）。

海西运动不仅使新疆各大山系初具雏形，同时产生了一系列断裂以及岩浆岩的侵入，它们的延伸方向与山体走向大致相同，奠定了新疆境内的主要断裂系统（中国科学院新疆资源开发综合考察队，1994）。

3）印支运动

印支阶段指的是早、中三叠世时期，这一时期的地壳运动称为印支运动。印支运动对中国古地理环境的发展影响很大，它改变了三叠纪中期以前"南海北陆"的局面。海水退至新疆南部、西藏和滇西一带,仍属特提斯型海域(中国科学院新疆资源开发综合考察队,1994)。

这一时期,新疆的构造运动比较缓和。除了喀喇昆仑山外,其余各大山系地形起伏不大,发生剥蚀并形成红色风化壳。只在局部地区有较平缓的沉降,并堆积数百米厚的红色砂岩、泥岩和砾岩等。这些沉降区分布在山前凹陷和盆地内,如天山南北山麓地带、天山内部山间盆地、昆仑山北麓等(中国科学院新疆资源开发综合考察队,1994)。

4) 燕山运动

燕山期指的是在晚三叠世到晚白垩世时期,又称为老阿尔卑斯阶段。发生在这一时期的地壳运动在我国称之为燕山运动(中国科学院新疆资源开发综合考察队,1994)。

燕山运动早期,阿尔泰山、天山、昆仑山山系地区继续隆升,遭受剥蚀。从山地剥蚀的大量碎屑物质堆积在盆地中。在塔里木盆地的库车凹陷发生显著沉降,天山和昆仑山受剥蚀后的碎屑物质分别在凹陷地里大量堆积,主要以粗砂岩、砾岩为主,并伴有泥岩、泥灰岩和煤层。准噶尔盆地全境沉降,但各个地方沉降幅度不同,靠近北部、西北部、东北部的山区和山前平原或断块山区沉陷不大,而在天山北麓的山前凹陷附近沉降幅度较大。天山内部的盆地谷地也有沉积,但厚度不大(中国科学院新疆资源开发综合考察队,1994)。

燕山运动中后期,新疆构造活动性加强,山区隆起范围加宽,有些凹陷地区被卷入隆起范围内,而沿盆地边缘凹陷范围向盆地内部扩展。喀喇昆仑山也在这一时期受到强大的构造运动影响从地槽转变为高山(中国科学院新疆资源开发综合考察队,1994)。

5) 喜马拉雅运动

喜马拉雅阶段,指的是新生代时期,包括古近纪(早第三纪)、新近纪(晚第三纪)和第四纪,发生在这个时期的构造运动称之为喜马拉雅运动(中国科学院新疆资源开发综合考察队,1994)。

自古近纪(早第三纪)以来,各大板块的相互碰撞,对新疆乃至中国现代地貌的格局和演变有着重要影响,喜马拉雅运动使得喜马拉雅地槽升出海面,特提斯海消失,喜马拉雅山脉和青藏高原强烈隆升,新疆地区受南北向挤压力作用,形成了一系列近似于东西向延伸的褶皱断块山脉,昆仑山就形成于这一时期(中国科学院新疆资源开发综合考察队,1994)。

喜马拉雅运动对青藏高原以北的广大地区有很大影响。塔里木盆地在古近纪(早第三纪)已经形成,但位于南北两面的昆仑山和天山山脉的高度却不高。从上新世晚期开始,盆地周围山地急剧上升,盆地本身也随之抬高形成近 1 000 m 的海拔高度(中国科学院新疆资源开发综合考察队,1994)。

天山山地在喜马拉雅运动时期急剧上升。早在古近纪(早第三纪)时,天山山地还很低缓;到新近纪(晚第三纪),海拔也仅 3 000 m;但从第四纪以来,强烈的构造隆起形成了当今雄伟的山脉。此时期天山山脉大约抬升了 2 200~3 000 m 左右,一些主要山峰海拔都在 4 000~6 000 m,最高峰海拔超过了 7 000 m;而两侧山前平原海拔却仅 1 000 m

左右。喜马拉雅运动使天山在不断抬升的过程中,对两侧产生横向水平挤压作用,在天山南北两侧山麓各分布有三条东西走向的断面倾向山地的逆冲褶皱带,表现为丘陵等地貌类型。距天山越远,褶皱带的规模越小,地形高度越低(杨景春,1993)。

准噶尔盆地、塔里木盆地是比较稳定的地台,长期处于相对稳定沉陷带,一直接受阿尔泰山、天山、昆仑山等周围山地风化搬运的大量物质堆积,特别是喜马拉雅运动以来,相继堆积的有古近纪(早第三纪)、新近纪(晚第三纪)的河湖相砂砾层和砂质泥岩等中新世乌伦古层、上新世的索索泉层以及第四纪时期的砂砾石层和冰碛、冰水堆积物等。经过喜马拉雅运动,阿尔泰地槽抬升,遭受剥蚀,大量风化物质输送到准噶尔盆地堆积(杨景春,1993)。

6) 新构造运动

新构造运动时期,受印度板块和欧亚板块的碰撞,新疆地区处于强烈的挤压应力环境,开始了大陆岩石圈内的俯冲、地壳缩短与加厚的过程(曹伯勋,1995)。

新疆新构造运动既表现在山区的急剧块断隆升,也反映在山前坳陷和山间盆地中新地层的褶曲变形方面。新疆新构造运动有活动强度大、频度高的特点,构造形迹丰富多样。在此时期,较稳定的地台仍然是差异性运动微弱的地区,而地槽山地则普遍表现为强烈的差异运动。新疆地区在整体抬升的基础上,发育了受断裂控制的压陷断块盆地:塔里木盆地、准噶尔盆地、伊犁河谷与吐鲁番等盆地,这些控制盆地的断裂多具有逆冲和走滑性质。与盆地相邻是强烈隆起的断块山山地,隆起和下沉的相对高差高达 1 000 m以上(杨景春,1993)。

总的来讲,海西构造期形成的山脉和加里东构造期形成的山脉都可称之为旧褶皱山,由于山脉硬化较早,久经侵蚀,地势已大为降低;而今日的地形,主要是阿尔卑斯期(喜马拉雅运动)以后所隆起的山块(杨景春,1993)。

3. 影响新疆地貌形成演化的其他因素

1) 青藏高原对新疆地貌形成与演化的影响

青藏高原由于其巨大的海拔和空间自成一个独特的气候区域。由于高原对低空气流的屏障作用,使其北侧新疆地区冬季少受暖平流的影响,有利于冷空气的聚积,从而强化了蒙古高气压。青藏高原的形成对新疆地区塑造地貌的外营力作用影响巨大(杨景春,1993)。

西北内陆干旱区于晚白垩世-古近纪(早第三纪)即已形成,但随着青藏高原和外围山地,特别是西侧山地的不断上升,新疆地区西风带来的降水不断减少,导致干旱气候不断加剧。使得本区广大盆地和山麓地带的地貌作用以干燥剥蚀和风力作用为主,地貌形态组合也相应的以干燥剥蚀和风成地貌为主要特点;但是在高山区,由于山地截获较多的水汽,雨雪较多,形成较多冰川、冰缘地貌特征;而且冰雪融水补给河流和地下水流出山地进入盆地,滋养了新疆的绿洲区。在山麓地带,冲、洪积扇地貌发育,在大河的尾闾常形成较大的三角洲平原;在山地上部则普遍发育古、今冰川地貌和冰缘地貌(杨景春,1993)。

2) 人类活动对新疆地貌的影响

人类活动也可以看作是塑造地貌的一种外营力。相比较而言，人类活动是改变地貌所需时间较短的一种外力作用。人类活动对地貌形态和过程的影响较大，人类的直接或间接活动都会引起地貌形态和过程的变化，产生特殊地貌。人类活动改变并且影响着新疆的地貌格局。

矿业开发在为新疆甚至全国带来丰富的矿产资源的同时，也造成了矿区地貌的巨大改变。绿洲规模的迅速扩大与绿洲荒漠交错带的严重退化，人为活动是其最主要的因素。由于对开垦后的土地不合理的管理，土壤盐渍化、沼泽化恶化了绿洲环境，造成大量的撂荒地，甚至成为戈壁、荒漠。由于原有植被已被破坏，土壤结构也因次生盐碱化而恶化，很难再有植被重新生长，成为新的风沙源，部分固定半固定沙丘复活化为流动沙丘。人工乱采、乱挖、乱樵使植被覆盖率降低，植物群落逆向演化，风蚀作用加强，水土流失加剧。人类活动改变了地表水循环途径，影响了外力作用对地貌的发育过程。所有这些活动在一定程度上影响了新疆地区平原地貌、流水地貌、风沙地貌等地貌类型的地貌过程以及空间分布格局（杨利普，1978b）。

4. 新疆地貌形成演化的特点

地质构造、新构造运动、气候变化、环境变迁、地理位置等因素共同塑造并影响着新疆地貌格局。简要概括起来，新疆地貌的形成演化具有以下特征（杨利普，1978b）。

1) 层状地貌特征

由于塑造地貌的内外营力强弱变化的周期性，使得地貌的发展表现出多次渐进变化与急剧变化的交替，这就是地貌发展的旋回性（曹伯勋，1995）。地貌发展的这种特性是一种普遍现象，表现为许多层状地貌。如阿尔泰山地区层状地貌特征清晰明显，反映出本区曾受不等量的间歇性抬升运动的影响。此外，天山山地、昆仑山地也有多级层状地貌展布（杨利普，1978b）。

2) 水系格局特征

水系的分布格局，能形象生动地反映出构造运动在地貌形成过程的影响和表现，主要反映在水网的分布、河流的大小、河道变迁、河谷阶地发育等方面。新疆地区河流的空间分布具有区域差异性特征（杨利普，1978b）。

除了额尔齐斯河、乌伦古河、塔里木河等河流在盆地内的河流流向与山地走向平行外，其余河流的流向大都与山地走向垂直。这与这些河流所分布的地理位置所处的构造单元有关，构造运动影响着河流流向转变（杨利普，1978b）。

额尔齐斯河与乌伦古河的上游与支流都发源于阿尔泰山，在阿尔泰山长期间歇抬升作用下，支流主要分布在河流的右岸，水网格局具有不对称性特征。准噶尔盆地区古近纪（早第三纪）、新近纪（晚第三纪）地层由西北向南或由东南向西北向额尔齐斯河下游加厚，地表水系同样显示向西北偏转，反映出两大构造单元运动方向不一致（杨利普，1978b）。

天山内部及其前山带地区，由于新构造断裂活动的影响，使得许多水系呈特殊的形态。特别是伊犁盆地内部的水网，特克斯河南面的支流沿构造线发育，横穿山脉汇入特克斯河；特克斯河原本是流向东北向的，但它与巩乃斯河交汇后，却转向回流，一同向西北方向流入伊犁河(杨利普，1978b)。

3) 山盆系统耦合特征

刘和甫认为盆地和山岭是岩石圈动力学作用下两种主要地貌形态和地壳结构，是岩石圈变形的两个侧面，并从构造、旋回、沉积三个角度分析了盆地与造山带之间的相互联系性(刘和甫，2001)。

在构造上，盆地与山岭的耦合性主要表现在构造应力场的统一性，即挤压造山带与前陆盆地耦合、伸展造山带与裂陷盆地耦合、走滑造山带与走滑盆地耦合，而连锁断层系成为耦合机制主键。从旋回上来讲，盆地与山岭的反转性，是指地球体积变化或脉动所产生的早期大陆边缘盆地可以反转为造山带，晚期造山带可以伸展成坍陷成裂陷盆地，"高山为谷，深谷为陵"主要表现在时间上的开合性。对于沉积相而言，盆地与山岭的互补性，主要表现为地球均衡性所制约，在浅层呈现为山岭隆升侵蚀或剥蚀夷平作用、盆地下降沉积充填，在深层则呈现为熔浆迁移和拆层作用。图 3.2 反映了山地和盆地之间的耦合机制是地壳、地幔体系中应力和应变关系(刘和甫，2001)。

新疆地区的山盆结构以走滑挠曲盆地和挤压造山带为主，所以表现出来的山盆耦合机制符合图 3.2C，是在走滑山盆体系应力场与应变场之间的相互作用力下形成(刘和甫，2001)。

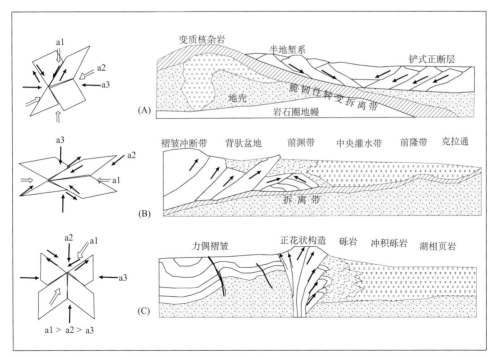

图 3.2 新疆山盆地貌耦合机制(刘和甫，2001)

(A)伸展山盆体系应力场与应变场；(B)压缩山盆体系应力场与应变场；(C)走滑山盆体系应力场与应变场

天山是在古生代地槽褶皱基础上经历了复杂的地质演变过程，特别是新生代构造运动，形成了现在隆起的山地地形，所以说天山造山带由古生代复合碰撞造山带与新生代再生造山带两部分共同组成：古生代造山带在中生代至老第三纪主要经历剥蚀夷平期，形成多级夷平面；新生代由于印度板块嵌入亚洲大陆板块，使得中国西部地壳产生推覆冲断作用和走滑作用，使得天山山体强烈隆升，形成新生代再造山带，并在山体两侧形成新生代再生前陆盆地。图 3.3 反映了天山新生代再生造山带与再生前陆盆地之间的耦合关系，其中前陆盆地部分比例尺略有扩大，以便于清晰表现细部特征(刘和甫，2001)。

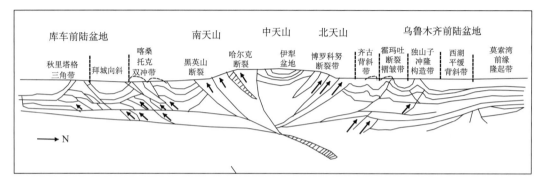

图 3.3　天山新生代再生造山带与再生前陆盆地(刘和甫，2001)

天山的构造和地貌的主要变动是由大小不等的断裂错动形成的(中国科学院新疆综合考察队，1978)。在天山南缘，受新生代天山再造山冲断作用的影响，形成了库车前陆盆地、前陆褶皱冲断带。秋里塔格三角带、拜城向斜盆地、喀桑托克双冲带，形成多列山前褶皱带、冲断层与褶皱带近似于东西走向呈带状分布。地表变形强度从南向北逐渐增强，越靠近山体变形强度越大(图 3.3)。而对于天山北麓，乌鲁木齐前陆盆地的前陆褶皱-冲断带多为长轴背斜，平面上呈东西向展布，剖面上主要为同心褶皱，自南而北呈雁列背斜带(刘和甫，2001)。齐古背斜带、霍玛吐断裂褶皱带、独山子冲隆构造带、西湖平缓背斜带、莫索湾前缘隆起带，天山北麓形成多排山前褶皱带，近似于东西走向呈带状分布(图 3.3)。同样的，距离山体越近，地表变形强度越大。对于天山山体，南天山的哈尔克断裂和黑英山断裂以及北天山的博罗科努断裂共同隆升作用下，形成伊犁断陷盆地。塔里木盆地是天山南麓前陆盆地与克拉通盆地的叠合；而准噶尔盆地则为阿尔泰-蒙古增生造山带上叠置的晚古生代-中生代裂陷盆地(刘和甫，2001)。

第 4 章　新疆地貌格局与特征

本章基于新疆数字地貌数据，利用地学统计方法和 GIS 空间分析，系统地定量化分析了新疆地貌的空间分布格局。本书中所有地貌类型的界定都是以最新的地貌类型的分类体系为标准，具体某种地貌类型的定义可参考最新出版的《地貌学辞典》(周成虎，2006)。相对于山地丘陵地貌(以下简称山丘地貌)来说，新疆平原台地地貌(以下简称为平地地貌)约占总面积的 1/3 左右。山丘地貌和平地地貌的分布状况见图 4.1，平地地貌大多分布在山间谷地、盆地，以及沙漠边缘的过渡带上，大多数顺着河流延伸，或分布在河流交汇地，呈条带状分布，其延展方向随着地形的变化而变化。

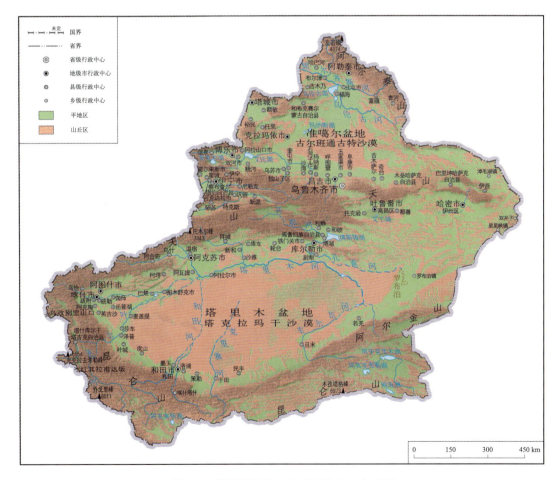

图 4.1　新疆平地区、山丘区地貌分布略图

4.1 地貌形态的格局特征

在形态上，新疆地貌以山丘为主，而山丘类型中又以丘陵为主；其次是中山和高山，低山、极高山和台地所占比例较少。

这里把全疆作为一个整体从宏观角度对该区的地貌空间格局特征进行分析，采用地学统计和 GIS 空间分析方法，将从海拔分布等级、地势起伏、基本形态类型三个层次上分析新疆地貌的总体特征。

1. 形态类型的定量特征

1) 海拔分布特征

海拔高程是表示地面某个地点高出海平面的垂直距离，是宏观地形因子之一。地面上每一个地方都有海拔高度，不仅能够反映某地地貌总能量的大小，而且在某种程度上反映该处内外营力强度的对比情况。

利用 DEM 数据统计不同高程段的范围大小。因为 DEM 数据栅格大小为 90 m，所以利用不同高程对应的栅格个数多少来体现各海拔高度在新疆的分布状况。通过建立栅格个数与高程值之间的关系(图 4.2)，根据两者的关系曲线可以看出，新疆 750~1 500 m 的海拔分布最多；从-154 m 到 1 250 m，随着海拔的上升，对应的分布范围迅速增大，从 1 250 m 到 8 611 m，随着海拔的上升，对应的分布范围逐渐减小。对照海拔高程的等级划分标准，中海拔-低海拔-高海拔-极高海拔的分布范围依次减少，中海拔分布最为广泛。

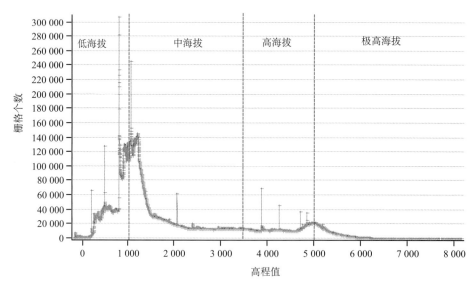

图 4.2　栅格个数与高程值(m)之间的关系

依据全国海拔分类指标和新疆地域特征，得出新疆地貌在不同海拔区域的面积(表 4.1)，中海拔地貌所占面积为 $81.391 \times 10^4 \text{ km}^2$，将近 1/2 的新疆地貌分布在中海拔区域。

极高海拔区域分布面积较少，面积仅有 $13.404×10^4$ km²。新疆地貌在中海拔-低海拔-高海拔-极高海拔的分布面积逐渐减少。该统计结果与 DEM 栅格统计分析结果相一致。

表 4.1　新疆地貌不同海拔高度分布

海拔	低海拔	中海拔	高海拔	极高海拔	合计
面积/10^4 km²	45.259	81.391	23.978	13.404	164.032
百分比/%	27.592	49.619	14.617	8.172	100

2）地势起伏形态特征

地势起伏度是指地形表面最大高程与最小高程的差值，也可以称为地表相对高度。起伏度是反映地形起伏的宏观地形因子。

依据地势起伏度的分类等级和指标，新疆地貌类型中数量最大为丘陵，面积为 $55.298×10^4$ km²，起伏度小于 200 m；其次是平原地貌，面积为 $49.099×10^4$ km²，切割深度一般小于 30 m；面积最小为极大起伏山地，面积仅为 $0.681×10^4$ km²，起伏高度大于 2 500 m。起伏度分级类型其面积由大到小的排列顺序依次为丘陵-平原-中起伏山地-大起伏山地-台地-小起伏山地-极大起伏山地（表 4.2）。

表 4.2　新疆地貌不同地势起伏类型分布面积

地势起伏类型	面积/10^4 km²	百分比/%
平原	49.099	29.933
台地	12.682	7.731
丘陵	55.298	33.712
小起伏山地	11.814	7.202
中起伏山地	21.096	12.861
大起伏山地	13.362	8.146
极大起伏山地	0.681	0.415
合计	164.032	100

3）基本形态类型特征

由海拔和地势起伏度组合得到新疆 23 种基本形态地貌类型，相应的面积和面积百分比见表 4.3。比较得知，中海拔丘陵最多，面积为 $35.131×10^4$ km²，占总面积的 21.417%；低海拔平原和中海拔平原的面积分别为 $22.292×10^4$ km²、$22.028×10^4$ km²，分别占总面积的 13.590%、13.429%；极高海拔平原-极大起伏极高山-极高海拔台地-小起伏低山四种基本形态类型在新疆分布很少，而且它们的面积也依次减少，面积分别为 $0.681×10^4$ km²、$0.681×10^4$ km²、$0.324×10^4$ km²、$0.250×10^4$ km²，占总面积的百分比分别为 0.415%、0.415%、0.198%、0.152%。

表 4.3 新疆地貌基本形态类型分布面积

代码	基本形态类型	面积/$10^4 km^2$	百分比/%	代码	基本形态类型	面积/$10^4 km^2$	百分比/%
11	低海拔平原	22.292	13.590	41	小起伏低山	0.250	0.152
12	中海拔平原	22.028	13.429	51	小起伏中山	7.795	4.752
13	高海拔平原	4.098	2.498	52	中起伏中山	9.698	5.912
14	极高海拔平原	0.681	0.415	53	大起伏中山	1.028	0.627
21	低海拔台地	4.946	3.015	61	小起伏高山	2.086	1.272
22	中海拔台地	5.711	3.482	62	中起伏高山	8.342	5.086
23	高海拔台地	1.701	1.037	63	大起伏高山	6.432	3.921
24	极高海拔台地	0.324	0.198	71	小起伏极高山	1.683	1.026
31	低海拔丘陵	17.771	10.834	72	中起伏极高山	3.056	1.863
32	中海拔丘陵	35.131	21.417	73	大起伏极高山	5.902	3.598
33	高海拔丘陵	1.319	0.804	74	极大起伏极高山	0.681	0.415
34	极高海拔丘陵	1.077	0.657				

2. 地貌形态的空间格局分析

1) 海拔高度

据新疆不同海拔地貌分布特征图[图 4.3(a)]，低海拔主要分布在准噶尔盆地、塔里木河中下游两岸以及吐哈盆地等地区；中海拔主要分布在塔里木盆地、嘎顺戈壁、卡拉麦里-北塔山等地区；阿尔泰山和天山的大部分地区属于高海拔，昆仑山山脉大部分为极高海拔区域。总的来说，北疆海拔低于南疆，北疆地形以低海拔为主，南疆地形以中海拔为主。低海拔与中海拔地貌由于所占面积较大，而且分布较为集中，因此它们的空间分布特征基本上均呈现出面状分布；高海拔地貌在阿尔泰山和天山地区分布最多，随着山势走向呈条带状分布，在昆仑山东部和阿尔金山地区则呈片状分布；极高海拔主要分布在昆仑山脉地区，随着山势走向呈条带状分布。

据图 4.3(b)，准噶尔盆地的海拔高度基本上在 0~1 000 m 之间，而且盆地西南地区、北部的额尔齐斯河下游及乌伦古湖地区的海拔大致上为 0~500 m，其余地区海拔在 500~1 000 m 之间，准噶尔盆地的地势基本上呈西南低、东北高。塔里木盆地的海拔高度范围是 500~1 500 m，除盆地东北部的塔里木河下游地区和东部的罗布泊洼地海拔高度为 500~1 000 m 之间外，其余地方的海拔高度均在 1 000~1 500 m 之间，可以看出塔里木盆地的地势基本上是西南地区高、东北低，刚好与准噶尔盆地的地势相反。阿尔泰山主峰友谊峰海拔为 4 374 m，在新疆境内的阿尔泰山最高海拔为 4 307 m，海拔在 4 000~4 307 m 之间的区域面积很小，阿尔泰山其余地区的海拔均在 1 000~4 000 m 之间，而且从西北向东南海拔逐渐降低，山体宽度也逐渐变窄。天山山脉最高峰为汗腾格里峰，海拔约 6 300 m，博格达峰海拔约 5 100 m，其余地方的海拔大体上在 1 500~4 500 m，在一些山结处的海拔可能会高达 5 000 m 以上；天山山地内部还分布着山间盆地，除了尤尔

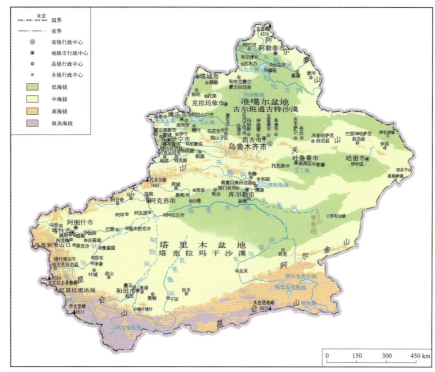

(a) 基于遥感综合解译获得的地貌类型海拔要素空间分布特征

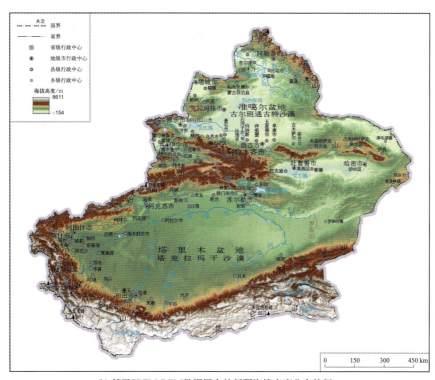

(b) 基于SRTM-DEM数据展布的新疆海拔高度分布特征

图 4.3 新疆地貌类型的海拔高度分布特征

都斯盆地的海拔在 2 300～2 700 m 之间外，其余盆地和谷地的海拔基本上在 1 500 m 以下，吐哈盆地的海拔在–154～1 000 m 之间，其中吐鲁番盆地最低海拔–154 m，成为全国海拔最低的地方。昆仑山山系(包括帕米尔、喀喇昆仑、昆仑、阿尔金山)的海拔大致在 1 800～8 611 m 之间，大部分地区的海拔在 2 000～5 500 m 之间，阿尔金山的海拔大约在 1 800～4 500 m 之间，慕士塔格山约 7 500 m，公格尔山约 7 700 m，境内包括乔戈里峰的部分区域海拔高达 8 611 m。

2) 地势起伏类型分布特征

据图 4.4，阿尔泰山脉主要是小起伏山地和中起伏山地，天山山地以中起伏山地和大起伏山地为主，昆仑山系主要是大起伏山地和极大起伏山地。平原和台地多分布在沙漠边缘与山地的过渡区和山间盆地中。小起伏山地包括低山、中山、高山和极高山；中起伏、大起伏山地均包括中山、高山和极高山；极大起伏山地只包括极大起伏极高山。山地地貌大都随着山脉走向呈条带状分布；平原地貌在准噶尔盆地和塔里木盆地大体上围绕盆地边缘呈环形分布；台地地貌由于分布较零散，空间特征不明显。

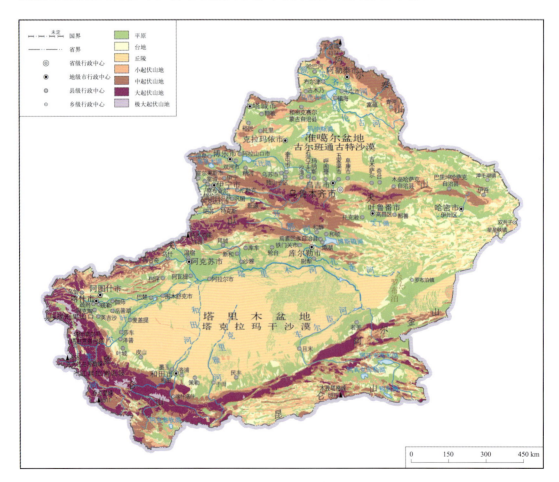

图 4.4 新疆地势起伏类型分布略图

由此可见，阿尔泰山的地势起伏相对较小，起伏度大体上在 200～1 000 m 之间；天山山地由于山间盆地和谷地比较多，地势起伏度在 500～2 500 m 之间；昆仑山山系的地势起伏度相对较大，一般在 1 000 m 以上，有些山地的地势起伏甚至高达 2 500 m 以上，其北坡与塔里木盆地之间高差悬殊，峡谷切割较深，因而地势陡峭，南坡与青藏高原之间的高差较小，因而山势较缓和。

3) 基本形态类型分布特征

图 4.5 反映了新疆基本地貌形态类型的分布特征，由于基本地貌形态类型种类较多，图中不同类型用编码表示（参考表 4.3）。整体上，不同基本类型的空间分布也较为集中，各区域地貌类型分布比较单一。只有在天山东南部的嘎顺戈壁地区、昆仑山东部的地区地貌类型分布较为复杂，多种地貌类型交错分布。中海拔丘陵主要分布在塔里木盆地的

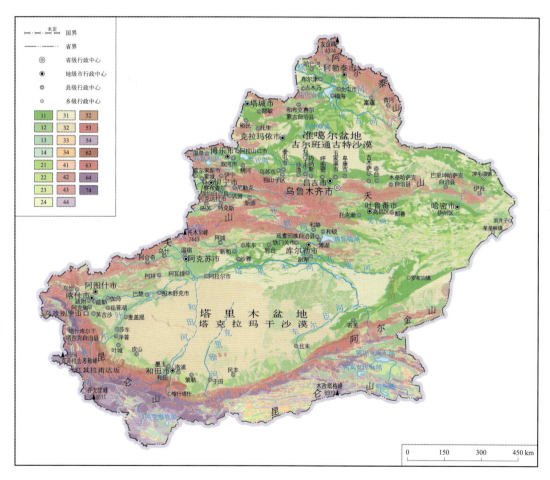

图 4.5 基本地貌形态类型分布图

11 低海拔平原；12 中海拔平原；13 高海拔平原；14 极高海拔平原；21 低海拔台地；22 中海拔台地；23 高海拔台地；24 极高海拔台地；31 低海拔丘陵；32 中海拔丘陵；33 高海拔丘陵；34 极高海拔高地；41 小起伏低山；42 中起伏中山；43 小起伏高山；44 小起伏极高山；52 中起伏中山；53 中起伏高山；54 中起伏极高山；62 大起伏中山；63 大起伏高山；64 大起伏极高山；74 极大起伏极高山

西南大部分地区,大致为椭圆形分布特征;低海拔平原主要分布在准噶尔盆地外围,大致为三角形分布特征,在塔里木盆地东北部也有较多分布,大致呈"⊃"状分布特征;中海拔平原主要分布在塔里木盆地的西北、西南和南部外围地区,大致呈"⊂"状分布特征;塔里木盆地区的中海拔平原形成环形分布特征。

4.2 新疆地貌成因类型的格局特征

1. 成因类型的定量分析

1)基本成因类型的分布特征

依据最新的新疆地貌类型数据统计分析得知,新疆地貌的基本成因类型共9种,各类型的面积统计特征见表4.4。其中,流水、风成和干燥地貌的面积分别为 $44.481×10^4 km^2$、$43.087×10^4 km^2$ 和 $42.703×10^4 km^2$,分别占总面积的百分比分别是 27.117%、26.267% 和 26.034%。也就是说,流水作用、风成作用和干燥作用这三种外营力对塑造新疆地貌起了主要作用;其次是冰川和冰缘作用的影响,火山熔岩地貌和喀斯特地貌在新疆的分布面积较少。

表4.4 新疆地貌成因类型分布面积

基本成因类型	流水	风成	干燥	冰缘	冰川	黄土	湖成	喀斯特	火山熔岩
面积/$10^4 km^2$	44.481	43.087	42.703	15.152	11.319	3.779	3.309	0.117	0.085
百分比/%	27.117	26.267	26.034	9.237	6.901	2.304	2.017	0.071	0.052

2)基于海拔高度的地貌成因类型分布特征

基于海拔等级对新疆地貌的成因类型特征进行分析,地貌外营力作用的影响随着海拔高度的变化而变化。根据表4.5,高海拔地区所包含的地貌成因类型种类最多,其次是中海拔地区,低海拔和极高海拔地区地貌成因的种类最少。

表4.5 基于海拔高度的新疆地貌基本成因类型分布面积　　　（单位:$10^4 km^2$）

	成因类型	冰川	冰缘	干燥	流水	湖成	风成	黄土	喀斯特	火山熔岩
海拔	低海拔	—	—	15.389	10.935	2.468	15.718	0.749	—	—
	中海拔	0.522	0.207	27.306	22.703	0.440	27.183	3.030	—	—
	高海拔	4.767	7.760	0.008	10.843	0.322	0.186	—	0.058	0.034
	极高海拔	6.030	7.185	—	—	0.079	—	—	0.059	0.051

低海拔地区,地貌成因类型包括风成-干燥-流水-湖成-黄土地貌,面积依次减少;其中,风成地貌为 $15.718×10^4 km^2$,干燥地貌为 $15.389×10^4 km^2$,流水地貌为 $10.935×10^4 km^2$。中海拔地区地貌成因类型包括干燥-风成-流水-黄土-冰川-湖成-冰缘地貌,面积依次减少;

其中干燥地貌为27.306×10^4 km^2，风成地貌为27.183×10^4 km^2，流水地貌为22.703×10^4 km^2。高海拔地区地貌成因类型包括流水-冰缘-冰川-湖成-风成-喀斯特-火山熔岩-干燥地貌，面积依次减少；其中流水地貌为10.843×10^4 km^2，冰缘地貌为7.760×10^4 km^2，冰川地貌为4.767×10^4 km^2。极高海拔地区地貌成因类型包括冰缘-冰川-湖成-喀斯特-火山熔岩地貌，面积依次减少；其中冰缘地貌为7.185×10^4 km^2，冰川地貌为6.030×10^4 km^2。

3) 基于地势起伏的成因类型分布特征

通过平原、台地、丘陵和山地四大类型对比分析，各成因地貌类型的分布特征见表4.6。平原地貌和丘陵地貌所包含的成因类型最多，都包括8种地貌成因类型；山地地貌整体上包含地貌成因类型较全，但其中的极大起伏山地区地貌成因类型只有冰川作用一种，面积为0.681×10^4 km^2。平原区包括的地貌成因类型有流水-干燥-风成-湖成-冰川-冰缘-黄土-火山熔岩地貌，面积依次减少；台地地貌包括干燥-流水-冰缘-黄土-湖成-冰川-火山熔岩7种地貌成因类型，面积依次减少；丘陵地貌包括风成-干燥-冰缘-黄土-流水-冰川-火山熔岩-喀斯特8种地貌成因类型，面积依次减少；小起伏山地地貌包括的成因地貌类型有流水-干燥-冰缘-黄土-风成-冰川-喀斯特-火山熔岩地貌，面积依次减少；中起伏山地地貌包括流水-冰缘-冰川-干燥-黄土-喀斯特-火山熔岩7种地貌成因类型，面积依次减少；大起伏山地地貌包括冰川-流水-冰缘-黄土-干燥-喀斯特6种地貌成因类型，面积依次减少。

表4.6 基于地势起伏的新疆地貌成因类型分布面积 （单位：10^4 km^2）

	基本成因类型	冰川	冰缘	干燥	流水	湖成	风成	黄土	喀斯特	火山熔岩
地势起伏类型	平原	0.964	0.681	16.585	24.261	2.842	3.480	0.278	—	0.008
	台地	0.135	0.720	8.466	2.384	0.467	—	0.481	—	0.029
	丘陵	0.086	1.783	11.869	1.053	—	39.326	1.152	0.004	0.025
	小起伏山地	0.132	2.684	3.807	4.049	—	0.281	0.819	0.031	0.011
	中起伏山地	2.961	6.219	1.875	9.182	—	—	0.822	0.025	0.012
	大起伏山地	6.360	3.065	0.101	3.552	—	—	0.227	0.057	—
	极大起伏山地	0.681	—	—	—	—	—	—	—	—

2. 成因类型的空间分布格局分析

1) 基本成因类型的空间分布特征

各基本成因地貌类型的分布状况见图4.6。流水地貌主要沿河网水系分布，大多分布在山地的中山带、低山丘陵区以及盆地或盆地的边缘区；风成地貌主要分布在塔里木和准噶尔两大盆地的中心沙漠地带，其余地方也有零星沙丘、沙地分布；干燥地貌在吐哈盆地、嘎顺戈壁、诺敏戈壁等地有大片分布，在中山、低山丘陵以及平原台地区也均有分布；冰川和冰缘地貌主要分布在高山和极高山区，而且昆仑山山系分布最多，西昆仑、喀喇昆仑、帕米尔高原等地区的地貌类型主要受冰川作用影响，中东昆仑则是冰缘作用占优势，阿尔金山的地貌外营力则以流水作用为主；伊犁盆地主要受流水地貌和黄土地貌共同控制；湖成地貌则主要分布在湖泊周围如赛里木湖、博斯腾湖、乌伦古湖等周围。

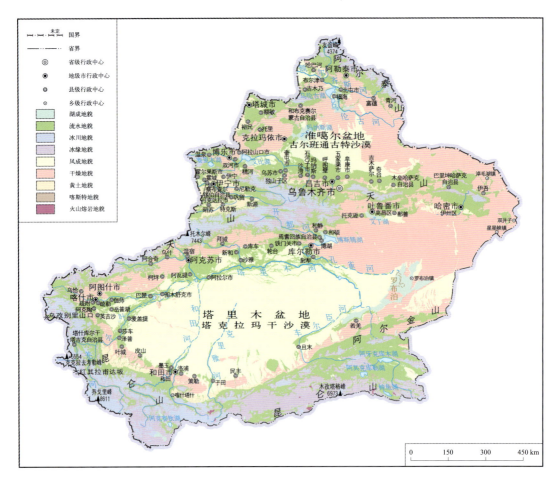

图 4.6　新疆基本成因类型空间分布

2）基于海拔高度的基本成因类型分布特征

分析不同海拔地区各地貌成因类型的面积分布状况（图 4.7）得知：第一，干燥、风成、流水和黄土地貌的空间分布趋势大致相同，在中海拔地区所占面积比例最大，以中海拔为拐点，海拔降低或升高，各类型面积比例都呈下降趋势；并且干燥和风成地貌的面积比率趋势线几乎完全重叠。第二，冰川、冰缘、喀斯特、火山熔岩四种成因类型空间分布特征较为相似，所占面积都是随着海拔的增高而增加，并且冰川地貌面积比例趋势线接近于冰缘地貌面积比例趋势线，喀斯特地貌面积比例趋势线接近于火山熔岩地貌面积比例趋势线。第三，湖成地貌较为独特，在各海拔地区均有分布，而且随着海拔的升高，分布面积呈下降趋势。

3）基于地势起伏的成因类型分布特征

基于地势起伏的成因地貌类型分布特征(图 4.8)，主要包括以下几个方面。

第一，基于地势起伏的冰川地貌和冰缘地貌的空间分布特征相似，都集中在山区，冰川作用的地貌主要表现为大起伏山地，冰缘作用的地貌主要表现为中起伏山地。

第二，基于地势起伏的湖成、干燥和流水地貌的空间分布趋势相近，总体上随着起伏度的增加分布面积减少，它们各自所表现出来的主要地貌特征均为平原地貌，切割深度一般小于 30 m。

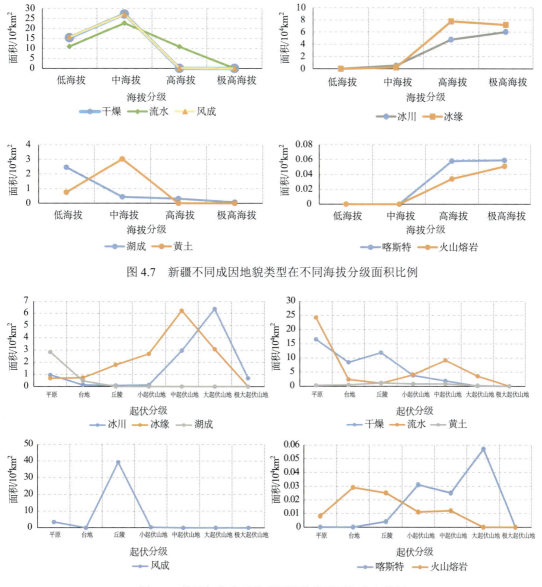

图 4.7　新疆不同成因地貌类型在不同海拔分级面积比例

图 4.8　基于起伏分级的成因地貌类型面积分布特征

第三，基于起伏的风成地貌种类只有三种，集中表现为丘陵地貌，平原地貌面积次之，仅有很小面积的小起伏山地地貌类型。

第四，黄土、喀斯特和火山熔岩地貌基于起伏的分布特征相对而言不突出，面积都很小，各起伏类型之间的面积差异较小。

4.3 新疆地貌格局的图谱结构

本节在形态分析的基础上，按照图谱分析方法对不同地貌类型的空间分布图形进行归纳，利用图形的方式展现不同地貌的空间格局及其分布模式。

1. 平面-剖面图形特征

以新疆地势数据为基础，分别在平面、垂直面上作图形分析。以东西方向为横轴，南北方向为纵轴，新疆地势呈现出近似于"ε"状的平面空间特征。利用 ArcGIS 中的 3D 分析功能，由北到南沿着新疆地区作剖面线，则表现出接近于"w"状地势剖面特征，见图 4.9。由图 4.9 可以看到，新疆地势由北部的阿尔泰山向南部的昆仑山（从 A 点到 B 点）依次增高，山脉和盆地都呈阶梯状升高。

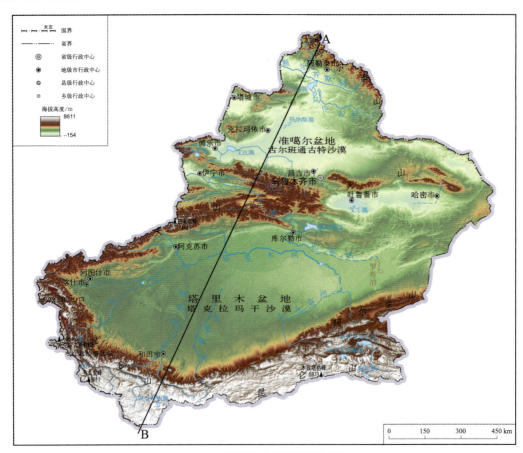

(a) 新疆地势分布特征及剖面线

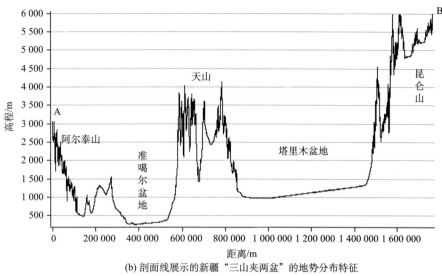

(b) 剖面线展示的新疆"三山夹两盆"的地势分布特征

图 4.9　新疆地势剖面图

2. 山地-平原的图形特征

新疆的宏观地貌格局即基于山地-平原结构的地貌格局,在图形上主要表现在两大特征,即水平方向上的环形特征和垂直方向上的带状特征(见图 4.10)。

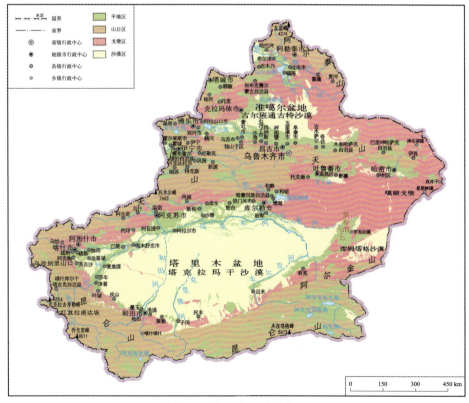

图 4.10　新疆宏观地貌格局

图 4.10 反映了新疆山丘区、平地区、沙漠区、戈壁区的图形分布情况,整体上,山丘地貌围绕在平原地貌的外围,而且西部范围大于东部;沙漠区镶嵌在平原地貌内部核心地带,南疆沙漠区大于北疆;只是在东部地区,属于戈壁区,包括了平原、台地、丘陵多种地貌类型相间分布,没有占优势的地貌类型。北疆的平原地貌近似于三角形状分布,南疆的平原区近似于椭圆形分布。

图 4.11 分别从水平方向和垂直方向上抽象性地描述了山地-平原地貌的两种结构特征。水平方向上,主要表现为平面环带状展布特征,由外到内依次为山地区-平原区-沙漠区;垂直方向上,按照高度差异主要表现为带状分布,由低到高依次是山地区-平原区-沙漠区。沙漠区面积约 $43.087\times10^4\ km^2$,占新疆土地总面积的 26.267%;平原区面积约 $58.301\times10^4\ km^2$,占新疆土地总面积的 35.543%;山地区面积约 $62.644\times10^4\ km^2$,占新疆土地总面积的 38.190%。

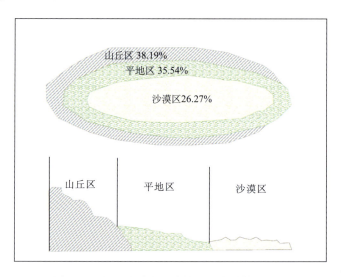

图 4.11 新疆地貌水平结构和垂直结构示意图

3. 成因类型的图形特征

按照成因的分布状况,新疆地貌的水平环形特征,由内而外表现为湖成地貌、风成地貌、流水地貌、干燥地貌(黄土地貌)。在北疆,以风成地貌为中心,上部为干燥地貌形成的半弧形,下部是流水地貌形成的半弧形。而在南疆,风成地貌、流水地貌和干燥地貌构成几乎为同心的椭圆形环状分布特征(图 4.12)。

图 4.13 反映了基于成因类型的新疆山地地貌的图形结构特征,主要是垂直地带性特征,从山顶到山脚依次为:积雪冰川作用地貌带-多年冻土冰缘作用地貌带-流水作用地貌带-干燥地貌作用带(黄土地貌作用带)。新疆的三大山脉基本上都呈现出这种垂直结构特征,有些地带可能会有部分缺失,不能形成完整的、连续的带状分布结构。

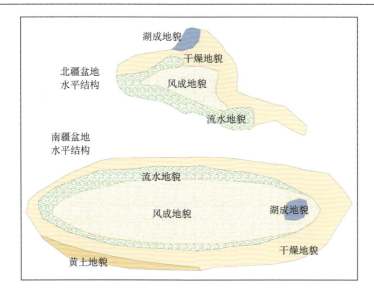

图 4.12 新疆盆地地貌图形结构示意图

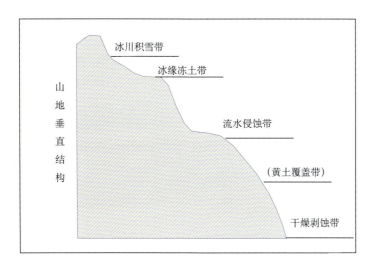

图 4.13 新疆山地地貌图形结构示意图

第 5 章 地貌成因类型的格局特征

依据新疆数字地貌数据，新疆地貌的基本成因类型包括：流水、湖成、风成、干燥、冰川、冰缘、黄土、火山熔岩和喀斯特 9 等类型，下面将逐一对其进行讨论。

5.1 流水地貌特征

地表流水的侵蚀、搬运和堆积作用塑造的地貌类型有冲沟、河谷、冲积扇、河漫滩、三角洲等各种地貌，称为流水地貌(fluvial landform)。地表流水主要来自大气降水，同时也接受地下水和融冰化雪的补给。由于大气降水在地球上到处都能发生，故流水地貌在陆地表面几乎无处不在，习惯上被称为常态地貌。根据流水作用方式的不同可分为流水侵蚀地貌、流水输移地貌和流水堆积地貌。按照流水作用性质的差异，流水地貌研究包括：①斜坡面过程，主要研究在雨滴和坡流作用下，斜坡的形成和发育过程；②沟谷地貌，研究各类沟谷(细沟、切沟、冲沟、坳沟等)的发生与演化；③河流地貌，研究河谷地貌形态及其形成和发育过程，河床演变等；④流域地貌，研究各类水系的结构特征、发育机理和过程(周成虎，2006)。

新疆的流水地貌总面积为 $44.481 \times 10^4 \text{km}^2$，占全疆总面积的 27.117%，是新疆所有地貌类型中所占份额最大的一种成因类型；而且流水地貌在塔里木盆地的西北边缘和准噶尔盆地的西南边缘分布较多，整体上，新疆流水地貌的分布范围从西向东减少。

1. 定量统计特征

1) 主营力作用方式的定量特征

依据最新的新疆地貌类型数据库统计分析，新疆流水地貌共包含了 7 种主营力作用方式，各类型的面积分布特征见表 5.1。流水作用下的主营力作用方式地貌类型按照侵蚀剥蚀-冲积-冲积洪积-洪积-冲积湖积-河谷-洪积湖积，面积依次减少。

表 5.1 新疆流水地貌主营力作用方式的分布面积特征

主营力作用方式	冲积湖积	冲积	冲积洪积	洪积	洪积湖积	河谷	侵蚀剥蚀	合计
面积/10^4km^2	0.724	11.644	9.456	2.931	0.017	0.721	18.988	44.481
百分比/%	1.628	26.177	21.259	6.589	0.038	1.621	42.688	100

由表 5.1 可知，侵蚀剥蚀地貌占流水地貌的 42.688%，成为流水作用下分布面积最大的主营力作用方式。各主营力作用方式面积满足二次多项式分布特征(图 5.1)。

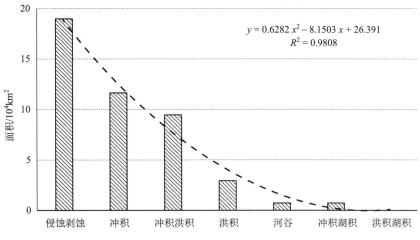

图 5.1 流水作用主营力作用方式面积分布特征

2)基于主营力作用方式的形态类型面积特征

不同主营力作用方式的地貌类型按照其外在形态特征,可进一步划分出 18 种形态类型,这些形态类型主要来自于冲积、冲积洪积、洪积类型。各形态类型的面积特征见表 5.2。

表 5.2 基于主营力作用方式的形态类型分布面积

主营力作用方式	形态类型	面积 /10^4 km^2	主营力作用方式	形态类型	面积 /10^4 km^2
冲积湖积	平原	0.526	冲积洪积	平原	4.548
	三角洲	0.198		冲洪积扇	4.654
冲积	平原	6.498		低台地	0.143
	冲积扇	1.968		高台地	0.112
	河漫滩	1.554	洪积	平原	1.438
	高地	0.528		洪积扇	0.615
	洼地	0.408		低台地	0.551
	低台地	0.321		高台地	0.327
	低阶地	0.252	洪积湖积	平原	0.017
	高台地	0.061	侵蚀剥蚀	台地	17.077
	迂回扇	0.039		低台地	0.443
	高阶地	0.015		高台地	0.414
河谷	平原	0.721		丘陵	1.054

其中冲积湖积类型仅划分出三角洲地貌一种形态类型,面积为 0.198×10^4 km^2,其余均是没有明显形态特征的冲积湖积形成的地貌;冲积地貌包含的形态类型最多,分别是冲积扇-河漫滩-高地-洼地-低台地-低阶地-高台地-迂回扇-高阶地 9 种类型,面积依次

减少；冲积洪积地貌包含了高台地-低台地-冲洪积扇 3 种形态类型，面积依次增加；洪积地貌划分为洪积扇-低台地-高台地 3 种形态类型，面积依次减少；侵蚀剥蚀地貌划分出高台地-低台地-低丘陵-高丘陵 4 种形态类型，面积依次增加；河谷地貌和洪积湖积地貌没有划分出形态类型。

图 5.2 反映了冲积、冲积洪积和洪积作用下不同形态类型的面积分布特征。冲积作用[图 5.2(a)]和冲积洪积作用[图 5.2(b)]下的形态类型的面积呈指数分布特征；洪积作用[图 5.2(c)]和侵蚀剥蚀作用[图 5.2(d)]下的形态类型的面积呈线性分布特征。冲积作用下的形态类型面积变化相对较为和缓；冲积洪积作用下的形态类型面积落差最大；洪积作用和侵蚀剥蚀作用下的形态类型面积之间差异很小。

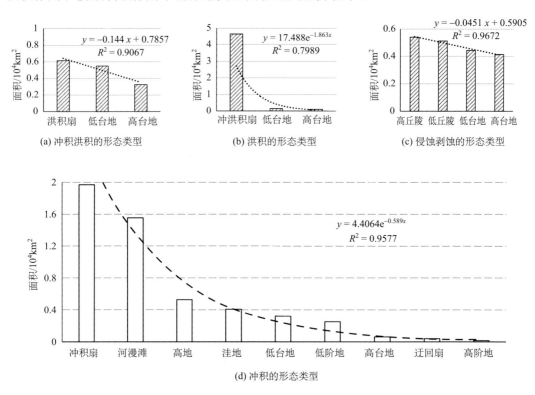

图 5.2 冲积、冲积洪积、洪积、侵蚀剥蚀地貌形态类型面积分布特征

2. 空间分布特征

1) 主营力作用方式的分布特征

如图 5.3 所示，冲积地貌主要分布在河流附近，由河水冲积形成；冲积湖积地貌类型较少，且零散分布；冲积洪积地貌主要分布在河流出山口或山间沟谷的出口；洪积地貌主要分布在昆仑山上，特别是东昆仑的库木库勒盆地；洪积湖积地貌类型很少，面积也很小，主要分布在乌伦古湖附近；河谷地貌主要分布在山区，以天山和昆仑山上分布较多；侵蚀剥蚀地貌主要分布在山区，且随着山势走向从西向东分布范围缩小。

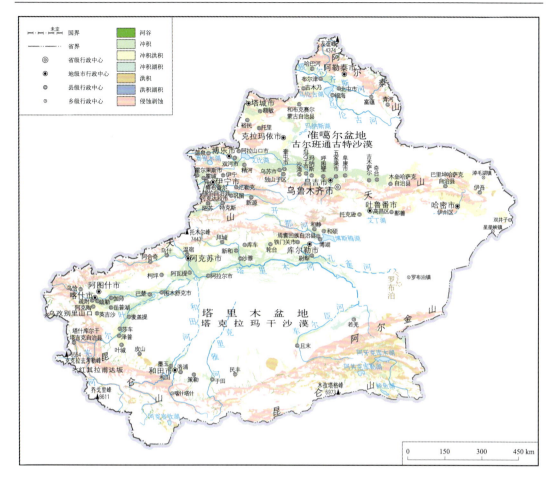

图 5.3 流水地貌主营力作用方式的空间分布特征

2) 基于主营力作用方式的形态特征空间分布

(1) 冲积湖积类型

冲积湖积平原一般分布在湖泊周围，由汇入湖泊的河流冲积与湖积作用共同塑造形成，主要见于乌伦古湖东岸、玛纳斯湖西南岸、艾比湖东北岸、赛里木湖西南岸、巴里坤湖东岸、阿克塞钦湖北岸、以及中东昆仑山南部山原地带各大小湖泊周围，呈不规则多边形分布特征。

三角洲平原分布在乌伦古湖东南岸、玛纳斯湖北岸、艾比湖东北与东南岸、博斯腾湖西岸、阿牙克库木湖南岸、阿其克库勒湖西北与东南岸、以及鲸鱼湖东岸。该平原地形多平坦，由冲积湖积作用形成，各三角洲平原单独分布。

(2) 冲积类型

冲积平原分布面积较广，见于额尔齐斯河、乌伦古河、额敏河、博尔塔拉河、奎屯河、玛纳斯河、呼图壁河、伊犁河、喀什河、巩乃斯河、孔雀河、塔里木河、阿克苏河、喀什噶尔河、叶尔羌河、和田河、塔什库尔干河，以及其他各大小河流沿岸地区，顺着河流蜿蜒，伸展为曲线形条带状分布特征。该平原是流水冲积层逐渐堆积形成，地势平坦、土质良好，便于灌溉，是农业绿洲集中地。

冲积扇平原分布较广泛且零散，主要见于哈巴河、布尔津河、白杨河、呼图壁河、乌鲁木齐河、渭干河、特克斯河、阿克苏河，以及其他一些大小河流出山口后的平原地区，呈扇形或近似于扇形分布。

河漫滩平原主要见于额尔齐斯河、伊犁河、特克斯河、玛纳斯河、阿克苏河、喀什河、叶尔羌河、和田河、塔里木河、孔雀河、克里雅河等较大河流的河床沿岸，呈蛇形分布，其蜿蜒形状随着河流形状的改变而改变。该平原在河水水量减少时出露，在河水水量增大时被淹没。

高地指的是流水作用下的冲积形成的、比周围地势相对隆起的平地。在阿勒泰地区的阿拉哈克河下游西岸，塔城地区的乌拉斯台河下游两岸，阿克苏河中下游沿岸，喀什噶尔河中游沿岸，博乐-精河之间的冲积平原上，奎屯、呼图壁、米泉、阜康、奇台等地的冲积平原上均有分布。其形态特征各异，有带状的、狭条状的微高地，大多是不规则的多边形形状。

冲积洼地规模一般较小，多数是受河流改道影响形成的古河道洼地，也有部分由于局部地势比周围低，形成地形低洼的平原。主要见于喀什噶尔河两侧沿岸、塔里木河两侧沿岸、额尔齐斯河北部沿岸以及天山北坡山前冲积平原上。

迂回扇是河漫滩表面的一种微地貌形态，仅见麦盖提北部的叶尔羌河沿岸。

河流低阶地分布范围较大，主要分布在皮提勒克河两侧、和田河两侧、泽普南部的叶尔羌河沿岸、托什干河沿岸、阿克苏河沿岸、特克斯河北岸、巩乃斯河沿岸、伊犁河沿岸、奎屯河沿岸、玛纳斯河沿岸、乌伦古河两岸、额尔齐斯河两岸以及哈巴河东岸。所有河流低阶地都顺着河流蜿蜒呈条带状分布。

高阶地数量和面积都很小，仅见于奎屯河两侧、安集海河西岸、玛纳斯河东岸、喀什河南岸、皮提勒克河西岸，顺着河流形状呈短小、狭窄条形特征分布。

流水作用形成的低台地，在皮提勒克河上游右侧，面积很小，呈弧形带状分布特征；在鲸鱼湖西北岸，图斑面积小近似三角形状分布；在于叶尔羌汇合点处的喀什噶尔河两侧有面积较大的两个图斑，呈不规则多边形状分布；北天山北麓山前平原分布最多，多近似于三角形或不规则多边形状分布；乌伦古湖与额尔齐斯河之间也有少量分布，形状近似于弧形、方形特征。

流水作用形成的高台地分布面积很小，仅见于两处地方：一处是呼图壁东部的三屯河下游尾闾处近似于椭圆形分布；另外一处是乌苏西部的四棵树河与古尔图河汇合处呈不规则多边形状分布。

(3) 冲积洪积类型

冲积洪积平原广泛分布于新疆各个山脉的山麓地带，由河流和季节性流水携带物共同堆积形成，地表物质一般以砂砾为主，空间分布形态各异，大多表现为不规则的面状多边形。

冲积洪积扇分布范围广，位于山麓地带，由河流和季节性流水携带物共同堆积形成。主要见于叶城、喀什、阿克苏、新和、轮台、吐鲁番、哈密、奇台、博乐等地，其他山麓地带也有少量的、零星的分布。

流水作用形成的冲积洪积低台地，面积小且分布散乱。玉龙喀什河上游西部、克里雅河上游东部、鲸鱼湖东北部、阿牙克库木湖西南部、托什干河两侧、库玛拉河西南部、头屯河两侧、鄯善西部、木垒东部、伊吾西部以及哈密东南部等地均有分布，面积都不大，且大多呈现出条状、弧形、不规则多边形状分布特征。

流水作用形成的冲积洪积高台地面积很少，而且分布零散。在温宿西北部、克孜勒河下游、呼图壁河两侧、哈密东南部都近似于弧形或不规则条带状分布；在皮提勒克河两边表现为不规则多边形特征分布。

(4) 洪积类型

洪积平原分布范围较小，主要见于东天山、中东昆仑山山麓地带，由暂时性洪水堆积而成，大多顺着洪水冲出山谷后的山麓地带伸展为带状分布特征。

洪积扇面积较小，是暂时性洪水在山谷出口处形成的扇形堆积地貌。主要分布在昆仑山北麓，特别是东昆仑山北部山麓地带，东天山北部山麓地带和温宿附近也有部分分布，图形特征为扇形或近似于扇形分布。

流水作用形成的洪积低台地主要分布在昆仑山东部，天山地区与昆仑山西部也有零星分布。在哈密、伊吾、巴里坤、乌鲁木齐、昌吉、呼图壁、新源、昭苏、温宿、阿合奇、泽普、皮山等零星分布，面积很小、近似于点状分布；塔什库尔干河两岸分布有弧形条带状洪积低台地；库木库里盆地及其周边分布有较多的弧形条带状、不规则多边形状的洪积低台地。

流水作用形成的洪积高台地与洪积低台地分布状况大抵相同，也是以昆仑山东部的库木库里盆地及其周边为主要分布区，其余山区有极少的零星分布，图形特征近似于多边形或条带状分布。

(5) 河谷类型

河谷平原主要分布在山区流域各个河谷内，在相对狭窄或宽窄相间的谷地内由河流冲积而形成，天山山地和昆仑山山地上的河谷平原明显多于阿尔泰山地。该平原随着河流的形状而变化，呈蜿蜒伸展的带状特征。

(6) 洪积湖积类型

洪积湖积平原面积很小，分布在乌伦古湖西岸和阿牙克库木湖南岸。由山上洪水携带物质堆积在湖泊岸边，后来受到湖积作用的影响而形成的平地。面积不大，呈不规则多边形分布特征。

(7) 侵蚀剥蚀类型

侵蚀剥蚀低台地主要分布在山麓地带或平原区。昆仑山中东部山间盆地、东天山山麓地带等地分布较为集中，其余地方均零星分布，且面积小。

侵蚀剥蚀高台地主要分布在山麓地带或平原区。昆仑山中东部山间盆地、巴尔鲁克山山麓地带分布较为集中，其余地方均零星分布，且面积小。

低丘陵是基岩山丘受到侵蚀剥蚀作用而形成，相对高度小于100m，主要分布在昆仑山中东部、乌恰附近山地、巴里坤附近山地、巴尔鲁克山附近等地，面积不大，分布形状各不相同。

高丘陵是基岩山丘受到侵蚀剥蚀作用而形成,相对高度大于 100 m,主要分布在昆仑山中东部、东天山、阿尔泰山南麓山前等地,形状各异。

流水作用侵蚀剥蚀形成的山地,主要分布在阿尔泰山、天山、昆仑山中山带,昆仑山高山带也有部分分布,整体近似于"ε"状分布,如图 5.4。

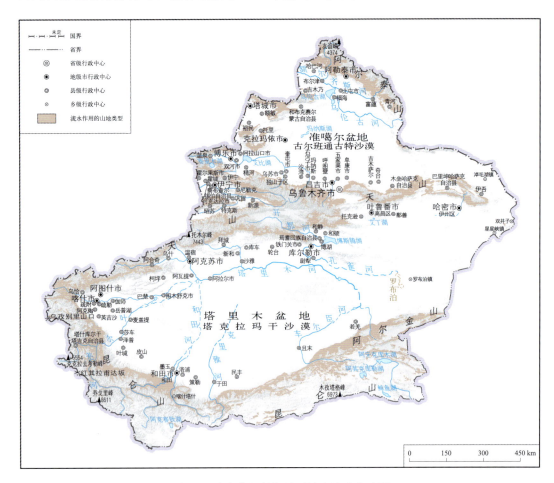

图 5.4 流水作用的侵蚀剥蚀山地分布略图

3. 新疆河流的结构特征

流水地貌的分布格局,受河流结构特征的影响。新疆的所有河流中,额尔齐斯河流域属于北冰洋外流区;额敏河流域与伊犁河流域属于中亚西亚内流区;其余河流均属于新疆内流区。

1) 河流分布

图 5.5 反映了新疆河流分布的概略情况,由图显示的空间特征可知,新疆的河流分布极不均匀,山区河网纵横密布,平原区则相对稀少。造成这种显著差异的原因是因为

山区的降水比平原区多,充沛的冰雪融水是径流形成的发源地。

天山地区山体范围大,山势较高,接收的降水充沛,所以形成的径流丰富。天山中部和北部河流较为集中,密度明显大于天山南部和东部。昆仑山区山势高大,气候干燥,吸收水汽的能力明显小于天山和阿尔泰山区,虽然分布有冰川积雪但其来源少,所以对河流的补给相对较少,昆仑山西段河流数量要多于中东部。阿尔泰山区虽然山势没有天山和昆仑山那样高大,但降水丰富,所以地表径流丰富,河流密度较大。准噶尔西部山地山势低矮、降水少,河流靠潜水补给,河网密度不大。

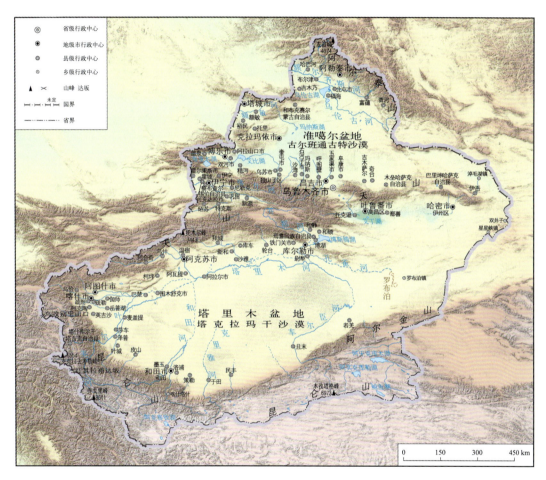

图 5.5 新疆河流分布略图

盆地区河流大多分布在盆地边缘近山地区,这是因为河流出山口后坡度降低,不再有支流汇入,受渗透、蒸发或灌溉引水的影响,水量不断减少,甚至干涸,除了少数水量丰富的大河流,如叶尔羌河、塔里木河、和田河等在洪水期间能够进入平原区外,其他水量小的河流都在冲洪积扇地区就逐渐渗入地下而消失了。所以新疆的盆地平原区河网稀少,而且分布不均。

2)河网结构

新疆河流的河网结构具有多样化特征,总结起来主要有以下几种河网结构。

(1)网格状结构

如发源于哈尔克他乌山、那拉提山和乌孙山的河流汇聚形成特克斯河,呈网格状结构特征。

(2)树枝状结构

额尔齐斯河与乌伦古河干流的主要支流与其自身的次支流之间相互交错分布,表现出树枝状的结构特征。克孜勒苏河、恰克马克河在巴楚附近汇集成喀什噶尔河,与支流之间基本上形成树枝状结构特征。喀拉喀什河与玉龙喀什河与各自的支流形成树枝状分布特征,沿着山间谷地顺势而下流入塔里木盆地汇流成和田河,穿越塔克拉玛干沙漠最终注入塔里木河。

(3)散射性结构

准噶尔盆地西部山区河流少而且小,河流基本上呈散射性结构特征,河流以山节或山脊为出发点,向周围辐射延伸。

(4)羽毛状结构

从北天山南麓顺着山坡形成诸多小河流平行流向盆地,成为喀什河与伊犁河的源流;以阿吾拉勒山为分水岭,顺着两边山坡形成相对平行的支流分别汇入喀什河与巩乃斯河,呈羽毛状结构特征。东天山和吐哈盆地区以博格达山、巴里坤山、喀尔力克山和莫钦乌拉山的山脊为分水岭,河流顺着山坡平行流下,呈羽毛状结构特征。在新和到沙雅区间的渭干河分布在洪积扇上,两边分三处很多小支流,呈扇形羽毛状分布。阿克苏河由发源于南天山西段山地的库玛拉河与托什干河汇集而成;并在河流两边分散有诸多小支流,成扇形羽毛状分布。

(5)梳子状结构

如额尔齐斯河与乌伦古河,河流干流与其主要支流之间基本上成垂直相交,由于这两条河流的支流都分布在干流的一侧,呈现出近似于梳子状的结构特征。而天山北坡的河流沿着山坡顺势平行而下,也表现出梳子状结构特征。

(6)爪状结构

发源于霍拉山的迪那河以及发源于科克铁克山的库车河,河流不大,河支流一起顺着山坡走向流向塔里木盆地;克孜勒河、喀拉苏河、台勒维丘克河、喀普斯浪河以及木扎尔特河自东向西依次分布,除克孜勒河发源于科克铁克山外,其余河流均发源于哈尔克他乌山;这些河流顺着山坡近似于平行水系结构汇入拜城盆地,并在此处汇集,流入新和后称之为渭干河,其与支流大体上呈爪状结构特征。

山区水网结构与平原区存在一定差异。发源于准噶尔盆地和塔里木盆地周围山地的河流基本上都向盆地内部流动,构成以盆地为中心的向心水系;但大部河流水量不足以到达盆地中心,多是在山麓平原逐渐减少消失,如玛纳斯河、乌鲁木齐河、克里雅河等;仅少数河流穿过沙漠或围绕盆地形成较大河流,如和田河、叶尔羌河、塔里木河等。在出山口,河流大多形成冲积洪积扇,河道分叉形成大小不等的扫帚状水系面貌;山区河流大多在谷地或峡谷中流动,河流走向与水系结构受山谷山峰的控制。

有些河流在不同河段表现出不同的河网结构。如叶尔羌河上游在山间呈树枝状结构特征;进入平原区后与绿洲灌溉渠系交织成网状结构特征。塔里木河汇集了发源于南天山和西昆仑山的河流,这些支流与干流之间形成指状结构特征;塔里木河干流沿着天山南麓、围绕塔克拉玛干沙漠呈弧形特征,其支流则沿着山坡或山麓呈网格状、树枝状、羽毛状呈弧形特征分布;塔里木河河源、支流与干流区域内几乎包含了大部分河网结构特征。

4. 新疆主要河流的地貌发育特征

新疆大小河流众多,水量较丰沛的河流大概有六七条。这些河流发育历史比较悠久,侵蚀和堆积作用强烈,通过对这些水系发展过程的分析,可以进一步研究山区与平原区地貌发展过程中的相互联系。由图 5.5 可见新疆最主要的大河基本上分布在天山南北坡和阿尔泰山南坡,其次是新疆西南部地势最高和冰川发育旺盛的昆仑山西段和帕米尔高原东部。发源于阿尔泰山的河流分别汇流形成额尔齐斯河与乌伦古河;发源于天山地区较大的河流包括玛纳斯河、开都河-孔雀河、渭干河、阿克苏河、喀什噶尔河、伊犁河等;发源于昆仑山的水量较大的河流有叶尔羌河、和田河等。

河流是流水作用的集中表现,河流的分布就是新疆流水地貌分布的骨架。它们对流水地貌的空间分布和形成演化起着重要作用,甚至具有决定性影响。这些主要河流的形成与地貌发育过程揭示并表现了新疆流水地貌的形成演化过程。

1)额尔齐斯河

额尔齐斯河是我国唯一外流注入北冰洋水系的河流,水量仅次于伊犁河,是新疆的第二大河。额尔齐斯河干流沿着阿尔泰山南麓从东南向西北流入哈萨克斯坦境内的斋桑泊。额尔齐斯河自东向西依次由喀依尔特河、喀拉额尔齐斯河、克兰河、布尔津河以及哈巴河五条支流的不断汇流形成。所有支流都分布在额尔齐斯河右岸,形成典型不对称的梳子状水系格局。阿尔泰山属于轻微的上升区域,南坡没有山前拗陷带,所以额尔齐斯河水系在第三纪和第四纪时期具有明显变化,而且断裂构造控制的痕迹特别明显。在第三纪初期,这个以海西褶皱为基底的地区与山区一同被夷平为准平原,到了喜马拉雅运动期间却和山区分异开来。这里上升量不大,并接受山区河流带下来的沉积物,根据沉积物的特点,说明在第三纪时期以前,河流从北向南流入准噶尔盆地。在第四纪时期,受新构造运动的影响,山前构造进一步分裂,受东南向西北倾斜的掀斜作用和一系列北西-南东方向的断裂活动的影响,逐渐使流向盆地的水系转向西北注入北冰洋,演变为梳子状水系格局。《新疆地貌》指出,额尔齐斯河在第四纪期间演变历史包括四个阶段(中国科学院新疆综合考察队等,1978):①第四纪初期。额尔齐斯河流向准噶尔盆地。克兰河与额尔齐斯河上游还不完全连在一起,可能单独地向南流动。②第四纪中期。额尔齐斯河上游沿山前断裂西流,其支流克兰河下游发生断陷,引起克兰河形成突然西折的弯曲。③第四纪后期。阿尔泰山的山前在克兰河下游强烈下陷,形成了下陷中心,沿着河流发育低级阶地,该阶段是额尔齐斯河现代水系定型阶段。④全新世。额尔齐斯河及其支流的水道只有小范围的横向移动。

掀升作用影响了额尔齐斯河自东南向西北的流向，其支流在流出阿尔泰山山麓进入平原区后，流向陡转，与原来的流向大致呈垂直状。额尔齐斯河的走向基本上与断层线方向一致(图5.6)，有些河段直接沿断层线发育。由于距离阿尔泰山较近，额尔齐斯河在丘陵区上升的强度和幅度都比较大。图5.6反映了额尔齐斯河的地貌特征：

(1) 在山地丘陵区，随着海拔的降低，河谷宽度增加，河床切割深度降低。额尔齐斯河支流的上游(剖面L1)，河谷两边峭壁耸立，河床切割较深，谷底与山顶落差大约在400～1 300 m，仅阿尔泰山东段的喀依尔特河与额尔齐斯河河谷宽度较大，其余河谷狭窄；额尔齐斯河支流的中、下游(剖面L2)，谷底与山顶落差大约在200～600 m，除了哈巴河与喀拉额尔齐斯河的河谷狭窄、两边陡峭外，其余河谷宽度都增加，而且谷坡相对和缓。

(2) 在平原区(剖面L5、L6、L7和L8)，额尔齐斯河干流河床下切不深，但是较宽阔。而且从西向东，海拔逐渐升高，两岸分布的地貌类型也从冲积平原向台地和高台地转变。

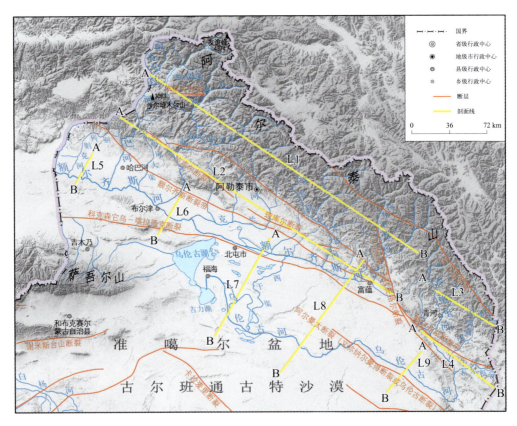

图5.6 额尔齐斯河与乌伦古河地势剖面特征

第 5 章 地貌成因类型的格局特征

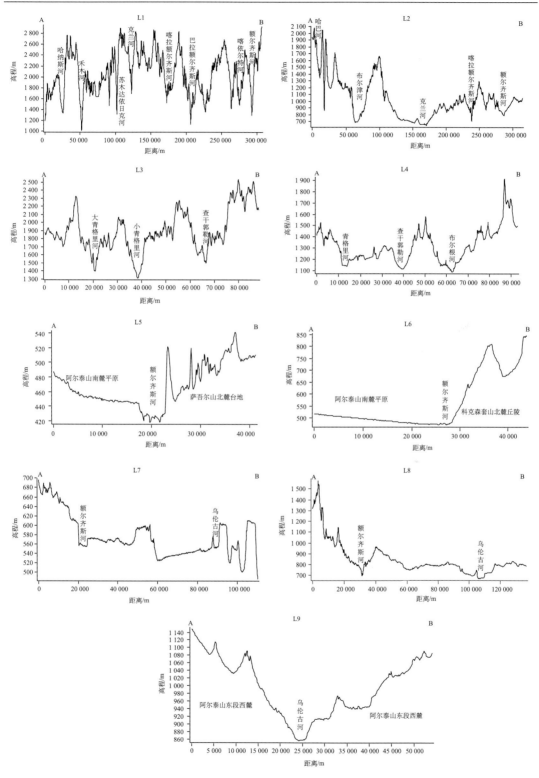

图 5.6 额尔齐斯河与乌伦古河地势剖面特征(续)

额尔齐斯河在接收了布尔津河与哈巴河的水流后，水量增大，由于比降极缓，河床摆动加剧，汊流、沙洲较多，河流沉积物越到下游越细小，加上风力作用的结果，在下游沿河两岸堆积有成片的沙丘，成为风成地貌，形成了北沙窝和鸣沙山两个沙漠景观旅游景点。

2) 乌伦古河

乌伦古河是阿勒泰地区的第二大河，发源于阿尔泰山最东段，最终注入乌伦古湖。乌伦古河仅有三条主要支流的补充，青格里河、查干郭勒河以及布尔根河，流出山地后就没有支流汇入；干流与支流表现出近似于爪子状结构特征。青格里河水系包括大、小青格里河两个支流，在青河县汇合成青格里河。

乌伦古河流域的地貌发育与演变与额尔齐斯河相似，都是受阿尔泰地槽的压扭作用和准噶尔断陷盆地的影响。阿尔泰山自新生代以来山体主要表现为准平原受到上升运动影响，虽然低山区发育多列北西-南东的断裂，只形成面积很小的地堑盆地，未形成巨大的山间纵谷(中国科学院新疆综合考察队等，1978)，所以乌伦古河的源头主流在阿尔泰山区都顺坡向平行流动，形成大致并行水系结构(图 5.6)。乌伦古河水系在第三纪时期以前，河流从北向南流入准噶尔盆地；在第四纪时期水系转而流向西北注入乌伦古湖，演变为目前的水系格局。

《新疆地貌》中把乌伦古河在第四纪期间演变划分为四个阶段：

(1) 第四纪初期。乌伦古河流向准噶尔盆地。乌伦吉河上游流经北塔山以北地区，在卡拉麦里山北麓流向西南，在卡拉麦里山西坡形成了一个广阔的古老三角洲。这古老三角洲有着复杂的变化过程，显示了第四纪初期准噶尔盆地中部新构造运动的强烈作用。

(2) 第四纪中期。由于阿尔泰山前北西-南东走向断层的新的活动，乌伦古河不再流向卡拉美里山的西北麓，河谷改沿断层线发育，形成了大拐弯，基本上构成了现代乌伦古河的中游河道。

(3) 第四纪后期。阿尔泰山的山前地区起了根本的变化，形成乌伦古湖下陷中心。这时沿乌伦古河发育低级阶地，该时期成为乌伦古河现代河系定型阶段。

(4) 全新世。乌伦古河下游三角洲地区屡有变动。古老三角洲上的主河开始是西北直接流入布伦托海的，现在从福海附近南转入巴夏湖的新道还是近百年前开始形成。

乌伦古河中上游河段的走向基本上与断层线方向一致(图 5.6)。虽然与额尔齐斯河一样，掀升作用影响了乌伦古河自东南向西北的流向。但是后者距离阿尔泰山较远，导致掀升作用的影响程度不同，再加上断层的控制影响，使得乌伦古河河谷地貌的发育与额尔齐斯河有着显著差异。利用图 5.6 的分析乌伦古河的地貌特征为：

(1) 在山地区，乌伦古河支流上游(剖面 L3)的河谷两边峭壁耸立，谷底狭窄。大青格里河、小青格里河以及查干郭勒河的切割深度大约在 100～120 m。

(2) 在丘陵区，乌伦古河支流的中、下游(剖面 L4)河谷相对上游宽，河谷下切幅度减小。

(3) 在平原区(剖面 L7、L8 和 L9)，乌伦古河干流的切割程度降低；从西向东，河谷海拔高程逐渐由 500 m 左右上升到 850 m 左右；河谷两岸以台地、高台地为主，以河漫滩与河曲发育,分布着荒漠、戈壁景观。

额尔齐斯河与乌伦古河转向西北后,河谷基本顺直,且长距离平行但不会合,是受到断裂构造控制的明显特征。

3) 玛纳斯河

玛纳斯河发源于北天山的依连哈比尔尕山(图 5.7),从源地向东北流,后转向北,顺着山坡流下,穿过山前褶皱带流入准噶尔盆地。进入盆地后,在玛纳斯北部转向西,最终注入玛纳斯河。玛纳斯河是天山北坡最大的河流,它的发源地依连哈比尔尕山是天山巨大冰川群之一,丰富的冰雪融水为河流可靠的补给来源(中国科学院新疆综合考察队,1966)。

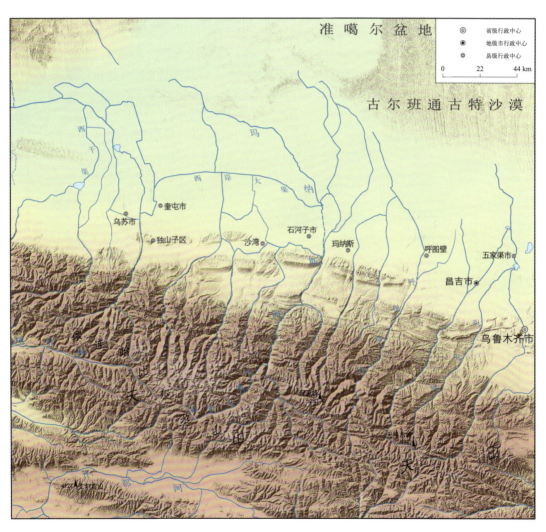

图 5.7 玛纳斯河流域三维地势图

玛纳斯河穿过天山北坡发育的三排雁形排列的狭窄的前山构造和其间宽阔的向斜构造(图5.7)。这三排褶皱带轴线均呈东西向(图5.7),核心距天山越远,则时代越新。靠近天山的褶皱背斜核部为中生代地层;第二排为早第三纪地层;第三排即最北缘的背斜核部为第三纪和早第四纪地层(杨景春,1993)。

图5.8反映玛纳斯河流域的地貌成因类型分布状况。玛纳斯河沿天山北坡流入盆地,具有明显的地貌垂直带,从山顶到盆地,依次是:冰川、冰缘、流水、黄土、干燥、流水、风成,以及湖成地貌。冰川、冰缘地貌分布在河流发源地。玛纳斯河在上游肯斯瓦特以上接纳了几个支流,以后河流强烈地下切,转化成深切峡谷,地貌外营力以流水作用为主(图5.8)。进入山前褶皱带区域后,由于前山多列背斜的隆起,在多个背斜之间形成平原区,玛纳斯河在此形成多级河流阶地;河东岸有三级阶地,而西岸有五级阶地(中国科学院新疆综合考察队等,1978);该区域地貌受干燥作用和黄土覆盖共同作用形成(图5.8)。穿过山前褶皱带后,玛纳斯河进入广阔的平原区,由于强烈的挤压隆起在背斜北翼形成了12级阶地(中国科学院新疆综合考察队,1978)。在玛纳斯城以北地区,河流转向西北(图5.8),本该一直流经大拐一带,进入玛纳斯湖,由于水量减少,还没到达小拐乡就已经断流。

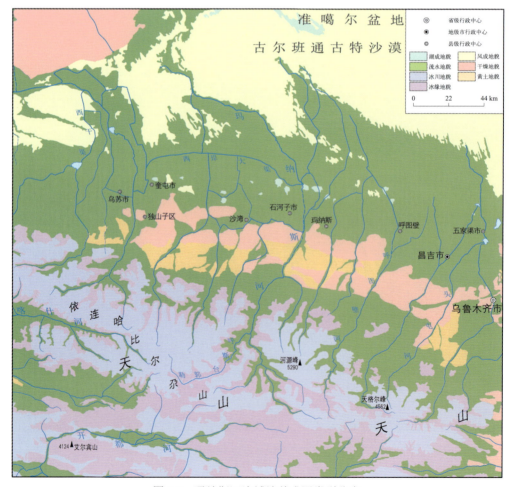

图5.8 玛纳斯河流域地貌成因类型分布

图 5.9 反映了玛纳斯河流域较大断裂带分布情况,玛纳斯河从南向北依次流经四个断裂带:尼勒克断裂带、依连哈比尔尕-西拉木伦断裂带、博格达断裂带以及准噶尔南缘断裂带。在玛纳斯河不同河段划分出与河道垂直的剖面线,从河流发源地到平原区共 17 条;这些剖面线山地多、平原少。

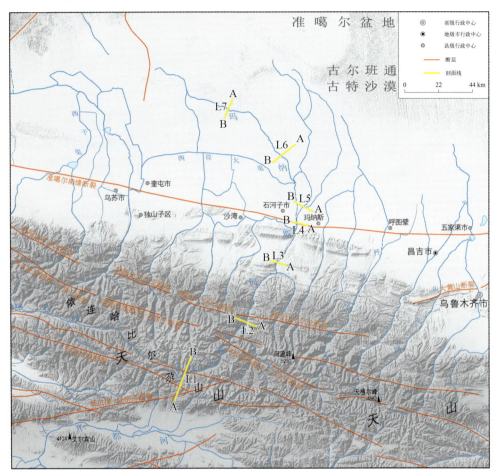

图 5.9 玛纳斯河流域剖面线与较大断裂带分布

图 5.10 揭示了不同剖面线所在位置的高程分布情况。剖面线 L1 位于玛纳斯河源区,与河带垂直,尼勒克断裂带垂直相交。由图可知,河谷较宽,近似于底部拓宽的 V 型谷,外营力主要以冰川、冰缘作用为主,冰雪融水形成河流,河谷下切深度为 500 m 左右。

剖面线 L2 处,汇流到玛纳斯河道内的水量增加,塑造地貌的营力转变为以流水侵蚀剥蚀为主。剖面线位于流水侵蚀剥蚀形成的山地,河谷基本上呈 V 型,高程落差 500 m 左右。

剖面线 L3 位于山前褶皱带区域,在第二列褶皱带上。该区域受新构造运动与断裂活动影响,形成东西向并行排列的低山丘陵地貌,其间分布有冲积扇平原地貌;受干燥气候影响形成干燥剥蚀、干燥洪积地貌,在冲积扇平原区有黄土覆盖。该区域的河谷底部相对山区较宽,高差在 100~160 m。

剖面线 L4 到 L7，分布在山前冲积平原上，即准噶尔盆地南缘绿洲区。剖面线 L4 与准噶尔南缘断裂带重合，位于第三列褶皱带北侧，高程落差约 20 m，河谷近似于 U 型。由于在绿洲区用水量增加，河道内水量减少，剖面线 L5、剖面线 L6 以及剖面线 L7 的河谷呈规模很小的 V 型，高程落差分别在 5 m、10 m、2 m。特别是到了剖面线 L7 所处的炮台牡点村，河流逐渐断流，河道两边的沙漠连接在一起。

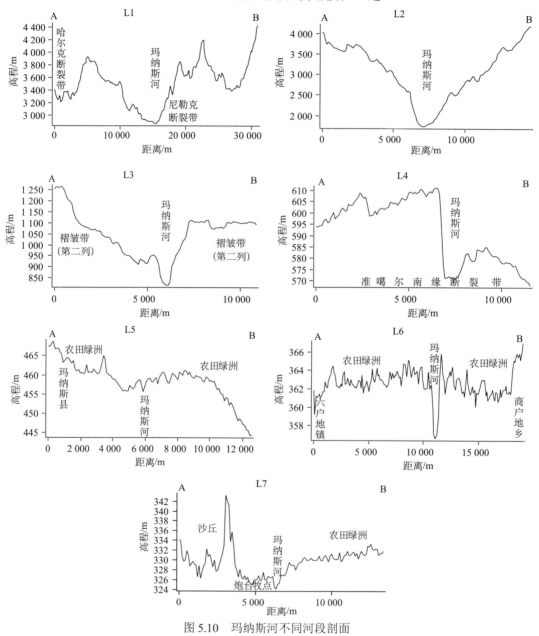

图 5.10 玛纳斯河不同河段剖面

4) 伊犁河流域

伊犁河干流东窄西宽，至下游平原宽度在 80 km 以上，是天山内部最大的谷地(中国科学院新疆综合考察队,1966)。伊犁河由特克斯河、巩乃斯河与喀什河三大河流汇集而成(图5.11)。特克斯河是主要支流,发源于汗腾格里峰北侧,由西向东流,后折向北流,穿过乌孙山与巩乃斯河汇合成为伊犁河,转向西流,喀什河在伊宁附近注入,形成宽广的河谷平原,最终注入哈萨克斯坦的巴尔喀什湖。

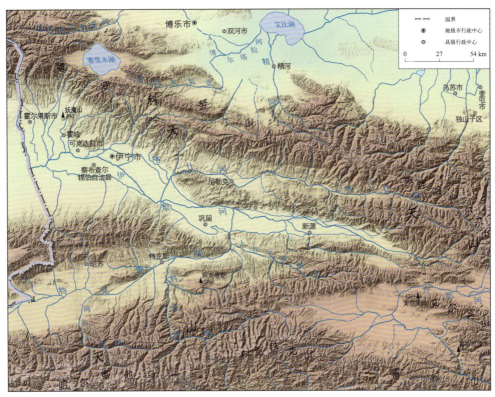

图5.11 伊犁河流域地势特征

据图5.12,伊犁河流域的地貌成因类型,在平原区以黄土覆盖和流水作用为主,还有部分干燥作用地貌和风成地貌;在山地区则是以流水、冰川、冰缘以及黄土覆盖地貌为主。在伊宁附近,汇聚了大量水流,地势平坦,坡降平缓,所以河床宽阔,河漫滩发育,水流分汊多,形成一些沙洲,特别是在出境处北岸分布着半固定的沙丘。新疆的黄土从土层厚度、土壤质地、垂直节理以及黄土的性状、生成环境、形成时期等都存在较大差别(中国科学院新疆综合考察队,1978),称之为黄土覆盖的地貌。

图5.13表现了伊犁河流域较大断裂带的分布,以及选取剖面线的位置分布。受新构造断裂活动影响,伊犁河流域内水系格局形态特殊。伊犁河水系在哈尔克套断裂带与尼勒克断裂带的控制约束下近似于等腰三角形状,形成向西开放、西宽东窄的伊犁盆地(图5.13)。三大支流的谷地均呈东西走向,到汇流处横穿东西走向的山脉以直角相交。

特克斯河位于天山汗腾格里峰地区,分布着大量积雪,冰川发育(图5.12),而且区域内降水丰富,所以河流水量很大,成为伊犁河的主流。特克斯河主要发育在呈北东东向展布的昭苏-特克斯新生代断陷盆地中(中国科学院新疆地理研究所,1986),河流大体同哈尔克套断裂带平行,直到莫乎尔附近转向与巩乃斯河汇合后转向回流;其南面的支流沿较小的断层线发育，横穿山脉流入特克斯河。剖面线 L1～L5 反映了特克斯河不同河段的横剖面，均近似于 U 型谷(图 5.14)。剖面线 L1、剖面线 L2 横穿昭苏盆地，海拔在 1 500 m 以上，河谷两边地势平缓，河床下切很浅；在特克斯县西南部的乌孙山与哈尔克他乌山之间有一个小山丘，海拔约 2 432 m，所以剖面线 L3 处河谷变窄；剖面线 L4、剖面线 L5 处的河谷，宽度明显小于上游。

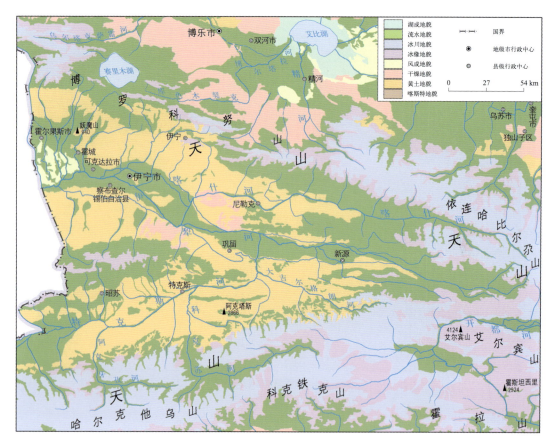

图 5.12　伊犁河流域成因地貌类型

喀什河发源于依连哈比尔尕山南坡(图 5.13)，发育有大量的现代冰川，从河源向西不断汇集依连哈比尔尕山南坡、博罗科努山南坡以及阿吾拉勒山北坡的水流，成为伊犁河的一大支流。喀什河沿尼勒克断裂走向相同，在某些河段甚至重合(图 5.13)，河谷也是东西走向的中、新生代山间构造谷地(中国科学院新疆地理研究所，1986)。剖面线 L6～L10 反映了喀什河的不同河段横剖面(图 5.14)。剖面线 L6、剖面线 L7 位于河流上游区域，谷地较窄，河谷两边山体较陡；剖面线 L6 处谷底海拔在 2 800 m 左右，剖面线 L7 处谷底海拔降至 2 200 m 左右。剖面线 L8、剖面线 L9 位于河流中游，由于接纳的水量逐步增大，河谷也逐渐变宽，谷形近似于规模较小的 U 型，河谷两边的地势逐渐和缓；剖面线 L8 处谷底海拔在 1 600 m 左右，剖面线 L9 处谷底海拔在 1 400 m 左右。剖面线 L10 位于喀什河下游，呈规模较小的 U 型状，谷底海拔约 1 000 m。

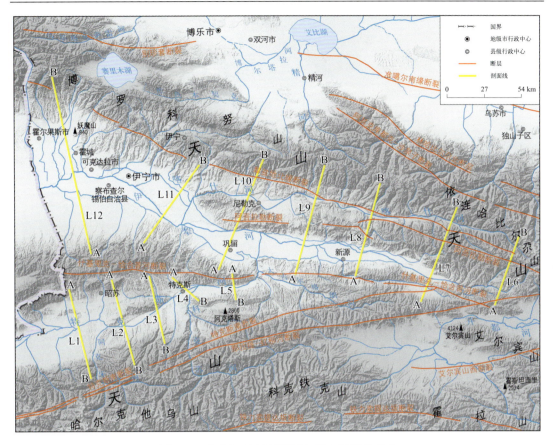

图 5.13 伊犁河流域剖面线与较大断裂带分布

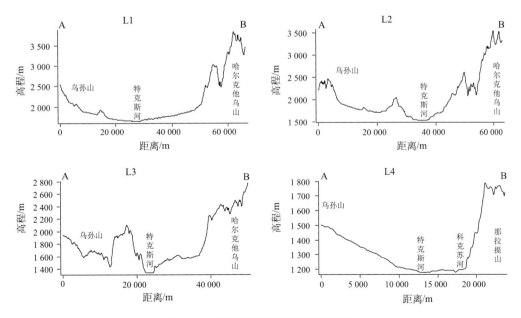

图 5.14 伊犁河流域不同河段剖面图

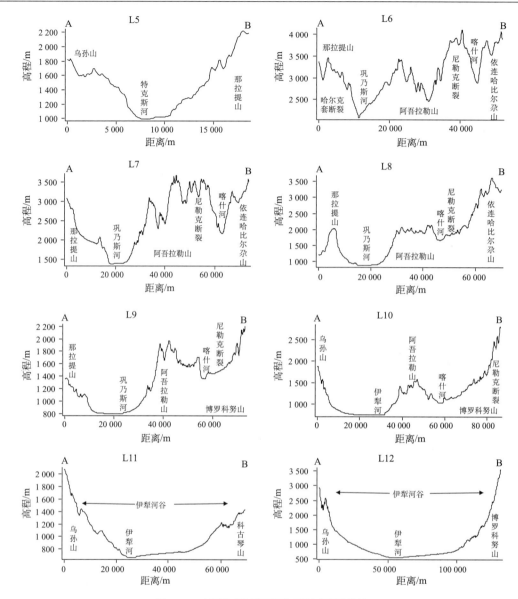

图 5.14 伊犁河流域不同河段剖面图(续)

巩乃斯河在阿吾拉勒山南面的东西向纵谷,自东向西一直延伸到伊犁河(图 5.13)。巩乃斯河本该成为伊犁河的正源,但由于其发源于海拔较低的阿吾拉勒山东段南坡,冰川规模小而分散,而且两旁多为低山,沿途接纳的支流很少,致使河流水量是三大河源中最小的(中国科学院新疆地理研究所,1986;中国科学院新疆综合考察队,1966)。剖面线 L6~L9 表现了巩乃斯河不同河段的横剖面,从东到西,自河源开始河流谷底海拔逐渐降低,除剖面线 L6 处的河谷为 V 型外,其余河段的河谷纵剖面都呈 U 型,谷地两边地势都比较和缓(图 5.14)。

特克斯河与巩乃斯河汇流后称之为伊犁河。伊犁河河水既有降雨补给,又有冰雪融水补给，所以年内流量过程线变化趋向和缓(中国科学院新疆地理研究所，1986)。剖面线 L10~L12 揭示了中国境内的伊犁河不同河段的横剖面，谷地宽阔，河谷基本上表现为 U 型；谷底海拔从 800 m 左右逐渐降低到 500 m 左右；河谷两边地势和缓，呈弧形"∪"状曲线(图 5.14)。

5) 开都河-孔雀河

如图 5.15，开都河发源于天山内部的大、小尤尔都斯盆地及其四周的高山，源流自东向西流。随着盆地形状的变化，开都河围绕额尔宾山呈弧形，在大尤尔都斯盆地以下，转向东流，经过山间峡谷与乌拉斯台河一起注入博斯腾湖，与周围支流组成网格状水系结构；开都河从博斯腾湖出来后形成孔雀河，向南流入库尔勒，在库尔勒三角洲附近向西再作弧形向西南方绕转沿着库鲁克塔格山南麓流淌，然后东流注入罗布泊(中国科学院新疆综合考察队，1978)。

图 5.16 反映了开都河-孔雀河流域的地貌成因类型分布。开都河河源段主要以冰缘作用的地貌为主；孔雀河河段，北岸以干燥作用为主，南岸以风沙地貌为主。

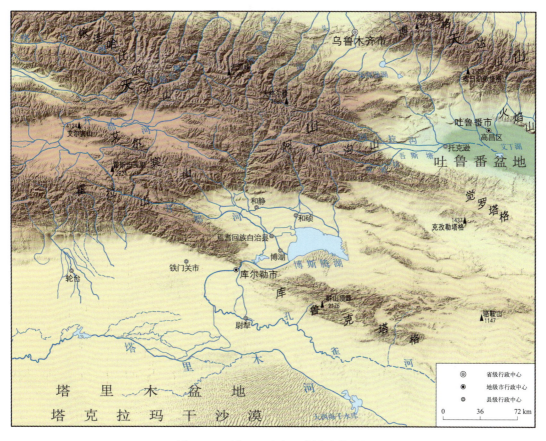

图 5.15　开都河-孔雀河流域地势特征

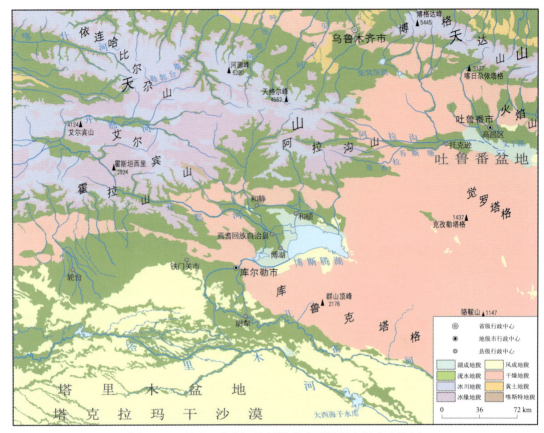

图 5.16　开都河-孔雀河流域地貌成因类型空间分布特征

(1) 开都河

开都河流经大、小尤尔都斯盆地的河段为其上游,从小尤尔都斯流入大尤尔都斯需要穿过额尔宾山与那拉提山之间的一段峡谷;开都河的中游河段位于霍拉山与额尔宾山之间的峡谷地段,这一段河谷循纵向断层带发育,第四纪以来流路没有经历显著变化(中国科学院新疆综合考察队等,1978);开都河流入焉耆盆地后的河段为其下游(图 5.17)。在不同河段作横剖面,分析开都河地貌发育状况,如图 5.18。

剖面线 L1~L3 位于开都河的下游,剖面线 L1、L2 分布在焉耆盆地,剖面线 L3 位于河流出山的峡谷处(图 5.17)。剖面线 L1 从 A 到 B 的横剖面横穿焉耆盆地,开都河位于盆地中央;为了能更清晰地看清楚该河段开都河床的落差,在剖面线 L1 上选择从 C 到 D 作剖面,可以看出河床落差不到 10 m,而且河流分汊较多,汊流之间分布有沙洲。剖面线 L2 从霍拉山到额尔宾山山前平原,位于开都河在焉耆盆地形成的三角洲中部,比较靠近霍拉山,河道落差在 200 m 左右,形成规模较小的"U"型河谷。剖面线 L3 从霍拉山到额尔宾山低山丘陵区,河谷呈"V"型,河道底部与两边山脉的落差约 300 m 左右。

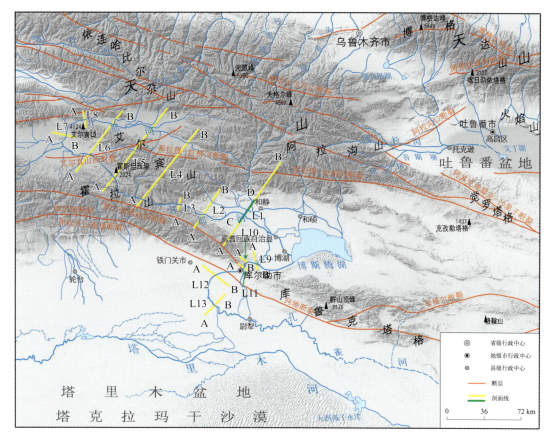

图 5.17　开都河-孔雀河不同河段剖面与较大断层分布

在开都河中游,做了 L4、L5 两条剖面线(图 5.17)。从大尤尔都斯盆地的东面出口处到焉耆盆地西面入口处,开都河中游河段长约 156 km;开都河中游的南部,受到新构造运动而隆起,并受到河流及以后间隙性流水的刻蚀(中国科学院新疆综合考察队等,1978)。图 5.17 中剖面线 L4、L5 左侧为开都河中游河段,位于霍拉山与额尔宾山之间,反映了位于大尤尔都斯盆地的河段横剖面,河流纵比降大,为深切的"V"型峡谷,落差高达 1 100 m 左右。

在开都河上游,共有五条剖面 L4~L8(图 5.17)。剖面线 L4、L5 右侧反映的是开都河源头地区位于小尤尔都斯盆地中河段的横剖面;在盆地内部河道沿着盆地底部流动,地势较为平坦。剖面线 L6 揭示了开都河分布在大、小尤尔都斯盆地两个不同河段的横剖面;在小尤尔都斯盆地内的河段周围地势平坦,在霍拉山与额尔宾山之间的河段,成规模很小的"U"型谷,河道落差在 50 m 左右。剖面线 L7 反映了开都河进入大尤尔都斯盆地后的河段横剖面,在那拉提山与额尔宾山之间近似于"U"型谷,落差约 80 m 左右,山势较和缓。剖面线 L8 横穿开都河从小尤尔都斯流入大尤尔都斯要经过的峡谷地段,该峡谷位于那拉提山与额尔宾山之间,此处的开都河落差 50 m 左右,周围山势相对和缓。

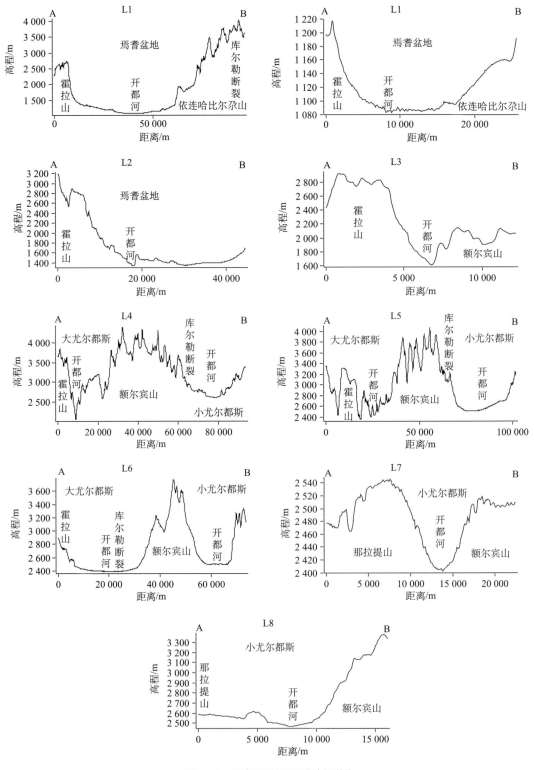

图 5.18 开都河不同河段剖面图

总的来讲，开都河不同河段的谷底海拔从源头的 2 600 m 左右逐渐下降到焉耆盆地内的 1 000 m 左右。除了在中游霍拉山与额尔宾山之间形成的峡谷地段，下切较深，谷形狭窄呈"V"型，河谷两岸山脉陡峭外，其余河段大都地势和缓，河道落差不高，形成规模不等的、近似于"U"型的河谷。

(2) 孔雀河

孔雀河水源主要来自博斯腾湖，开都河直接供给的水量不多。孔雀河向南流入库尔勒，在库尔勒又向西作弧形向西南方绕转，沿库鲁克塔格山南麓流淌，由于水量减少，而且孔塔大干渠将孔雀河的水引入塔里木河，使得孔雀河下游未进入罗布泊就已经逐渐干涸。图 5.17 描述了孔雀河不同河段上所选择剖面线的分布位置，表现出孔雀河与乌恰-库尔勒-兴地断裂的走向大体一致。仅在孔雀河中上游河段选择 6 条横剖面，主要分布在霍拉山与库鲁克塔格之间的峡谷附近，该峡谷称之为铁门关峡谷。焉耆盆地西南的铁门关峡谷是具有较早历史的先成谷，它是焉耆盆地水流外泄的唯一出口（中国科学院新疆综合考察队，1978）。

图 5.19 反映了孔雀河不同河段的剖面特征。剖面线 L9 位于焉耆盆地内的塔什店附近，地势较平坦，地表稍有起伏，河床高程在 1 000 m 左右。剖面线 L10 横穿铁门关峡

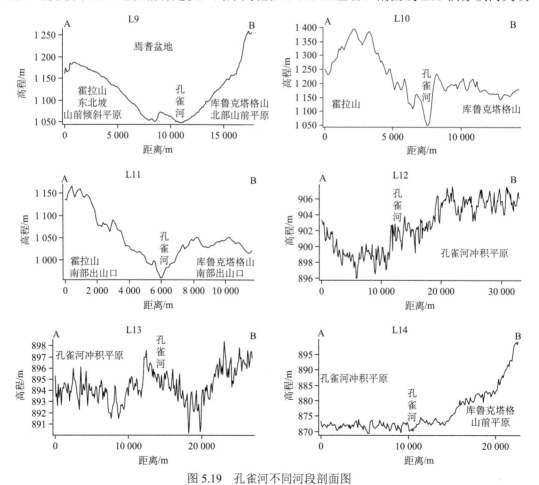

图 5.19 孔雀河不同河段剖面图

谷，反映了位于铁门关峡谷内河段的横剖面，河谷两边地势起伏变化大，落差接近 200 m，河谷狭窄呈"V"型，河床高程在 1 050 m 左右。剖面线 L11 位于孔雀河从铁门关峡谷流入库尔勒的出山口处，即库尔勒三角洲的顶部，该河段的河谷横剖面特征表现为地势陡、落差高达 70 m 左右，河床高程约 960 m，呈"V"型河谷。库尔勒分布有规模巨大的古老三角洲，有人认为该三角洲是古开都河水未经博斯腾湖停积，而径穿铁门关峡谷而下形成的(中国科学院新疆综合考察队，1978)。

剖面线 L12 位于库尔勒三角洲中部，此处河床落差小于 5 m，河谷狭窄，由于三角洲表面砾石与沙丘分布使得地表起伏不平，由横剖面可以看出东部海拔明显高于西部，说明三角洲东部上升量强于西部。在库尔勒东部，第三纪地层出露地面，形成桌状地形，构造上升迫使孔雀河废弃了东部山口直达尉犁方向的河床，使孔雀河在出山口后，向西急转，穿过冲积扇的上部，到三角洲西缘洼地，才作弧形向南绕转而流(中国科学院新疆综合考察队，1978)。野外调查表明向西急转的孔雀河段是一个极为年轻的河段，以及其西部的博头湖沼泽地等，发育在一个极为年轻的断层之上(中国科学院新疆综合考察队，1978)。

剖面线 L13、剖面线 L14 分布在孔雀河沿库勒克塔格山南麓向东南流动的河段上，周围沙丘遍布，地表起伏在 2 m 左右。

6) 塔里木河河源区

塔里木河汇集了西昆仑山、帕米尔及天山西段南坡的许多河流，从其发展的历史看，它几乎和汇集到塔里木盆地的较大的河流都曾发生过联系，经过长期的演变，河流的改道，或人工引水的结果，目前有些河流已不能直接流入到塔里木河，但河系的流向及地下水自然是向塔里木河谷聚流的(中国科学院新疆综合考察队，1978)。现在的塔里木河主要依靠上游渭干河、阿克苏河、和田河与叶尔羌河补给。

(1) 渭干河

其河源较多，有克孜勒河、喀拉苏河、台勒维丘克河、喀普斯浪河以及木扎尔特河自东向西依次分布，除克孜勒河发源于科克铁克山外，其余河流均发源于哈尔克他乌山，这些河流在拜城盆地汇集形成渭干河。图 5.20 反映了渭干河流域的地势，地势由西北向东南倾斜；北部为天山南脉哈尔克他乌山，广泛分布冰川积雪，中部为拜城盆地，汇集发源于北部、西部山地的地表及地下水，穿过东西向的山前褶皱带却勒塔格进入南部的塔里木盆地。

渭干河河源地区冰川发育，地貌类型以冰川、冰缘作用为主；在中山带以及拜城盆地的则以流水侵蚀、干燥剥蚀为主；进入塔里木盆地，则以流水作用的冲积洪积地貌为主，由于河流分汊较多，分布有沙丘地貌(图 5.21)。

在不同河段作剖面分析，各剖面线位置分布及其剖面特征见图 5.22。由图可知，渭干河各支流都与库尔勒断裂带、乌恰-库尔勒-兴地断裂带呈垂直相交，各剖面线与断裂带基本平行。

第 5 章 地貌成因类型的格局特征

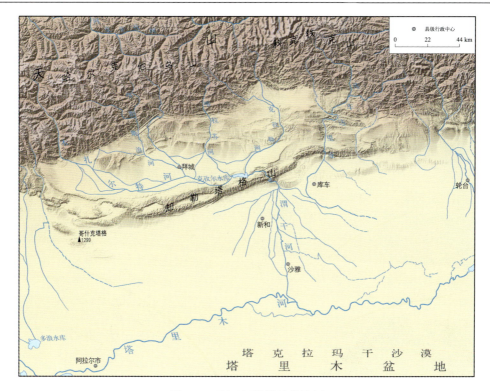

图 5.20 渭干河流域地势特征

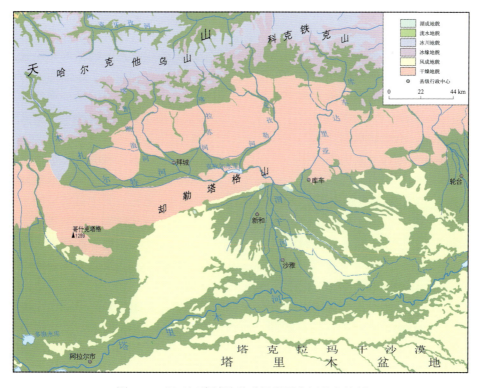

图 5.21 渭干河流域地貌成因类型空间分布特征

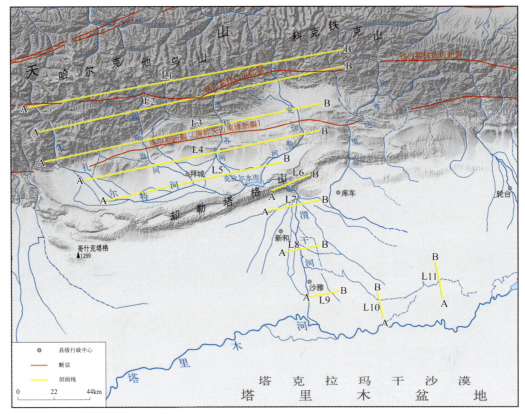

图 5.22 渭干河不同河段地势及剖面特征

剖面线 L1 位于天山南脉的哈尔克他乌山高山带，冰川发育、积雪遍布，是各支流的源头区，以冰川、冰缘地貌为主。据图 5.23 中剖面线 L1，反映了该剖面上各个支流河谷深切，高程落差从 600 m 左右到 1 500 m 左右不等，两岸地势陡峭，河谷狭窄，呈"V"型；谷底海拔在 2 400 m 左右，且从西向东海拔有所下降。由此表明，该区域地表破碎、起伏大、山势陡峭。

剖面线 L2 刻画了天山南脉中、高山区地表剖面特征，该区域流水侵蚀作用强烈，各支流河谷切割较深，高程落差从 500 m 左右到 1 800 m 左右不等。两岸地势陡峭，河谷狭窄，呈"V"型。谷底海拔从 2 400 m 左右下降到 1 800 m，其中最西边的木扎尔特河河谷最深，落差高达 1 800 m，谷底海拔 2 300 m。该区域从西到东山势逐渐下降。

剖面线 L3 反映出从木扎尔特河到喀普斯浪河，山势陡峭，地表起伏大，木扎尔特河下切深度 800 m 左右，呈狭窄的"V"谷地；从喀普斯浪河一直到克孜勒河，地势相对和缓，河谷下切程度不大，约在 100～500 m。该区域地貌类型受到干燥剥蚀作用最大。

剖面线 L4 分布在拜城盆地，干燥洪积作用占优势。由图可知，该剖面上地势相对缓和，除喀拉苏河、克孜勒河切割较深、河谷依旧狭窄呈"V"型外，其余河谷切割深度都不大，而且谷形不明显。喀拉苏河高程落差达 300 m 左右，克孜勒河高程落差为 100 m 左右。喀普斯浪河、喀拉苏河与克孜勒河的谷底海拔约 1 450 m，台勒维丘克河谷底海拔为 1 350 m，木扎尔特河谷底海拔约 1 610 m。

剖面线 L5 位于拜城盆地的最底部，地貌外营力以流水冲积、干燥洪积为主。除了木扎尔特河谷底海拔在 1 450 m 外，其余河流的谷底海拔在 1 200 m 左右；这里地势和缓，起伏较小，各个支流切割程度很小，它们在此逐渐合并、汇流，成为渭干河。剖面线 L6 位于拜城盆地最南端的山前褶皱带上，沿着却勒塔格分布，干燥剥蚀作用形成的地貌遍布。渭干河穿过却勒塔格山进入塔里木盆地，该剖面上，渭干河河谷呈狭窄的"V"型谷，谷底海拔为 1 100 m，高程落差为 400 m。

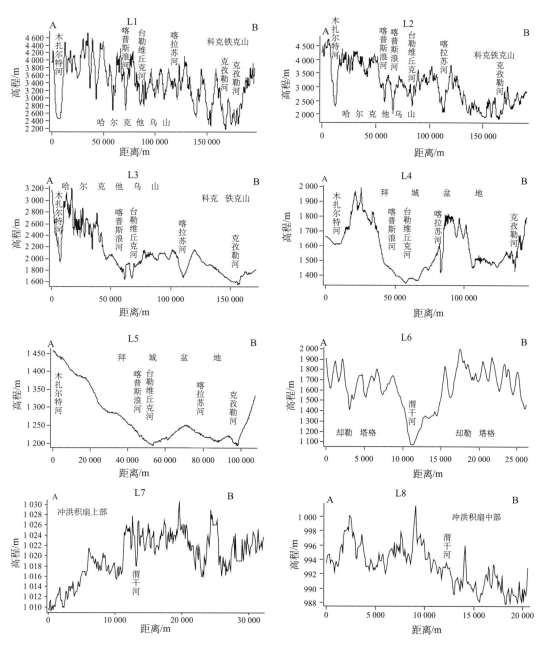

图 5.23 渭干河不同河段地势及剖面特征

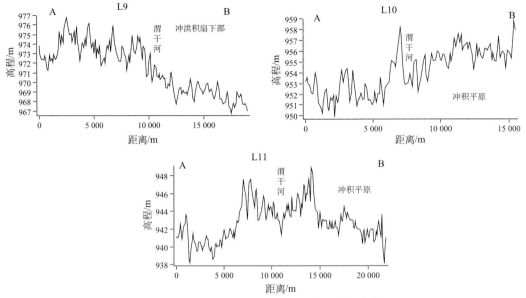

图 5.23　渭干河不同河段地势及剖面特征(续)

剖面线 L7~L9 分布在山前冲洪积扇平原上,剖面线 L7 位于冲洪积扇的顶部,剖面线 L8 位于冲洪积扇的中部,剖面线 L9 位于冲洪积扇的下部边缘区。在这三条剖面上,河谷狭窄,地表起伏虽然不是很大,但是比较破碎。在扇形地貌顶部,由于河流刚出山口,水量变化不明显,所以河道下切较深,高程落差约 8 m;出山口后,流水分散、人工引水等因素使得水量减少,到扇形地貌中下部,高程落差仅 3 m 左右。

剖面线 L10、剖面线 L11 分布在山前流水冲积平原上,河流分汊、人工渠道分布使得河网较密,零星的沙丘、沙洲分布其中。这两个区域的剖面特征基本相似,地表起伏不平,南部海拔低于北部;河道高程落差从 3 m 降低到 1 m 左右。

(2) 阿克苏河

阿克苏河是目前唯一常年有水注入塔里木河的支流(中国科学院新疆综合考察队,1978),主要由天山的高山地带冰雪融水补给,其源头为发源于南天山西段山地的库玛拉河与托什干河;并在河流两边分散有诸多小支流(图 5.24、图 5.25)。

库玛拉河上游接受汗腾格里峰高山冰雪融水补给,水量异常丰富。它们都发育在冰川槽谷之中,冰川槽谷一直延伸到山麓,并在山麓堆积有古老的冰碛物。库玛拉河出山口后,形成了一个巨大而古老的三角洲(中国科学院新疆综合考察队,1978)。图 5.24 明显可以看出托什干河在乌什以东的河段基本上沿着库玛拉河三角洲的前缘发育。现在这个古老的三角洲已受新构造运动作用而复杂化(中国科学院新疆综合考察队,1978)。托什干河发源于柯克沙尔山,冰雪融水补给量小于库玛拉河。

图 5.25 反映了阿克苏河流域的地貌成因类型,在河流发源地的高山地区以冰川、冰缘作用为主;进入中山带以流水侵蚀、干燥剥蚀作用为主;其余地区则以流水冲积、干燥洪积作用为主;平原区由于水网交错,间或分布有沙洲、沙丘地貌。

选择阿克苏河与其支流的不同河段作横剖面,依据不同河段的剖面特征来分析阿克苏河流域地貌形成发育,如图 5.26。

第 5 章　地貌成因类型的格局特征

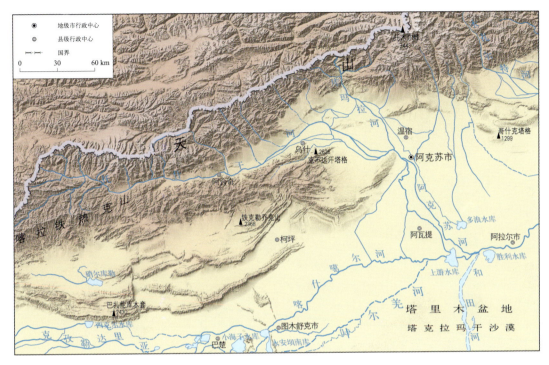

图 5.24　阿克苏河流域地势特征

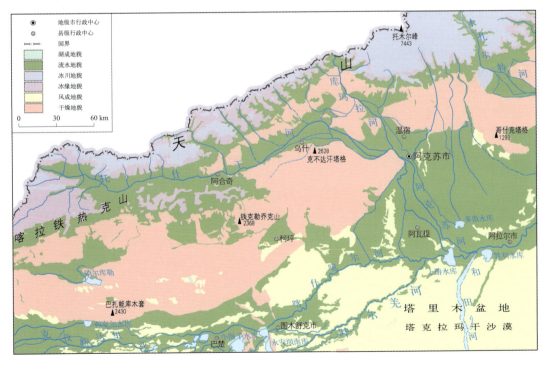

图 5.25　阿克苏河流域地貌类型空间分布特征

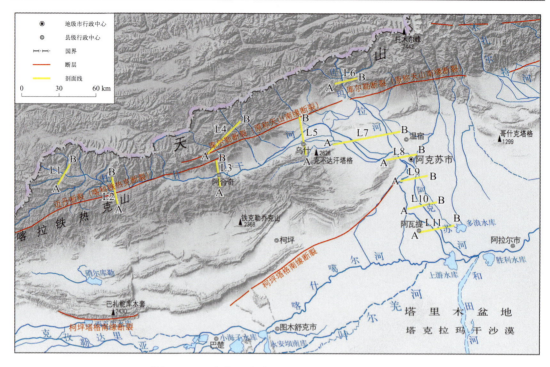

图 5.26　阿克苏河流域不同河段地势及剖面特征

从国界至哈拉奇乡的托什干河上游河段，分布有两条剖面线 L1、L2（图 5.27）。据剖面特征分析，剖面线 L1 处，谷底海拔 2 800 m，高程落差约 100 m，河谷狭窄，呈"V"型，山势陡峭。剖面线 L2 穿过乌恰-库尔勒-兴地断裂带，河谷高程落差约 150 m，谷底海拔 2 500 m；该断裂在此处与托什干河谷几乎重叠，从剖面线 L2 所反映出来的剖面特征显示该处河谷相对宽大，地势和缓。

哈拉奇以下即进入东西走向的纵谷，此处选择了三条剖面线，L3、L5 位于托什干河的干流，L4 位于托什干河的支流（图 5.27）。随着不断汇集两侧山地水流，托什干河水量增加，谷地由西向东逐渐加宽，堆积作用增强。剖面线 L3 处河谷高程落差 200 m 左右，谷底海拔 1 950 m，近似于"U"型谷。剖面线 L4 横穿托什干河的两条支流-琼乌散库什河与别跌里河，河谷狭窄，成"V"型，地势较陡，高程落差均在 200 m 左右；琼乌散库什河谷底海拔为 2 300 m，别跌里河的谷底海拔在 2 900 m 左右。剖面线 L5 处河谷高程落差不到 20 m，谷底海拔 1 380 m，谷地两侧地势和缓，属于托什干河三角洲的上部。

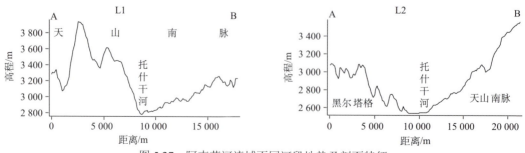

图 5.27　阿克苏河流域不同河段地势及剖面特征

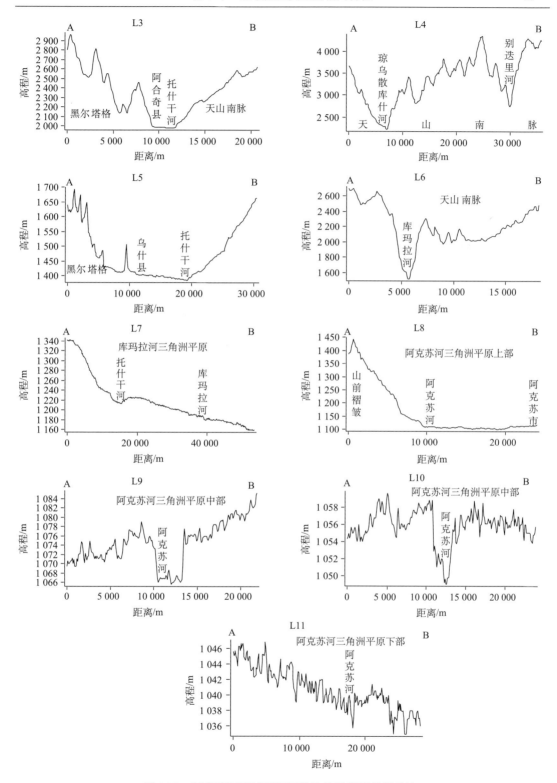

图 5.27 阿克苏河流域不同河段地势及剖面特征(续)

剖面线 L6 位于库玛拉河上游，据剖面特征，该河段河谷切割深度高达 1 000 m，河谷狭窄呈典型的"V"型谷。剖面线 L7 横穿托什干河下游和库玛拉河下游，托什干河三角洲的下部与库玛拉河三角洲连成一片，构成了一个下陷区域(中国科学院新疆综合考察队，1978)。据剖面线 L7 显示的剖面特征，托什干河下游沿库玛拉河三角洲西部边缘流动，此处两个河谷下切程度小，地表起伏不大，地势从西向东倾斜，谷底海拔在 1 190 m 左右。

库玛拉河与托什干河在阿克苏西北的卡拉代白汇合后称为阿克苏河，河流挟带的大量冰水物质，堆积成长达 120 km 的干三角洲。泥沙主要来自昆马力克河，上游山地主要为白云岩和石灰岩，冰川和急流的强烈侵蚀给河流带入许多白色的泥沙(中国科学院新疆综合考察队，1978)。剖面线 L8 处，位于阿克苏三角洲上部，继承了托什干河三角洲、库玛拉河三角洲下部特征；剖面线 L8 与 L7 显示的剖面特征相近，地表起伏不大，地势从西向东倾斜，谷底海拔约 1 120 m(图 5.27)。

据《新疆地貌》记载，阿克苏河三角洲上河流迁移很显著，在其西部边缘，古河道遗留了一系列的湖泊和沼泽，其下游古河道已不太清楚(中国科学院新疆综合考察队，1978)。在这古河道之东，和现在阿克苏河以西还有一个古河道，称科纳河，在阿瓦提县一带形成一个小三角洲，但现在科纳河古道已演变为沼泽。从古河道的分布，可以看到全新世时期的阿克苏河从西向东迁移。另一方面，阿克苏河三角洲上古老冲积平原的坡度很大。例如在温宿附近，由第四纪黄土状物质组成的冲积扇，高于下一级阶地 30 m 左右，而到阿克苏城附近，只高出 5 m 左右，再向南迅速地向下倾没。在库木巴什巴扎附近，冲积平原只高出河床 2 m 左右。同时从阿克苏城向东仅 10 km 左右，阿克苏河的古老三角洲即倾没于台宁苏河的冲积-洪积层之下。上述阿克苏河三角洲上河道向东迁移和古三角洲沉积面倾斜的加大，反映了阿克苏河三角洲西部地区的隆起有关，这里除了中生代地层被隆起之外，第四纪初期的地层亦被隆起，影响到三角洲上的河流向东迁移。可能是这个隆起越过阿克苏河，向东北延伸，影响到阿克苏以东地区，使古三角洲北部的沉积层的位置升高。剖面线 L9、L10 以及 L11 分布在阿克苏河三角洲平原上，地表起伏，河谷高程落差较小，地势从西向东倾斜。剖面线 L9 经过的河段，谷底海拔 1 064 m，高程落差 4 m 左右；剖面线 L10 经过的河段，谷底海拔 1 049.5 m，高程落差不到 2 m；剖面线 L11 经过的河段，谷底海拔约 1 038 m，高程落差小于 2 m(图 5.27)。

(3) 喀什噶尔河

喀什噶尔河沿着南天山前褶皱与塔里木盆地相交地带呈弧形曲线向东北流动，主要由发源于南天山的恰克马克河与发源于南天山和西昆仑山的克孜勒苏河汇集而成，流域内其他河流出山后，大部分被引用于灌溉喀什绿洲，下游水量大减，河道消失在荒漠或沙漠中(图 5.28)。

图 5.29 反映了喀什噶尔河流域地貌类型分布状况。在河流发源地冰川较少；山区河流经过地段分布着冰川冻土、流水侵蚀、干燥剥蚀地貌；平原区河流经过地段分布有流水冲积和风沙地貌。

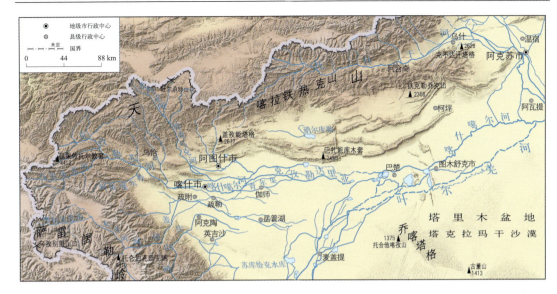

图 5.28　喀什噶尔河流域地势特征

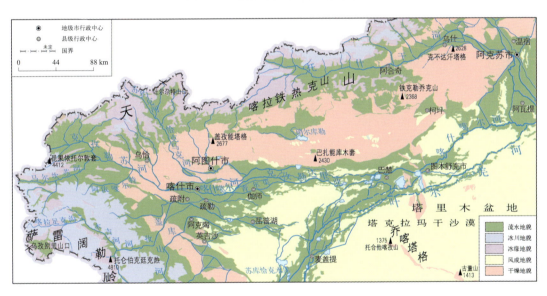

图 5.29　喀什噶尔河流域地貌成因类型空间分布特征

在不同河段作横剖面，共选择 9 条剖面线，如图 5.30 和图 5.31。剖面线 L1、L2 和 L3 分布在恰克马克河与克孜勒苏河上游；剖面线 L4、L5 以及 L6 分布在恰克马克河与克孜勒苏河的中下游；恰克马克河与克孜勒苏河汇流后的喀什噶尔河上，分布着剖面线 L7、L8 以及 L9。

恰克马克河与克孜勒苏河上游的剖面线 L1 和剖面线 L2，剖面特征相似：海拔高度均在 2 200 m 以上，河谷切割多次成"V"型，地势陡峭（图 5.31）。克孜勒苏河所处地带海拔低于恰克马克河，前者谷底高程为 2 400 m 和 2 200 m，后者谷底高程为 3 000 m 和 2 600 m；前者高程落差 400 m、200 m，后者高程落差 300 m、400 m。剖面线 L3 经过地

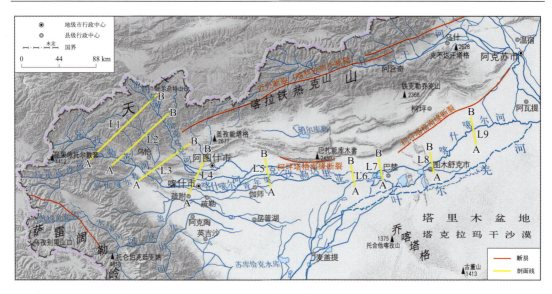

图 5.30 喀什噶尔河地势特征及剖面分布

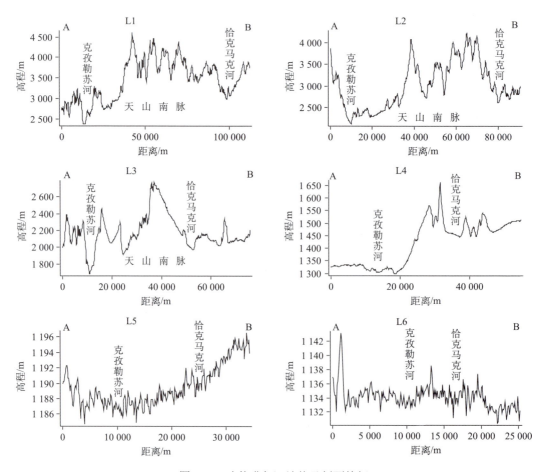

图 5.31 喀什噶尔河地势及剖面特征

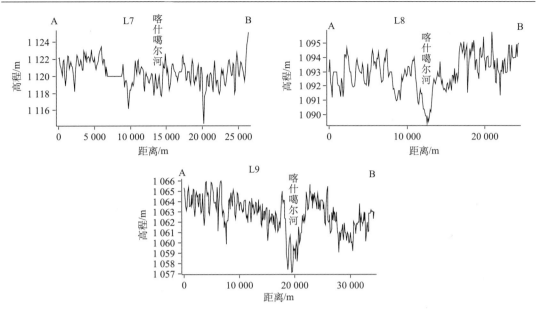

图 5.31 喀什噶尔河地势及剖面特征（续）

段，克孜勒苏河受褶皱断裂影响，谷地切割深度约 700 m，谷底海拔 1 700 m，河道沿褶皱形成的山间纵谷分布，地势陡峭；恰克马克河地势相对和缓，谷底海拔 2 000 m 左右，高程落差 100～200 m。

恰克马克河与克孜勒苏河的中下游的剖面线 L4、L5 以及 L6 分布在三角洲平原和冲积平原上，河谷地明显比上游地区和缓，高程落差减小，谷型不明显。剖面线 L4 经过疏附县，克孜勒苏河谷底海拔 1 300 m 左右，恰克马克河谷底海拔 1 460 m 左右；剖面线 L5 反映出克孜勒苏河谷底海拔 1 185 m 左右，恰克马克河谷底海拔 1 188 m 左右；剖面线 L6 显示出的剖面特征表明克孜勒苏河与恰克马克河的谷底海拔均在 1 134 m。

在巴楚县西边克孜勒苏河与恰克马克河汇合，称为喀什噶尔河。剖面线 L7、L8 以及 L9 就分布在喀什噶尔河冲积平原上，该区域都是沙砾质物质，地表粗糙，地势平缓，河道很浅，高程落差更小。剖面线 L7、L8 以及 L9 反映的剖面特征表明，这三个河段的海拔依次是 1 118 m、1 089.5 m 和 1 059 m。

(4) 叶尔羌河

叶尔羌河发源于昆仑山西段北坡的冰川地区，塔什库尔干河、克勒青河是其上游的支流，发源于喀喇昆仑山，与叶尔羌河上游一起顺着山间峡谷从东南向西北方向流淌，后随着山谷的改变从莎车附近改向北流，穿过沙漠注入塔里木河(图 5.32)。

叶尔羌河全长 466 km，是塔里木河最长的一条支流。它在昆仑山地中蜿蜒曲折，流经很多山间谷地和峡谷。河谷中许多地段曾为古冰碛堵塞，形成堰塞湖，在山区可以见到厚达几十米的湖积层。但经后期河流切割，目前沿河湖泊很少。冰后期山地大幅度抬升，主河道下切很深，谷坡上有巨大的倒石堆，河谷中碎石很多，但只有小部分物质被河流搬运走(中国科学院新疆综合考察队，1978)。

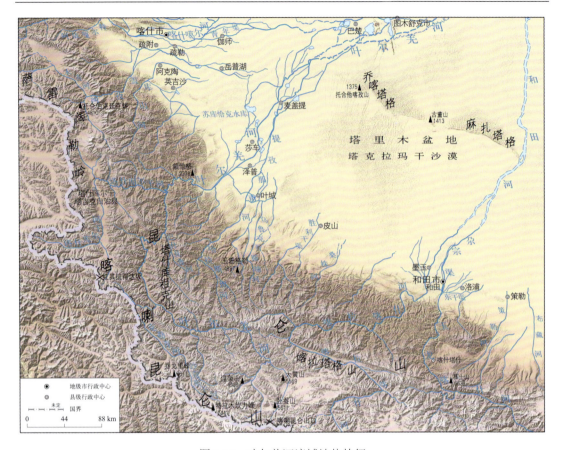

图 5.32 叶尔羌河流域地势特征

图 5.33 反映了叶尔羌河流域地貌类型的分布特征。叶尔羌河在极高山地区顺着山间谷地从东南向西北流淌，主要为冰川、冰缘地貌。河流转向北北东方向后，从高山到平原依次受到流水侵蚀、干燥剥蚀、干燥洪积、流水冲积、风力堆积作用的影响；在流水作用与干燥作用之间还分布着部分表面覆盖着黄土物质的地貌。

在不同河段作剖面分析，共选择 12 条剖面线，各剖面线的分布状况和剖面特征见图 5.34 和图 5.35。剖面线 L1～L8 分布在山地区，剖面线 L9～L12 分布于平原区。叶尔羌河的支流都分布在喀喇昆仑山、昆仑山区，河流蜿蜒曲折，受多条较大断裂带的影响，河道流向与山脉走向平行，克勒青河、塔什库尔干河是最大的支流，与干流成直角相交，所以山区分布的剖面线最多。克勒青河发源于乔戈里峰东侧，河谷一般比较开阔。塔什库尔干河发源于帕米尔高原南部，中上游河道宽阔，特别是在流经塔什库尔干县河段；下游为深切峡谷，峭壁直立。

从源头到出山口，大致可以分为三段：支流克勒青河汇合口以上为第一段，分布着剖面线 L1、L2；支流塔什库尔干河汇合口以上为第二段，剖面线 L3、L4 和 L5 分布在此区域；以下到出山口为第三段，分布着剖面线 L6、L7 和 L8。

第 5 章 地貌成因类型的格局特征

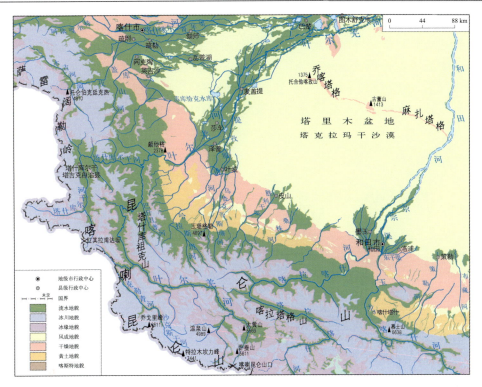

图 5.33 叶尔羌河流域地貌成因类型空间分布特征

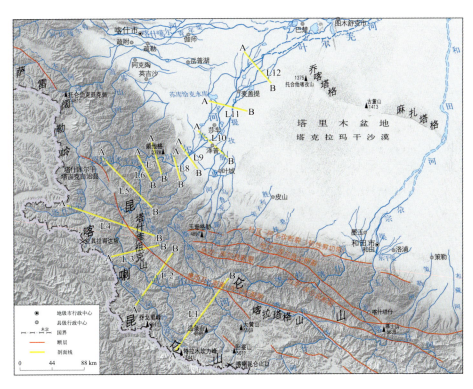

图 5.34 叶尔羌河地势及剖面分布特征

在第一段，叶尔羌河源头在起伏和缓的高原上向北流淌，谷地开阔（图 5.32），再穿过阿格勒达坂断裂带后转向西北，河道曲折（图 5.35），谷坡冲沟多，岩石裸露，物理风化剧烈，谷底堆积深厚的岩块碎屑，河湾以下冲刷强烈，河岸崩塌，形成急滩，在河道开阔处又有沙洲沉积（中国科学院新疆综合考察队，1966）。剖面线 L1 经过河段，河谷成"V"型，地势陡峭；克勒青河谷底海拔 4 600 m，落差 800 m 左右；叶尔羌河谷

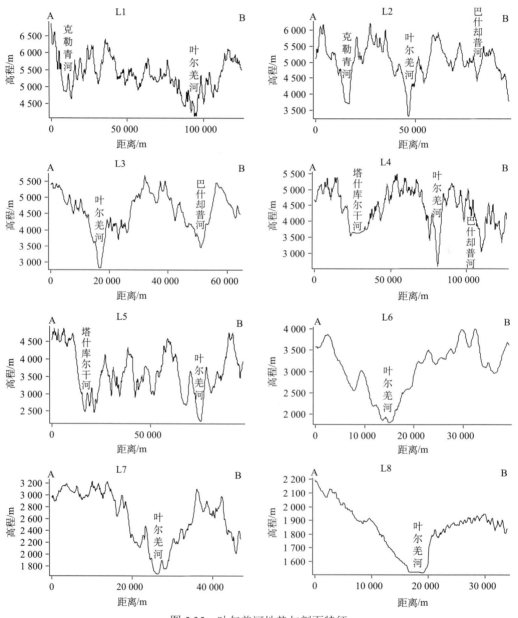

图 5.35　叶尔羌河地势与剖面特征

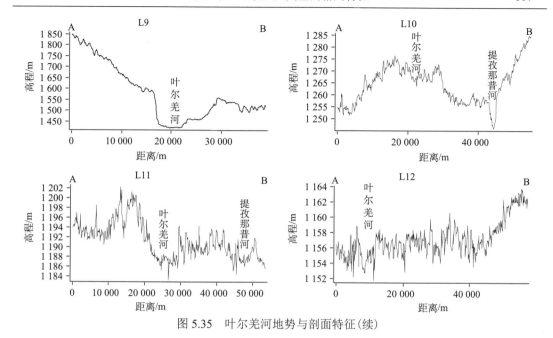

图 5.35 叶尔羌河地势与剖面特征(续)

底海拔约 4 200 m,落差约 500 m。剖面线 L2 经过河段地势陡峭,"V"型河谷分布;克勒青河谷底海拔约 3 700 m,落差约 1 000 m 以上;叶尔羌河谷底海拔约 3 300 m,落差在 1 000 m 以上;巴什却普河谷底海拔 4 400 m,落差约 800 m。

在第二段,克勒青河与叶尔羌河汇合,水量增加,山势高大,峡谷深切,河谷宽度一般只有 250 m 左右,水流集中,急滩与深潭相间(中国科学院新疆综合考察队,1966)。本段干流大约作南东-北西-北流向,较大支流右岸为巴什却普河,左岸为塔什库尔干河(图 5.34)和(图 5.35)。该段河谷均呈"V"型,河道深切,地势陡峭,受多组断裂影响,山间深切峡谷遍布。剖面线 L3 处河段走向大约与康西瓦-商南-荣城断裂和阿格勒达坂断裂走向一致,叶尔羌河谷底海拔约 2 800 m,高程落差高达 1 600 m,巴什却普河谷底海拔约 3 500 m,高程落差约 500 m 左右。剖面线 L4 横穿塔什库尔干河源头、叶尔羌河与巴什却普河;塔什库尔干河源头位于帕米尔高原南部附近,地势相对和缓,河道下切程度小,谷底海拔约 3 500 m;叶尔羌河谷底海拔约 2 500 m,高程落差将近 1 800 m 左右;巴什却普河谷底海拔在 3 000 m,高程落差约 600 m 左右。剖面线 L5 的剖面特征表明塔什库尔干河河道下切程度增加,约 800 m 左右,谷底海拔在 2 500 m 左右;叶尔羌河谷底海拔在 2 200 m 左右,高程落差 1 500 m 左右。

在第三段从塔什库尔干河与叶尔羌河汇合处到出山口,河流转向东-北流向,沿河山势逐渐降低,坡面上岩石裸露,谷底变宽(图 5.34)和(图 5.35),近似于"U"型谷。剖面线 L6 穿过的河段谷底海拔在 1 800 m,高程落差约 600 m 左右;剖面线 L7 与柯岗断裂平行,谷底海拔约 1 800 m,高程落差 100 m 左右;剖面线 L8 谷底海拔 1 500 m 左右,高程落差 100 m 左右。

叶尔羌河与塔什库尔干河汇合后,水量增大,出山口后,形成巨大的冲洪积扇与冲积平原。剖面线 L9、L10 分布的山前冲洪积扇平原区(图 5.34)和(图 5.35),该区域以干燥作用为主,河道下切程度小,谷地两边地势和缓。剖面线 L9 经过的河段位于冲洪积扇的上部，谷底海拔约 1 400 m；剖面线 L10 经过的河段位于冲洪积扇的下部，谷底海拔降低到 1 258 m 左右。

河流穿过沙漠的冲积平原区河曲发育，由于两岸为沙壤土组成的河岸，河床不稳定；在麦盖提以北河道泥沙淤积严重，河漫滩广阔，沙洲和汊流发育；到了巴楚以后水量大大减少，河道趋于干涸(中国科学院新疆综合考察队，1966)。该区域的河道很窄，地表起伏不平，河谷落差很小，大都在 2 m 左右(图 5.34)和(图 5.35)。剖面线 L11 穿过的河段谷底海拔约 1 187 m；剖面线 L12 经过的河段谷底海拔约 1 151 m。

(5) 和田河

和田河在沙漠中的流程长达 430 km(中国科学院新疆综合考察队等，1978)，是典型的冰雪融水补给的河流(中国科学院新疆综合考察队，1966)。中昆仑山的气候非常干燥，降水量对河流补给的作用不明显，河流主要依靠高山和极高山区冰雪融水补给。只有在每年的洪水季节 6 月、7 月、8 月，才有洪流一直穿过塔克拉玛干沙漠注入塔里木河，其他月份河水只能到达和田以北不远的地区(中国科学院新疆综合考察队，1966；中国科学院新疆综合考察队，1978)。

和田河由两条较大的支流汇集而成：喀拉喀什河与玉龙喀什河。喀拉喀什河发源于喀喇昆仑山的北坡，玉龙喀什河发源于昆仑山主脉的北坡(图 5.36)。这两条河流在昆仑山主脉北部的山间纵谷中向东流动一段距离之后，转向北流，切穿了昆仑山最北的一道山脊，进入塔里木盆地。在盆地中又并行北流，后在一站村西南部汇合成为和田河(图 5.37)。

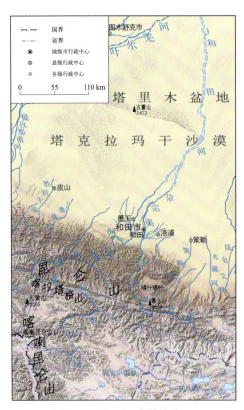 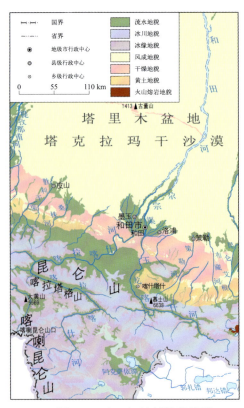

图 5.36　和田河流域地势　　　　　图 5.37　和田河流域地貌类型

图 5.37 反映了和田河流域的地貌类型分布特征。喀拉喀什河发源地的地貌以冰缘作用塑造为主,河道曲折;玉龙喀什河发源地的地貌以冰川作用塑造为主。两河横穿昆仑山地向北流,进入干燥洪积、流水冲积平原,最终穿越塔克拉玛干沙漠,注入塔里木河。由于昆仑山3 900 m以下的山坡上分布着厚层的亚砂土层,当洪水季节砾石和亚砂土被大量搬运下山,成为新疆挟沙量最大的河流之一(中国科学院新疆综合考察队,1978)。

图 5.38 反映和田河不同河段的剖面特征。分为三个部分:从河流发源地到出山口的河段为山地区,即剖面线 L1～L9;从出山口到两河汇合处为山前区,包括剖面线 L10～L12;往下河段为平原区,包括剖面线 L13～L14。

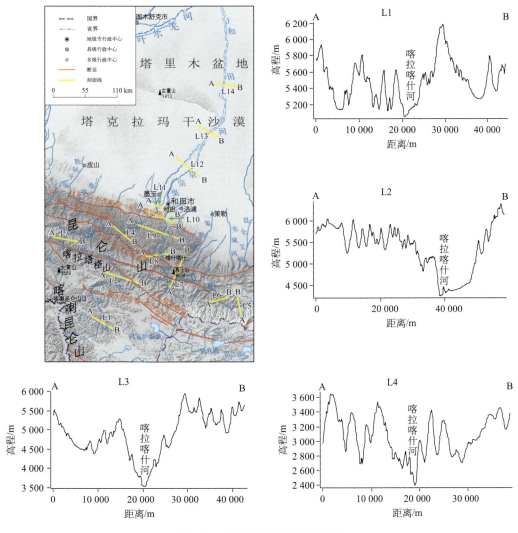

图 5.38 和田河地势及剖面特征

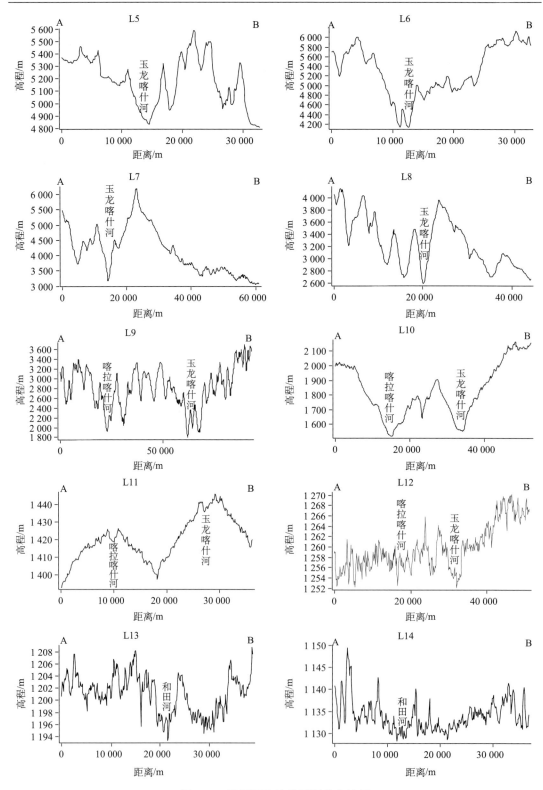

图 5.39　和田河地势的剖面分布特征

山地区

昆仑山在喜马拉雅运动以后强烈上升，河谷均为深切"V"型峡谷，谷地上倒石堆极为发育。剖面线 L1~L7 分布在喀拉喀什河的不同河段；剖面线 L8~L12 分布在玉龙喀什河的不同河段，剖面线 L13 同时穿过喀拉喀什河以及玉龙喀什河。

据图 5.37、图 5.38 和图 5.39，喀拉喀什河南部与青藏高原相接，地形起伏相对和缓，河谷开阔，全年有冰雪覆盖。在高山区变为深切峡谷，河谷变窄。剖面线 L1 位于岔路口村南部，与阿格勒达坂断裂带平行横穿喀拉喀什河，谷底海拔 5 000 m，高程落差约 300 m。剖面线 L2 位于康西瓦村东南部的河流转弯处，河流由此转为东西向，谷底海拔约 4 300 m，高程落差约 100 m。剖面线 L3 位于谢依拉村北部，与康西瓦-商南-荣城断裂平行，此处河流转向，谷底海拔 3 600 m，高差 600 m。剖面线 L4 位于托满村附近，与柯岗断裂平行，谷地海拔约 2 400 m，高程落差约 400 m。

玉龙喀什河在山区内河道峡谷居多，急流浅滩交替出现，谷坡陡峭，有些地方陡崖直立，谷坡切割严重（中国科学院新疆综合考察队，1966）。剖面线 L5 位于玉龙喀什河的源区，基本上与断裂带走向一致，剖面线横穿大红柳滩断裂和康西瓦-商南-荣城断裂，与河道垂直相交，谷底海拔约 4 850 m，高差 400 m。剖面线 L6 位于河道转弯处，与康西瓦-商南-荣城断裂带约成–45°夹角，谷底海拔约 4 100 m，高差约 500 m。

剖面线 L7 分别位于喀拉科勒村西边，该河段河道走向与断裂带一致，河谷几乎与康西瓦-商南-荣城断裂带重合；谷底海拔 3 200 m，高程落差 1 600 m 左右。剖面线 L8 位于喀什塔什乡附近，与柯岗断裂约成–60°夹角，谷底海拔约 2 700 m，高程落差约 500 m。

剖面线 L9 位于库娜提阿格子村北部，横跨喀拉喀什河与玉龙喀什河。该河段地势陡峭，高山夹持峡谷，喀拉喀什河的谷底海拔约 1 900 m，高程落差将近 1 000 m 左右；玉龙喀什河谷底海拔约 1 800 m，高程落差将近 700 m。

山前区

河流出山口后，在山前地带形成巨大的冲洪积扇，玉龙喀什河和喀拉喀什河平行北流，到一站附近两河汇合。在该区域，受人类生活用水和绿洲灌溉引水影响，人工渠道较多，河网交错分布。

山麓冲洪积扇上的第四纪砾石层受新构造运动影响，形成了两排褶皱构造。河流在穿越背斜区处形成了五级阶地，而在越过向斜处只有四级阶地。当河流穿过上述外缘背斜以后，第五与第四两级阶地很快被倾没在更新世的沉积层之下，普遍只有由沙粒组成的三级阶地（中国科学院新疆综合考察队等，1978）。

剖面线 L10 位于出山口的第一排褶皱构造上；剖面线 L11 经过拉依喀乡和纳瓦乡，位于第二排背斜边缘（图 5.38）和（图 5.39）。剖面线 L10 经过的河段，喀拉喀什河谷底海拔约 1 500 m，高程落差不到 100 m；玉龙喀什河谷底海拔 1 550 m，高程落差约 100 m。剖面线 L11 经过的河段，喀拉喀什河谷底海拔约 1 415 m，高程落差约 2 m 左右；玉龙喀什河谷底海拔约 1 427 m，高程落差约 5 m 左右，地表起伏不平，地势和缓。剖面线 L12 分布在两河形成的冲积平原上，海拔高程从南向北逐渐降低，河道下切程度降低；受沙丘分布影响，地表起伏不平。

平原区

河流下游区，来水量剧烈减少，水中含沙量很大，同时河床坡度很小，在极为平坦宽展的河床中，洪水期滚滚浊流并没有充满河谷，而是呈曲流状弯曲前进(中国科学院新疆综合考察队等，1978)。由剖面线 L13 以及 L14 可以看出，该部分河段的剖面特征相似性高，河道两边分布大量沙丘和丘间洼地，地表起伏不平，河道狭窄，切割较浅(图5.38、图 5.39)。

7) 塔里木河干流区

塔里木河(以下简称"塔河")干流沿着天山南麓、塔克拉玛干沙漠北部边缘呈弧形特征，在北纬 41°附近蜿蜒向东流，到东经 87°以东折向东南，在东经 88°以东转向南流，穿过塔克拉玛干沙漠东部注入台特玛湖(图 5.40)。塔河流淌在自身冲积的平原上，地势平坦，地表物质疏松，以细砂、砂壤为主，降水量少，蒸发旺盛，所以风沙活动比较强烈(中国科学院新疆综合考察队，1966)。在河流两边的河漫滩、低阶地以及自然堤上，生长着芦苇、红柳、胡杨等植物。塔河上、中游是世界上胡杨分布最集中的地区，现已成为自治区的森林自然保护区。茂密的胡杨林不但具有防风固沙、保护绿洲安全的作用，而且是塔里木马鹿、野骆驼、塔里木兔、狼、沙狐、野猪等干旱荒漠区野生动物赖以生存的摇篮。

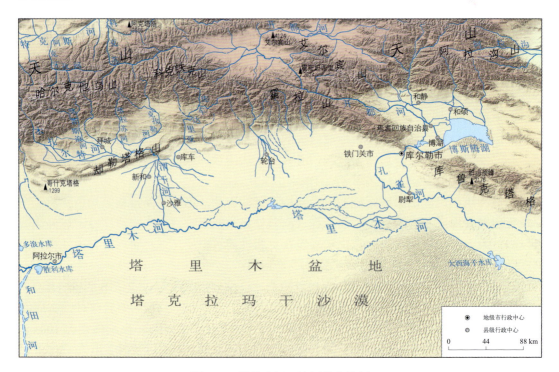

图 5.40 塔里木河干流区地势特征

塔河中游是典型的南北方向摆动的游荡河道，其经常迁徙，形成一个南北宽 100 km以上的冲积平原。变迁原因主要是由于地形极其平坦，河流的沉积作用迅速，河床容易淤高，不能容纳洪汛时的流量，往往突破自然堤而改变它的流路。一般较老的河段，曲流发育，洪水时，常在曲流的凹岸决口，形成与主流大致平行的支汊。等到主流沉积过多，洪水不能畅泄时，全部水量倾泻在支流里，变成一条新的主流(中国科学院新疆综合考察队，1978)。正是河道的不断迁徙为两岸的植被生长提供了水源，造就了大片的胡杨林景观。

图 5.41 反映了塔里木河干流区域的地貌分布特征。河流行经于自身冲积而成的平原上，两岸绵延分布着高大起伏的沙丘；既有半固定的草灌丛沙堆，又有流动的新月形沙丘和沙丘链、复合型沙丘和沙丘链。受自然环境和人为原因的影响，该区域地貌类型变化较快。水源补给减少，上游过度引水，河道游荡，河曲发育，蒸发、渗漏严重，致使河流水量减少，两岸植被退化，沙丘扩张，而流水作用影响范围减少，风沙地貌分布范围扩大。

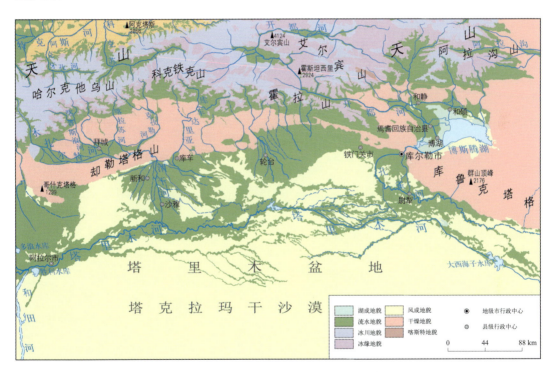

图 5.41 塔里木河干流区地貌类型分布特征

图 5.42 反映了塔河干流区不同河段的剖面特征。从阿拉尔市到沙雅县附近为塔河干流的上游河段，剖面特征见剖面线 L1～L4。河道坡降与流速较大，冲刷作用和侧蚀作用加强，含沙量多，河曲发育(中国科学院新疆综合考察队，1966，1978)。从沙雅县到英苏牧业村，属于塔河中游，剖面特征见剖面线 L5～L9，地势平坦，河道分汊多，容易改道，洪水期没有固定河槽水流漫溢分散，河间洼地形成较多小湖泊和沼泽。在尉犁县至喀拉什提村之间修建了水库(如大西海子水库)，只有少量河水可以流入下游河段(中国科学院新疆综合考察队，1966，1978)。下游河段河道几乎断流，两岸沙丘即将连在一起，

所以未作剖面分析；由北向南河道越来越窄，河岸分布高大的新月形沙丘和沙丘链、复合型沙丘和沙丘链。所有剖面特征统一反映了塔河河道下切程度小，分布在地势相对平缓的地表，没有显著的谷型，两岸沙丘、沙地、冲积平原遍布。剖面线L1~L4分布的河段，河流北岸主要以半固定梁窝状沙丘和冲积平原、河漫滩为主；河流南岸则是以冲积平原、河

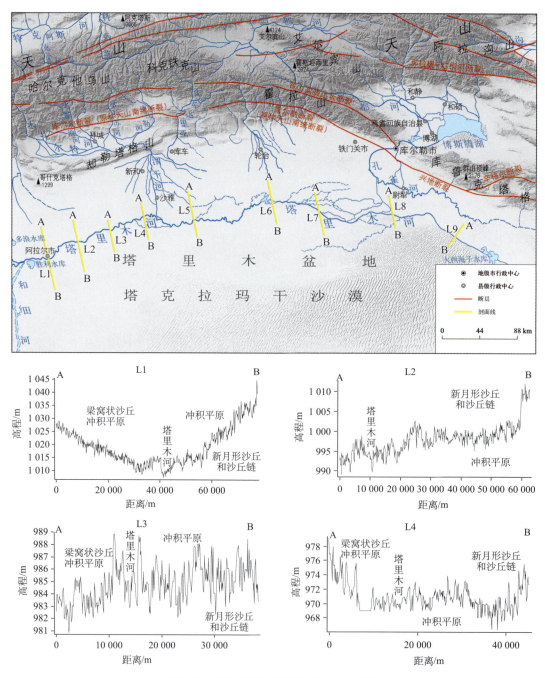

图 5.42　塔里木河干流区地势与剖面特征

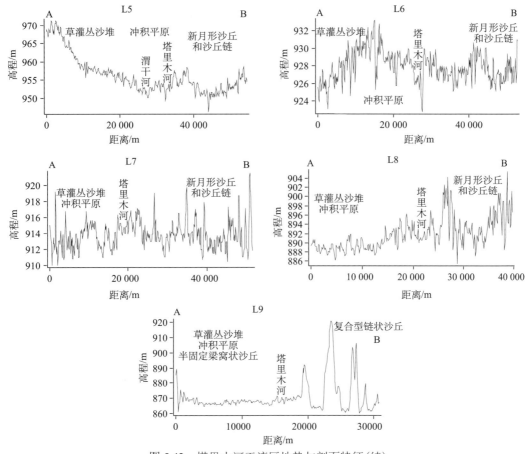

图 5.42 塔里木河干流区地势与剖面特征(续)

漫滩与新月形沙丘和沙丘链为主。剖面线 L5~L8 分布的河段,河流北岸主要以草灌丛沙堆和冲积平原、河漫滩为主,河流南岸则以新月形沙丘和沙丘链为主。从剖面线 L9 开始,河流两岸地貌类型开始以草灌丛沙堆、梁窝状沙丘、复合型沙丘和沙丘链为主。

《新疆地貌》详细分析了塔里木河河道的迁徙变化。在天山南麓阿克苏河、渭干河、迪那河、孔雀河等在山前形成了广大的冲洪积扇,将塔里木河向南推移,而诸冲洪积扇之间的洼地,仍为塔里木河摆动所及,留下了一系列塔里木河的汊道,例如渭干河之西的渡次坦干河、孔雀河以西的古河道等。但第四纪后期新构造运动的影响也使河道迁移范围发生变化,例如天山山地的隆起,使得上述冲洪积扇之间的洼地受到影响,因此目前在渭干河以西的洼地,已高于塔里木河河床,在轮台冲积扇与孔雀河冲积扇之间洼地的南部塔里木平原遭受轻微的抬升,这里古河道下切达 5~7 m,已形成沙丘,从而迫使塔里木河向南移动。但是这种变动的区域是比较狭窄的,变动最大、最显著的是塔里木河的南岸,由于塔克拉玛干沙漠地区的隆起,沉降中心向北移动,亦迫使塔里木河不断地向北迁移。在现有河道的南部遗留有多条古河床,河间地大部分已为风沙覆盖,古河床的大部地段为风沙填塞,古河床分布区域的宽度达 70~100 km 左右。现在塔里木河的河床很新,一些河段尚未形成固定的河槽。由此可见全新世时期的塔里木河所作用的范围,远较更新世时期小。

5.2 湖成地貌特征

湖成地貌，即湖泊地貌（lacustrine landform），指湖水作用形成的各类地貌。湖水在风的作用下形成波浪，波浪在近岸地带形成的碎浪及其挟带的碎屑不断冲击、磨削湖盆、湖岸及其周围地区，从而塑造出各种形态的湖蚀地貌，如湖蚀崖、湖蚀平台、湖蚀穴、湖蚀岬角等；注入湖泊的河流将泥沙源输入湖盆，并发生沉积，从而形成湖口三角洲，各三角洲连接则形成了湖滨三角洲平原；风、温度、盐分的变化、差别在湖泊内也形成多种形式的次生流和密度流，这些湖流对湖底岸产生侵蚀，并将侵蚀物质搬运到湖边并发生沉积，形成湖滩、湖岸沙堤、沙丘等湖泊堆积地貌。这些因素与湖盆及其周围地区相互作用，造成各种湖泊地貌形态，称为湖成地貌（周成虎，2006）。新疆湖成地貌类型共有 $3.309 \times 10^4 \text{km}^2$，占全疆总面积的 2.017%，主要围绕湖泊分布。

1. 湖成地貌类型的空间分布

1）形态类型的定量特征

由表 5.3 可知，湖成作用包含的主营力作用方式有湖积-湖蚀-湖积冲积地貌 3 种，分布面积依次减少；其中湖积地貌包含形态类型最多，分别是低台地-水库-湖滩-高阶地-低阶地-湖床，面积依次增加。

表 5.3　湖成地貌的主营力作用方式和形态类型分布面积

主营力作用方式	湖积							湖积冲积	湖蚀		
形态类型	平原	湖滩	湖床	水库	低阶地	高阶地	低台地	平原	平原	低台地	高台地
面积/10^4km^2	1.401	0.157	0.598	0.123	0.275	0.238	0.101	0.253	0.036	0.035	0.092
合计/10^4km^2	2.893							0.253	0.163		

湖成地貌的各种形态类型，其面积的空间分布满足指数分布特征（图 5.43）。

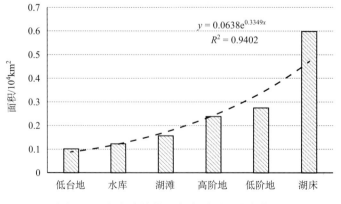

图 5.43　湖成地貌的形态类型面积分布特征

2) 空间分布特征

(1) 湖积地貌

湖积平原：指由湖泊淤积、干涸形成的平原，这里地表平坦，局部地方有沼泽（周成虎，2006）。分布在乌伦古湖、玛纳斯湖、艾比湖、艾丁湖、博斯腾湖、罗布泊等湖泊周边地区，地形平坦，由砂粒物质组成。

湖滩：指湖面波动时，有时露出水面，有时被湖水淹没的湖积平原部分（周成虎，2006），主要分布在艾比湖、艾丁湖、阿克塞钦湖、阿牙克库木湖以及阿其克库勒湖周边。

湖积低阶地：指由于湖泊淤积形成的平原，后受地壳上升或其他原因导致侵蚀基准面下降，使得原来的湖积平原被切割形成的低阶地，见于乌伦古湖北部、艾丁湖沿岸、罗布泊东北部以及阿克塞钦湖沿岸，呈不规则几何形状分布。

湖积高阶地：指由于湖泊淤积形成的平原，后受地壳上升或其他原因导致侵蚀基准面下降，使得原来的湖积平原被切割形成的高阶地，见于在乌伦古湖东岸、玛纳斯湖周边沿岸以及罗布泊东北部，多呈带状分布。

湖积低台地：指由于地壳上升或其他原因导致侵蚀基准面下降，原来的湖积平原被切割改造而成的低台地（周成虎，2006），仅见于罗布泊洼地西南部，呈不规则几何形状。

(2) 湖积冲积地貌

湖积冲积平原，指受湖积和冲积交替作用形成的平原，其沉积剖面中既有薄层的湖相沉积又有河流相沉积（周成虎，2006）。这里地形平坦，位于湖积平原与冲积平原的过渡带，主要分布在罗布泊、博斯腾湖、玛纳斯湖以及乌伦古湖沿岸。

(3) 湖蚀地貌

湖蚀平原：指在湖泊沿岸由于湖水侵蚀所形成的基岩面平原（周成虎，2006），仅见于吉力湖东南部、艾丁湖东北部，呈狭窄带状分布。

湖蚀低台地：指由于地壳上升或其他原因导致侵蚀基准面下降，原来的湖蚀平原被切割改造成低台地（周成虎，2006），仅分布在吉力湖东南部，沿乌伦古河大体呈条带状分布。

湖蚀高台地：指由于地壳上升或其他原因导致侵蚀基准面下降，原来的湖蚀平原被切割改造成较高的台地（周成虎，2006），主要分布在吉力湖东南部、玛纳斯湖西北部沿岸，呈狭长带状分布。

2. 湖泊类型及特征

陆地上的洼地积水后形成的相对封闭又比较宽广的水域，称为湖泊。它是地球表面演变过程中变化比较迅速的自然体，其形成与演化不仅受到局部地质地理条件的控制，而且受到水分补给条件和蒸发强度变化的影响，同时，大规模的人类活动也会改变湖泊的面貌。依据不同的划分原则，新疆具有不同类型的湖泊，主要从湖泊分布的地理位置、形成原因、水化学与发育类型进行划分。

1) 湖泊分布位置

山盆体系不仅决定了湖泊的分布特征,还限定了湖泊的自然条件,因而又决定了湖泊的自然特性,包括湖泊形态、规模以及边界条件和湖泊水文物理状况等,同时影响到湖泊的水化学、生物及生态特征。根据湖泊所处地理位置,新疆湖泊分为山地湖泊和平原湖泊两种类型。新疆山区与平原的地质和自然地理条件截然不同,反映在湖泊演变历史上也有较大差异(中国科学院新疆综合考察队,1978)。

(1) 山地湖泊。山地湖泊的形成与构造运动性质和强度、水文网形式以及河流侵蚀程度、古冰川活动、疏松沉积物的阻塞等方面有密切关系(中国科学院新疆综合考察队等,1978)。新疆属于山地湖泊的有阿克库勒湖、喀纳斯湖、赛里木湖、巴里坤湖、博斯腾湖、阿克塞钦湖、阿牙克库木湖、阿其克库勒湖以及鲸鱼湖等。

(2) 平原湖泊。平原湖泊的形成受构造断陷、河流变迁、人类活动等影响。新疆较大的平原湖泊乌伦古湖、玛纳斯湖、艾比湖、艾丁湖、罗布泊等,平原区还有很多人工湖或水库分布,特别是在南疆绿洲区。

2) 湖泊成因

《新疆水文地理》中按照湖泊形成的原因,将新疆湖泊归为八个类型(中国科学院新疆综合考察队,1966)。

(1) 尾闾湖,在地质时期下沉的地方成为现在许多河流的归宿地,成为尾闾湖,以罗布泊、台特玛湖与玛纳斯湖最为著名。罗布泊曾经是孔雀河的尾闾湖;台特玛湖是车尔臣河与塔里木河共同的尾闾湖;玛纳斯湖是玛纳斯河的尾闾湖。

(2) 陷落湖,受断裂等构造运动影响,形成断陷湖盆,有的湖盆中充满湖水,有的则只有少量湖水。新疆的乌伦古湖、艾比湖、赛里木湖、博斯腾湖、巴里坤湖、阿牙克库木湖、阿其克库勒湖以及鲸鱼湖都属于陷落湖。

(3) 冰川湖,主要分布在海拔较高的山地,由于古代和近代冰川的侵蚀和堰塞作用形成。属于冰川成因的湖泊有阿尔泰山上的喀纳斯湖,东天山博格达峰附近的天池以及昆仑山南缘的阿克塞钦湖等。

(4) 河间湖,集中分布在塔里木河中下游地段,河道变迁和分汊所形成,湖泊面积大小随着河水水量的变化而变化,甚至干涸。

(5) 牛轭湖,与河道的发育有密切关系,在曲流特别发育的地方容易形成。叶尔羌河下游、塔里木河中下游分布较多;大小尤尔都斯盆地的牛轭湖是新疆山间盆地牛轭湖的典型(中国科学院新疆综合考察队,1966)。

(6) 风蚀湖,主要分布在塔里木河中下游南岸,在洪水期,河水流入沙丘之间的凹地潴水成湖。它们面积很小,变化较快,洪水期形成,干旱期干涸消失。

(7) 潜水溢出湖,主要分布在新疆山前平原的潜水溢出带,较为有名的潜水溢出湖就是位于吐鲁番盆地的艾丁湖。

(8) 人工湖,主要是人为修建水库、池塘等,大多分布在绿洲较密集的地方,如喀什三角洲地区、天山北坡绿洲带等地。

3. 新疆主要湖泊的地貌发育特征

对新疆干旱区而言,湖泊是宝贵的自然资源,也是重要的生态区域,与区域的国民经济、社会发展、生态与环境建设等都有着密切的关系。在历史时期,新疆境内湖泊广泛分布,但受构造运动、气候变迁等各种因素影响,如今许多湖泊消失、干涸或缩小。利用遥感影像获取准确的湖泊地理位置、面积,结合有关文献资料分析新疆主要湖泊的动态变化,并得到相关数据,见表 5.4。

表 5.4 新疆主要湖泊的变化 (面积单位:km^2)

湖名	地理位置		记载面积	1980年面积	2000年面积	影像特征	备注
	东经	北纬					
阿克库勒湖	87°34′	49°03′		9.4	10.3		
阿克赛钦湖	79°50′	35°12′	105	变化不大	165		原名:阿克萨依湖
阿克牙库木湖	89°30′	37°35′	645	638	638		
阿其克库勒湖	88°25′	37°06′			370		
艾比湖	82°50′	44°00′	1 070	570	553		
艾丁湖	42°38′	89°14′	230	基本干涸	干涸		
艾西曼湖	80°07′	40°42′	18	158	149.6		

续表

湖名	地理位置		记载面积	1980年面积	2000年面积	影像特征	备注
	东经	北纬					
巴里坤湖	92°50′	43°45′	140	52	116		
博斯腾湖	87°03′	41°58′	1 015（1960年）	955	992		
柴窝堡湖	87°54′	43°30′			30		
达坂城盐湖	88°08′	43°23′			35.1		
吉力湖	87°25′	46°55′	180（1959年）	170	168		又称：巴嘎湖、小海子
鲸鱼湖	89°30′	36°20′			268		
喀纳斯湖	87°05′	48°50′		37.7	46		
罗布泊	90°15′	40°20′	1 900（1930年）	干涸	干涸		
玛纳斯湖	85°55′	45°42′	550（1931年）	干涸	287		
赛里木湖	81°12′	44°36′	454	变化不大	461		

续表

湖名	地理位置		记载面积	1980年面积	2000年面积	影像特征	备注
	东经	北纬					
台特玛湖	86°53′	40°54′	88（1958年）	干涸	干涸	干涸后湖床被沙丘、沙地覆盖	
乌伦古湖	87°18′	47°13′	827（1959年）	767	753		又名：布伦托海、大海子
硝尔库勒	77°21′	40°06′			52		
伊吾湖	94°12′	43°20′			29.2		

注：1. 玛纳斯湖：1962年干涸，2000年有洪水注入，2002年湖水面积达600 km²，表中面积为由遥感影像的获取数据；2. 台特玛湖：1972年干涸，2001年湖水面积10 km²，2003年塔河向下游放水，湖面达200 km²，停止放水后又干涸；3. 表中空白项表示无资料。

表5.4中，"记载面积"和"1980年面积"大部分引自《新疆湖泊的近期变化》（樊自立和李疆，1984）、《新疆湖泊水化学研究》（樊自立和李疆，1992）；2000年面积参考最新遥感影像和《中国干旱区的湖泊》（王亚俊和孙占东，2007）。除了这些较大的天然湖泊外，新疆还有很多面积很小的湖泊，此外还有大量人工湖（水库），本书仅对大型湖泊、比较著名的湖泊进行分析。由表5.4可以看到，有些湖泊面积变化不大，有些湖泊水面有所增加，有些湖泊面积缩小，甚至干涸消失。变化较小的基本上都是山地湖泊；平原湖泊变化较大，干涸、甚至消失的也多。

1) 山地湖泊

依据《新疆地貌》，按照山地湖泊形成的条件可分为3个方面：①由于构造断裂下陷形成山区规模较大的负地形，其出口受到阻塞，盆/谷内产生积水即可成为湖泊。此类湖泊大多呈圆形、椭圆形，如赛里木湖、博斯腾湖、巴里坤湖等。②山间谷地在冰期受到冰川强烈侵蚀形成宽阔的槽谷，冰川后退时，槽谷的某些地段被冰碛物或重力崩积物阻塞，形成长条形或顺着槽谷发育的分汊湖，如阿克库勒湖、喀纳斯湖等。③由现代冰川的尾碛和冰斗侵蚀形成的山间最小负地形，积水成湖，水域面积很小。它们广泛分布在阿尔泰山、阿拉套山和北天山西段等区。

山地湖泊的一般水量平衡条件好，湖水面积变化不大；湖泊位置深受构造和地形的影响，变化很小。但每个山地湖泊都具有其自身的特性。

(1) 喀纳斯湖与阿克库勒湖

喀纳斯湖与阿克库勒湖位于阿尔泰山，属于冰川湖，是坐落在阿尔泰山密林深处的高山湖泊。受地理位置的约束，两湖周边的地貌类型以冰川、冰缘作用的高山、流水作用的高山以及河谷平原为主，湖成阶地分布较少。

从表 5.4 中的影像特征可以看出，阿克库勒湖是喀纳斯湖的上源，在冰川槽谷中发育，由冰碛终碛垄堵塞积水而成，近似于"人"字形分布，主要靠友谊峰南坡的喀纳斯冰川融水补给，湖水面积约 10 km^2 左右，近年来变化不大。阿克库勒湖的湖水呈乳白半透明状，外观湖水呈白色，有点混浊，其成因是上游冰川中的内碛和表碛岩块，经冰川运动，被挤压、研磨成白色的白色粉末带入河流，进入湖泊，使湖水呈白色，故哈萨克语称之为阿克库勒，意为"白色湖"。

喀纳斯湖由第四纪冰川期的古冰川刨蚀、冰碛物阻塞山谷河道积水而形成的冰碛湖（樊自立和张累德，1992），属于北冰洋水系。由表 5.4 可以看到，喀纳斯湖形似豆荚状，顺着山谷呈条状分布，利用遥感影像测算的湖面面积比原有资料上的面积增大了约 8 km^2。湖水来自周边山峰的冰川融水和当地降水，是中国唯一的西伯利亚区系动植物保护分布区。现在这里以喀纳斯湖为中心建立了喀纳斯湖自然景观保护区，保护区自上而下垂直分布有冰川永久积雪带、山地冰缘冻雪带、高山草甸带、森林带、山地草原带等。

(2) 赛里木湖

赛里木湖位于博罗科努山、别珍套山之间的断陷盆地内，是一个断裂湖（中国科学院新疆综合考察队，1966），地质学称为"地堑湖"。该湖形成于晚第三纪上新世或第四纪早更新世（王树基，1978；马道典等，2003）。由其影像特征可以看出属于闭塞湖，湖水不能外泄，近似于椭圆形（表 5.4），是新疆海拔最高、面积最大的高山冷水湖。赛里木湖是哈萨克语，是"祝愿"的意思，蒙古语称"赛里木淖尔"，意为"山脊梁上的湖"，突厥语中"赛里木"意为"平安"之意。

赛里木湖的湖水来源主要依靠降雨和高山区现代冰川融水转化的地下潜水补给，湖泊周围具有高度渗透能力的碎屑物质保证了地下水的供应（中国科学院新疆综合考察队，1966；王树基，1978；马道典等，2003）。湖泊周边冲洪积扇很小，分布有四道古湖堤（中国科学院新疆综合考察队，1978；王树基，1978）；由遥感影像反映的特征可以看到，湖周边基本上都是低缓倾斜的平原，只有西北岸、东南岸的湖岸比较陡（表 5.4）；依据新疆地貌数据可知，湖泊周围是倾斜的冲积湖积平原，外围就是侵蚀剥蚀山地地貌。

(3) 巴里坤湖和伊吾湖

巴里坤湖也是一个高原断裂湖，湖面略成椭圆形，湖水面积约 116 km^2。湖泊古称蒲类海、婆悉海，元代称巴尔库勒淖尔，清代称为蒙古沙、巴尔库尔，现在音译为巴里坤湖。巴里坤湖与塞里木湖一样，都没有较大的河流注入，主要依靠环绕湖泊四周的冲积洪积扇溢出的泉水和地下水补给（中国科学院新疆综合考察队，1966）。湖泊周围分布有湖积平原、冲积湖积平原、冲积洪积平原、洪积平原以及洪积扇平原。湖内有丰富的芒硝和盐田，是新疆著名的盐湖。

伊吾湖，又名托勒库勒，是位于哈密地区伊吾县的内陆盐湖，呈椭圆形，湖水面积约 29 km^2。伊吾湖主要靠一条从西边流入的小河补给,另外还有潜水和承压水补给(樊自立和张累德,1992)。湖泊北部是干燥作用的洪积平原,周边其他地方则是流水作用下的冲积洪积平原和冲积洪积扇平原。

(4) 博斯腾湖

博斯腾湖是我国最大的内陆淡水湖,主要由开都河补给,通过孔雀河外泄,是中国干旱区唯一的吞吐湖(王亚俊和孙占东,2007)。博斯腾湖古称"西海",唐谓"鱼海",清代中期定名为"博斯腾湖",维吾尔语意为"绿洲",又称巴喀赤湖。开都河主要靠降水和季节性积雪融水补给,为博斯腾湖带来大量水源。

焉耆盆地在中生代已经存在,晚第三纪时在盆地低洼处就存在着湖泊(中国科学院新疆综合考察队,1978),这就是博斯腾湖最早的雏形。焉耆盆地的轮廓影响了博斯腾湖的外形特征,遥感影像反映出博斯腾湖近似于三角形状(表 5.4)。湖水面积约 992 km^2,湖泊周围分布一些小湖。湖泊南部和东部比较干燥,分布着洪积平原和大片的流动沙丘;北部以冲积洪积平原和冲积扇平原为主,但也有少量沙丘零星分布;西部以流水冲积平原为主,在开都河入湖处形成冲积湖积三角洲平原。

(5) 阿克塞钦湖

阿克塞钦(Aksai Chin),突厥语,意为"中国的白石滩",位于和田南部昆仑山与喀啦昆仑山间的半封闭性山间盆地内(表5.4)。该盆地在地质构造上北为西昆仑山背斜带,南为古生代褶皱带。据遥感影像,湖泊犹如豆状,环湖有湖滩和湖积阶地。

(6) 阿牙克库木湖、阿其克库勒湖以及鲸鱼湖

阿牙克库木湖、阿其克库勒湖以及鲸鱼湖都位于青藏高原的最北端的库木库里盆地内部,属于高山无人区,为阿尔金山国家级自然保护区管理范围。

阿牙克库木湖是阿尔金山和昆仑山之间内陆流域的一个大型不冻咸水湖,水源来自周边的祁漫塔格山和东昆仑山的许多间歇河。湖区干旱寒冷,终年无夏。湖泊近似椭圆形,东南岸分布面积较小的湖滩,其他地区均是冲洪积平原和冲洪积扇平原。

阿其克库勒湖是阿尔金山和昆仑山之间一个大型咸水湖。由发源于南面和西面昆仑山的河流和间歇河供水。湖形呈圆形,湖泊周围有湖滩和冲洪积平原分布。

鲸鱼湖是昆仑山东脉山脊内陆流域的一个大型咸水湖。由于形似鲸鱼而得名。湖水由发源于周围山峰的许多间歇河供水,高寒缺氧。湖泊周围地貌以冲洪积平原、冲洪积扇平原为主。

2) 平原湖泊

新疆平原区是径流散失区,平原湖泊的水量、水位受平原河流水量的变化和气候变化的影响。据《新疆地貌》可知,平原湖泊底部的沉积物一般由细砂、粉砂、黏土所组成,成互层结构,水平层理清晰。

(1) 乌伦古湖和吉力湖

乌伦古湖是准噶尔盆地北部的断陷湖,面积约 753 km^2,湖形似三角形。维语称"噶勒扎尔巴什湖",又称布伦托海、大海子、福海,是乌伦古河的归宿地。吉力湖,又称巴嘎湖、小海子,面积约 168 km^2,是乌伦古河的一部分,位于乌伦古河入乌伦古湖之

前，面积约为乌伦古湖的1/6。乌伦古河先流入吉力湖，经西北流出汇入乌伦古湖。

据《新疆地貌》中记载，乌伦古湖大约形成于第四纪中、后期。湖泊形成初期，乌伦古湖和吉力湖是连在一起的，乌伦古河直接从福海附近的古河道注入湖内，后来由于河床的淤高、泥沙沉积，使得河流改道，乌伦古湖和吉力湖逐渐分离。据遥感影像特征，乌伦古湖近似于直角三角形状，吉力湖外形略呈椭圆形(表5.4)。依据最新地貌数据，乌伦古湖的西岸、南岸地貌类型以干燥剥蚀的低山丘陵、剥蚀平原和洪积平原为主，也有面积较小的冲积湖积、洪积湖积平原；北岸和东北岸分布着湖积低阶地、湖积平原和湖积冲积平原；东南岸则是沙洲分布，属于草灌丛沙堆。吉力湖东南岸主要是湖成台地、湖积平原地貌；东北岸、北岸分布缓起伏沙地、冲积湖积平原和草灌丛沙堆；西岸、南岸地貌类型包括干燥剥蚀丘陵、干燥剥蚀台地和干燥剥蚀平原等。

(2) 玛纳斯湖

玛纳斯湖是天山北部准噶尔盆地的一个重要构造沉降中心，主要汇集天山北麓玛纳斯河流域的地表径流而形成的内陆湖，是玛纳斯河的尾闾，周围地势平坦，湖体受玛纳斯河水量补给变化、河道迁移、构造作用等影响而变动(中国科学院新疆综合考察队，1966，1978)。20世纪50年代末以来，由于玛纳斯两岸绿洲开发，灌溉农业等人类活动的干扰使得河流下游注入湖泊内的水量减少，到了20世纪70年代初，玛纳斯湖完全干涸。进入21世纪后，为改善生态环境，作为准噶尔盆地荒漠生态系统中重要环境资源的玛纳斯湖得到了恢复，上游水库逐年有计划地向下游玛纳斯湖注水，湖水面积逐渐扩大，当前湖水面积约287 km^2(表5.4)。

古老的玛纳斯湖又称艾兰诺尔，位于现在玛纳斯湖的西南部。古玛纳斯湖形成于早更新世，在第四纪初曾是个规模很大的湖泊，第四纪中期新疆地区发生的三次区域性构造运动使原来补给该湖的乌伦古河、额尔齐斯河等形成独立的水系，南部的马桥河、呼图壁河等河流也相继脱离了古玛纳斯湖，古湖泊的补给水源急剧减少，在干旱的气候环境下，湖盆水位骤降，于第四纪晚期完全解体，形成新的玛纳斯湖(姚永慧等，2007)。老湖属于淡水湖，而新湖则发展为咸水湖。湖水变咸原因很多，主要是老湖水已经含有一定盐分，而新湖洼地原来就有许多小的盐池，当湖泊位置改变，河水进入后将盐分溶解增加了含盐量。此外湖水面积的增大引起蒸发量的相应增加，使得湖水大量浓缩(中国科学院新疆综合考察队，1966)。据最新地貌数据，玛纳斯湖略呈带状分布，周围环绕有湖成高阶地、湖积高台地、湖积平原和湖积冲积平原。

(3) 艾比湖

艾比湖位于准噶尔盆地西南部海拔最低的地方，是盆地内的一个汇水中心。水源大多数发源于南面婆罗科努山的许多间歇河流，另外四棵树河、奎屯河、精河、博尔塔拉河等也都注水补给。艾比湖是与哈萨克斯坦境内的巴尔喀什湖、阿拉湖属于同一个断裂构造带的陷落湖(中国科学院新疆综合考察队，1966)，它们在30万年以前属于一个共同水体——瀚海或古巴尔喀什湖(胡汝骥等，2002)。受西北-东南方向构造断陷的控制，艾比湖外形与构造相适应，略呈椭圆形(中国科学院新疆综合考察队，1978)，湖水苦咸，有"盐湖"之称。

艾比湖在第四纪时期面积相当大，约是现代湖泊面积的三倍左右(中国科学院新疆综合考察队，1978)。艾比湖位于阿拉山口地区，这里是最著名的风口，谷地宽阔，地形平坦，湖泊较浅。由于湖水量减少，湖面萎缩，在湖泊外围环绕着面积较大的湖滩地，具有较多的阶地；湖泊的东岸分布有蜂窝状沙丘，东南部干燥作用的洪积平原与梁窝状沙丘相间分布，西南部是冲积平原、冲积湖积平原，西北部与北部地貌以干燥作用的洪积平原为主。

(4) 艾丁湖

艾丁湖，维语称为"艾丁库勒"，意为月光湖，以湖中盐结晶晶莹洁白得名。这里是中国大陆上的最低点，也是世界上仅次于约旦死海(湖面低于地中海面392 m)的第二低地。据了解，中国第一次测定艾丁湖高程是在1978年，确定湖盆最低点为海平面以下155 m。2008年9月28日，原国家测绘局公布中国陆地最低点新疆吐鲁番艾丁湖洼地高程新数据为–154.31 m。

艾丁湖为吐鲁番盆地四周河流的尾闾，现有阿拉沟河、白杨河、大河沿河、二塘河等8条较大河流，其中仅白杨河在冬季有小量河水流入湖泊，其余均以地下水形式补给(杨发相和穆桂金，1996)。在地质历史上，艾丁湖曾经是一个相当大的淡水湖泊，据清代宣统元年(1909)绘制的吐鲁厅图，艾丁湖面积约为230 km^2；随后面积变化很大，受地质构造活动和气候及人类活动的共同作用，由淡水湖渐变成盐水湖，湖水面也不断缩小，1994年面积不到3 km^2；依据湖泊演化历史，艾丁湖现在处于干涸阶段(胡汝骥等，2002；王亚俊和吴素芬，2003)。据最新遥感影像反映的特征以及最新地貌数据显示，现在湖水已经干涸，只留下大面积的盐沼泽，湖积阶地、湖滩、湖积平原上都覆盖着一层盐渍。

(5) 罗布泊

罗布泊又名罗布淖尔，罗布淖尔系蒙古语音译名，意为多水汇集之湖，它是干旱区非常著名的湖泊。罗布泊盐湖位于新疆塔里木盆地东部，为第四纪干盐湖。罗布泊凹陷主要受到北东向、近南北向两组断裂控制。罗布泊盐湖沉积期间，受到近南北向主压应力作用，形成了相同方向地堑式断裂，罗布泊成钾凹地正是由这些张性断裂带作用形成的，罗布泊地堑式断裂带不仅控制成钾凹地的成因，其本身也是良好的卤水储集构造，储集了丰富的富钾卤水(刘成林等，2006)。

对于湖泊所在位置一直都有争议，后来中国科学家作了实地考察，发现湖泊的西北隅、西南隅有明显的河流三角洲，说明塔里木河下游、孔雀河水系变迁时，河水曾从不同方向注入湖盆。湖盆为塔里木盆地最低处，入湖泥沙很少，沉积过程微弱。湖底沉积物的年代测定和孢粉分析证明罗布泊长期是塔里木盆地汇水中心(中国科学院新疆综合考察队，1978；钟骏平等，2008)。罗布泊现在已经干涸，只留下湖积阶地、湖积平原组成的形如大耳朵状的地貌。钟骏平等研究发现，1958年罗布泊就已经完全干涸，"大耳朵"环状盐壳区就已经形成，并未被洪水淹没，与现代干涸盐壳类似，地面呈现干盐湖景观，而且在当地相当长的时间内，始终维持一个干盐湖环境，在全新世晚期，即距今大约3000年以来，由西向东，逐渐完成由半咸水湖-咸水湖-盐湖-干盐湖的转变。

5.3 风成地貌特征

风沙地貌(wind-drift sand landform/ aeolian landform)即风成地貌,即风力对地表物质的侵蚀、搬运和堆积过程中所形成的地貌,可分风蚀地貌和风积地貌两大类。前者如风蚀谷、风蚀残丘、雅丹、风城和风蚀蘑菇等;后者主要为各种类型的沙丘。在干旱地区,由于物理风化强烈,降水量极小,蒸发量很大,地表水贫乏,植被稀少,沙质地表裸露,风力作用特别活跃,风沙地貌最发育、最普遍。在半干旱区和大陆冰川外缘,甚至在植被稀少的沙质海岸、湖岸和河岸,也可形成风沙地貌(周成虎,2006)。

新疆的风成地貌面积为 43.087×10^4 km^2,面积仅次于流水地貌,主要分布在塔里木和准噶尔两大盆地的中心沙漠地带,其余地方也有零星沙丘、沙地分布。

1. 定量统计特征

表 5.5 反映了新疆地区风成地貌所包含的主营力作用方式和形态类型,以及它们各自的面积。风积地貌面积为 42.318×10^4 km^2,占风成地貌总面积的绝大多数,风蚀地貌和风积冲积地貌面积很小。

表 5.5 风成地貌的主营力作用方式和形态类型分布面积

主营力作用类型	风积				风积冲积	风蚀
形态	固定沙丘	半固定沙丘	流动沙丘	复合流动沙丘	平原	丘陵
面积/10^4 km^2	2.306	12.320	12.374	15.318	0.091	0.678
			42.318			
占风成地貌面积/%			98.215		0.211	1.574

按照沙丘的动态特征,分为固定、半固定、流动和复合流动四种形态类型,面积依次增加。由此可见,新疆的沙漠以流动性为主。

1) 新疆风成地貌区域划分

新疆风成地貌根据其地理位置划分为大大小小的 12 个部分(图 5.44),分别是:准噶尔盆地中的古尔班通古特沙漠、塔里木盆地中的塔克拉玛干沙漠、阿尔金山北部的库姆塔格沙漠(只分析位于新疆境内的部分)、鄯善南部的库木塔格沙漠、哈密附近沙带,以及博斯腾湖南部的艾力森乌拉沙漠、额尔齐斯河下游北沙窝沙漠带、乌伦古湖附近沙漠、昆仑山东部山间沙漠、伊犁谷地沙地、焉耆盆地东部的哈毕尕恩乌拉附近沙漠以及伊吾北部淖毛湖戈壁上的沙地。

第 5 章 地貌成因类型的格局特征

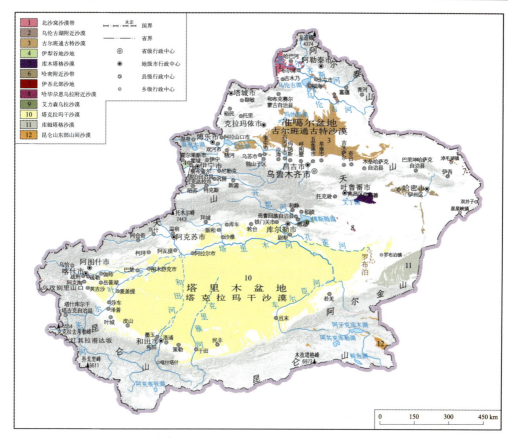

图 5.44 新疆风成地貌区域划分示意图

需要补充的是，在巴里坤盆地东南角，还有一小块流动线状沙丘，面积只有 17.937 km^2，不在统计中列出。

在本章节，主要是按照不同区域对新疆风成地貌进行空间格局分析，主要从沙丘的动态特征和类型特征两个方面入手。

2) 基于动态特征的区域风成地貌

沙丘的动态特征是指固定、半固定、流动、复合流动四种，只有风积地貌划分了这四种类型，表 5.6 表示了具有不同动态的风成地貌在 12 个区域分布的数量特征，不包括风积冲积、风蚀的地貌，所以表 5.6 中合计的总面积不一定就是各个区域风成地貌的总面积。

表 5.6 基于动态特征的区域风成地貌统计　　　　（面积单位：km^2）

沙丘动态特征	塔克拉玛干沙漠	古尔班通古特沙漠	库姆塔格沙漠	库木塔格沙漠
固定	16 148.447	5 810.951	20.562	
半固定	72 869.014	42 616.004	1 233.296	452.254
流动	112 083.030	908.125	6 929.653	851.538
复合流动	143 418.472		6 913.439	1 089.226
合计	344 518.963	49 335.080	15 096.950	2 393.018

续表

沙丘动态特征	艾力森乌拉沙漠	哈密附近沙带	北沙窝沙漠带	乌伦古湖附近沙漠
固定		117.250	611.895	309.518
半固定	48.338	990.807	1 842.368	1 397.684
流动	237.570	612.484	866.577	
复合流动	617.732		320.153	
合计	903.640	1 720.541	3 640.993	1 707.202
沙丘动态特征	伊犁谷地沙地	哈毕尕恩乌拉附近沙漠	伊吾北部沙地（淖毛湖戈壁）	昆仑山东部山间沙漠
固定	40.881			
半固定	323.191		115.733	141.571
流动		141.022		1 093.025
复合流动		15.551		801.761
合计	364.072	156.573	115.733	2 036.357

依据表 5.6 可以得到以下结论：第一，塔克拉玛干沙漠、库姆塔格沙漠和北沙窝沙漠带风成地貌动态特征最显著。其中，塔克拉玛干沙漠、库姆塔格沙漠中流动、复合流动风成地貌占绝对优势；北沙窝沙漠带则是以半固定风成地貌为主，其次是流动的、固定的、复合流动的风成地貌。第二，只有三种动态特征的区域是古尔班通古特沙漠、哈密附近沙带、库木塔格沙漠、艾力森乌拉沙漠和昆仑山东部山间沙漠。其中，古尔班通古特沙漠和哈密附近沙带具有固定、半固定和流动性三种动态特征，而且都是半固定动态特征占主导地位；库木塔格沙漠、艾力森乌拉沙漠和昆仑山东部山间沙漠具有半固定、流动和复合流动三种特征，前两者以复合流动特性为主，后者以流动特性为主。第三，乌伦古湖附近沙漠、伊犁谷地沙地和哈毕尕恩乌拉附近沙漠只拥有两种动态特征。乌伦古湖附近沙漠、伊犁谷地沙地具有固定、半固定特征，且以半固定特征为主；哈毕尕恩乌拉附近沙漠包括流动和复合流动两种动态特征，并且前者占绝对优势。第四，伊吾北部沙地仅有半固定一种动态特征，分布面积只有 115.733 km^2。

3）基于类型特征的区域风成地貌

新疆共有 33 种风成地貌类型，表 5.7 反映了不同类型的风成地貌在新疆 12 个区域分布的数量特征，不仅包括风成地貌类型的面积特征，还反映了各个区域地貌类型种类的数量。

塔克拉玛干沙漠、古尔班通古特沙漠和库姆塔格沙漠是新疆风成地貌分布面积最为广泛的三个区域，面积分别为 34.990×10^4 km^2、5.071×10^4 km^2 和 1.518×10^4 km^2。其次是面积在 1×10^4 km^2 以下，1 000 km^2 以上的沙漠分布区域，包括：北沙窝沙漠带，面积为 0.369×10^4 km^2；哈密附近沙带，面积 0.330×10^4 km^2；库木塔格沙漠，面积 0.277×10^4 km^2；

表 5.7 不同沙漠区的风成地貌类型特征 （面积单位：km²）

风成地貌类型	塔克拉玛干沙漠	古尔班通古特沙漠	库姆塔格沙漠	库木塔格沙漠	艾力森乌拉沙漠	哈密附近沙带
风积冲积平原		911.444				
平沙地	793.513	101.919	173.927			
缓起伏沙地	27 521.406	1 646.304	1 619.916	520.515	34.464	
沙垄	25 651.635	15 593.253	514.906			
星状沙垄		21.417				
树枝状沙垄		9 359.490				
新月形沙垄	2 404.568	52.430	120.855			273.794
蜂窝状沙垄		7 348.505				
羽毛状沙垄			3 573.793			
草灌丛沙堆	43 882.167	5 151.516		2.485	8.402	986.850
蜂窝状沙丘	164.539	3 856.995				
梁窝状沙丘	7 382.457	4 434.691	123.755		39.936	121.207
鱼鳞状沙丘	11 685.457					
线状沙丘	15 030.475	30.745	938.486	156.516		154.993
抛物线状沙丘	392.367					
格状沙丘和沙丘链	4 451.697	293.304	648.556	56.246	37.029	
星状沙丘和沙丘链	627.594	20.239		208.807	84.940	
新月形沙丘和沙丘链	61 112.616	489.990	469.317	359.222	81.137	183.697
复合型沙垄	47 918.333		70.441	129.891		
复合型链垄状沙丘	27 991.270					
复合型穹状沙丘	13 403.833					
复合型蜂窝状沙丘	1 185.276					
复合型链状沙丘	11 602.794		936.774			
复合型星链状沙丘			678.123			
复合型沙丘链		934.282				
复合型沙丘和沙丘链	35 245.807		32.180	22.560		
综合型星链状沙丘	5 576.866		4 631.101			
综合型星垄状沙山			1 501.595		101.507	
复合型链状沙山	494.295				516.225	
风蚀洼地	151.109					
风蚀波状平原						
风蚀雅丹	5 170.366					113.089
风蚀城堡		56.860	47.976			1 155.235
风蚀长丘	58.140	409.236	38.986	376.611		308.944
总面积	349 898.578	50 712.620	15 183.913	2 769.627	903.640	3 297.809

续表

风成地貌类型	北沙窝沙漠带	乌伦古湖附近沙漠	伊犁谷地沙地	哈毕尕恩乌拉附近沙漠	伊吾北部沙地（淖毛湖戈壁）	昆仑山东部山间沙漠
风积冲积平原						
平沙地	253.573					
缓起伏沙地	361.506	530.467				128.969
沙垄	584.877	679.306	306.832			
星状沙垄						
树枝状沙垄						
新月形沙垄						13.702
蜂窝状沙垄						
羽毛状沙垄						
草灌丛沙堆	1 254.307	497.429	8.251		115.733	36.401
蜂窝状沙丘						
梁窝状沙丘			48.989			50.068
鱼鳞状沙丘						
线状沙丘	56.905					
抛物线状沙丘						
格状沙丘和沙丘链				25.599		307.855
星状沙丘和沙丘链	67.474					
新月形沙丘和沙丘链	742.198			115.423		697.601
复合型沙垄	70.571			15.551		
复合型链垄状沙丘	192.379					
复合型穹状沙丘						
复合型蜂窝状沙丘						
复合型链状沙丘						
复合型星链状沙丘						
复合型沙丘链						
复合型沙丘和沙丘链	25.309					142.339
综合型星链状沙丘						491.869
综合型星垄状沙山	31.894					167.553
复合型链状沙山						
风蚀洼地						
风蚀波状平原	46.619					
风蚀雅丹					19.998	
风蚀城堡						
风蚀长丘						
总面积	3 687.612	1 707.202	364.071	156.573	135.731	2 036.357

昆仑山东部山间沙漠，面积为 $0.204 \times 10^4 \, km^2$；乌伦古湖附近沙漠面积为 $0.171 \times 10^4 \, km^2$。艾力森乌拉沙漠、伊犁谷地沙地、哈毕尕恩乌拉附近沙漠和伊吾北部沙地的面积都小于 $1\,000 \, km^2$，面积依次是 $903.640 \, km^2$、$364.071 \, km^2$、$156.573 \, km^2$、$135.731 \, km^2$。

1) 区域风成地貌类型多样性分析

从地貌类型的多样性上看，风成地貌类型总共有 34 种。塔克拉玛干沙漠拥有的地貌类型最多，有 24 种；其次是古尔班通古特沙漠 18 种，库姆塔格沙漠 16 种，额尔齐斯河下游的北沙窝沙漠带 12 种，鄯善南部的库木塔格沙漠 10 种。其余区域的地貌类型都不足 10 种。

2) 区域风成地貌类型面积分析

从地貌类型的面积上来看，塔克拉玛干沙漠有 11 种沙丘类型面积超过 $1 \times 10^4 \, km^2$，其中新月形沙丘和沙丘链、复合型沙垄面积最大，分别是 $6.111 \times 10^4 \, km^2$ 和 $4.792 \times 10^4 \, km^2$。古尔班通古特沙漠中沙垄分布最多，面积为 $1.559 \times 10^4 \, km^2$，其次是树枝状沙垄，面积为 $0.936 \times 10^4 \, km^2$。库姆塔格沙漠中有 4 种沙丘类型，超过了 $1000 \, km^2$，其中综合型星链状沙丘、羽毛状沙垄面积最大，分别为 $4\,631.101 \, km^2$ 和 $3\,573.793 \, km^2$。北沙窝沙漠带的沙丘类型以草灌丛沙堆、新月形沙丘和沙丘链居多，面积分别是 $1\,254.307 \, km^2$、$742.198 \, km^2$。库木塔格沙漠中分布最多的沙丘类型是复合型链状沙丘，面积为 $936.774 \, km^2$。昆仑山东部山间沙漠区，以新月形沙丘和沙丘链、综合型星链状沙丘、格状沙丘和沙丘链分布较多，面积分别是 $697.601 \, km^2$、$491.869 \, km^2$ 和 $307.855 \, km^2$。艾力森乌拉沙漠，复合型链状沙山占绝对优势，面积为 $516.225 \, km^2$。哈密附近沙带风蚀城堡面积最大，为 $1\,155.235 \, km^2$，其次是草灌丛沙堆，面积为 $986.85 \, km^2$，二者是本区的主导沙丘类型。乌伦古湖附近的沙漠、伊犁谷地沙地和哈毕尕恩乌拉附近沙漠区分别以沙垄、风蚀雅丹、新月形沙丘和沙丘链类型为主，对应的面积分别是 $679.306 \, km^2$、$306.832 \, km^2$、$115.423 \, km^2$。伊吾北部分布在淖毛湖戈壁上的沙漠只有草灌丛沙堆和风蚀雅丹两种沙丘类型，面积分别是 $115.733 \, km^2$ 和 $19.998 \, km^2$。

3) 风成地貌类型面积分析

表 5.7 还反映了不同地貌类型在新疆的总体分布面积。34 种类型中共有 13 种沙丘类型的总面积超过了 $1 \times 10^4 \, km^2$，按照面积从大到小依次是新月形沙丘和沙丘链-草灌丛沙堆-复合型沙垄-沙垄-复合型沙丘和沙丘链-缓起伏沙地-复合型链垄状沙丘-线状沙丘-复合型穹状沙丘-复合型链状沙丘-梁窝状沙丘-鱼鳞状沙丘-综合型星链状沙丘，其余沙丘类型面积相对较小，不一一列举。其中，新月形沙丘和沙丘链、草灌丛沙堆的面积分别是 $6.425 \times 10^4 \, km^2$ 和 $5.194 \times 10^4 \, km^2$。

大多数沙丘类型普遍存在于不同区域，如前面列举的面积在 $1 \times 10^4 \, km^2$ 以上的类型。但是有些沙丘类型仅分布在特定区域，如：风蚀波状平原只分布在北沙窝沙漠带，面积为 $46.619 \, km^2$；羽毛状沙垄、复合型星链状沙丘只见于库姆塔格沙漠，面积分别为 $3\,573.793 \, km^2$ 和 $678.123 \, km^2$；古尔班通古特沙漠特有的沙丘类型包括树枝状沙垄、蜂窝状沙垄、复合型沙丘链、风积冲积平原和星状沙垄,其中,星状沙垄是所有类型中面积最小的,仅有 21.417 km²;塔克拉玛干沙漠特有的沙丘类型包括复合型弯状沙丘、鱼鳞状沙丘、复合型蜂窝状沙丘、抛物线状沙丘和风蚀洼地。局部地区特殊沙丘类型的出现,主要是由于局部地区的地形、气候、植被等自然环境条件所造成的。

2. 空间分布特征

风成地貌的空间分布特征分析主要以面积分布较广的沙漠为对象,艾力森乌拉沙漠、伊犁谷地沙地、哈毕尕恩乌拉附近沙漠和伊吾北部沙地的面积都小于 1 000 km²,在此就不进行分析,只对其他 8 个区域风成地貌的空间格局进行分析。

1)基于动态特征的区域分布格局

新疆风成地貌整体动态特征分布见图 5.45。固定、半固定沙丘集中分布在古尔班通古特沙漠,塔克拉玛干沙漠由流动和复合流动的沙丘组成。这是因为塔里木盆地西部高

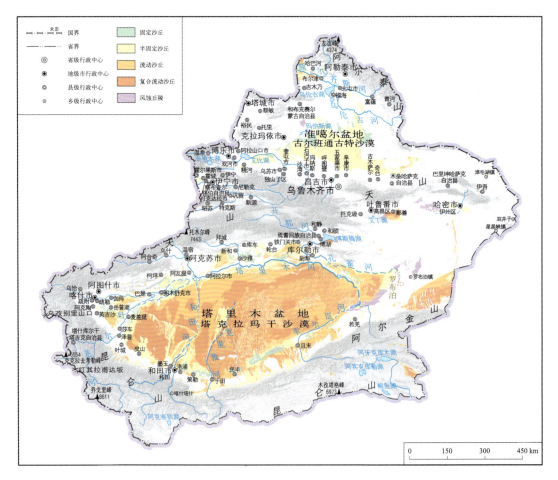

图 5.45 新疆风成地貌的动态特征分布

山阻挡了主要气流的通道，而准噶尔盆地西部低矮的山地成为较为湿润气流的通路，所以古尔班通古特沙漠周围的降雨量多于塔克拉玛干沙漠周围的降雨量。雨量的多少和季节分配不同对沙漠的形成过程都有显著影响。水分多就容易形成悬湿沙层，为植物生长提供有利条件，从而对沙丘的固定起到重要作用。如果植被稀疏，沙丘处于裸露状态容易成为流动性沙丘。

额尔齐斯河下游的北沙窝沙漠带沙丘动态特征的空间分布状况见图5.46(1)。固定沙丘多沿着河流岸边呈不连续的狭长带状分布，半固定沙丘分布范围最广，在额尔齐斯河南岸，呈不规则北西-南东向的带状分布，在河北岸顺着其支流两侧成条带状分布，多见于别列则克河两侧。流动沙丘、复合流动沙丘呈不规则多边形分散分布。

图5.46(2)反映了乌伦古湖附近沙漠动态特征的空间分布特征。由于本区位于乌伦古湖、乌伦古河、额尔齐斯河及其支流的附近，水源较多，水分相对充足，所以只有固定和半固定两种动态类型。该沙漠分为四个小区域分布：额尔齐斯河北岸分布面积较小，固定与半固定沙丘相间呈东西向狭窄的条状分布；乌伦古河尾闾、乌伦古湖东侧受河流与湖泊的影响，固定与半固定沙丘交错呈弧形分布；在乌伦古河与额尔齐斯河之间还分布有两块沙区，相比较而言离水源较远都是半固定沙丘，呈不规则几何形状分布。

古尔班通古特沙漠沙丘动态特征的空间分布格局见图5.46(3)。半固定沙丘分布最广，占绝对优势，呈不规则几何形状分布；固定沙丘主要分布在西部边缘和东北部边缘，近似于扇形分布；流动沙丘只分布于东部边缘地区，呈狭长条带状分布。本区自西向东气候逐渐干燥，西部降水量与地表径流大于东部，固定沙丘多分布在西部，东部为流动沙丘，还有少量的风蚀地貌以及风积冲积地貌分布。

哈密附近的沙带，整体上近似于"T"型分布，见图5.46(4)。固定沙丘面积很小，无明显特征规律；半固定沙丘主要分布在哈密南部，呈北西-南东向带状分布；流动沙丘呈南北向狭长的条状分布。风蚀地貌集中在哈密的西北部。

库木塔格沙漠位于鄯善附近，沙丘的动态特征分布见图5.46(5)。风蚀地貌在吐鲁番东南部和鄯善西南部呈不规则多边形分布。固定沙丘主要分布在库木塔格沙漠东南部边缘，近似于弧形分布；半固定沙丘主要分布在库木塔格沙漠南部、东北部边缘，呈弧形带状分布；库姆塔格沙漠的中间部分是复合流动沙丘，呈不规则几何形状分布。

图5.46(6)反映了塔克拉玛干沙漠沙丘动态特征的空间分布状况。固定、半固定沙丘主要分布在沙漠外围边缘，这是因为在塔克拉玛干沙漠外围地区分布着一些河流，河流岸边水分较大，为沙丘的固定提供了基础条件。固定沙丘随着河流的走向蜿蜒分布；半固定沙丘是沙丘的动态特征从固定到流动的过渡，主要介于固定沙丘和流动沙丘之间。塔克拉玛干沙漠的中心为流动沙丘和复合流动沙丘所占据，在强烈的日照下，地表径流没有到达沙漠腹地前就被蒸发殆尽，所以不能为植被生长提供必需的水分，从而成为流动沙漠类型。流动沙丘主要分布在北部和东北部地区，近似于东西向带状分布；复合流动沙丘分布范围较广，大部分集中在南部和西南地区，呈不规则几何形状分布。此外还有部分风蚀地貌分布在东部的罗布泊地区。

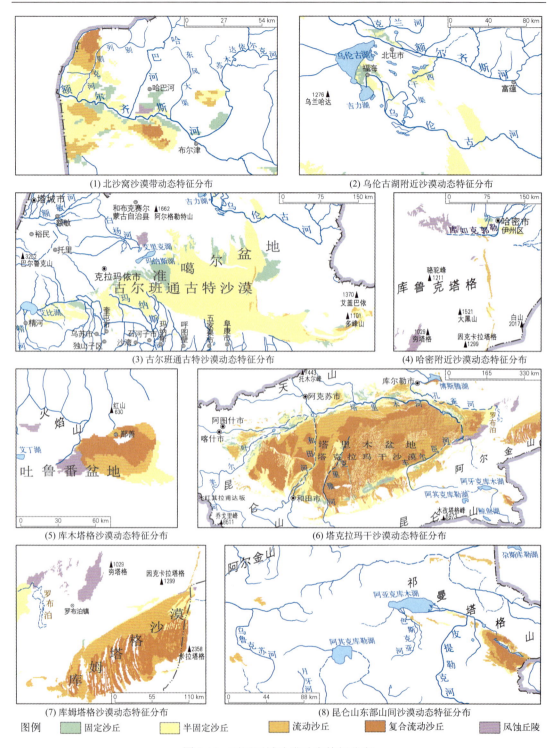

图 5.46 不同区域沙漠动态特征分布

位于新疆境内的库姆塔格沙漠，以流动和复合流动沙丘为主。图 5.46(7)反映了库姆塔格沙漠沙丘动态特征的空间分布状况。复合流动沙丘主要分布在南部地区，其西部分布格局犹如羽毛状，东部则形似于不规则多边形。流动沙丘主要分布于北部地区，从西南到东北向呈带状分布。此外，固定、半固定沙丘以及风蚀地貌都零星分布。

图 5.46(8)反映了昆仑山东部山间沙漠的动态特征分布。流动沙丘、复合流动沙丘分布较多；复合流动沙丘集中分布在阿特阿特坎河西南部，近似于"A"形分布；流动沙丘分布较零散，随着山谷呈不连续的条状分布。

2) 基于类型特征的风成地貌区域分布格局

北沙窝沙漠带的沙丘类型分布见图 5.47(1)，各沙丘类型交错分布，沿着额尔齐斯河及其支流沿岸，基本上呈条带状分散分布。草灌丛沙堆分布最广，在别列则克河下游东西两岸呈多个不规则多边形分布，额尔齐斯河下游南岸则表现为东西向的带状分布。新月形沙丘和沙丘链虽然分布范围较广但零散；别列则克河中游西岸近似于方形分布，东岸成南北向条状分布；额尔齐斯河南岸大体上分为三个区域，而且都呈东西向带状分布；布尔津河西岸也有部分斑点状沙丘分布。额尔齐斯河南岸还分布有较大规模的沙垄，近似于"≯"状分布；复合型链垄状沙丘仅分布在别列则克河上游西岸，为不规则几何形状；沙地主要分布在哈巴河与布尔津附近；风蚀波状平原作为北沙窝沙漠带独有的地貌类型，仅分布在额尔齐斯河以北、哈巴河以东、哈巴河县以南地区，面积较小，呈不规则三角形分布。

图 5.47(2)反映了乌伦古湖附近沙漠类型的空间分布特征。缓起伏沙地主要分布在福海南部、额尔齐斯河与乌伦古河中间高地；前者呈椭圆形分布，后者为不规则多边形分布。沙垄主要分布在乌伦古河上游北岸，呈北西-南东向方形分布。草灌丛沙堆主要分布在福海附近，在额尔齐斯河北岸呈北西-南东向分布，在乌伦古湖东部近似于弧形分布。

图 5.47(3)反映了古尔班通古特沙漠沙丘类型的空间分布格局。古尔班通古特沙漠中沙垄分布最广，只是在东部呈曲线形条带状分布，在西部则断续分布，形状各异。树枝状沙垄是古尔班通古特沙漠特有的沙丘类型之一，也是分布范围较广的类型，主要分布在沙漠中部，呈不规则多边形分布。蜂窝状沙垄主要分布于沙漠中部地区的南部边缘，近似于"山"形分布。

哈密附近的沙带，沙丘类型较少，各类型的空间分布特征见图 5.47(4)。草灌丛沙堆主要分布在哈密地区，基本上呈北西-南东向带状分布。风蚀雅丹、风蚀城堡、风蚀长丘地貌主要分布在哈密西部地区，其中风蚀城堡分布规模最大，呈北西-南东方向不规则多变形分布。其余类型约呈南北向狭窄的条状分布。

库木塔格沙漠位于鄯善南部，在吐鲁番东南部、托克逊南部也有零星沙丘分布。沙丘类型的空间分布特征见图 5.47(5)。托克逊南部沙丘类型为草灌丛沙堆，近似于倾斜的线状分布。吐鲁番东南部沙丘类型为风蚀长丘，近似于曲线形分布，此外风蚀长丘在鄯善西南部也有分布，呈不规则多边形分布。复合型链状沙丘分布规模最大，近似于耳朵形分布，耳垂指向西边。新月形沙丘和沙丘链在复合型链状沙丘的南部呈弧形分布；缓起伏沙地在复合型链状沙丘东南部近似于倒"T"型分布；其余规模较小的沙丘类型基本围绕复合型链状沙丘呈弧形分布。

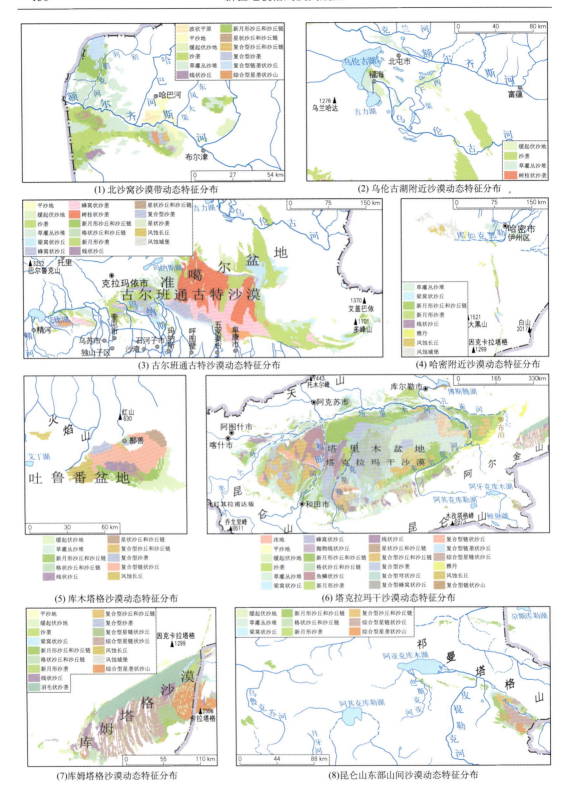

图 5.47 不同区域沙漠沙丘类型分布

塔克拉玛干沙漠类型多且交错分布，其空间分布格局见图5.47(6)。新月形沙丘和沙丘链、复合型沙垄面积最大。新月形沙丘和沙丘链顺着塔里木河的流向呈弧形条带状，近似于"フ"形分布；复合型沙垄集中于塔克拉玛干沙漠的中、东部，呈不规则多边形状。该区特有的沙丘类型复合型穹状沙丘在塔里木河中游南岸，近似于东西向带状分布；鱼鳞状沙丘主要见于和田河、叶尔羌河下游之间，形似"回"状分布；复合型蜂窝状沙丘仅见于塔里木河下游即将向东南转向处，椭圆形分布，面积不大。

库姆塔格沙漠沙丘类型的空间分布特征见图5.47(7)。羽毛状沙垄在北部呈西南-东北向带状分布；综合型星链状沙丘占据了南部地区，呈连续曲线状分布；复合型星链状沙丘属于库姆塔格沙漠特有的类型，仅分布在综合型星链状沙丘的东部，面积较小，近似于"Q"状分布；本区东南部分布着综合型星垄状沙山，呈不规则几何形状。

图5.47(8)表达的是昆仑山东部山间沙漠区不同沙丘类型的空间分布特征。昆仑山东部山间沙漠区以新月形沙丘和沙丘链、综合型星链状沙丘、格状沙丘和沙丘链分布较多。新月形沙丘和沙丘链虽然分布面积较大，但分布相对零散；在乌鲁克苏河东西两岸、古尔嘎赫德河南岸、阿特阿特坎河南部地区等都有分布，都是面积较小的斑点形状。综合型星链状沙丘主要分布在阿特阿特坎河南部地区，沿着北西-南东方向呈带状分布。其他几种沙丘类型交错分布，呈条带状分布无显著的特征规律。

5.4 干燥地貌特征

干燥地貌(arid landform)指干燥气候地区在强烈的物理风化、风力和间歇性洪流等作用下所形成的地貌。其具有独特的风化地貌、侵蚀地貌和风蚀、风积地貌，如风蚀谷、风蚀洼地、风蚀丘、雅丹和各种类型的沙丘以及洪积扇、干河床和戈壁等(周成虎，2006)。新疆干燥地貌面积为$42.703 \times 10^4 \text{ km}^2$，占全疆总面积的26.034%，是新疆地貌的主要类型之一。干燥作用塑造的地貌类型在吐哈盆地、嘎顺戈壁、诺敏戈壁等地有大片分布，在中山、低山丘陵以及平原台地区均有分布。

1. 定量统计特征

1)主营力作用方式的面积特征

据表5.8，新疆干燥地貌包含的主营力作用方式有侵蚀剥蚀-洪积-剥蚀-盐湖-河谷5种类型，面积依次减少，满足对数分布特征。

表5.8 新疆干燥地貌主营力作用方式的分布面积特征

主营力作用方式	盐湖	河谷	洪积	剥蚀	侵蚀剥蚀	合计
面积/10^4km^2	0.806	0.038	14.586	9.625	17.648	42.703
占干燥地貌面积/%	1.887	0.089	34.157	22.539	41.328	100

2)基于主营力作用方式的形态类型面积特征

干燥地貌的主营力作用方式中只有洪积、剥蚀和侵蚀剥蚀进一步划分了形态类型，各形态类型的面积见表5.9。洪积地貌包含洪积扇、洪积低台地和洪积高台地3种形态类型，面积依次减少；洪积平原面积约 $8.853\times10^4\,\mathrm{km}^2$。剥蚀地貌包括剥蚀低台地和剥蚀高台地2种形态类型，前者面积大于后者；剥蚀平原面积 $3.474\times10^4\,\mathrm{km}^2$。侵蚀剥蚀地貌包括侵蚀剥蚀低丘陵和侵蚀剥蚀高丘陵2种形态类型，前者面积大于后者；侵蚀剥蚀山地面积 $5.784\times10^4\,\mathrm{km}^2$。

表 5.9 基于主营力作用方式的形态特征分布面积

主营力作用方式	形态类型	面积/$10^4\,\mathrm{km}^2$	主营力作用方式	形态类型	面积/$10^4\,\mathrm{km}^2$
洪积	平原	8.853	剥蚀	低台地	3.473
	洪积扇	3.398		高台地	2.657
	低台地	1.837		高丘陵	0.005
	高台地	0.498	侵蚀剥蚀	低丘陵	6.167
剥蚀	平原	3.474		高丘陵	5.697
	高平原	0.016		山地	5.784

2. 空间分布特征

1)主营力作用方式的空间分布特征

干燥地貌中(图 5.48)，盐湖地貌面积较小，主要见于罗布泊地区；洪积地貌分布面积较大，主要分布在吐哈盆地、嘎顺戈壁、准噶尔盆地周围和塔里木盆地周围边缘；河谷面积较小，分布零散；剥蚀地貌面积较大，分布范围和洪积地貌相同；侵蚀剥蚀地貌面积较大，分布情况是新疆东部多于西部，北部多于南部。

2)基于主营力作用方式的形态特征空间分布

(1)河谷地貌

干燥河谷平原：指荒漠地区或干旱区干涸的河道、河谷平原，只在大雨过后偶尔有水，面积为 $0.038\times10^4\,\mathrm{km}^2$，规模很小，分布零散。

(2)盐湖地貌

干燥盐湖平原：指在干燥环境下盐湖干涸后留下的、地表分布有大量盐分的平原，面积 $0.806\times10^4\,\mathrm{km}^2$，多分布在罗布泊、嘎顺戈壁、诺敏戈壁等地。

(3)洪积地貌

干燥洪积平原：指在干燥环境下间歇性水流堆积作用形成的平原(周成虎，2006)，一般分布在出山口、沟谷出口，面积 $8.853\times10^4\,\mathrm{km}^2$，分布广泛，在山麓地带均有分布，受风力作用影响地表粗糙，植被稀疏。

第 5 章 地貌成因类型的格局特征

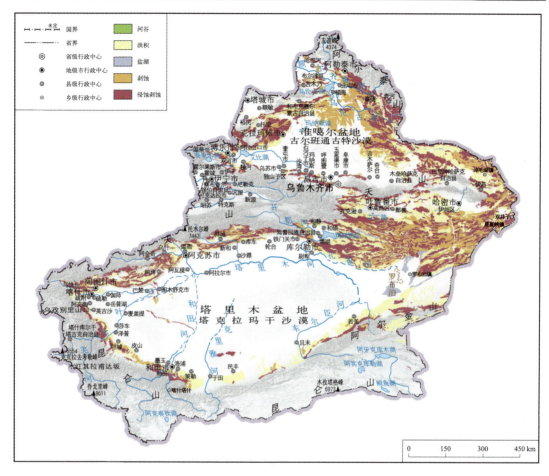

图 5.48 干燥地貌主营力作用方式分布图

干燥洪积扇平原：指在干燥环境下间歇性水流堆积作用形成的扇形平原，面积 $3.398\times10^4\,\text{km}^2$，分布范围较广，大多位于山麓地带，天山南坡相对较多。

干燥洪积低台地：指由于地壳抬升或其他原因导致的侵蚀基准面下降，或者是由于河流摆动，原来的干燥洪积平原被切割形成的相对高差较小的台地，面积 $1.837\times10^4\,\text{km}^2$，主要分布在天山东部的吐哈盆地、嘎顺戈壁以及塔里木盆地周边。

干燥洪积高台地：指由于地壳抬升或其他原因导致的侵蚀基准面下降，或者是由于河流摆动，原来的干燥洪积平原被切割形成的相对高差较高的台地，面积 $0.498\times10^4\,\text{km}^2$，主要分布在吐哈盆地和嘎顺戈壁。

(4) 剥蚀地貌

干燥剥蚀平原：指在干燥环境下由剥蚀作用塑造的平原，剥蚀作用导致地面物质破坏，发生垂向或横向移动，同时促使高程降低，面积 $3.474\times10^4\,\text{km}^2$，分布范围广泛，主要分布在准噶尔西部山地、卡拉麦里山、嘎顺戈壁、诺敏戈壁、觉罗塔格山、库鲁克塔格山等地区。

干燥剥蚀低台地：指由于间歇性流水切割干燥剥蚀平原形成的相对高度较小的台地，

台面较完整平坦，岩体裸露，面积 3.473×10^4 km^2，分布范围广泛，主要分布在准噶尔西部山地、卡拉麦里山、嘎顺戈壁、诺敏戈壁、觉罗塔格山、库鲁克塔格山、柯坪塔格等地区。

干燥剥蚀高台地：指由于间歇性流水切割干燥剥蚀平原形成的相对高度较高的台地，台面较完整平坦，岩体裸露，面积 2.657×10^4 km^2，主要分布在卡拉麦里山、嘎顺戈壁、诺敏戈壁、觉罗塔格山、库鲁克塔格山等地区。

(5) 侵蚀剥蚀地貌

干燥侵蚀剥蚀低丘陵：指在干燥环境下，由于河流或暴雨径流的侵蚀切割作用、干燥剥蚀作用和风化作用所塑造的相对高度较小的丘陵地貌，面积 6.167×10^4 km^2，分布范围广泛，主要分布在准噶尔西部山地、卡拉麦里山、嘎顺戈壁、诺敏戈壁、觉罗塔格山、库鲁克塔格山、柯坪塔格等地区。

干燥侵蚀剥蚀高丘陵：指在干燥环境下，由于河流或暴雨径流的侵蚀切割作用、干燥剥蚀作用和风化作用所塑造的相对高度较大的丘陵地貌，面积 5.697×10^4 km^2，分布范围广泛，主要分布在卡拉麦里山、嘎顺戈壁、诺敏戈壁、觉罗塔格山、库鲁克塔格山等地区。

干燥侵蚀剥蚀山地：指在干燥环境下，由于河流或暴雨径流的侵蚀切割作用、干燥剥蚀作用和风化作用等外营力与构造运动的共同作用所塑造的山地地貌，面积 5.784×10^4 km^2，分布在北塔山、觉罗塔格山、库鲁克塔格山、柯坪塔格、昆仑山、阿尔金山等地区，地面基岩裸露。

5.5 冰川与冰缘地貌特征

冰川地貌(glacial landform)，是由冰川作用形成的各种地表形态的总和，冰川运动是塑造冰川地貌的主要营力(周成虎，2006)。

冰缘地貌(periglacial landform)指由寒冻风化和冻融作用形成的各种地表形态。冰缘原指冰川边缘地区，现泛指无冰川覆盖的气候严寒地区，范围大体与多年冻土区相当，部分季节冻土区亦发育有冰缘现象，因此冰缘地貌又称冻土地貌。冰缘一词由波兰 W. 洛津斯基于 1909 年提出(周成虎，2006)。

冰川与冰缘(冻土)地貌都是寒冷气候的产物，但是两者所要求的水热组合条件存在差异：形成和发育冰川的有利条件是湿冷环境，而冻土的有利条件则是干冷(杨景春，1993)。由第 1 章可知，塑造新疆地貌的众多外营力当中，冰川、冰缘作用的影响仅次于流水、风成和干燥作用的影响。新疆地区的冰川地貌面积为 11.319×10^4 km^2，占总面积的 6.901%；冰缘地貌面积为 15.152×10^4 km^2，占总面积的 9.237%。冰川和冰缘地貌主要分布在高山和极高山区，昆仑山山系、天山山脉、阿尔泰山、准噶尔西部山地随着海拔的降低，冰川和冰缘地貌的分布范围减少。人们称阿尔泰山为袖珍冰川区，天山为现代冰川区，昆仑山则是山岳冰川的王国。冰川、冰缘地貌在阿尔泰山、天山和昆仑山三大山脉的分布特征，清晰地反映了海拔、起伏等地形因子对地貌外营力分布的制约和影响作用。

1. 定量统计特征

1) 冰川地貌的地学统计特征

冰川作用下,包含侵蚀剥蚀-冰缘-冰水-冰碛-河谷-冰蚀 6 种主营力作用方式,面积依次减少,满足指数曲线分布特征(见表 5.10)。

表 5.10　新疆冰川、冰缘地貌的主营力作用方式和形态类型　　(单位:10^4 km^2)

成因类型	主营力作用方式	形态类型	面积	成因类型	主营力作用方式	形态类型	面积
冰川地貌	河谷	平原	0.150	冰川地貌	冰缘	山地	2.144
	冰蚀	高台地	0.011		侵蚀剥蚀	山地	7.989
	冰水	平原	0.284	冰缘地貌	湖沼	平原	0.110
		阶地	0.004		河谷	平原	0.107
		漫滩	0.038		冰蚀	平原	0.463
		冰水扇	0.340			洼地	0.001
	冰碛	平原	0.148		侵蚀剥蚀	低台地	0.320
		丘垄	0.001			高台地	0.400
		低台地	0.042			低丘陵	0.839
		高台地	0.082			高丘陵	0.943
		丘陵	0.086			山地	11.969

主营力作用方式的侵蚀剥蚀、冰缘地貌类型虽然面积较大,但都只是冰川侵蚀剥蚀山地和冰川冰缘作用山地,形态类型单一。冰碛、冰水地貌包含的形态类型较多。冰碛类型中包括冰碛丘垄-冰碛低台地-冰碛高台地-冰碛丘陵-冰碛平原 5 种形态类型,面积依次增加。冰川冰水作用下共 4 种形态类型,冰水扇平原-冰水平原-冰水漫滩-冰水阶地,面积依次减少。

2) 冰缘地貌的地学统计特征

冰缘作用的地貌包含河谷-湖沼-冰蚀-侵蚀剥蚀 4 种主营力作用方式,面积依次增加,满足指数曲线分布特征。仅侵蚀剥蚀地貌包含较多形态类型,侵蚀剥蚀山地-侵蚀剥蚀高丘陵-侵蚀剥蚀低丘陵-侵蚀剥蚀高台地-侵蚀剥蚀低台地,面积依次减少。

2. 空间分布特征

影响山脉雪线高度、永久积雪以及现代冰川分布的因素主要包括地形、构造运动以及气候条件。全疆境内雪线和多年冻土线的高程变化大。受气候、地形等多方因素的影响,雪线高度自北向南随着山势的增加而增加。阿尔泰山南坡的雪线高程约 3 200 m 左右,而东昆仑山山的雪线高程达 5 500 m,喀喇昆仑山北坡甚至高达 5 900 m,南北雪线高度相差约 2 300~2 700 m。

地形包括山地的形态、高度、坡度等,它们对冰雪分布具有一定的影响力。①在某种程度上,地形影响冰川地貌的形态特征明显。阿尔泰山、天山山顶发育有夷平面,在夷平面上的冰川地貌为平顶冰川,丘陵地貌为冰帽的发育提供条件;在巨大的山谷内,有冰川槽谷发育(杨景春,1993)。②山地高度决定永久积雪分布高度。同样是降水丰富,阿尔泰山、准噶尔西部山地由于海拔较低,难以形成大范围的永久积雪;天山山势较高,所以分布有规模很大的永久积雪和冰川。昆仑山和阿尔金山地区,虽然降水较少,但是由于其山势高大,仍能在高山区、极高山区形成永久积雪和冰川,特别是在西昆仑山(中国科学院新疆综合考察队等,1978)。③山地坡度影响雪线高度变化。坡度和缓,容易形成积雪,反之,则不易形成积雪。特别是在新疆,坡度在相当大程度上影响着雪线和永久积雪的范围,例如在阿拉套山地区(中国科学院新疆综合考察队,1978)。

构造地形的组合形式和山势高度影响冰川地貌的发育和类型明显。新疆宽大的山体(天山、昆仑山等)和山间盆地(塔里木盆地和准噶尔盆地)相结合的轮廓特征,能够发育大型山麓冰川,而且冰川地貌类型齐全,冰川规模大。如乔戈里峰地区和托木尔峰地区,发育有特大型的树枝状山谷冰川,该区域的冰川地貌不仅水平展布宽,而且垂直分布带也很广。但是巴里坤山地区,由于山势很小,只能发育冰斗等小型冰川,冰川地貌类型较单调,规模也很小(杨景春,1993)。

在新疆地区受气候影响发育大陆型冰川(杨景春,1993)。气候条件中包括纬度、气流方向等。新疆主要的湿润气流来自北冰洋,它影响了新疆广大地区,除喀喇昆仑山外,各地区山地冰雪分布情况都与西北方向北冰洋气流的活动有关。此外,西南方向来自印度洋的湿润夏季季风也有影响,不过受喀喇昆山的阻挡,降水只分布在喀喇昆山地区,对昆仑山的雪线和冰雪分布影响很小。

1)主营力作用方式的空间分布特征

图 5.49(1)反映了冰川作用下的各种主营力作用地貌类型的空间分布特征。西昆仑山、帕米尔高原、南天山和北天山分布最多,东昆仑、东天山、阿尔泰山分布面积较小。冰水地貌主要分布在尤尔都斯盆地、阿克塞钦地区;冰碛、冰蚀地貌分布零散;冰川冰缘地貌在阿尔泰山、天山和昆山地区都有分布,分布较均匀;侵蚀剥蚀地貌主要分布在天山地区、西昆仑山和帕米尔地区,分布范围最广。

图 5.49(2)反映了冰缘作用下的各种主营力作用地貌类型的空间分布特征。冰缘作用下的侵蚀剥蚀地貌分布范围最广,几乎占绝对优势,从阿尔泰山、天山到昆仑山脉,分布范围逐步扩大,特别是中东昆仑山;冰蚀、湖沼地貌主要见于昆仑山南部山原,那里分布有很多面积较小的高原湖泊。

2)冰川地貌的形态类型空间分布特征

冰川类型与山文条件关系密切,而且受气候、地形条件限制,各区域冰雪覆盖范围和冰川规模的大小有着很大差异。新疆山区一般山坡陡峭,特别是天山和昆仑山,因此个别的冰川类型中以冰斗冰川、悬冰川为数最多。但在分布面积上,山谷冰川的面积最大。平顶冰川只见于山顶残存古准平原的少数山上,最长的冰川分布于汗腾格里山区,长达 34 km;其次是分布在公格尔山和慕士塔格山区的冰川,长达 20~23 km(中国科学院新疆综合考察队,1978)。

第 5 章 地貌成因类型的格局特征

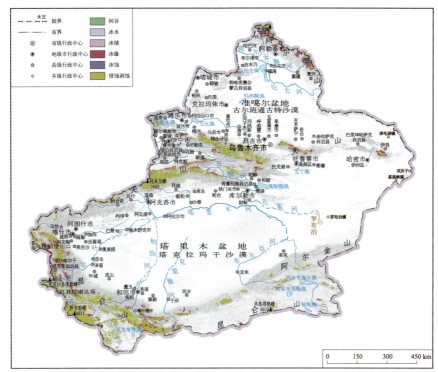

(1) 冰川地貌类型空间分布

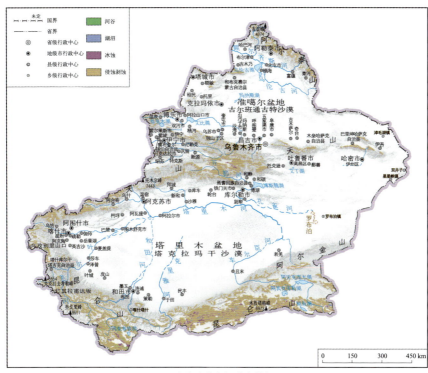

(2) 冰缘地貌空间分布特征

图 5.49 冰川地貌、冰缘地貌的主营力作用方式类型空间分布特征

(1) 河谷平原

冰川河谷平原：指限制在较窄的谷地中的冰水平原（周成虎，2006），见于阿尔泰山西段、天山、昆仑山西段和喀喇昆仑山的高山区河谷内，由冰雪融水冲积形成，表现为狭长的带状分布特征，地形平坦。

(2) 冰蚀台地

冰川冰蚀高台地：指冰川消退后露出的，被冰川刨蚀、磨蚀形成的较和缓的基岩台地，规模较小，比现代河谷或平原高。仅见于天山南坡，地形较平坦，呈不规则几何形状分布。

(3) 冰水平原

冰水平原指冰川融水携带物质在冰川终碛堤外堆积形成的平原（周成虎，2006），分布在昭苏盆地、尤尔都斯盆地、塔什库尔干谷地、阿克塞钦湖盆以及库木库里盆地。

冰水阶地：指早期的冰水漫滩，不再接受冰水堆积而被切割改造形成的台阶状地貌（周成虎，2006），分布范围很小，仅见于尤尔都斯盆地。

冰水漫滩：指冰川融水所携带的物质在冰水河谷中堆积所形成的季节性露出水面的滩地，常分布在辫状水流间或河床两侧，主要分布在尤尔都斯盆地。

冰水扇平原：指由于坡度变缓、水流分散，流出冰川的冰融水所携带的大量砂砾沉积于终碛堤外围形成的扇状堆积体（周成虎，2006），主要分布在尤尔都斯盆地、塔什库尔干谷地和阿克塞钦湖盆地区。

(4) 冰碛地貌

冰碛平原：指山麓冰川或宽尾冰川消退，含有大小不等漂砾的大量冰碛物沉积而形成的平原（周成虎，2006），面积较小，分布零散，主要见于尤尔都斯盆地、塔什库尔干谷地和阿克塞钦湖盆地区。

冰碛丘垄：指由冰碛物质堆积组成的垄岗或平台，比丘陵低，面积约 9.776 km^2，仅分布在库木库里盆地区，近似于椭圆形分布。

冰碛低台地：指原先的冰碛平原受到后期内力抬升、外力切割所形成相对高差较小的地貌，分布范围很小，仅见于尤尔都斯盆地和塔什库尔干谷地。

冰碛高台地：指原先的冰碛平原受到后期内力抬升、外力切割所形成相对高差较大的地貌（周成虎，2006），面积小，分布范围小，主要见于塔什库尔干谷地。

冰碛低丘陵：指由冰碛物构成的、相对高差较小的丘陵状地貌，面积和个数都很小，仅见于阿克塞钦湖盆的东北方。

冰碛高丘陵：指由冰碛物构成的具有较大相对高差的丘陵状地貌，主要分布在尤尔都斯盆地、塔什库尔干谷地和阿克塞钦湖盆附近。

(5) 冰缘作用的山地

冰川冰缘作用山地：指曾受古冰川作用控制，在古冰川消退后又受到现代冰缘作用影响的地貌，可视为古冰川作用的区域，主要分布在现代冰川作用的区域外围，在冰缘作用影响下可以发现古冰川作用留下的遗迹（程维明和赵尚民，2009），分布较广泛、均匀，阿尔泰山、天山、昆仑山的高山、极高山区均有分布。

(6)侵蚀剥蚀山地

冰川侵蚀剥蚀山地：指由于冰川侵蚀剥蚀及堆积作用形成的山地，岩体裸露植被稀疏。分布广泛，阿尔泰山、天山、昆仑山的高山、极高山区均有分布，且分布面积随着山体变宽、山势增高而增加。

3)冰缘地貌的形态类型空间分布特征

(1)湖沼平原

冰缘湖沼平原：指在冰缘环境下，冻融作用形成的、与大小湖泊夹杂在一起的缓起伏平原(周成虎，2006)。这些地区冻土发育，冻融作用强烈，由于盆地地势低洼平坦，土体冻结不易下渗，致使地表容易积水形成湖泊。主要分布在天山尤尔都斯盆地、昆仑山南部山原和库木库里盆地。

(2)河谷平原

冰缘河谷平原：指冰缘地区由冻融作用塑造形成的河谷平原，谷底堆积了冻融岩屑和泥流物质(周成虎，2006)，主要分布在阿克塞钦湖盆、塔什库尔干谷地。

(3)冰蚀地貌

冰蚀平原(冰缘剥蚀平原)：指在冰缘环境下，由于寒冻剥蚀形成的平原，主要分布在尤尔都斯盆地、昆仑山南部山原、阿克塞钦湖盆以及库木库里盆地。

冰蚀洼地：指在冰缘环境下形成的洼地，面积很小，仅见于昆仑山南部山原。

(4)侵蚀剥蚀地貌

冰缘侵蚀剥蚀低台地：指由于寒冻风化和冻融作用等冰缘作用形成的相对高差较小的台地地貌，主要分布在阿克塞钦湖盆和昆仑山南部山原。

冰缘侵蚀剥蚀高台地：指由于寒冻风化和冻融作用等冰缘作用形成的相对高差较大的台地地貌，主要分布在阿克塞钦湖盆和昆仑山南部山原。

冰缘侵蚀剥蚀低丘陵：指由于寒冻风化和冻融作用等冰缘作用形成的相对高差较小的丘陵状地貌，主要分布在尤尔都斯盆地和昆仑山南部山原。

冰缘侵蚀剥蚀高丘陵：指由寒冻风化和冻融等冰缘作用形成的相对高差较大的丘陵状地貌，主要分布在天山尤尔都斯盆地、阿克塞钦湖盆和昆仑山南部山原。

冰缘侵蚀剥蚀山地：指由于寒冻风化和冻融作用等冰缘作用形成的山地，面积大，分布广泛，多见于新疆境内的高山或极高山区。

5.6 其他地貌特征

除了上述六种地貌外，新疆还分布有黄土、喀斯特、火山熔岩地貌以及人工地貌等。表5.11反映了新疆地区黄土覆盖地貌、喀斯特地貌以及火山熔岩地貌的主营力作用方式、形态类型的面积分布特征。

1. 黄土地貌特征

在第四纪堆积的黄土地层上形成的各种地貌称为黄土地貌(loess landform)(周成虎，2006)，但是新疆分布的黄土与我国黄土高原区广泛分布的黄土之间在土层厚度、土层序

表 5.11 基于成因的其他地貌主营力作用方式和形态类型

成因类型	主营力作用方式	形态类型	面积/10⁴ km²	成因类型	主营力作用方式	形态类型	面积/10⁴ km²
黄土地貌	风积洪积	山前黄土平地	0.196	喀斯特地貌	冰川	山地	0.040
	构造堆积	山间黄土平地	0.007		冰缘	高丘陵	0.002
	侵蚀冲积	河谷平原	0.029			山地	0.048
		河流低阶地	0.046		侵蚀	高丘陵	0.002
		河流高阶地	0.087			山地	0.025
	侵蚀堆积	台塬	0.263	火山熔岩地貌	熔积	堰塞湖	0.003
		塬	0.126		冰缘	台地	0.012
		残塬	0.004			丘陵	0.025
		梁塬	0.002			山地	0.021
		斜梁	0.395		侵蚀剥蚀	平原	0.006
		峁梁	0.069			台地	0.016
	侵蚀剥蚀	丘陵	0.689			丘陵	0.001
		山地	1.868			山地	0.001

列、垂直节理等方面具有很大差距(中国科学院新疆综合考察队等，1978)，所以将新疆的黄土状地貌称为黄土覆盖地貌更为合适。为便于和黄土高原区的典型黄土地貌进行比较，在黄土分类和解译中，应用了全国黄土地貌命名方法。

新疆黄土覆盖的地貌面积约 $3.779×10^4 km^2$，占全疆总面积的 2.304%，主要见于昆仑山北坡、伊犁盆地、天山北坡、塔城盆地以及哈巴河县附近的平原上。

1) 定量统计特征

据表 5.11，黄土地貌包括侵蚀剥蚀-侵蚀堆积-侵蚀冲积-风积洪积-构造堆积 5 种主营力作用方式，面积依次减少；其中，侵蚀堆积和侵蚀冲积地貌包含的形态类型较多，侵蚀堆积地貌包括斜梁-塬-峁梁-残塬-梁塬 5 种类型，面积依次减少；侵蚀冲积地貌包括台塬-河流高阶地-河流低阶地-河谷平原 4 种类型，面积依次减少。

2) 空间分布特征

(1) 风积洪积平地

山前黄土平地：指表面覆盖有一层黄土物质的山前平原，主要分布在伊犁盆地、塔城盆地以及哈巴河县附近。

(2) 构造堆积地貌

山间黄土平地：指表面覆盖有黄土物质的山间平地，面积很小，位于玛纳斯地区的山前褶皱带内。

(3) 侵蚀冲积地貌

黄土河谷平原：指有黄土物质覆盖的河谷平原，集中分布在伊犁盆地。

黄土河流阶地：指由黄土物质覆盖的河流阶地，见于伊里盆地内部。

黄土台塬：指在大河两侧或山前被黄土物质覆盖的阶梯状倾斜台地。分布在叶城、奇台、塔城、额敏地区和伊犁盆地区的山前平原。

(4) 侵蚀堆积地貌

黄土塬：指表面被黄土物质覆盖、顶面平坦、周边沟谷切割的台地或平原，主要分布在伊里盆地内部，为黄土堆积、流水侵蚀切割形成的平原。

黄土斜梁：分布较零散，在东天山北坡、哈尔克他乌山和那拉提山北坡、博罗科努山南坡山麓地带、依连哈比尔尕山北坡前山带、巴尔鲁克山西北部、哈巴河县附近等地都有分布。

黄土峁梁：被流水切割成穹状或馒头状的黄土丘陵成为黄土峁，多个黄土峁连接在一起形成梁状丘陵称之为黄土峁梁，见于奇台县境内和伊犁盆地北部。

(5) 侵蚀剥蚀地貌

黄土覆盖丘陵：分布在东天山北坡、哈尔克他乌山和那拉提山北坡、博罗科努山南坡山麓地带、依连哈比尔尕山北坡前山带、巴尔鲁克山西北部、哈巴河县附近等地。

黄土覆盖山地：在昆仑山北坡中、低山带，东天山北坡中山带，哈尔克他乌山和那拉提山北坡的中山、低山和山前平原区，博罗科努山南坡中山带和山麓地带以及巴尔鲁克山西北部都有分布。除昆仑山北坡的黄土为亚砂土，干旱植被贫乏外，其余地区植物生长较好，是旱地垦殖的主要地方(袁方策等，1994)。

2. 火山熔岩地貌特征

火山熔岩地貌(volcanic landform)是由中、基性岩浆溢出地表堆积或沿斜坡流向低地堆积形成的地貌(袁方策等，1994)。新疆火山熔岩地貌面积约 $0.085 \times 10^4 \text{ km}^2$，占全疆总面积的 0.052%。

据《新疆地貌概论》中介绍，新疆的火山熔岩地貌主要分布在昆仑山阿什库勒和库木库里盆地。火山活动从上新世末开始，在第四世纪以来，火山更为活跃。在早更新世、中更新世、晚更新世都有多次火山活动。阿什库勒火山地貌是世界上分布最高的火山之一(袁方策等，1994)。

1) 定量统计特征

据表 5.11，火山熔岩地貌分熔积-侵蚀剥蚀-冰缘 3 种主营力作用方式，面积依次增加。冰缘作用的火山熔岩地貌包括台地、丘陵、山地 3 种形态类型，丘陵面积最多。侵蚀剥蚀火山熔岩地貌包括台地-平原-丘陵-山地 4 种形态类型，面积依次减少。

2) 空间分布特征

(1) 熔积地貌

火山堰塞湖：面积 $0.003 \times 10^4 \text{ km}^2$，仅见于田县南部与策勒县相接地区，地理位置大致在 81°32′E，35°40′N，乌鲁克库勒湖附近。

(2) 冰缘地貌

冰缘作用火山熔岩台地：面积为 $0.012\times10^4\,\mathrm{km}^2$，仅见于且末县最南端与西藏相接的云雾岭的东北侧。

冰缘作用火山熔岩丘陵：面积为 $0.025\times10^4\,\mathrm{km}^2$，仅见于且末县最南端与西藏相接的云雾岭的东北侧，若羌县最南端的鲸鱼湖西北侧。

冰缘作用火山熔岩山地：面积为 $0.021\times10^4\,\mathrm{km}^2$，分布零散，鲸鱼湖东侧、且末县最南端、于田县最南端都有分布，面积都很小。

(3) 侵蚀剥蚀地貌

侵蚀剥蚀火山熔岩地貌包括平原、台地、丘陵和山地4种形态类型，面积很小，集中在于田县南部与策勒县相接地区，地理位置约为 81°32′E，35°40′N。

3. 喀斯特地貌特征

可溶岩经受水流溶蚀、侵蚀以及岩体重力崩落、塌陷等作用过程，形成于地表和地下的各种侵蚀和堆积物体形态，称为喀斯特地貌（Karst landform），又称岩溶地貌（周成虎，2006）。新疆喀斯特岩溶地貌面积约 $0.117\times10^4\,\mathrm{km}^2$，占全疆总面积的0.071%。

1) 定量统计特征

据表5.11，喀斯特地貌包含冰川-侵蚀-冰缘3种主营力作用方式，面积依次减少。其形态类型都是丘陵地貌和山地地貌，前者面积小于后者。

2) 空间分布特征

(1) 冰川地貌

喀斯特冰川作用的山地：面积为 $0.040\times10^4\,\mathrm{km}^2$，集中分布在鲸鱼湖东北部的阿尔喀山区。

(2) 冰缘地貌

喀斯特冰缘作用丘陵：面积很小，为 $0.002\times10^4\,\mathrm{km}^2$，位于昆仑山东部库木库里盆地内，在阿其克库勒湖的东南侧，呈椭圆形分布特征。

喀斯特冰缘作用山地：面积为 $0.048\times10^4\,\mathrm{km}^2$，主要分布在鲸鱼湖东北部的阿尔喀山区。

(3) 侵蚀地貌

喀斯特侵蚀丘陵：面积很小，为 $0.002\times10^4\,\mathrm{km}^2$，位于昆仑山东部库木库里盆地内，在阿其克库勒湖的西南侧，呈椭圆形分布特征。

喀斯特侵蚀山地：面积为 $0.025\times10^4\,\mathrm{km}^2$，仅位于阿其克库勒湖的东南侧，约呈带状分布。

4. 人为地貌

人类活动塑造的各种地貌系统称为人为地貌（anthropogenic landform）（周成虎，2006）。人类活动是改变地球表面质和量的重要动因，无论是在农业、交通及工矿建设等方面，均可塑造出一系列特有的地貌形态。新疆的人为地貌包括盐田、露天矿坑、坎儿井、水库、大堤等，本书主要分析自然地貌的分布特征及格局，所以对人为地貌不做详细讨论。

第6章 新疆地貌区划

区划就是区域的划分,一般说来,就是按照区域的相似性与差异性程度,自上而下、由大到小或自下而上、由小到大将区域逐级划分或合并。区划是一种手段、一种表现形式,合理布局才是它的实质内容和目的(邓静中,1984)。由于研究对象和区划目的不同,区划包括多种类型,如行政区划、经济区划、生态功能区划、自然区划、植被区划等。地貌区划就是区划体系中的一种,它以地貌为研究对象。地貌区划涉及区划单元的定性、定位和定量化表达,这些地貌单元由相似的地貌结构或地貌类型所组成,从而形成各种不同等级和规模的地貌区域。地貌区划对发展国民经济远景规划具有重要意义。

本章拟在对新疆地貌格局进行深入细致地定量化分析基础上,汲取前人区划工作的经验,提出一种基于遥感和 GIS 技术的、以最新完成的新疆 1:100 万地貌图为支撑的新疆数字地貌区划方案(柴慧霞等,2008)。新疆自治区内所包括的地貌类型种类多,地貌差异性大,利用新的技术手段可提高地貌分区的精确度和可靠性,应用新的数据源来充分阐明各区域的地貌类型和特征,以及它们在各区内的组合规律,具有一定的科学研究意义和区域发展经济建设价值。研究新疆地貌类型分布格局并提出数字化的地貌区划图,有利于深入了解各种地貌类型的空间组合特征,正确认识地貌形成演化机制和因区制宜的利用和改良地貌,进而分析地貌与生态环境保护、国土资源开发利用的关系,为对国民经济建设、环境保护、生态保育与重建,以及国防建设等提供必要的区域地貌信息(刘会平,1996),为分析新疆地貌的宏观规律和区域特征提供科学依据。

6.1 地貌区划内容与数据

1. 地貌区划内容

地貌是地球表层系统中最重要的组成要素,影响并制约着水文、气候、土壤、植被等其他环境因子的空间分布与变化。地貌类型与地貌区划是地貌学研究的重要内容,其中,地貌区划是根据各地区地貌特征的相似性对不同区域进行划分的研究工作(沈玉昌等,1982;Ishiyama et al.,2007),是对地貌过程与地貌类型综合研究的概括和总结(郑度等,2005),在资源、环境、生态、国防等领域都具有重要的应用价值。地貌区划是将地球上地貌形态及成因近似的地貌类型组合成一个地貌区,这个地貌区具有地区性特征,它在空间上是不可重复的(吴正,1999)。地貌区划研究,依赖于地表形态以及地形形成过程的地貌分析,还依赖于这种分析结果在地貌类型图上的表现。地貌区划是以类型组合的地貌分类,以及这些基本形态类型的区域分布与其更高一级空间单元关系的研究为基础。

地貌区划即地貌分区。根据地貌形态、成因及发育的相似性和差异性等特征,进行区域划分，每一地貌区中都具有该区特有的地貌形态、成因和组合。地貌区划中每个区域单元基本具有的特征包括：相同或近似的地貌形态、相同的地貌成因、相近的地质结构、相同的发育过程等。地貌区域单元的面积可以从几平方米到几千平方千米。在单一地貌的特殊情况下，区域单元可以有像地貌类型组合那样大的规模和范围。

地貌区划有别于地貌类型。地貌区划应反映区域地貌共同的特征，又应反映划分的地貌区划在土地利用和改造方向上的类似性，这是划分地貌区域的出发点。地貌类型则是反映每个单独地貌类型的特征。地貌区划是一定自然环境条件下，以特有结构形式出现的若干地貌类型组合的区域单元，其中诸类型可能以某一优势或特征为代表，或以若干性质相关、地位并列的类型而组合。地貌区划具有气候地貌与构造地貌共同作用的区域协调性和统一性，以及地形外貌的近似性。其界线较平滑，范围相对完整，并不可重复出现。地貌类型则强调内部成因与形态的统一性和近似性，其范围界线相对破碎而不规则，并可能在不同区域重复出现。

地貌区划按照其性质和服务对象的不同，可以划分为普通地貌区划和部门地貌区划。部门地貌区划，只考虑到一些地貌形态，如冲沟、喀斯特等，或按照个别地貌标志，如形态示量、形态构造标志等来划分。普通地貌区划是研究某区域所有地貌客体的基础上，综合考虑多种地貌标志进行地貌分区（严钦尚和曾昭璇，1985），新疆地貌区划研究属于普通地貌区划的范畴。

2. 数据预处理

本节应用的数据包括新疆地区数字地貌类型数据（见第 2 章），SRTM-DEM 数据和新疆老地貌区划图。原有的新疆地貌区划是依据"新疆维吾尔自治区地貌区域图（1:150 万）"（中国科学院新疆综合考察队，1978）扫描矢量化得到。

地貌类型数据的属性表见图 6.1，为使地貌类型数据聚类分析、编程和构建运算模型更加方便快捷，先对其属性表进行必要的处理。首先，对已有的属性字段进行转化处理。NAME 统一用 N 表示，即 NAME0 = N0, NAME1 = N1……。同时根据每个图斑 NAME0 和 NAME1 的属性，为其相应的属性字段 N0 和 N1 重新赋值：N0 ={平原，台地，丘陵，山地}，N1 = {低海拔，中海拔，高海拔，极高海拔}。其他的五个字段 NAME2 至 NAME6 的值，直接赋给与其对应的 N2~N6 字段。此外，用 Q 表示地貌区划，在属性表追加三个字段 Q1（表示一级地貌区），Q2（表示二级地貌区），Q3（表示三级地貌区）。

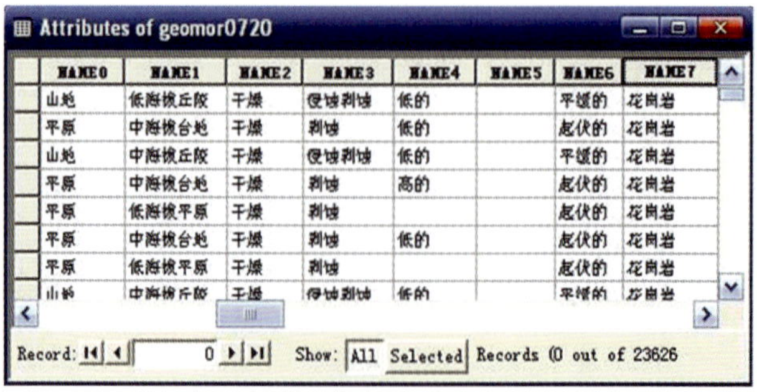

图 6.1　地貌类型数据属性表

3. 技术流程

根据地貌区划原则和区划等级,借鉴刘军会研究可持续发展综合区划的方法(刘军会和傅小锋,2005),制定了本章的基本技术流程见图 6.2。

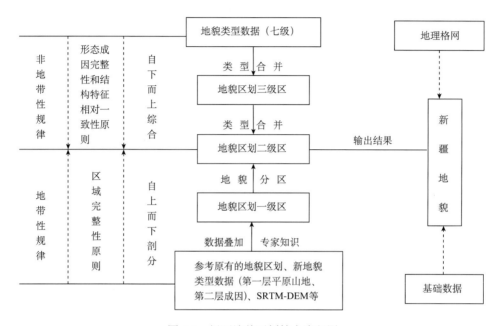

图 6.2 新疆地貌区划技术流程图

6.2 地貌区划原则与方法

新疆地貌区划以为新疆国土规划、资源开发利用、农业绿洲建设布局和经济发展战略制定等提供的区域地貌资料为目标,根据各地区地形与地貌的空间分布规律及其组合特征,通过建立科学的区划指标和方法,确定地貌区划体系,为定量分析新疆地貌空间格局提供科学依据。在明确区划目的的基础上,制定相应的区划原则、方法和方案体系。

1. 区划原则与指标

区划原则是区划制定过程中所遵循的准则,为区划的核心问题之一,确定合理而实用的区划原则是任何一个地理区划成功的关键所在(吴兆宁等,2007)。在分析研究地貌区划的一般性原则和应用性原则基础上,新疆地貌区划还要遵循地带性与非地带性相结合、主导因素与综合分析相结合等一般性区域原则。新疆地貌区划着重考虑以下几个原则与指标。

1) 区划原则

(1) 形态、成因相对完整性和结构特征相对一致性

地貌分区必须反映地貌形态(轮廓、组合等)的差异，而地貌形态又与其成因有密切联系。因此地貌分区既要遵循形态成因的相对完整性，保证分区的科学性，而且还要考虑地貌结构各组成部分与整体之间的关系，保证地貌区内部的相对一致性，显示出它与邻区的差异性。

(2) 区域完整性原则

地貌分区是在地貌类型的基础上进行的，两者关系密切。一个地貌小区内不会只有一种地貌类型，而是由多种地貌类型组成。每个地貌区内常有一种或几种地貌类型占的面积相对较大，在地貌分区中起主导分异作用。为确保区域完整性，可能在山地地貌区内出现山间盆地，在平原地貌区内出现丘陵等。新疆地貌区划应充分体现新疆地貌的空间组合及其分异特征，保持区域的相对完整性。虽然在地貌划区时，地貌类型数据是一个非常重要的划界依据，但在大中尺度上，任何一个地貌区内均可包含多种地貌类型。因此，应通过地貌特征综合，以每个地貌区内的一种或几种面积相对较大的地貌类型为主体，确定地貌分区界限。考虑到新疆地貌空间格局形成与演化的历史，以保持成因区域的完整性为基本出发点，高级单元分区以内动力成因为依据，次级单元分区以外营力为依据。

(3) 分级划分原则

地貌系统内在的多尺度性决定了地貌单元的层次性，地貌区划中各分区单元的相似性和差异性是相对的，所以应该从整体到局部按照不同级别进行地貌分区，从高级到低级逐级分区。从新疆地貌内在特征和未来的地貌区划的应用角度出发，新疆地貌区划拟采用地貌区、地貌亚区和地貌小区的三级区划体系。

(4) 为生态环境和农业服务原则

地貌、生态环境与人类利用改造活动三者之间相互影响，相互作用。新疆地貌区划主要为生态环境和农业发展服务，地貌分区要注意与环境和农业的关系。

2) 区划等级与指标体系

斯皮里顿诺夫曾罗列了8条地貌区划划分的基本指标，包括：地层和构造；新构造；松散沉积物，特别是第四纪沉积物的成分、成因、年代、堆积历史；地貌特征，包括形态和形态示量；主要的和从属的形态、成因；地貌成因类型及组合；地貌发展史，地貌年龄和发育阶段；现代地貌作用的分布和强度。这8个方面不是孤立的，而是以1~2种为主导，综合考虑各指标来进行区域划分(严钦尚和曾昭璇，1985)。

本研究的分区系统分到三级，并根据地貌单元的相对面积大小或地势高低，划分为大型地貌、中型地貌、小型地貌。各级地貌之间只有相对面积的差异，没有绝对面积大小的规定[①]。

[①] 罗来兴，西北黄土地区的侵蚀地貌与水土保持，水利电力部黄河水利委员会水土保持径流研究训练班讲义，1963。

(1) 一级区划主要是将大型地貌单元划分出来，大型地貌单元指陆地表面的形态生成，包括山岳高地与平原低地。本级的区划指标主要包括大地貌形态、骨架、轮廓的一致性和地势的完整性，大地构造单元和新构造运动的区域相似性以及区域气候差异。因此，依据新疆的宏观地貌分布特征，以新疆整体的大地貌单元构造单元为依据，将新疆的基本地貌单元山地和平原划分出来，得到六个一级区，由南向北依次为：昆仑山与阿尔金山山系、塔里木盆地、天山山系、准噶尔盆地、准噶尔西部山地、阿尔泰山与北塔山山系。

(2) 二级区划单元是在一级大型地貌单元基础上，进一步划分出中型地貌单元。依据中型地貌形态和成因上的相似性，次级大地构造和次级新构造运动的一致性，以及主要岩性与地表物质呈现出来的特征为划分标志。在已有的六个大的地貌单元内，分别细化出二级地貌单元，如天山山系和昆仑山山系中的山间盆地，较为独立的山脉等。

(3) 三级区划单元，在前面区划单元的基础上，再根据单元内不同地貌的相似性和差异性划分出小型地貌单元，如冲洪积扇、前山带、沙丘等。小型地貌单元主要以地貌形态和地势起伏基本相同、地貌类型比较单一、地质构造和岩性在地形外貌上有显著差异为标志。

总的来说，上述各级区划的各个分区标志，在任何区域内多数是适用的，特别是地貌标志(成因和形态)，对任何区域都是不可或缺的，这是由区划的目的决定的。每个分级内部的地貌要有相似性，还要有其差异性。从高级到低级，区划单元内地貌的相似性逐渐增强，差异性减弱。地貌区划的总体指标包括地貌的形态、次级形态、成因和主营力作用方式。地貌区划具有分层多级性特点，因此，各级主导的划分指标有所不同。而且每级区划和不同区域的地貌分区之间还会有一些细微差别，所以还需要结合构造特征、地理区域特点等作为分区指标。

2. 区划方法

本节采用自下而上的合并法、自上而下的顺序划分法和聚类分析法，把新疆大地构造单元、新疆地貌的宏观形态特征、宏观成因特征等因素都叠加到地理格网中，构建并运用地理格网模型得到新疆地貌区划。

1) 自上而下划分法与自下而上合并法

自上而下方法即顺序划分区划的方法。这种方法先着眼于地域分异的普遍规律——地带性与非地带性，按区域的相对一致性和区域共轭性划分出最高级区域单位，然后逐级向下划分低级的单位。该方法的优点是易于掌握宏观格局，缺点是划出的界线比较模糊，而且越往下一级单位划分，界线的科学性和客观性越低。

自下而上方法又称合并区划的方法。这种方法是对最小图斑指标的分析，首先合并出最低级的区划单位，然后根据地域共轭性原则和相对一致性原则把它们依次合并为高级单位。合并法通常是在地貌类型图的基础上进行的。该方法的优点是可以得到准确的区划界线，缺点是合并区域时有可能产生跨区合并的错误。

因此，本节取长补短采取二者相结合的方法进行地貌区划。"自下而上"和"自上而下"的区划方法是经典的区划方法,它们可以相互补充,将两种方法协调使用,是解决区域综合问题的一种可行途径(刘会平,1996;刘军会和傅小锋,2005)。

2)基于地理格网的区划方法

在新疆地貌区划研究过程中,采用地理格网分析技术,对新的地貌分区进行定位、定性与定量化研究。将地理格网作为定位精度、数据尺度参差不齐的采样或调查数据的综合平台,是区域综合分析、空间分析以及数据挖掘、知识发现等应用的有效手段之一(陈述彭,2003;陈述彭等,2004;刘燕华等,2005)。本章利用 ArcGIS 栅格化手段和数学模型,将地貌类型数据、SRTM-DEM 数据和原始地貌区划数据等集成到统一的地理格网上,建立基于地理格网的地貌区划指标体系和综合分析模型,分析不同地貌类型的空间分布特征和规律,根据区域内相似性和区域间差异性原则,自下而上逐级合并,得到地貌区划单元。

图 6.3 概要描述了基于地理格网进行地貌区划的方法,当然实际地貌类型数据不会这么简单。由前面可知该地貌数据类型复杂、多样,就算是三级地貌分区,一个地貌区就会由 n(n 至少大于等于 3) 个地貌类型数据进行合并。

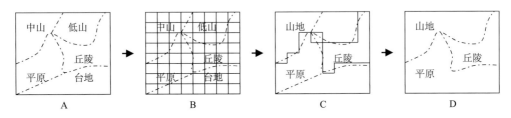

图 6.3 根据地貌类型数据自下而上划分地貌区方法图示

A. 地貌类型数据(矢量格式);B. 将矢量数据转为栅格数据,每个栅格赋予相应的属性;C. 根据地理格网和地貌分区原则对地貌类型进行聚类分析,得到三个地貌分区(以实线为界);D. 栅格界线不圆滑且与实际地貌边界有出入,再依据地貌界线进行修正得到实际地貌分区界线(平原、丘陵、山地)

3. 地貌分区与算法

首先,按照自上而下的划分方法,得到一级地貌区划单元;其次,分别以每个一级区划为基本单元,从地貌类型最小图斑开始,对每个地貌大区内的地貌类型数据进行聚类分析,按照自下而上的合并方法,分别得到三级地貌区划;再次,继续分别合并三级地貌区,从而分别得到二级地貌区划;最后,将分别得到的六个地貌大区的地貌区划结果拼接在一起,得到整个新疆全区的地貌区划数据。

1)一级地貌区的划分

利用 SRTM-DEM 数据派生出新疆地区的三维地势图,根据其反映出来的宏观地貌格局和地势特征,借鉴《新疆维吾尔自治区地貌区域图(1:150 万)》(中国科学院新疆综合考察队,1978),将整个研究区自上而下初步划分为 6 个区域作为一级地貌区,以方便后面进行地貌类型数据的聚类分析。利用 SRTM-DEM 数据派生坡度数据,对坡度数据重新划分等级，以7°为界分为平原和山地，并进行过滤除掉小图斑得到初始地貌分区。将得到的初始地貌区对应三维地势图，参考新疆大的地貌格局，分为阿尔泰山和北塔山山地(用1表示)，准噶尔西部山地(用2表示)，准噶尔盆地(用3表示)，天山山地(用4表示)，塔里木盆地(用5表示)，昆仑山和阿尔金山山地(用6表示)。

需要说明的是，这样得到的地貌分区边界线不一定和地貌类型数据完全准确地重合，因此还需要对地貌类型数据进行聚类分析，参考原来新疆地貌区划数据以便获取更精确的地貌分区界线。将初始地貌分区数据、地貌类型数据和原有地貌区划数据均叠加到地理格网中，利用地貌分区原则、指标制定相应分区参数。结果表明，自动提取的边界线基本与地势相吻合，但线条不够圆滑，且不能确保地貌大区的完整性。因此还需要进行人工修正。

用S(Subarea)表示地貌分区，F表示综合分析原则，G0(geomorphological)表示地貌原则，G1(geognosy)表示地质构造原则，A(area)表示区域原则。一级地貌区划的区划方法如下。

$$S1 = F(G0(坡度，成因)+A(区域)+G1(构造)) \tag{6.1}$$

算法的核心内容可以简单理解为，如果地貌类型数据中的一个最小图斑$X_i(i=1,2,3,\cdots,n$，表示每个图斑的ID，即属性字段OBJECTID_1中的值)落在初始地貌分区的$Y_j(j=1,2,3,4,5,6)$中，就给该图斑的属性字段Q1赋值为j。然后根据属性字段Q1的值，将Q1值相同的图斑合并为一个图斑，共得到六个图斑，从而得到新疆的一级地貌区划数据，并且保证了边界的准确性。

2) 二级地貌区的划分

二级地貌分区是按照地貌一级区，在三级地貌区划基础上，根据不同区域进行聚类分析。二级地貌分区更多的是注重区域性和山体的独立性和完整性。因此，二级地貌区的划分，受人为因素影响较大。

盆地区主要分为两大块：山麓平原和盆地中心的沙漠区。准噶尔盆地由北到南划分为阿尔泰山南麓平原、古尔班通古特沙漠和天山北麓平原三个二级地貌区。塔里木盆地划分为天山南麓平原、塔克拉玛干沙漠、昆仑山北麓平原和阿尔金山北麓平原四个二级地貌区。因此，盆地区的二级地貌区的划分先按照成因将属于风成地貌的三级区划归为一类，就可将盆地中部的沙漠区划分出来。然后根据周围冲积、洪积平原的物质来源，冲积平原上河流的发源地等划分出山麓平原的区域。第一步可以通过直接对三级地貌区划数据进行聚类分析得到初始数据；第二步先利用SRTM-DEM数据，进行流域分析，然后再叠加三级地貌区划数据进行分析、合并，从而完成盆地区的地貌分区。值得一提的是，塔里木盆地中考虑罗布泊地区的特殊性，需要人工辅助完成地貌区的划分。

山区的二级地貌分区依据方位将山脉进行分段，并考虑当地山体的独立性。依据山脉自身特征，利用SRTM-DEM计算沟谷线，选择距离原有地貌分区界线较近的沟谷线作为山脉的分割边界。再叠加三级地貌分区数据进行分析、合并。其中，对于山间的盆地平原，同样参考地质构造、原有地貌分区等划分到相应的山脉中。在对三级地貌区划数据的聚类分析的基础上，合并出二级地貌区划数据。

由于前面是先将矢量格式的地貌类型数据转换成栅格数据，构建地理格网，再应用上述分区方法，对地貌类型进行聚类分析，得到栅格格式的地貌区划数据。以此完成地貌分区后，还需要将栅格格式的地貌区划数据转换为矢量格式，并将地貌区划数据叠加到地貌类型数据上，进行地貌区划边界的修正圆滑，减少数据转换过程中造成的边界误差和线条的棱角，提高区划数据整体效果的可视性。

3) 三级地貌区的划分

因每个一级区内的地貌类型并不完全相同，所以它们各自的内部区划指标也会有细微差别。由前面已知，共有四个山地区和两个盆地区，先将各自对应的地貌类型数据分割出来，然后针对每个地貌大区分别进行聚类分析和图斑合并。因作为基础数据源的地貌类型数据很细致，而对于全疆的地貌区划主要是从宏观表达地貌格局，所以在开始计算三级地貌区前，先要对于地貌类型数据进行过滤，滤掉面积小于 $10\ km^2$ 的细小图斑。

根据一级地貌分区分割出相应的地貌类型数据，并将矢量格式的地貌数据转为栅格数据，每个栅格赋予相应的属性。在此基础上，根据地理格网和地貌分区原则对地貌类型进行聚类分析。常用的聚类分析方法包括：最短距离法、最长距离法、中间距离法、重心法、类平均法、可变类平均法、可变法、离差平方和法。聚类分析尽管方法很多，但归类的步骤基本上一样，所不同的仅是类与类之间的距离有不同的定义方法，从而得到不同的计算距离的公式(杨国良，2000；陈述彭等，2004)。本研究是在地貌类型图基础上，选用最短距离聚类分析方法，自下而上的对地貌类型数据进行聚类分析，聚类分析的统计量就是地貌类型。

(1) 盆地区的三级地貌区划分

新疆的准噶尔盆地和塔里木盆地分别有两大沙漠：古尔班通古特沙漠和塔克拉玛干沙漠。对平原区的地貌类型进行聚类分析，合并出冲积洪积扇平原、冲积洪积平原、冲积平原、三角洲平原、山前平原、古河道、湖积平原(湖盆)、山丘。其中，对风成地貌区即两大沙漠要单独进行地貌分区。塔克拉玛干沙漠由于有和田河和于田至轮台的沙漠公路贯通，因此分别以它们为界将塔克拉玛干沙漠划分为西部、中部和东部三个部分。古尔班通古特沙漠中有一个东西向的干沟，位于福海县南部的三个泉村和喀斯克尔苏村之间，以此为界先将古尔班通古特沙漠分为北部和南部两大部分；从遥感影像上来看古尔班通古特南部沙漠的东西两边沙砾明显要比中间细，中部沙丘明显高于东西两边的沙丘，所以再进一步将古尔班通古特沙漠南部划分为西部、中部和东部。对两大沙漠的这些划分，很大程度上要借助于专家知识的判读来进行人工划分。

盆地区的三级地貌区划分，首先将地貌类型数据转换为地理格网的栅格数据，然后按照地貌类型属性字段中的形态、次级形态、成因和主营力作用方式，利用计算机自动对栅格数据进行聚类分析，属性相同且相邻的网格合并在一起。进行属性判读是要同时对多个属性字段进行比较分析。对于沙漠公路，利用 2004 年出版的《新疆维吾尔自治区地图集》(新疆维吾尔自治区测绘局，2004)中提供的新疆交通-公路现状图作为参考。将该图扫描配准后与地貌数据相叠加，得到沙漠公路的基本位置，作为沙漠的分区界线。

(2) 山地区的三级地貌区划分

新疆山区有许多山间盆地和谷地，因此，对于山地区的地貌类型数据要先进行平原山地的分离处理。山地要依据地貌类型数据的属性表，聚类合并出高山、中山、低山、丘陵。对于面积较小的山体不做进一步细分(如北塔山)，以确保图面分布一致。山间的平原按照次级形态、成因等指标进行聚类合并，细分为盆地、谷地、冲积洪积平原、盐湖平原、剥蚀高原、高平原、山间平原、山前平原。

山区的三级地貌区划分，也是先将地貌类型数据转换为地理格网的栅格数据，然后按照地貌类型属性中的形态、次级形态类型，对栅格数据进行聚类分析，划分出高山、中山、低山、丘陵；对于面积较大的山间盆地区按照形态、次级形态、成因和主营力作用方式，利用计算机自动对栅格数据进行聚类分析，合并属性相同且相邻网格。

最后，将每个地貌大区的地貌数据分层拼接在一起，得到本研究最终的新疆地貌区划数据。其中，一级地貌区划分为 6 个地貌区，二级地貌区划分为 23 个地貌区，三级地貌区划分为 195 个地貌区，其分区体系见后。

4. 地貌区命名原则

地貌区划的命名主要是为了表示出该区、该等级地貌的特点和不重复性。为了反映每个地貌区的主要地貌特征，本次区划拟采用自然名称命名法，即有控制性的山脉或水系名称加主要地貌形态。命名时尽量采用人们习惯使用的名称，便于人们理解使用和记忆。本研究中所使用的山脉、水系等名称采用新疆维吾尔自治区测绘局于 2004 年编制出版的《新疆维吾尔自治区地图集》中的名称(新疆维吾尔自治区测绘局，2004)。

5. 新疆三级地貌区划分级体系

Ⅰ 阿尔泰山和北塔山
  Ⅰ-1 阿尔泰山
    Ⅰ-1-1 阿尔泰山高山
    Ⅰ-1-2 阿尔泰山中山
    Ⅰ-1-3 阿尔泰山西部低山丘陵
    Ⅰ-1-4 阿尔泰山西段山间平原
    Ⅰ-1-5 阿尔泰山东部低山丘陵
  Ⅰ-2 北塔山
    Ⅰ-2-1 北塔山
    Ⅰ-2-2 大哈甫提克山与呼洪得雷山
  Ⅰ-3 卡拉麦里
    Ⅰ-3-1 卡拉麦里剥蚀高原
    Ⅰ-3-2 卡拉麦里山
    Ⅰ-3-3 卡拉麦里山西南麓冲积洪积平原
    Ⅰ-3-4 北塔山南麓山前冲积洪积平原
    Ⅰ-3-5 北塔山南麓盐湖平原

Ⅰ-4　诺敏戈壁
　　Ⅰ-4-1　大哈甫提克山-呼洪得雷山南麓山前冲积洪积平原
　　Ⅰ-4-2　沙玛尔套山东北麓冲积洪积平原
　　Ⅰ-4-3　淖毛湖戈壁
Ⅱ　准噶尔西部山地
　Ⅱ-1　北部山地及平原
　　Ⅱ-1-1　额尔齐斯河下游南岸沙丘
　　Ⅱ-1-2　吉木乃低山纵谷
　　Ⅱ-1-3　和布克谷地
　　Ⅱ-1-4　齐吾尔喀叶尔山山前丘陵
　　Ⅱ-1-5　萨乌尔山-齐吾尔喀叶尔山
　　Ⅱ-1-6　巴哈台断块山地
　Ⅱ-2　南部山地及平原
　　Ⅱ-2-1　塔城盆地
　　Ⅱ-2-2　托里谷地
　　Ⅱ-2-3　巴尔鲁克山-玛依勒山
Ⅲ　准噶尔盆地
　Ⅲ-1　阿尔泰山南麓平原
　　Ⅲ-1-1　阿尔泰山南麓沙丘
　　Ⅲ-1-2　额尔齐斯河冲积平原
　　Ⅲ-1-3　乌伦古湖湖盆
　　Ⅲ-1-4　额尔齐斯河与乌伦古河河间古老冲积平原
　　Ⅲ-1-5　额尔齐斯河与乌伦古河河间剥蚀平原
　　Ⅲ-1-6　乌伦古河下游三角洲平原
　　Ⅲ-1-7　乌伦古河平原
　　Ⅲ-1-8　齐吾尔喀叶尔山东部山前冲积洪积平原
　　Ⅲ-1-9　乌伦古河南岸古老冲积平原
　　Ⅲ-1-10　卡拉麦里山西北麓古三角洲
　　Ⅲ-1-11　和夏大渠冲积平原
　　Ⅲ-1-12　齐吾尔喀叶尔山西部山前冲积洪积平原
　　Ⅲ-1-13　乌尔禾特殊地貌
　　Ⅲ-1-14　白杨河冲积平原
　Ⅲ-2　古尔班通古特沙漠
　　Ⅲ-2-1　古尔班通古特北部沙漠
　　Ⅲ-2-2　古尔班通古特西部沙漠
　　Ⅲ-2-3　古尔班通古特中部沙漠
　　Ⅲ-2-4　古尔班通古特东部沙漠

III-3 天山北麓平原
    III-3-1 玛纳斯湖盆和夏孜盖盐池
    III-3-2 玛依勒山山前冲积洪积平原
    III-3-3 艾比湖盆
    III-3-4 精河-阿恰勒河-博尔塔拉谷地
    III-3-5 奎屯河下游南岸沙漠
    III-3-6 精河-乌苏山前平原
    III-3-7 北天山北麓冲积洪积扇平原
    III-3-8 奎屯河中上游冲积平原
    III-3-9 玛纳斯河-奎屯河河间沙漠
    III-3-10 奎屯-沙湾山前平原
    III-3-11 玛纳斯河冲积平原
    III-3-12 呼图壁河-头屯河冲积平原
    III-3-13 阜康-木垒山前平原
    III-3-14 乌鲁木齐山间平原

IV 天山山地
  IV-1 北天山
    IV-1-1 阿拉套山低山丘陵
    IV-1-2 阿拉套山中山
    IV-1-3 阿拉套山高山
    IV-1-4 博尔塔拉河谷地
    IV-1-5 别珍套山中山
    IV-1-6 别珍套山高山
    IV-1-7 博罗科努山高山
    IV-1-8 博罗科努山中山
    IV-1-9 博罗科努山低山丘陵
    IV-1-10 赛里木湖盆
    IV-1-11 库松木切克山
    IV-1-12 库松木切克河谷地
    IV-1-13 科古琴山高山
    IV-1-14 科古琴山中山
    IV-1-15 科古琴山低山丘陵
    IV-1-16 依连哈比尕山低山丘陵
    IV-1-17 北天山北麓前山带
    IV-1-18 依连哈比尕山中山
    IV-1-19 依连哈比尕山高山
  IV-2 中天山
    IV-2-1 婆罗科努山南坡冲积洪积平原

Ⅳ-2-2　伊犁河北岸沙丘
Ⅳ-2-3　伊犁河谷地
Ⅳ-2-4　乌孙山北坡冲积洪积平原
Ⅳ-2-5　乌孙山
Ⅳ-2-6　昭苏-特克斯盆地
Ⅳ-2-7　喀什河谷地
Ⅳ-2-8　阿吾拉勒山-阿布拉勒山
Ⅳ-2-9　巩乃斯河谷地
Ⅳ-2-10　那拉提山低山丘陵
Ⅳ-2-11　那拉提山中山
Ⅳ-2-12　那拉提山高山
Ⅳ-2-13　尤路都斯盆地
Ⅳ-2-14　包尔图乌拉山
Ⅳ-2-15　额尔宾山
Ⅳ-2-16　阿拉沟山
Ⅳ-2-17　焉耆盆地
Ⅳ-2-18　博斯腾湖盆
Ⅳ-2-19　哈尔乌拉山
Ⅳ-2-20　哈毕尕恩乌拉山
Ⅳ-2-21　库米什盆地和山间谷地

Ⅳ-3　南天山

Ⅳ-3-1　库鲁克塔格山低山丘陵
Ⅳ-3-2　库鲁克塔格山间平原
Ⅳ-3-3　库鲁克塔格中山
Ⅳ-3-4　科克铁克山-霍拉山中山
Ⅳ-3-5　科克铁克山-霍拉山高山
Ⅳ-3-6　科克铁克山和霍拉山北坡低山丘陵
Ⅳ-3-7　哈尔克他乌山低山丘陵
Ⅳ-3-8　哈尔克他乌山中山
Ⅳ-3-9　哈尔克他乌山高山
Ⅳ-3-10　南天山中段南坡前山带
Ⅳ-3-11　拜城盆地
Ⅳ-3-12　南天山西段高山
Ⅳ-3-13　南天山西段中山
Ⅳ-3-14　乌什谷地
Ⅳ-3-15　南天山西段低山丘陵
Ⅳ-3-16　南天山西段山前冲积洪积平原
Ⅳ-3-17　南天山西段柯坪山脉与山间盆地

第 6 章　新疆地貌区划

　　　　Ⅳ-3-18　哈拉峻盆地
　　　　Ⅳ-3-19　南天山西段乌恰高平原
　　　　Ⅳ-3-20　乌恰-阿图什年轻短轴褶皱山脉
　Ⅳ-4　东天山
　　　　Ⅳ-4-1　博格达山
　　　　Ⅳ-4-2　东盐池盆地（七角井镇）
　　　　Ⅳ-4-3　沙玛尔套山地
　　　　Ⅳ-4-4　莫钦乌拉山东北麓冲积洪积平原
　　　　Ⅳ-4-5　莫钦乌拉山
　　　　Ⅳ-4-6　巴里坤盆地
　　　　Ⅳ-4-7　巴里坤山-喀尔力克山
　　　　Ⅳ-4-8　伊吾盆地
　　　　Ⅳ-4-9　莫钦乌拉山山前丘陵
　　　　Ⅳ-4-10　巴里坤山-喀尔力克山北麓冲积洪积平原
　　　　Ⅳ-4-11　巴里坤山-喀尔力克山山前丘陵
　Ⅳ-5　吐哈盆地
　　　　Ⅳ-5-1　博格达山南麓冲积洪积平原
　　　　Ⅳ-5-2　吐鲁番-托克逊山前丘陵
　　　　Ⅳ-5-3　吐鲁番-鄯善山前丘陵
　　　　Ⅳ-5-4　吐鲁番盆地
　　　　Ⅳ-5-5　鄯善沙漠
　　　　Ⅳ-5-6　十三间房戈壁
　　　　Ⅳ-5-7　巴里坤山-喀尔力克山南麓冲积洪积平原
　　　　Ⅳ-5-8　哈密盆地
　Ⅳ-6　嘎顺戈壁
　　　　Ⅳ-6-1　觉罗塔格山残余基底台原
　　　　Ⅳ-6-2　南湖戈壁
　　　　Ⅳ-6-3　嘎顺戈壁东部平原
　　　　Ⅳ-6-4　嘎顺戈壁东部
　　　　Ⅳ-6-5　嘎顺戈壁西部
　　　　Ⅳ-6-6　北山山地北坡山前平原
　　　　Ⅳ-6-7　北山山地戈壁
Ⅴ　塔里木盆地
　Ⅴ-1　天山南麓平原
　　　　Ⅴ-1-1　南天山中段南坡冲积洪积扇平原
　　　　Ⅴ-1-2　南天山西段山前冲积洪积平原
　　　　Ⅴ-1-3　阿克苏河冲积平原
　　　　Ⅴ-1-4　阿克苏河-渭干河间沙丘

V-1-5 渭干河三角洲
V-1-6 库尔勒-轮台山前平原
V-1-7 塔里木河北岸沙丘
V-1-8 塔里木河中上游冲积平原
V-1-9 塔里木河中上游古河道
V-1-10 库鲁克塔格山南坡冲积洪积平原
V-1-11 孔雀河下游冲积平原
V-1-12 喀什三角洲
V-1-13 科克铁提沙漠及其周围砂质平原

V-2 昆仑山北麓平原
V-2-1 叶尔羌河中下游冲积平原
V-2-2 英吉莎山麓平原
V-2-3 西昆仑山前平原
V-2-4 和田河冲积平原
V-2-5 克里雅河冲积平原
V-2-6 中昆仑山山前平原
V-2-7 车尔臣河冲积平原与台特玛湖
V-2-8 民丰-且末山前平原戈壁沙漠

V-3 阿尔金山北麓平原
V-3-1 塔里木河下游冲积平原
V-3-2 库鲁克库姆沙漠（孔雀河下游）
V-3-3 罗布泊湖盆
V-3-4 北山山地南坡山前平原
V-3-5 阿尔金山山前平原
V-3-6 库姆塔格沙漠
V-3-7 金雁山

V-4 塔克拉玛干沙漠
V-4-1 塔克拉玛干沙漠西部
V-4-2 塔克拉玛干沙漠中部
V-4-3 塔克拉玛干沙漠东部

VI 昆仑山和阿尔金山
VI-1 西昆仑
VI-1-1 西昆仑中山
VI-1-2 西昆仑高山
VI-1-3 木吉盆地（木吉河与喀拉足克沟交汇处）
VI-1-4 萨雷阔勒岭
VI-1-5 木吉河-塔什库尔干河谷地
VI-1-6 帕米尔高原

Ⅵ-1-7　喀喇昆仑山
　　Ⅵ-1-8　西昆仑山南部山原
Ⅵ-2　中昆仑
　　Ⅵ-2-1　中昆仑中山
　　Ⅵ-2-2　中昆仑高山
　　Ⅵ-2-3　中昆仑山南部山原
Ⅵ-3　东昆仑
　　Ⅵ-3-1　阿里雅力克河谷地
　　Ⅵ-3-2　古尔嘎赫德河谷地
　　Ⅵ-3-3　东昆仑山高山
　　Ⅵ-3-4　阿特阿特坎河谷地
　　Ⅵ-3-5　阿雅格库湖－阿其克库勒湖盆
　　Ⅵ-3-6　库木库勒沙漠
　　Ⅵ-3-7　东昆仑山南部山原
　　Ⅵ-3-8　鲸鱼湖盆
Ⅵ-4　阿尔金山
　　Ⅵ-4-1　阿尔金山中山
　　Ⅵ-4-2　阿尔金山高山
　　Ⅵ-4-3　阿尔金山山间盆地

6.3　地貌分区描述

根据上述的区划结果，下面将对包括 6 个一级区(地貌区)、23 个二级区(地貌亚区)和 195 个三级区(地貌小区)的新疆地貌区划进行分区描述。

1. 地貌区

在地形上，新疆高山与盆地截然分界，三大山系和两大盆地大致沿纬线方向伸展，呈现鲜明的水平地带性和垂直地带性分布规律(杨利普，1987a；杨发相等，2007)。据此，可以将新疆地貌划分为阿尔泰山与北塔山山地、准噶尔西部山地、准噶尔盆地、天山山地与山间盆地、塔里木盆地、昆仑山与阿尔金山山地六个一级地貌单元区。除准噶尔西部山地近似于西南-东北向延伸外，其余五个区域都是东西横向带状展布，既是五个自然带，亦是五个自然地理单元。

1)阿尔泰山与北塔山山地

阿尔泰山与北塔山山地地处新疆最北部，属于温带半荒漠地带。中国境内的阿尔泰山脉分布于额尔齐斯河以北，东段在蒙古境内，在新疆境内山段属山脉南坡，呈西北至东南走向，山势较低，西高东低；地质构造上属于古生代褶皱和新生代阶梯状断块隆起，层状地貌清晰，垂直分带明显，并发育有 5 级夷平面(中国科学院新疆资源开发综合考察队，1994；杨发相等，2007）；区域内，现代冰川不甚发育，古冰川作用地貌可见，山区冰缘地貌发育。

山区气候条件影响制约着山区地貌，并随着山文条件和海拔高程条件的变化而变化。阿尔泰山西段雨雪丰富，降水较多，森林密布，径流作用强烈；东段则以草原为主，森林较少，径流作用较弱，草场繁茂，有着优良的草场，是新疆畜牧业生产重要基地。山区由于高度不是很大，除少数高峰外，未能形成大规模的常年积雪和现代巨大冰川（中国科学院新疆综合考察队，1978）。在高海拔地区主要是冰川、冰缘地貌，现阶段雪蚀、冰冻风化作用和径流作用强烈。在中海拔地区以流水地貌、干燥地貌为主；流水地貌主要分布在西段，东段是干燥作用影响最大。低海拔地区干燥作用占主导优势，成为塑造地貌的绝对外营力作用。

2）准噶尔西部山地

准噶尔西部山地由一系列高度不大的具有阶梯状剥蚀面的断块高原、山地及断陷谷地组成；整体上呈现为西宽东狭的楔形地带，断块山地与断陷盆地相间，构造上属于古生代褶皱基础上的断块隆起山地和沉降盆地（中国科学院新疆综合考察队，1978；中国科学院新疆资源开发综合考察队，1994；杨发相等，2007）。北部为东西走向的山地与谷地，地势西高东低；中部为盆地和谷地，地势较平坦；南部山地受东北、西北两组构造方向的影响，呈菱形块状，地势和缓。

准噶尔西部山地的海拔高度低于阿尔泰山，由于山地高度普遍较低，所以山地地形的垂直分带不显著，而且地形对降雨的影响作用不明显，山地迎风坡和背风坡在地貌上没有明显差异。小规模的现代冰川、古冰川作用地貌、冰缘地貌仅见于个别较高的山区。大部分地区都是受流水作用和干燥作用影响，低山与盆地中干燥剥蚀与风蚀作用强烈，可见大片的风蚀戈壁及风棱石、风蚀洼地、风蚀槽等。本区以西在哈萨克斯坦境内，是卡拉库姆沙漠，西风带来大量尘埃，在准噶尔西部山地的西侧沉积下来成为黄土（中国科学院新疆综合考察队，1978），塔城盆地、巴尔鲁克山西坡均有分布，后者分布的黄土厚度最大。

3）准噶尔盆地

准噶尔盆地地势大体上由东北向西南倾斜，盆地中部的依希布拉克谷地（又称三个泉子干谷）构成了一个阶梯，其北部是以第三纪地层为基础的剥蚀平原，南部主要为冲积平原，并分布有广大的沙漠。在地质构造上，准噶尔盆地是一个古老的陆台，它的边缘界线与古生代褶皱山脉和断裂线的方向相符，属于差异性升降运动（中国科学院新疆综合考察队，1978；中国科学院新疆资源开发综合考察队，1994；杨发相等，2007）。准噶尔盆地边缘多为山麓绿洲，中部为草原和沙漠，多变的气候形成多处风蚀地、风蚀城，盆地地貌奇特，异趣横生。在这里经常可以看到因为空间温差大，导致光线折射、反射变化而形成的海市蜃楼幻影，充满着神秘奇幻色彩。由于其西部有阿拉山口、额敏河谷和额尔齐斯河流域缺口，形成的西风湿润的海洋气流从这个通道进入，因此准噶尔盆地雨雪较多，有大片的植被和荒漠草原。盆地北部为阿尔泰山南麓山前平原区，亦多草场，南部为天山北麓山前平原区。

准噶尔盆地南北地质构造、气候环境及河流分布的不同，造就了差异较大的南北地形和地貌特征。盆地北部为阿尔泰山前狭窄冲洪积扇、冲积洪积倾斜平原和冲积平原带；中部为古尔班通古特沙漠，为我国最大的固定、半固定沙漠，沙漠北部主要是南北走向的树枝状沙垄，东部分布着复合型沙垄、格状沙丘和线状沙垄等；南部为天山北麓宽阔的山前冲积、洪积平原以及前山带，并分布有蜂窝状、复合沙垄、新月形沙丘及草灌丛沙丘。

准噶尔盆地的雅丹地貌特别出众，其面积大，分布广，且形状和色彩极其丰富。"魔鬼城"最具代表性，那些被风蚀的土丘高低错落，造型千奇百怪，恐怖怪诞，像一座庞大的古城堡群，"城堡"的砂岩和泥岩在夕阳的照耀下，呈褚红、灰绿、褐黄等颜色，诡秘多变。雅丹地貌是对极端干旱区经过亿万年风蚀而形成的地貌的统称。

4) 天山山地与山间盆地

天山山脉是亚洲高大山系之一，横亘在新疆中部，峰峦重叠、气派雄伟，呈东西走向，分隔准噶尔、塔里木两大盆地。天山山地的山文特点是在辽阔、复杂的山系中，分布许多山间平原和纵向构造谷地以及湖盆,将整个山系分割成多条山脉和山块(中国科学院新疆综合考察队，1978)。山势西高东低、山体宽广，有发育良好的森林、草原和冰川、景观壮丽。天山是天然的固体水库，冰雪融化汇集成 200 多条河流、滋润和灌溉着天山南北的广阔绿洲。在崇山峻岭之间，分布着一个个盆地、谷地，土地肥沃，水草丰茂，形成了良好的山区天然草场。

天山山地在古生代地槽褶皱基础上经历了复杂的地质演变过程，不仅分布着众多的高山，而且分布着广大的断块陷落盆地和谷地，具有北西西和北东东两组方向的诸山脉与介于其间的菱形盆地成为其主要地形特征。天山大部分高峰都有现代冰川的发育，特别是在西段，水汽充足、冰川发达，成为大河流的主要水源；东段比较干燥，常年积雪和现代冰川分布较少，较大河流也很少见。天山内部山间盆地高度并不一致，尤尔都斯盆地海拔 2 400 m 以上，气候较湿润，属于高寒盆地，冰缘、冰川地貌发育；而吐鲁番盆地四周封闭，海拔最低，气候干燥(中国科学院新疆综合考察队，1978)。

天山山地各个部分都经历了不同的发展过程，而且由于其延伸的范围很广，北天山属于温带荒漠地带，南天山基本属于暖温带荒漠地带，因而天山山系的南北、东西各段在地貌发育、地形、气候、水文等方面都存在明显差异。天山山体在空间分布上山岭和山间盆地相间的排列特点十分突出，显示了挤压性盆-岭构造地貌的特点(邓起东，2000)。北天山山势较高，一般海拔 4 000 m 左右，发育有较大规模的现代冰川；中天山及山间盆地区，山地高度不大，一般海拔不超过 4 000 m，冰缘地貌发育；山间盆地规模很大，西部是黄土地貌和流水作用为主的伊犁盆地，中部是流水作用的尤尔都斯盆地，东部是焉耆盆地，干燥地貌较为发育；南天山西段海拔很高，以天山最高峰托木尔峰(7 435.3 m)为主的最高山结，海拔超过 6 000 m 的山峰就有 20 多座，冰雪覆盖面积较广，现代冰川规模大，以冰川作用和干燥作用为主。北天山与中天山之间的吐鲁番—哈密为天山中较大、十分封闭的山间盆地，整个地势北高南低，干燥地貌发育；嘎顺戈壁由许多小的断块山地和断陷盆地组成，干燥剥蚀作用极为强烈。

5) 塔里木盆地

塔里木盆地被天山、帕米尔、昆仑山和阿尔金山所围绕,盆地周围是一系列冲积洪积砾质戈壁和亚砂土质或砂土质的冲积洪积平原(中国科学院新疆综合考察队等,1978;中国科学院新疆资源开发综合考察队,1994)。盆地东部地势较低,沿疏勒河下游有宽约几十千米的缺口,可通向河西走廊,是古代"丝绸之路"所经之地。盆地内形成的河流不能外泄,只能以盆地的低洼部位为归宿,所以塔里木盆地是一个巨大的全封闭性盆地。塔里木地台受断裂分割影响微弱,保持了地形的完整性和平坦性。但在沙漠中,特别是盆地西部沙漠的中部地区有凸起的山脊,这是小部分地区受到隆起和沉陷作用影响的结果(中国科学院新疆综合考察队,1978)。

塔里木盆地的基本地貌特征是单调一致的微倾斜性和相对的平坦性,现代的地形特征是一个微隆起的沙漠和四周微倾斜的冲洪积平原。盆地北缘分布阿克苏河、渭干河、库车河等较大规模的冲积扇,以及由许多小河、溪流或季节性洪流形成的冲洪积平原。塔里木盆地西南缘为流水作用形成的喀什三角洲。塔里木盆地南缘为叶尔羌河、和田河、克里雅河、车尔臣河等河流形成的冲积平原和昆仑山山前风成、干燥作用交错影响的冲积洪积扇平原。塔里木盆地东缘为著名的罗布泊,大部分由盐壳组成,湖积平原经干燥剥蚀、风蚀作用,形成了雅丹、风蚀洼地、风蚀平原。盆地腹部就是塔克拉玛干沙漠,气候极为干旱,沙漠面积广大,风沙地貌类型复杂。盆地内最具震撼力的地貌景观当属巨大、连绵的流动沙丘,呈新月形沙丘、新月形沙丘链,复合型沙山、长条状沙丘、金字塔形沙丘等形态。

6) 昆仑山与阿尔金山山地

昆仑山与阿尔金山山地属于暖温带荒漠地带,位于塔里木盆地和藏北高原之间,构造上属于古、中生代地槽褶皱、新生代强烈隆起与相对凹陷。昆仑山山系是新疆最高大的山脉,耸立在最干旱的荒漠区,山地气候十分干燥。干燥程度由西向东递增,无论是水文格局、冰川规模、地貌特征等都有明显的变化和差异(中国科学院新疆综合考察队,1978)。昆仑山北坡与塔里木盆地之间地势落差极大,山势陡峭,峡谷遍布;而南坡与藏北高原面之间落差较小,山势和缓,地表切割程度不大。整个山脉环绕塔里木盆地的南缘,形成一条向南凸起的弧形山脉。

虽然山岭具有较大高差,但却没有明显的垂直地带划分,高处几乎为荒漠所占据,并且常常与积雪和冻土带相接。昆仑山的地貌特点在于它的隆起强度特别大(中国科学院新疆综合考察队,1978)。由于巨大山体隆起的很高,山区风化和剥蚀作用剧烈,使得大量物质被洪水带到山麓地带形成新疆最为宽大的山前平原。西昆仑山海拔最高,冰川、冰缘作用的高山与极高山分布广泛,其间分布有较大的断裂纵谷,整个山地受河流的强烈切割,地形非常崎岖;中昆仑海拔较西昆仑有所降低,山势较为和缓,冰缘地貌非常发育;东昆仑和阿尔金山山势和缓,干燥风化剥蚀作用异常强烈,冰缘和流水地貌发育,其间分布有湖盆和谷地。昆仑山南部山原地势缓和起伏,广泛分布高寒低山,湖盆宽谷相间其中,小湖星罗棋布(面积往往不到 $1\ km^2$),构成独特的高原地貌特征(尹泽生等，1977)。

2. 地貌亚区

地貌区主要反映新疆地貌的宏观空间格局，并与全国的地貌区划的二级或三级区划单元相对应；地貌亚区则应全面反映新疆地貌的主要分区特征，刻画出新疆地貌单元的关键空间组合关系。在开展新疆地貌二级区划中，选择的基本指标包括地貌成因一致性、地势变化整体性、地貌单元相对完整性等，通过自上而下的区域分割，将一级地貌6个区划分为23个二级地貌亚区。各地貌亚区的基本特征简述于表6.1。

表6.1 新疆地貌亚区地貌特征简述

一级区划	二级区划	主要地貌类型	内、外营力组合
阿尔泰山和北塔山山地	阿尔泰山	冰川、冰缘作用高山，干燥、流水作用中山，低山丘陵	新生代梯级断块隆起；冰川冰缘作用、流水侵蚀和干燥剥蚀作用并重
	北塔山	干燥作用中山	新构造运动断裂上升；干燥剥蚀作用为主
	卡拉麦里	干燥作用丘陵、平原	海西宁褶皱基底；干燥剥蚀作用为主
	诺敏戈壁	干燥作用丘陵、平原	新生代沉积区；干燥剥蚀作用为主
准噶尔西部山地	北部山地及平原	冰缘作用高山，干燥、流水作用中山、低山丘陵、谷地、山前纵谷	喜玛拉雅运动断块隆起，新生代地堑洼地和谷地；流水侵蚀和干燥剥蚀为主
	南部山地及平原	干燥、流水作用中山、低山丘陵，塔城盆地，谷地	喜玛拉雅运动断块隆起和单斜隆起，中、新生代沉积山间盆地；流水侵蚀和干燥剥蚀为主
准噶尔盆地	阿尔泰山南麓平原	干燥、流水作用平原、台地，湖成平原	山前拗陷，新生代沉积；干燥剥蚀、流水冲积洪积和湖积为主
	天山北麓平原	流水作用平原，前山带褶皱，湖成平原	山前拗陷，新生代沉积，新生代褶皱和纵谷；流水冲积洪积为主
	古尔班通古特沙漠	沙丘、沙地	地台隆起；风积为主
天山山地	北天山	冰川、冰缘作用高山，流水作用中山，黄土覆盖中山、丘陵，山间谷地，赛里木湖	古生代褶皱，新生代断块隆升隆起，中生代夷平；冰川冰缘作用、流水侵蚀和干燥剥蚀作用并重
	中天山	冰川、冰缘作用高山，流水作用中山、丘陵，黄土覆盖丘陵，焉耆湖盆，伊犁盆地，山间谷地	古生代褶皱隆起，中生代夷平，新生代断块隆起，山间有强烈沉降盆地；冰川冰缘作用、流水侵蚀、干燥剥蚀和黄土覆盖作用并重
	南天山	冰川、冰缘作用高山、极高山，干燥、流水作用中山、低山丘陵	古生代褶皱隆起，中生代-老第三纪夷平，新构造运动断块隆升；冰川冰缘作用、流水侵蚀和干燥剥蚀作用并重
	东天山	冰川、冰缘作用高山，流水、干燥作用中山，巴里坤、伊吾盆地	古生代褶皱隆起，后被剥蚀夷平，新构造运动断块隆升；冰川冰缘作用、流水侵蚀和干燥剥蚀作用并重
	吐哈盆地	流水、干燥作用平原、台地、低丘陵，沙丘，艾丁湖	古生代褶皱基底，中生代新生代沉降堆积；流水冲积洪积和干燥剥蚀为主
	嘎顺戈壁	干燥作用低山丘陵、山间谷地	古生带褶皱基底，轻微隆起的准平原；干燥剥蚀为主

续表

一级区划	二级区划	主要地貌类型	内、外营力组合
塔里木盆地	天山南麓平原	流水作用平原、三角洲、沙丘、沙地	前寒武纪地台北缘拗陷、上升，局部沉降，第四纪沉积；流水冲积洪积和风积为主
	昆仑山北麓平原	干燥、流水作用平原，沙地	前寒武纪地台南缘拗陷，新生代沉降，轻微上升；流水冲积洪积、风积和干燥洪积为主
	阿尔金山北麓平原	干燥、流水作用平原，沙丘，罗布泊湖盆	前寒武纪地台及其南缘拗陷，轻微沉降；风积、干燥洪积和湖积为主
	塔克拉玛干沙漠	沙丘	前寒武纪地台基底，上覆古生代沉积，被第四系覆盖；风积为主
昆仑山和阿尔金山山地	西昆仑	冰川、冰缘作用极高山、高山，流水、干燥剥蚀中山	古生代、中生代褶皱带，断块隆起，山前新生代拗陷；冰川冰缘作用和流水侵蚀作用为主
	中昆仑	冰川、冰缘作用极高山、高山，剥蚀中山	古生代褶皱带，后断块隆起，新生代拗陷；冰川冰缘作用和流水侵蚀作用为主
	东昆仑	冰川、冰缘作用高山，流水作用剥蚀中山，湖盆，山间谷地，沙丘	古生代、中生代褶皱带，后断块隆起；冰缘作用和流水侵蚀作用为主
	阿尔金山	流水、干燥作用高山、中山	古生代褶皱，中新生代断块隆起；流水侵蚀和干燥剥蚀作用为主

注：表中内、外营力组合描述参考《中国地貌区划》《新疆地貌》及《新疆第四纪地质与环境》

1) 阿尔泰山与北塔山山地

依据山地的完整性、地貌形态和成因等，阿尔泰山与北塔山地貌区分为阿尔泰山、北塔山、卡拉麦里和诺敏戈壁四个地貌亚区。

阿尔泰山具有一定的整体性，西北-东南的构造方向特别显著，山间盆地规模小，有山麓阶梯地形发育，中高山、低山丘陵及平原之间的阶状起伏明显；现代冰川作用较弱，雪蚀作用、冰冻风化作用十分强烈。我国境内的阿尔泰山最突出的特征是地貌的分层性，这种特殊性更因垂直带上气候和土壤植被的变化，显得更为清晰(中国科学院新疆综合考察队，1978)：高山带冰川侵蚀作用剧烈，冰冻风化、雪蚀地貌发育；中山带流水作用最大，流水侵蚀地貌分布突出，也分布有冰冻风化、冰川、冰缘地貌，森林生长良好；低山带地势和缓，气候干燥，剥蚀作用强烈，受断块作用影响峡谷与盆谷较多，灌丛分布广泛，属荒漠草原景观；山前丘陵地带峡谷深切，多风蚀和暴雨冲刷，干燥剥蚀作用为主，呈现荒漠草原景观。

北塔山及其以东的断块山地，整体山呈东西走向，但每个山地单独的山势走向均为西西北-东东南。北塔山不仅高度较其东部断块山地高，而且位置偏西，因而相对较湿润，有良好的牧草(中国科学院新疆综合考察队，1978)。北塔山为新构造运动断裂上升的山地，干燥剥蚀作用十分强烈，没有冰川和常年流水作用，冻土和雪蚀作用微弱。这些山地具有不对称的横剖面，南缘山势峻峭，北坡山势和缓，以干燥剥蚀作用为主，山麓形成大片洪积扇。

卡拉麦里和诺敏戈壁，因为缺乏降水条件，气候非常干燥，因而干燥剥蚀作用剧烈，受长期风蚀作用结果，地表几乎全由碎石或砾石组成，植被稀少。前者为海西宁褶皱基底的剥蚀高原，后者为新生代沉积的戈壁盆地。

2) 准噶尔西部山地

准噶尔西部山地分为北部山地及平原和南部山地及平原两个地貌亚区。

北部山地，受东-西走向构造线控制，主要为中高山和低山纵谷，山地地貌的垂直分带和层状地形均比较明显(中国科学院新疆综合考察队，1978)。萨乌尔山终年积雪仅分布在主峰附近，面积很小，山间河流的规模也很小。森林植被很少，大部分为牧草所占据。吉木乃附近的低山纵谷，北部由两列平行的低山丘陵组成，中部为东西走向的不对称山间谷地，南部为低山带。和布克谷地受流水和干燥作用影响，塔尔巴哈台断块山剥蚀作用强烈。

南部山地，受东北-西南向的构造线控制，主要为中低级平坦高原及盆地，盆地主要由冲洪积扇联合组成(中国科学院新疆综合考察队，1978)。塔城盆地是不对称盆地，北部冲积洪积扇规模较大，南部范围极小；流水冲积、洪积作用显著，受西部哈萨克斯坦境内卡拉库姆沙漠影响，分布有少量黄土物质沉积。巴尔鲁克山、玛依勒山、山间谷地等受干燥作用影响剥蚀作用强烈，大多为荒漠草原、荒漠景观。巴尔鲁克山西坡受卡拉库姆沙漠的影响分布有较厚的黄土物质。

3) 准噶尔盆地

准噶尔盆地地貌区分为阿尔泰山南麓平原、古尔班通古特沙漠和天山北麓平原三个地貌亚区。

盆地北部的阿尔泰山南麓平原，风蚀作用显著，形成大片风蚀洼地，局部地区有沙丘分布，以额尔齐斯河与乌伦古河冲积平原及三角洲平原为主。额尔齐斯河下游冲积平原区水量丰富，广泛分布河漫滩和低阶地，还有较大的冲积、洪积扇形地貌。额尔齐斯河与乌伦古河中游的冲积平原地势自东向西倾斜，地势起伏较小，间或分布着沙丘地貌。卡拉麦里山西北麓的古三角洲分布有砾石，为砾漠景观，并有少量沙丘、沙带分布。

盆地中部的古尔班通古特沙漠，是在冲积平原的基础上受风成作用影响而成，以风蚀风积作用为主，主要分布有南北向的沙垄。沙丘的动态特征是固定、半固定性质，有较多的优良牧草。

盆地南部的天山北麓平原，水系分布较多，以侵蚀、堆积作用为主，发育了很宽的冲积-洪积平原及冲积洪积扇群，是新疆重要的经济发展区。在冲洪积扇平原上还有少量黄土沉积物分布。

4) 天山山地与山间盆地

天山山地地貌区分为北天山、中天山、南天山、东天山、吐哈盆地和嘎顺戈壁六个地貌亚区。

北天山，垂直分层地貌结构显著，前山带地貌清晰(Cheng et al.，2002；2006)，冰川作用、流水侵蚀和干燥剥蚀作用强烈。北天山位于温带荒漠带内，高山地区可以接受较多西来的水汽,比较湿润,但处于雨影区的山坡和谷地则相对干燥。自南向北地质构造反映出四级主要的垂直地貌类型带:极高山区现代冰川作用、雪蚀泥流作用为主;高山区古冰川作用为主、冰缘地貌发育;中山区流水侵蚀作用强烈;低山区干燥剥蚀作用为主。

中天山,现代冰川作用相对较弱,分布有许多山间盆地,机械剥蚀作用强烈,坡向在地貌形成过程中起了显著作用(中国科学院新疆综合考察队等,1978)。中天山山系狭窄,山势较低,山地侵蚀、堆积特点明显。山间盆地较多,如伊犁盆地、尤尔都斯盆地等。

南天山,整体上环绕塔里木盆地呈向西北突起的弧形山脉,山势走向为西南-东北、西-东方向,海拔高度巨大;古今冰川作用非常强烈,古冰川可达山麓、中低山;由于处于雨影区,干燥剥蚀作用比北天山和中天山还要强烈。受塔克拉玛干沙漠的干热空气影响,南天山南坡的雪线高度要比其他天山山系高,而且还会随着坡向的不同而变化。山前还分布有多列褶皱前山带和山间盆地,大都处于荒漠范围内,植被稀少。

东天山,是天山最东部的狭窄山系,南北山麓分布着巨大的洪积扇平原。除博格达山海拔较高,接受了较多水汽有积雪冰川分布外,其余地方山势降低,分布有低山丘陵和山间盆地,山坡上机械风化作用比天山其他地区都要强烈,最东部还出现了荒漠戈壁景观。

吐哈盆地,为四周环山的封闭盆地,为洪积扇和淤积平原组成的山间盆地。整个地势北高南低,干燥、风蚀、风积作用强烈,风沙地貌、干燥洪积、剥蚀平原地貌分布广泛,属于荒漠戈壁景观。

嘎顺戈壁,干燥剥蚀作用占优势,在长期剥蚀作用下形成准平原式的高原,山地特征不再明显。嘎顺戈壁最重要的地貌特征就是干燥剥蚀,地貌类型比较单调。

5)塔里木盆地

塔里木盆地地貌区分为天山南麓平原、昆仑山北麓平原、阿尔金山北麓平原和塔克拉玛干沙漠四个地貌亚区。

天山南麓平原,是承受河流从天山上搬运下来的沉积物而形成的山麓倾斜平原,南部以塔里木河南岸为界。由多条大河冲积形成的冲积、冲积扇平原和冲积洪积平原,以冰水沉积物和泥石流为主,形成了一些较大的三角洲平原,如阿克苏三角洲、喀什三角洲、库尔勒三角洲等,成为南疆绿洲农业发展的重要地区。塔里木河形成的冲积平原内间或分布有零星沙丘地貌。

昆仑山北麓平原,以流水冲积、堆积和干燥剥蚀作用为主,由许多洪积扇联合形成的砾漠平原和几大河流形成的冲积平原组成,如:英吉莎山麓洪积、冲积平原,叶尔羌河冲积平原,和田河冲积平原以及克里雅河冲积平原等。从西到东水分越来越少,特别是到若羌地区气候干燥,流水冲积作用减弱,间杂有砾漠平原,而且在扇缘带盐碱化程度较高。

阿尔金山北麓平原,气候干燥,主要是洪积和风积作用交错影响的冲积洪积扇平原,包括塔里木河下游冲积平原、阿尔金山山前冲洪积砾漠平原和罗布泊洼地。

塔克拉玛干沙漠,沙丘具有流动、复合流动动态特征,接近河流的地方偶尔零星分布有半固定沙丘。沙漠中大部分沙丘形态都比较高大,形成部分沙山地貌。

6) 昆仑山与阿尔金山山地

昆仑山与阿尔金山地分为西昆仑、中昆仑、东昆仑和阿尔金山四个地貌亚区。

西昆仑山，海拔较高，山势陡峭，冰川、冰缘地貌发育，风化和剥蚀作用剧烈，流水切割作用强烈，受断裂构造影响，形成较大的断裂纵谷和前山褶皱带。为保证地貌区划等级之间的相对一致性和分级体系的完整性，新疆境内的面积较小的帕米尔高原、喀喇昆仑山都划分在本区内。水系发育受地质构造的控制，河谷类型基本上可以分为纵向和横向两种。

中昆仑山，冰缘地貌发育，积雪面积不大，南部广泛分布着低山、丘陵，散布着许多面积较小的湖泊。中昆仑山随着海拔高度从西向东逐渐降低，山体宽度也逐渐变小。

东昆仑山，发育有许多小冰斗，寒冻风化作用剧烈，保留有古冰川地貌遗迹。局部地区地面起伏较小，分布有较大湖盆。

阿尔金山，气候干旱，河流切割强烈，北坡陡峻，干燥剥蚀作用强烈，北坡的洪积扇为广大的库姆塔格沙漠覆盖。

3. 地貌小区

地貌小区是区域相对完整的基本地貌单元的体现，特别是具有相对一致的发育机制和演化特征。在一、二级区划的基础上，进一步分区得到 195 个三级地貌区，即地貌小区。三级地貌区主要表现小型地貌单元，小型地貌单元主要以地貌形态和地势起伏基本相同、地貌类型比较单一、地貌成因和地质构造在地形外貌上有显著差异为标志。依据地势海拔(高山、中山、低山丘陵)，坡度(平原和山地)，形态(谷地、盆地等)，主营力作用方式(冲积、洪积、湖积等)，构造(褶皱、前山带)，区域(河流谷地，山峰)以及地表物质组成等因素，在二级地貌分区基础上划分出三级地貌区。其中，高山的划分主要是依据冰缘线来定的，冰缘线以上的为高山区，冰缘线以下的为中山。阿尔泰山、天山和昆仑山各自的冰缘线海拔不同，所以高山的起算海拔也不同。由于篇幅有限，三级地貌小区单元在此不做进一步说明。

6.4 地貌区划图设计与结果分析

1. 地貌区划图设计

在设计地貌区划图时，借鉴了其他区划图的设计制作经验，结合新疆地貌区划所要表达的中心思想和意图，再用颜色、色调、线型、编码多元素综合表现得方法进行地貌区划图设计。不同区域颜色的设计考虑了地貌形成的成因类型和地表覆被状况，力求能形象生动地反映出新疆地貌的空间格局特征和规律。

利用颜色反映新疆山盆地貌结构，用色调反映盆地内绿洲-荒漠圈层结构，用线型表达不同地貌区域范围。线型可以清楚地表示不同分区的区划界线，而且还能表达区划等级之间的关系；颜色能提高图面的视觉效果，可以根据制图目的把想要强调的内容突出表达出来；编码可以表示每个小区的属性，用编码代替文字属性，可以提高专题图的可读性。新疆三级地貌区划名称与编码方式见表 6.2。

图 6.4 是新疆地貌区划图，受图幅限制，只显示到二级区划。

表 6.2 新疆三级地貌区划名称与编码

一级区	二级亚区	三级小区
阿尔泰山和北塔山 I	阿尔泰山 I1	1 阿尔泰山高山_I1^1；2 阿尔泰山中山_I1^2；3 阿尔泰山西部低山丘陵_I1^3；4 阿尔泰山西段山间平原_I1^4；5 阿尔泰山东部低山丘陵_I1^5
	北塔山 I2	1 北塔山_I2^1；2 大哈甫提克山与呼洪得雷山_I2^2
	卡拉麦里 I3	1 卡拉麦里剥蚀高原_I3^1；2 卡拉麦里山_I3^2；3 卡拉麦里山西南麓冲积洪积平原_I3^3；4 北塔山南麓山前冲积洪积平原_I3^4；5 北塔山南麓盐湖平原_I3^5
	诺敏戈壁 I4	1 大哈甫提克山-呼洪得雷山南麓山前冲积洪积平原_I4^1；2 沙玛尔套山东北麓冲积洪积平原_I4^2；3 淖毛湖戈壁_I4^3
准噶尔西部山地 II	北部山地及平原 II1	1 额尔齐斯河下游南岸沙丘_II1^1；2 吉木乃低山纵谷_II1^2；3 和布克谷地_II1^3；4 齐吾尔喀叶尔山山前丘陵_II1^4；5 萨乌尔山-齐吾尔喀叶尔山_II1^5；6 巴哈台断块山地_II1^6
	南部山地及平原 II2	1 塔城盆地_II2^1；2 托里谷地_II2^2；3 巴尔鲁克山-玛依勒山_II2^3
准噶尔盆地 III	阿尔泰山南麓平原III1	1 阿尔泰山南麓沙丘_III1^1；2 额尔齐斯河冲积平原_III1^2；3 乌伦古湖湖盆_III1^3；4 额尔齐斯河与乌伦古河间古老冲积平原_III1^4；5 额尔齐斯河与乌伦古河间剥蚀平原_III1^5；6 乌伦古河下游三角洲平原_III1^6；7 乌伦古河平原_III1^7；8 齐吾尔喀叶尔山东部山前冲积洪积平原_III1^8；9 乌伦古河南岸古老冲积平原_III1^9；10 卡拉麦里山西北麓古三角洲_III1^{10}；11 和夏大渠冲积平原_III1^{11}；12 齐吾尔喀叶尔山西部山前冲积洪积平原_III1^{12}；13 乌伦禾特殊地貌_III1^{13}；14 白杨河冲积平原_III1^{14}
	古尔班通古特沙漠III2	1 古尔班通古特北部沙漠_III2^1；2 古尔班通古特西部沙漠_III2^2；3 古尔班通古特中部沙漠_III2^3；4 古尔班通古特东部沙漠_III2^4
	天山北麓平原III3	1 玛纳斯湖盆和夏孜盖盐池_III3^1；2 玛依勒山山前冲积洪积平原_III3^2；3 艾比湖盆_III3^3；4 精河-阿恰勒河-博尔塔拉谷地_III3^4；5 奎屯河下游南岸沙漠_III3^5；6 精河-乌苏山前平原_III3^6；7 北天山北麓冲积洪积扇平原_III3^7；8 奎屯河中上游冲积平原_III3^8；9 玛纳斯-奎屯河河间沙漠_III3^9；10 奎屯-沙湾山前平原_III3^{10}；11 玛纳斯冲积平原_III3^{11}；12 呼图壁河-头屯河冲积平原_III3^{12}；13 阜康-木垒山前平原_III3^{13}；14 乌鲁木齐山间平原_III3^{14}
天山山地 IV	北天山IV1	1 阿拉套山低山丘陵_IV1^1；2 阿拉套山中山_IV1^2；3 阿拉套山高山_IV1^3；4 博尔塔拉河谷地_IV1^4；5 别珍套山中山_IV1^5；6 别珍套山高山_IV1^6；7 博罗科努山高山_IV1^7；8 博罗科努山中山_IV1^8；9 博罗科努山低山丘陵_IV1^9；10 赛里木湖盆_IV1^{10}；11 库松木切克山_IV1^{11}；12 库松木切克山谷地_IV1^{12}；13 科古琴山高山_IV1^{13}；14 科古琴山中山_IV1^{14}；15 科古琴山低山丘陵_IV1^{15}；16 依连哈比尕山低山丘陵_IV1^{16}；17 北天山北麓前山带_IV1^{17}；18 依连哈比尕山中山_IV1^{18}；19 依连哈比尕山高山_IV1^{19}
	中天山IV2	1 婆罗科努山南坡冲积洪积平原_IV2^1；2 伊犁河北岸沙丘_IV2^2；3 伊犁河谷地_IV2^3；4 乌孙山北坡冲积洪积平原_IV2^4；5 乌孙山_IV2^5；6 昭苏-特克斯盆地_IV2^6；7 喀什河谷地_IV2^7；8 阿吾拉勒山-阿布拉勒山_IV2^8；9 巩乃斯河谷地_IV2^9；10 那拉提山低山丘陵_IV2^{10}；11 那拉提山中山_IV2^{11}；12 那拉提山高山_IV2^{12}；13 尤路都斯盆地_IV2^{13}；14 包尔图乌拉山_IV2^{14}；15 额尔宾山_IV2^{15}；16 阿拉沟山_IV2^{16}；17 焉耆盆地_IV2^{17}；18 博斯腾湖盆_IV2^{18}；19 哈尔乌拉山_IV2^{19}；20 哈毕尔恩乌拉山_IV2^{20}；21 库米什盆地和山间谷地_IV2^{21}

续表

一级区	二级亚区	三级小区
天山山地 IV	南天山 IV3	1 库鲁克塔格山低山丘陵_IV3^1；2 库鲁克塔格山间平原_IV3^2；3 库鲁克塔格中山_IV3^3；4 科克铁克山-霍拉山中山_IV3^4；5 科克铁克山-霍拉山高山_IV3^5；6 科克铁克山和霍拉山北坡低山丘陵_IV3^6；7 哈尔克他乌低山丘陵_IV3^7；8 哈尔克他乌山中山_IV3^8；9 哈尔克他乌山高山_IV3^9；10 南天山中段南坡前山带_IV3^{10}；11 拜城盆地_IV3^{11}；12 南天山西段高山_IV3^{12}；13 南天山西段中山_IV3^{13}；14 乌什谷地_IV3^{14}；15 南天山西段低山丘陵_IV3^{15}；16 南天山西段山前冲积洪积平原_IV3^{16}；17 南天山西段柯坪山脉与山间盆地_IV3^{17}；18 哈拉峻盆地_IV3^{18}；19 南天山西段乌恰高平原_IV3^{19}；20 乌恰-阿图什年轻短轴褶皱山脉_IV3^{20}
	东天山 IV4	1 博格达山_IV4^1；2 东盐池盆地(七角井镇)_IV4^2；3 沙玛尔套山地_IV4^3；4 莫钦乌拉山东北麓冲积洪积平原_IV4^4；5 莫钦乌拉山_IV4^5；6 巴里坤盆地_IV4^6；7 巴里坤山-喀尔力克山_IV4^7；8 伊吾盆地_IV4^8；9 莫钦乌拉山山前丘陵_IV4^9；10 巴里坤山-喀尔力克山北麓冲积洪积平原_IV4^{10}；11 巴里坤山-喀尔力克山山前丘陵_IV4^{11}
	吐哈盆地 IV5	1 博格达山南麓冲积洪积平原_IV5^1；2 吐鲁番-托克逊山前丘陵_IV5^2；3 吐鲁番-鄯善山前丘陵_IV5^3；4 吐鲁番盆地_IV5^4；5 鄯善沙漠_IV5^5；6 十三间房戈壁_IV5^6；7 巴里坤山-喀尔力克山南麓冲积洪积平原_IV5^7；8 哈密盆地_IV5^8
	嘎顺戈壁 IV6	1 觉罗塔格山残余基底台原_IV6^1；2 南湖戈壁_IV6^2；3 嘎顺戈壁东部平原_IV6^3；4 嘎顺戈壁东部_IV6^4；5 嘎顺戈壁西部_IV6^5；6 北山山地北坡山前平原_IV6^6；7 北山山地戈壁_IV6^7
塔里木盆地 V	天山南麓平原 V1	1 南天山中段南坡冲积洪积扇平原_V1^1；2 南天山西段山前冲积洪积平原_V1^2；3 阿克苏河冲积平原_V1^3；4 阿克苏河-渭干河间沙丘_V1^4；5 渭干河三角洲_V1^5；6 库尔勒-轮台山前平原_V1^6；7 塔里木河北岸沙丘_V1^7；8 塔里木河中上游冲积平原_V1^8；9 塔里木河中上游古河道_V1^9；10 库鲁克塔格山南坡冲积洪积平原_V1^{10}；11 孔雀河下游冲积平原_V1^{11}；12 喀什三角洲_V1^{12}；13 科克铁克提沙漠及其周围砂质平原_V1^{13}
	昆仑山北麓平原 V2	1 叶尔羌河中下游冲积平原_V2^1；2 英吉莎山麓平原_V2^2；3 西昆仑山前平原_V2^3；4 和田河冲积平原_V2^4；5 克里雅河冲积平原_V2^5；6 中昆仑山山前平原_V2^6；7 车尔臣河冲积平原与台特玛湖_V2^7；8 民丰-且末山前平原戈壁沙漠_V2^8
	阿尔金山北麓平原 V3	1 塔里木河下游冲积平原_V3^1；2 库鲁克库姆沙漠(孔雀河下游)_V3^2；3 罗布泊湖盆_V3^3；4 北山山地南坡山前平原_V3^4；5 阿尔金山山前平原_V3^5；6 库姆塔格沙漠_V3^6；7 金雁山_V3^7
	塔克拉玛干沙漠 V4	1 塔克拉玛干沙漠西部_V4^1；2 塔克拉玛干沙漠中部_V4^2；3 塔克拉玛干沙漠东部_V4^3
昆仑山和阿尔金山 VI	西昆仑 VI1	1 西昆仑中山_VI1^1；2 西昆仑高山_VI1^2；3 木吉盆地(木吉河与喀拉足克沟交汇处)_VI1^3；4 萨雷阔勒岭_VI1^4；5 木吉河-塔什库尔干河谷地_VI1^5；6 帕米尔高原_VI1^6；7 喀喇昆仑山_VI1^7；8 西昆仑山南部山原_VI1^8
	中昆仑 VI2	1 中昆仑中山_VI2^1；2 中昆仑高山_VI2^2；3 中昆仑山南部山原_VI2^3
	东昆仑 VI3	1 阿里雅力克河谷地_VI3^1；2 古尔嘎赫德河谷地_VI3^2；3 东昆仑山高山_VI3^3；4 阿特阿特坎河谷地_VI3^4；5 阿雅格库勒湖-阿其克库勒湖盆_VI3^5；6 库木库勒沙漠_VI3^6；7 东昆仑山南部山原_VI3^7；8 鲸鱼湖盆_VI3^8
	阿尔金山 VI4	1 阿尔金山中山_VI4^1；2 阿尔金山高山_VI4^2；3 阿尔金山山间盆地_VI4^3

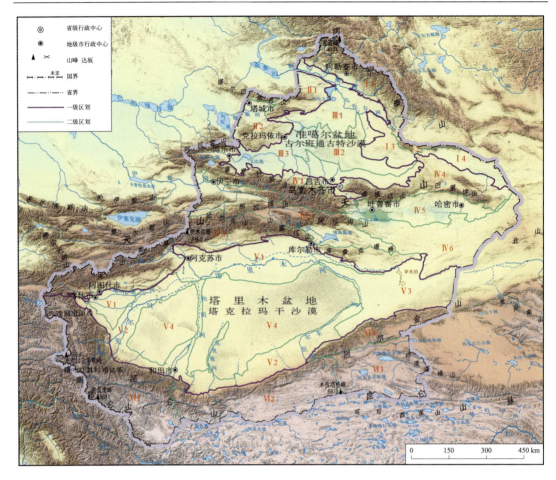

图 6.4 新疆地貌区划示意图
注：地貌区划代号见表 6.2

2. 结果分析

1) 区划等级与地貌分区的对比分析

《中国地貌区划》和《新疆地貌》中的地貌区划研究，以及其他前辈对地貌区划的研究，为本研究制定地貌区划的原则、指标和等级系统等，提供了科学的支持。比较本研究与《中国地貌区划》和《新疆地貌》中的地貌分区，三者在区划等级和区划界线上有差异，在此略作讨论。此外，通过本研究可知，地貌区划虽然是依据地貌类型数据而来的，但两者之间还是有差别的。

对比分析《中国地貌区划》(见表 6.3)中有关新疆地区的地貌区划体系和《新疆地貌》(见表 6.4)中的地貌区划体系，以及本研究提出的新疆地貌区划体系(见表 6.2)，可知，对于二级和三级地貌区，三者的差异比较大，《中国地貌区划》中有些地貌区如哈密-吐鲁番盆地和北天山东段被归为三级地貌区中，本研究将这两个地貌区归为二级区划中。依据本研究区划对象和原则，吐哈盆地和东段北天山还包括较多的地貌类型，且各类型

表 6.3 《中国地貌区划》中新疆地区的地貌区划体系

一级区划	二级区划	三级区划
阿尔泰山地		
准噶尔平原与山地	准噶尔盆地	乌伦古-额尔齐斯具有沙丘的冲积平原；准噶尔中部干燥剥蚀高平原；准噶尔南部平原
	东准噶尔高原与盆地	
	西准噶尔边界山地	
	塔城平原	
天山山地	北天山山地	西段北天山；东段北天山
	中天山山地与山间平原	伊犁河洪积冲积平原；天山内带山地与山间盆地；哈密-吐鲁番盆地
	南天山山地	
塔里木-阿拉善平原	塔里木盆地	塔克拉玛干沙丘平原；昆仑山山前沙丘分布的冲积洪积平原；喀什噶尔冲积洪积平原；天山山前洪积平原；罗布泊风蚀湖积平原；柯坪拜城干燥剥蚀山地与山间平原
	北山残山	新疆北山
祁连山与阿尔金山	阿尔金山山地	
青藏山原昆仑山与横断山系	西昆仑与喀喇昆仑高山	昆仑冰蚀高山；喀喇昆仑冰蚀高山
	东昆仑山原	西部东昆仑山原；库木库里洪积湖积盆地

表 6.4 《新疆地貌》中的地貌区划体系

一级区划	二级区划	三级区划
阿尔泰山和北塔山	阿尔泰山及山前丘陵	阿尔泰山山地；阿尔泰山山前丘陵
	北塔山-诺敏戈壁盆地	北塔山及以东断块山地；卡拉美里剥蚀高原；诺敏戈壁盆地
准噶尔西部山地	北部中高山区	萨乌尔山；吉木乃-卡森库梅尔套低山和纵谷；和布克谷地和沙尔布提高平原；塔尔巴哈台断块山地
	南部中低级平坦高原及盆地	塔城山间盆地；巴布雷克-乌尔嘎萨尔断块山地
准噶尔盆地	北部平原	额尔齐斯下游冲积平原；额尔齐斯河与乌伦古中游古老冲积平原；卡拉美里山西北蒙古三角洲；阔布北-阿克库姆；乌伦古河南岸的古老冲积平原；乌伦古河下游三角洲与乌伦古湖盆；德仑山-穆库尔台丘陵及平原
	天山北麓山前平原	精河-乌苏山前平原及艾比湖盆；玛纳斯新生代褶皱前山及纵谷；玛纳斯-呼图壁山前平原；玛纳斯河下游及其尾闾湖相平原；奇台-木垒山前平原；古尔班通古特沙漠
天山山地及天山山间盆地	北天山	阿拉套山及山间谷底；博罗霍洛山；伊林哈比尔尕山
	中天山及其山间盆地	巩吉斯纵向山间谷地；伊犁山间盆地；恰普恰拉山-伊什基里克山；昭苏-特克斯山间盆地；毕依克山-那拉特山；尤尔都斯盆地；萨阿尔明山-波尔托乌拉
	南天山	阿莱山与苏鲁特里克山；图鲁加尔特-玛依丹塔格；柯克沙尔山；汗腾格里-哈雷克套山；阔克贴克套-博罗霍坦山
	南天山前山山脉及山间盆地	乌什山间谷地；卡拉铁克套；乌恰-阿图什年轻短轴褶皱山脉；柯坪前山山脉及山间盆地；秋里塔格及拜城盆地
	东天山	博格多山；沙马尔套山地；巴里坤台原；喀尔里克山

续表

一级区划	二级区划	三级区划
天山山地及天山山间盆地	吐鲁番-哈密盆地	吐鲁番盆地；十三间房-南湖戈壁；哈密盆地
	噶顺戈壁	库鲁克塔格；焉耆山间盆地；库米什山间盆地和克孜勒塔格；觉罗塔格残余基底台原；噶顺戈壁；北山山地
塔里木盆地	西昆仑山麓叶尔羌-英吉莎冲积平原和洪积平原	喀什三角洲；托克拉克库姆和布古里库姆砂质平原；英吉莎山麓平原；叶尔羌河中游冲积平原；叶尔羌河下游冲积平原
	天山南麓平原	阿克苏三角洲；渭干河-库车三角洲；库尔勒三角洲；塔里木河冲积平原
	昆仑山-阿尔金山北麓平原	叶城-和田倾斜平原；和田-于田山麓倾斜平原；且末-若羌山麓倾斜平原；库姆塔格（阿尔金山北麓）；车尔臣河谷平原
	塔克拉玛干沙漠	塔克拉玛干西部；塔克拉玛干中部；塔克拉玛干东部
	塔里木河-孔雀河三角洲及罗布泊洼地	孔雀河下游平原；塔里木河下游平原；库鲁克库姆；罗布泊湖盆与台特玛湖平原
昆仑山山地	帕米尔高原	
	昆仑山	西昆仑山；中昆仑山；东昆仑山
	阿尔金山	
	喀喇昆仑山	
	昆仑山南部山原	昆仑山南部山原；库木库里盆地

之间有较为明显的差异，所以将两者划为二级地貌区，以便进一步划分出三级地貌区。《新疆地貌》中，有些地貌区被划分到三级区中，如诺敏戈壁、卡拉麦里、古尔班通古特沙漠，本研究同样根据地貌成因将它们与其他地貌单元划分开来，归为二级地貌区。《新疆地貌》中，帕米尔高原、喀喇昆仑分为二级地貌区，本研究中将它们划分到三级地貌区中，以保证三级地貌区划单元没有空缺和满足整体区划的一致性。

2) 区划界线的对比分析

众所周知，地貌类型的划分是地貌区划的基础条件，从某种意义上来讲，地貌区划就是地貌类型的组合。因此，地貌区划的粗细是由地貌类型划分的粗细所决定的，区划界线也是由地貌类型的界线确定的。几乎所有的地貌区划都是以地貌类型数据为基础的，只是比例尺不同，《中国地貌区划》以 1 : 400 万地貌图为基础，《新疆地貌》以 1 : 150 万地貌类型图为基础，而本研究中是以 1 : 100 万地貌类型图为基础（中国科学院自然区划工作委员会，1959；中国科学院新疆综合考察队，1978）。

由于资料不足，《中国地貌区划》的地貌图有部分界线是根据地形图和地质图推测的，《新疆地貌》的地貌图是依据多年实地考察编制的，而本研究中的地貌类型图主要是利用高精度、高分辨率的 DEM 和 TM 数据，以及 1 : 50 万的地质数据，借助功能强大的地理信息系统软件 ArcGIS 来完成的。野外考察所不能到达的地方也能进行精确定位和准确分析，这些数据和技术为新疆地貌区划的定位、定性和定量化表示奠定了基础。因此，本研究中的新疆地貌区划边界线的定位精度和科学性高于前人的研究成果。《新疆地貌》中的地貌分区界线明显与实际地貌有偏差（图 6.5），相比较而言，本研究中的地貌分区界线与实际地形吻合较好。

新疆三级地貌小区的界线是由地貌类型数据中最小图斑的界线合并而成，增强了区划界线的客观性和科学性，提高了地貌分区数据的精度。地貌区划分区边界就是地貌类型的边界，故其定位精度与地貌类型数据的精度相一致，而新地貌类型数据是由遥感影像等多源数据综合解析得到的，所以从根本上保证了地貌数据的准确性。以此类推，地貌区划中每一级地貌区的界线同样具有很强的客观性和科学性，从而为地貌区划界线的精确定位提供了有力保障。

(a)《新疆地貌》中的地貌分区边界示意图　　　　(b) 本研究中地貌分区边界示意图

图 6.5　地貌区划边界对比

3) 区划方法的对比分析

传统的地貌区划方法，是先根据搜集到的资料编制地貌类型数据图，再依据地貌类型数据，结合地貌区划原则，直接进行地貌类型图斑合并来得到地貌区划。本研究采用地理格网模型，运用系统聚类的分析方法，实现地貌分区的自动化，从而提高了工作效率。

本研究采用地理格网分析技术，对新的地貌分区进行定位、定性与定量化研究。针对地理格网的地貌区划，采用自下而上的合并法、自上而下的顺序划分法和聚类分析方法，按地貌类型进行合并，将合并结果嵌入到新疆地貌区划的 6 个大区中，用大区的地貌形态，山脉或区域地名对其命名。根据分区原则、指标和方法构建地理格网模型，借助计算机实现智能化地貌区划。新疆地貌类型数据中，若靠人工进行图斑类型合并，不但费时还容易出错。用本研究中的地貌区划方法，建立相应的地貌区划模型，只需几个小时就可以计算出新的地貌区划数据，大大提高了工作效率。

4) 区划成图与数据库

传统的地貌区划图制作，都是仅利用线型和分区编码来进行设计，在本研究中采用了颜色、色调、线型、编码共同表示不同地貌分区，不仅能清楚地反映各个地貌区域，还能形象生动地反映出不同区域之间的相互关系，体现出地貌区划的等级体系，一目了然地展现出大地貌单元的空间分布格局。

第三篇　新疆地貌格局与效应研究

第7章 新疆山地地貌格局及特征分析

新疆的各个山地处于不同的水平自然地理地带，阿尔泰山属于温带半荒漠地带，北天山属于温带荒漠地带，南天山和昆仑山属于暖温带荒漠地带。在不同的自然地带，影响地貌形成的各种外营力组成各不相同。地形的垂直结构也因山地所处的水平地带位置不同而存在较大差异。据表7.1，在所有山地地貌中，天山山系在新疆分布范围最广，其次是昆仑山地区。

表 7.1 新疆山地地貌面积及分布特征

分区	阿尔泰山地区	准噶尔西部山地区	天山地区	昆仑山地区	合计
面积/10^4 km^2	9.278	5.424	48.084	32.922	95.708
占总面积百分比/%	5.656	3.307	29.314	20.070	58.347

新疆地区的地貌单元边界大致与主要构造线吻合，轮廓清晰，并且具有一定的几何形态，呈北西或东西走向。东西走向的天山和北西走向的阿尔泰山，在差异性抬升过程中形成明显的梯级断裂。天山的褶皱-断裂作用相当强烈，其本身由一系列高大的褶皱-断块山地和下沉幅度较大的山间断陷盆地或断裂谷地组成。北西西走向的昆仑山和北东东走向的阿尔金山，属于新构造运动大幅度隆升的青藏高原。

7.1 新疆山地地貌格局及分布特征

1. 阿尔泰山与北塔山地区地貌格局

阿尔泰山地区主要包含阿尔泰山、北塔山、诺敏戈壁和卡拉麦里四个部分，见图7.1(a)。本区整体地势从西北向东南降低，面积约 9.278×10^4 km^2，约占全疆总面积的5.656%。

1) 海拔分布特征

本区海拔高度在284～4 316 m之间，最高峰是友谊峰。其中，1 000 m以下为低海拔地貌，1 000～2 500 m左右为中海拔地貌，2 500 m以上为高海拔地貌，本地区没有极高海拔分布。根据表7.2和图7.1(b)，低海拔面积约 3.853×10^4 km^2，占阿尔泰山地区总面积的41.529%，以卡拉麦里山为界，从阿尔泰山西段到卡拉麦里山，低海拔呈片状断续分布，从卡拉麦里山至东部诺敏戈壁，呈条带状连续分布。中海拔面积约 4.047×10^4 km^2，占本区面积的43.619%，自西北向东南，呈条带状连续分布。高海拔面积约 1.378×10^4 km^2，占本区面积的14.852%，自西北向东南，呈条带状连续分布。也就是说，根据海拔高度，阿尔泰山的垂直带大致分为三级：高山地带、中山地带、低山丘陵带。其余三个部分的垂直带不全：北塔山为中山带；诺敏戈壁为低海拔区；卡拉麦里包括中海拔和低海拔。

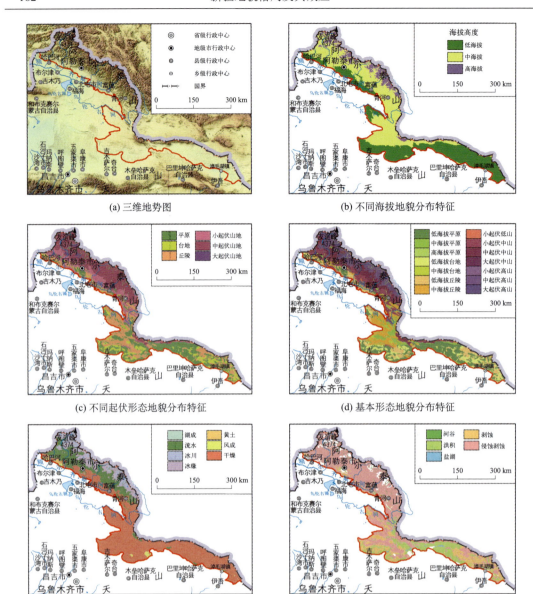

图 7.1 阿尔泰山地区地势与地貌类型空间分布特征

表 7.2 阿尔泰山地区不同海拔地貌面积及分布特征

海拔	低海拔	中海拔	高海拔
面积/10^4 km^2	3.853	4.047	1.378
占本区面积百分比/%	41.529	43.619	14.852

2) 地势起伏特征分布

按照切割深度和起伏度的划分等级，本区包括平原、台地、丘陵、小起伏山地、中起伏山地、大起伏山地 6 种地貌类型。其中平原地貌面积最大，为 $2.660 \times 10^4 \mathrm{km}^2$；其次是中起伏山地和丘陵地貌，面积分别是 $2.394 \times 10^4 \mathrm{km}^2$ 和 $2.109 \times 10^4 \mathrm{km}^2$（表 7.3）。

表 7.3 阿尔泰山地区不同起伏地貌统计表

地势起伏类型	平原	台地	丘陵	小起伏山地	中起伏山地	大起伏山地
面积/$10^4 \mathrm{km}^2$	2.660	0.801	2.109	1.195	2.394	0.119

据图 7.1(c)，平原-丘陵-中起伏山地-小起伏山地-台地-大起伏山地面积依次减小。平原主要分布在卡拉麦里和诺敏戈壁，河谷中也有分布；台地与平原交错零星分布；丘陵分布较均匀，从西北至东南呈条带状分布；小起伏山地主要分布在阿尔泰山，自西北向东南呈狭条状分布；中起伏山地覆盖了阿尔泰山大部分和整个北塔山，呈片状分布；大起伏山地只见于阿尔泰山西段，呈零星岛状分布。

3) 基本形态类型分布特征

阿尔泰山地区包括 14 种基本形态类型，分别是低海拔平原-中起伏高山-低海拔丘陵-中起伏中山-小起伏中山-中海拔丘陵-中海拔平原-低海拔台地-小起伏低山-中海拔台地-大起伏高山-大起伏中山-小起伏高山-高海拔平原，面积依次减少（表 7.4）。

由图 7.1(d)得知，低海拔平原主要分布在卡拉麦里、诺敏戈壁地区，呈片状分布；中起伏高山主要分布在阿尔泰山，沿着西北-东南走向呈带状分布；小起伏中山主要分布在阿尔泰山，呈狭条状分布；中起伏中山，从阿尔泰山到北塔山呈条带状分布。各基本形态类型整体上都随着山体走向，连续或零散分布。

表 7.4 阿尔泰山地区基本形态类型统计表

代码	基本形态类型	面积/$10^4 \mathrm{km}^2$	代码	基本形态类型	面积/$10^4 \mathrm{km}^2$
11	低海拔平原	1.905	41	小起伏低山	0.097
12	中海拔平原	0.735	51	小起伏中山	1.069
13	高海拔平原	0.020	52	中起伏中山	1.137
21	低海拔台地	0.705	53	大起伏中山	0.047
22	中海拔台地	0.096	61	小起伏高山	0.029
31	低海拔丘陵	1.146	62	中起伏高山	1.257
32	中海拔丘陵	0.963	63	大起伏高山	0.072

4) 成因类型分布特征

阿尔泰山地区的地貌成因类型包括冰川、冰缘、流水、干燥、黄土、湖成、风成七种地貌，各成因类型的统计信息见表 7.5。本区干燥作用的地貌所占面积最多，为 $5.839×10^4 km^2$，其次是流水地貌，面积为 $1.875×10^4 km^2$。冰川、冰缘作用对本区的影响范围较为相似；黄土、湖成和风力作用的影响较小。

表7.5 阿尔泰山地区成因类型统计表

基本成因类型	冰川地貌	冰缘地貌	流水地貌	干燥地貌	黄土地貌	湖成地貌	风成地貌
面积/$10^4 km^2$	0.672	0.707	1.875	5.839	0.084	0.011	0.090

图 7.1(e)中，除了阿尔泰山地貌成因类型较丰富外，其他三个部分的地貌成因类型基本上都以干燥为主。阿尔泰山从高海拔到低海拔，形成明显的冰川、冰缘、流水、干燥等垂直地貌带。在阿尔泰山西段，流水地貌的上界和下界分别是高海拔和中海拔的下界，也就是说，多年冻土下界是流水地貌和冰缘地貌的分界线，也是中、高海拔的分界线；干燥地貌和流水地貌的分界线是中、低海拔的分界线。但在阿尔泰山的中、东段，流水地貌的下界比中海拔界线高。

阿尔泰山地区成因地貌类型中，流水地貌和干燥地貌从西北至东南呈带状连续分布，冰川、冰缘地貌呈片状交错分布，其余成因类型基本上为岛状零星分布。阿尔泰山地区从西北到东南逐渐干旱，流水地貌带的下界上移，干燥地貌带的上界随之上移。这与该区的植被分布相吻合，在阿尔泰山中部到东部，森林带、草原带、荒漠带所处的海拔都比西部高。森林带和草原带的萎缩或缺失，伴随着荒漠化的扩大。

5) 基于成因类型的主营力作用方式、形态类型分布特征

阿尔泰山区不同成因类型所包含的主营力作用方式分布特征见表 7.6。其中，湖成地貌包含的主营力作用方式最少，只有湖积地貌一种，主要分布在喀纳斯湖、阿勒泰市东南部以及富蕴县西北部，顺着湖泊形状零星分布。流水地貌中，包括侵蚀剥蚀-冲积洪积-河谷-冲积 4 种主营力作用方式，面积依次减少；侵蚀剥蚀类型顺着西北-东南走向呈不规则带状分布；河谷类型顺山间谷地，大多顺着由北向南从高到低台地方向延伸；其余两种类型分布面积小且无明显规律可循。冰川地貌包括冰缘-侵蚀剥蚀-河谷-冰碛 4 种主营力作用方式，面积依次减少；冰缘和侵蚀剥蚀类型都顺着西北-东南走向呈不规则几何形状分布。冰缘地貌中，湖沼-河谷-侵蚀剥蚀 3 种主营力作用方式面积依次增加；侵蚀剥蚀类型的面积远远大于其余类型，顺着山体走向呈不规则带状分布。

黄土地貌包括风积洪积-侵蚀堆积-侵蚀剥蚀 3 种主营力作用方式，面积依次减少；都集中分布在哈巴河县的北部地区，侵蚀堆积呈不规则形状，分布于哈巴河县西北部；风积洪积类型主要分布在哈巴河县东北部，呈不规则菱形分布。

风成地貌中，风积类型面积远大于风蚀类型；主要呈不规则形状分布。分布范围较小。干燥地貌包括侵蚀剥蚀-洪积-剥蚀-盐湖-旱谷 5 种主营力作用方式，面积依次减少；侵蚀剥蚀、剥蚀和洪积地貌相互交错呈不规则的条带状分布[图 7.1(f)]，侵蚀剥蚀和剥蚀类型分布范围较广，洪积类型集中分布在诺敏戈壁附近。

在阿尔泰山地区的 7 种成因类型中，冰川、冰缘作用地貌只有主营力作用方式，未划分出形态类型，所用湖成地貌只有一种形态类型—湖积地貌中的湖床；黄土地貌中每个主营力作用方式只包含一种形态类型。其他成因地貌的形态类型分布特征见表 7.7。风

表 7.6　基于成因的主营力作用方式统计表

基本成因类型	主营力作用方式	面积/10^4 km²	基本成因类型	主营力作用方式	面积/10^4 km²
湖成地貌	湖积	0.011		盐湖	0.047
流水地貌	冲积	0.066	干燥地貌	洪积	1.585
	冲积洪积	0.102		旱谷	0.001
	河谷	0.072		剥蚀	1.472
	侵蚀剥蚀	1.635		侵蚀剥蚀	2.734
冰川地貌	冰碛	0.003	黄土地貌	风积洪积	0.032
	冰缘	0.409		侵蚀堆积	0.028
	河谷	0.007		侵蚀剥蚀	0.024
	侵蚀剥蚀	0.253	冰缘地貌	湖沼	0.003
风成地貌	风积	0.088		河谷	0.007
	风蚀	0.002		侵蚀剥蚀	0.697

表 7.7　基于成因的形态类型统计表

基本成因类型	主营力作用方式	形态类型	面积/10^4 km²	基本成因类型	主营力作用方式	形态类型	面积/10^4 km²
流水地貌	冲积	平原	0.063	干燥地貌	洪积	平原	1.061
		洼地	0.000			低台地	0.006
		河漫滩	0.003			洪积扇	0.463
		低阶地	0.000		旱谷	平原	0.001
		冲积扇	0.001		剥蚀	台地	0.739
	冲积洪积	平原	0.067			低台地	0.485
		低台地	0.006			高台地	0.249
		冲积洪积扇	0.030		侵蚀剥蚀	丘陵山地	2.734
	河谷	平原	0.071	风成地貌	风积	固定的沙丘	0.002
	侵蚀剥蚀	丘陆山地	1.635			半固定的沙丘	0.060
黄土地貌	风积洪积	山前黄土平地	0.032			流动的沙丘	0.024
	侵蚀堆积	斜梁	0.028			复合流动的沙丘	0.002
	侵蚀剥蚀	低丘陵	0.024		风蚀	丘陵	19.998
湖成地貌	湖积	平原	0.011	冰川地貌	冰碛	丘陵	0.003
冰缘地貌	湖沼	平原	0.003		冰缘	山地	0.409
	河谷	平原	0.007		河谷	平原	0.007
	侵蚀剥蚀	丘陵山地	0.697		侵蚀剥蚀	丘陵山地	0.253

成地貌中,风积地貌包括半固定的-流动的-固定的-复合流动的4种形态类型,面积依次减少;风蚀地貌未划分形态类型。干燥地貌中,所包含的形态类型种类较少,综合所有主营力作用方式的低台地类型所占面积较大。流水地貌中冲积地貌所包含的形态类型较多,分别是河漫滩-冲积扇-低阶地-洼地,面积依次减少。

2. 准噶尔西部山地地貌格局

准噶尔西部山地,面积约 $5.424×10^4 \text{km}^2$,为所有分区中面积最小的。本区有塔城盆地、托里谷地、巴尔鲁克山、塔尔巴哈台山、萨乌尔山等山地(图7.2),以山地地貌为主,山地地貌面积大于平原地貌。不同指标下,本区地貌类型分布特征分析如下。

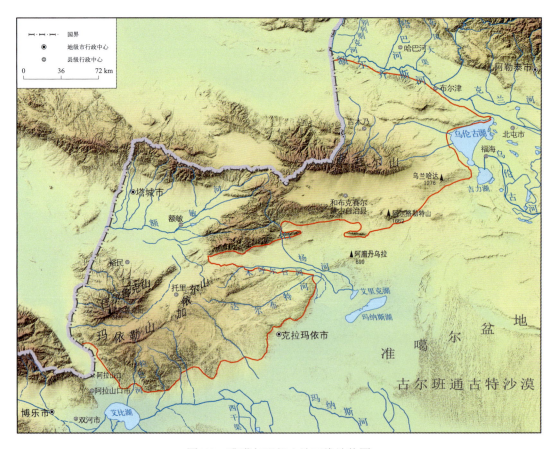

图 7.2　准噶尔西部山地三维地势图

1) 海拔分布特征

本区海拔高度大致在341~3 811 m之间,1 000 m以下为低海拔地貌,1 000~2 500 m左右为中海拔地貌,2 500 m以上为高海拔地貌。本区中海拔地貌所占面积最大,约 $2.997×10^4 \text{km}^2$,占本区总面积的55.254%;其次是低海拔地貌,面积为 $2.256×10^4 \text{km}^2$,占本区总面积的41.593%;高海拔地貌面积最少,只有 $0.171×10^4 \text{km}^2$,只占本区总面积的 3.153%(表 7.8)。

表 7.8 准噶尔西部山地不同海拔地貌面积分布特征

海拔分级	低海拔	中海拔	高海拔
面积/10^4 km^2	2.256	2.997	0.171
占本区面积百分比/%	41.593	55.254	3.153

本区不同海拔地貌的分布情况见图 7.3(a)。低海拔地貌主要分布在塔城盆地、吉木乃北部、玛依勒山东部外围,巴尔鲁克山西部外围也有分布。在塔城盆地随着盆地的地形变化接近于方形分布,在吉木乃北部顺着西北-东南走向呈带状分布,在玛依勒山东部外围以及巴尔鲁克山西部外围顺着山体走向呈弧形分布。中海拔地貌集中分布在山地区,随着多个不同走向山体的变化,其分布形状呈不规则椭圆形或带状分布。高海拔地貌分布很少且零散,只见于齐吾尔喀叶尔山和萨乌尔山的最高处,顺山脉走向呈狭条状或带状分布。

2) 地势起伏分布特征

根据地势起伏类型,本区包括 5 种地貌类型(表 7.9):平原-丘陵-小起伏山地-中起伏山地-台地的面积依次减少。平原地貌面积为 $1.954×10^4$ km^2,丘陵地貌面积为 $1.421×10^4$ km^2,这两种地貌类型总共占了本区总面积的 62.223%。

表 7.9 准噶尔西部山地不同起伏地貌面积分布特征

地势起伏类型	平原	台地	丘陵	小起伏山地	中起伏山地
面积/10^4 km^2	1.954	0.333	1.421	1.168	0.548

依据图 7.3(b),平原地貌分布较为集中,主要分布在山间盆地和谷地,其分布形状和走向随着盆地或谷地的形状变化而变化;台地地貌本来面积就少,分布也很零散,大多以零星斑块出现;丘陵地貌主要分布在吉木乃北部、加依尔山东部以及巴尔鲁克山西北部,在吉木乃北部主要呈西北-东南走向的不规则带状分布,在加依尔山东部顺着西南-东北走向呈不规则方形分布,在巴尔鲁克山西北部顺着山形成弧形分布;小起伏山地和中起伏山地交错分布,大都根据不同山脉走向而变化,基本上是带状或狭条状分布。

3) 基本形态类型特征

海拔高度分级与起伏度分级组合之后,本区基本形态类型共 11 种(表 7.10),分别是低海拔平原-小起伏中山-低海拔丘陵-中海拔平原-中海拔丘陵-中起伏中山-中海拔台地-低海拔台地-中起伏高山-小起伏低山-小起伏高山,面积依次减少。低海拔台地和中起伏高山面积大致相等,都为 $0.143×10^4$ km^2,低海拔平原面积为 $1.247×10^4$ km^2。

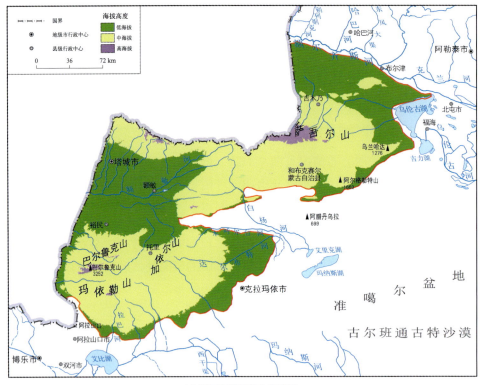

(a) 不同海拔地貌分布特征

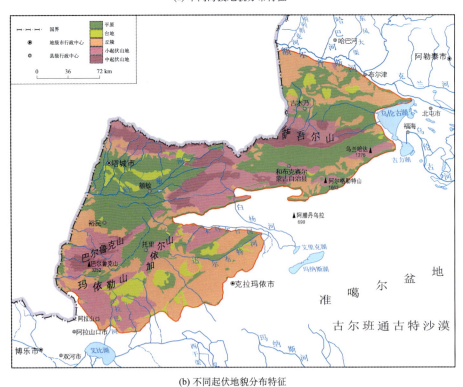

(b) 不同起伏地貌分布特征

图 7.3 准噶尔西部山地地貌类型空间分布特征

第 7 章 新疆山地地貌格局及特征分析

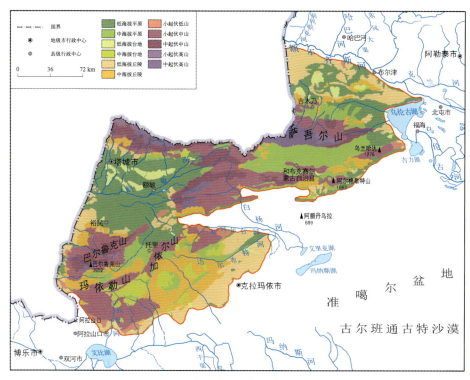

(c) 基本形态类型分布特征

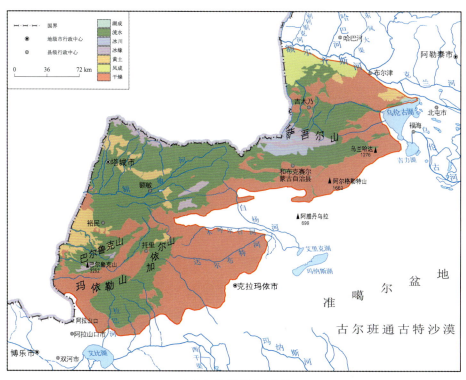

(d) 基本成因类型分布特征

图 7.3 准噶尔西部山地地貌类型空间分布特征(续)

表 7.10　准噶尔西部山地基本形态类型统计表

代码	基本形态类型	面积/10^4 km²	代码	基本形态类型	面积/10^4 km²
11	低海拔平原	1.247	41	小起伏低山	0.069
12	中海拔平原	0.707	51	小起伏中山	1.071
21	低海拔台地	0.143	52	中起伏中山	0.405
22	中海拔台地	0.190	61	小起伏高山	0.028
31	低海拔丘陵	0.798	62	中起伏高山	0.143
32	中海拔丘陵	0.623			

图 7.3(c)反映了本区基本形态类型的分布特征。低海拔平原在塔城盆地分布最多，接近方形分布；中海拔平原主要分布在和布克谷地；低海拔台地和中海拔台地面积小，零星分布，无明显分布特征；低海拔丘陵在巴尔鲁克山西部和加依尔山东部随着山体走向呈弧形分布，在吉木乃北部则按照西北-东南走向呈片状分布；中海拔丘陵主要分布在加依尔山东部，呈不规则方形分布，其余地方也有零星分布；小起伏低山只见于玛依勒山南部和加依尔山北部很小一部分；小起伏中山主要分布在玛依勒山、加依尔山、巴尔鲁克山外围、萨乌尔山、以及齐吾尔喀叶尔山东部，都随着山脉走向呈条带状分布；中起伏中山主要分布在巴尔鲁克山最高处、齐吾尔喀叶尔山、以及塔尔巴哈台山，除了在巴尔鲁克山接近于圆形分布外，其余都随山脉走向呈带状分布；小起伏高山和中起伏高山分布范围较小，仅为狭条状分布。

4) 基本成因类型分布特征

准噶尔西部山地虽然面积不大，但地貌类型种类较多。本区包含的基本成因类型有 7 种(表 7.11)：流水-干燥-黄土-风成-冰缘-冰川-湖成，面积依次减少。可见本区流水作用和干燥作用占主导地位，成为影响本区地貌形成的两大主要外营力，面积分别为 2.460×10^4 km² 和 2.299×10^4 km²，合起来占本区总面积的 87.74%。

表 7.11　准噶尔西部山地基本成因地貌面积分布特征

基本成因类型	冰川地貌	冰缘地貌	流水地貌	湖成地貌	干燥地貌	风成地貌	黄土地貌
面积/10^4 km²	0.068	0.154	2.460	0.010	2.299	0.155	0.278
占本区面积百分比/%	1.254	2.839	45.354	0.184	42.386	2.858	5.125

依据图 7.3(d)，流水地貌分布面积最广，在玛依勒山，主要分布在中山带，为东北-西南走向，外形犹如一把小提琴；在塔城盆地呈不规则梯形分布；在塔尔巴哈台山和齐吾尔喀叶尔山，连接在一起大致呈倾斜的"T"形分布；在萨乌尔山则呈不规则方形分布。干燥地貌整体上大体呈向右约 60°倾斜的"S"分布；冰川和冰缘地貌则集中分布在萨乌尔山较高的山节处，大致呈两个相互交错的"〉"形分布；黄土地貌主要分布在塔城盆地的北部边缘和巴尔鲁克山的西北部边缘，呈不规则几何形状分布；风成地貌则集

中在吉木乃的西北部，接近于不规则三角形分布；湖成地貌面积很小，只见于本区接近乌伦古湖附近呈狭条状分布。

5）基于成因的主营力作用方式、形态类型

表 7.12 反映了本区不同成因类型所包含的主营力作用方式和形态类型。本区风成地貌只有一种主营力作用方式：风积地貌，包含的形态类型有半固定的-流动的-复合流动的-固定的 4 种类型，面积依次减少。黄土地貌的主营力作用方式包括：风积洪积-侵蚀冲积-侵蚀堆积-侵蚀剥蚀，面积依次增加；前三种主营力作用方式均只包含一种形态类型分别对应：山前黄土平地、台塬和斜梁；侵蚀剥蚀类型则划分了两种形态类型低丘陵-高丘陵，前者面积大于后者。湖成作用只有湖积地貌一种主营力作用方式，包括湖床和低阶地两种形态类型，前者面积小于后者。冰缘地貌则只有侵蚀剥蚀一种主营力作用方式，为冰缘作用的山地形态类型，面积只有 $0.154 \times 10^4 \text{ km}^2$。冰川作用包括侵蚀剥蚀-冰缘-冰水地貌三种主营力作用方式，面积依次增加；包括冰水地貌的冰水扇、冰水平原等形态类型。本区流水地貌和干燥地貌所占面积最广，因而包含的主营力作用方式和形态类型也较多。干燥作用包括剥蚀-洪积-侵蚀剥蚀三种主营力作用方式，面积依次增加；每个主营力作用方式各自又包含两种形态类型。流水作用包括主营力作用方式有冲积湖积-河谷-洪积湖积-冲积-冲积洪积-侵蚀剥蚀 6 种，面积依次增加；其中前三种类型都为平原形态类型，后三种包含的形态类型中数冲积地貌最多，分别是冲积扇-高地-河漫滩-洼地，面积依次减少；冲积洪积包含的形态类型最少，只有冲积洪积扇一种，面积为 $0.183 \times 10^4 \text{ km}^2$。

表 7.12 准噶尔西部山地基于成因的主营力作用方式和形态类型及分布面积

成因类型	主营力作用方式	形态类型	面积/10^4 km^2	成因类型	主营力作用方式	形态类型	面积/10^4 km^2
风成地貌	风积	固定的沙丘	0.008	干燥地貌	洪积	平原	0.403
		半固定的沙丘	0.086			洪积扇	0.032
		流动的沙丘	0.049		剥蚀	低台地	0.011
		复合流动的沙丘	0.012			台地	0.194
黄土地貌	风积洪积	山前黄土平地	0.017			低台地	0.059
	侵蚀冲积	台塬	0.035			高台地	0.074
	侵蚀堆积	斜梁	0.098		侵蚀剥蚀	丘陵山地	1.526
	侵蚀剥蚀	丘陵山地	0.128				

续表

成因类型	主营力作用方式	形态类型	面积/$10^4 km^2$	成因类型	主营力作用方式	形态类型	面积/$10^4 km^2$
流水地貌	河谷	平原	0.002	流水地貌	洪积湖积	平原	0.005
	冲积湖积	平原	0.001		侵蚀剥蚀	台地	1.157
	冲积洪积	平原	0.674			丘陵山地	0.108
		冲洪积扇	0.183	湖成地貌	湖积	湖床	0.004
	冲积	平原	0.166			低阶地	0.006
		冲积扇	0.097	冰川地貌	冰水	平原	0.016
		河漫滩	0.017			冰水扇	0.034
		高地	0.038		冰缘	山地	0.011
		洼地	0.012	冰缘地貌	侵蚀剥蚀	山地	0.154

3. 天山山地与山间盆地地貌格局

天山地区总面积为 $48.084×10^4 km^2$，占全疆总面积的 29.314%。图 7.4 反映出，本区以山地地貌居多，并分布有较大型的山间盆地。

图 7.4　天山地区三维地势图

1) 海拔分布特征

本区海拔位于 –154～7 150 m 之间（据 SRTM-DEM 数据）。本区不同海拔地貌的面积及其分布状况见表 7.13 和图 7.5。中海拔所占面积最大，为 $30.688×10^4 km^2$，约占本区总面积的 63.800%，分布较为均匀、连续、广泛，整体上看犹如旋转 180 度的"∞"形分布。低海拔地貌，面积为 $9.429×10^4 \text{ km}^2$，占本区总面积的 19.609%，主要分布在伊犁河谷、吐哈盆地。伊犁河谷顺着河谷呈西北-东南向带状分布，吐哈盆地则近似于椭圆形分布；此外天山西北部、东北部和东南部的外围地区也有零星分布，大体随山体走向呈弧形分布。高海拔地貌面积为 $7.482×10^4 \text{ km}^2$，主要分布在伊犁盆地外围的北天山和南天山的山脊附近，将伊犁盆地包围起来，大体呈向右倾斜 60°的"7"形分布；东天山的博格达山附近和巴里坤附近也有分布，都随着东天山接近东西的走向呈条形分布。极高海拔地貌面积仅为 $0.485×10^4 \text{ km}^2$，集中分布在南天山的托木尔峰附近。吐鲁番的艾丁湖低于海平面 155 m，是中国陆地海拔最低处。

表 7.13 天山地区不同海拔地貌面积分布特征

海拔	低海拔	中海拔	高海拔	极高海拔
面积/10^4 km^2	9.429	30.688	7.482	0.485
占本区面积百分比/%	19.609	63.822	15.56	1.009

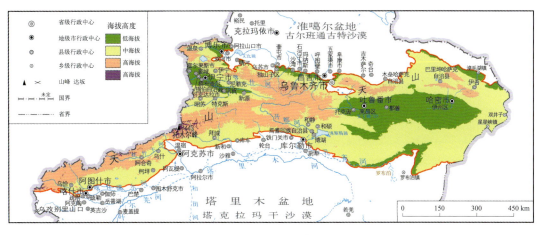

图 7.5 天山地区不同海拔地貌分布特征

2）地势起伏分布特征

本区海拔高度范围决定了本区地势起伏高差较大。按照起伏度划分，本区有平原-中起伏山地-丘陵-台地-小起伏山地-大起伏山地 6 种类型，面积依次减少（表 7.14）。

表 7.14 天山地区不同起伏地貌面积分布特征

地势起伏类型	平原	台地	丘陵	小起伏山地	中起伏山地	大起伏山地
面积/10^4 km^2	13.507	5.878	9.937	5.179	10.598	2.985
占本区面积百分比/%	28.090	12.224	20.666	10.771	22.041	6.208

图 7.6 反映了天山地区不同起伏地貌的分布情况。平原地貌占本区总面积的 28.090%，面积为 $13.507\times10^4\,\mathrm{km}^2$，分布比较分散，多位于山间谷地、盆地和湖泊周围，形状也随着所处位置而变化。台地地貌面积为 $5.878\times10^4\,\mathrm{km}^2$，占本区总面积的 12.224%，分布零散，无明显特征规律，本区东部的吐哈盆地、库鲁塔格和觉罗塔格地区分布最多。丘陵地貌面积为 $9.937\times10^4\,\mathrm{km}^2$，占本区总面积的 20.666%；分布也较为分散，本区东部的吐哈盆地、库鲁塔格和觉罗塔格地区分布最多，与台地地貌交错分布，此外伊犁盆地外围、天山北麓和南天山南麓也有零星分布。小起伏山地面积为 $5.179\times10^4\,\mathrm{km}^2$，占本区总面积的 10.771%；主要沿天山山脉的外围呈狭窄的条状分布，走向随山脉走向而改变。中起伏山地面积为 $10.598\times10^4\,\mathrm{km}^2$，占本区总面积的 22.041%；主要分布在南天山、北天山和东天山分布范围逐渐减少，走向随山体变化而变化，多呈条带状分布。大起伏山地面积为 $2.985\times10^4\,\mathrm{km}^2$，占本区总面积的 6.208%；主要分布在南天山的西段、北天山中段和东天山西段，基本上呈条带状分布。

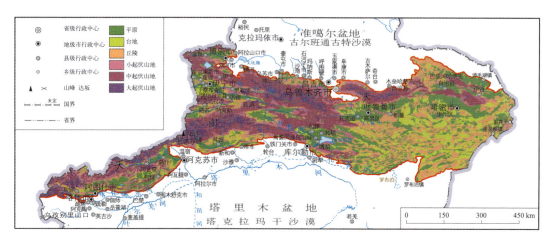

图 7.6 天山地区不同起伏地貌分布

3) 基本形态类型分布特征

天山地区包含的基本形态类型较多，有 18 种。依据表 7.15，中海拔平原-中海拔丘陵-中起伏中山-低海拔平原-小起伏中山-中起伏高山-中海拔台地-低海拔丘陵-大起伏高山-低海拔台地-小起伏高山-大起伏极高山-大起伏中山-小起伏低山-高海拔丘陵-高海拔平原-中起伏极高山-高海拔台地，面积依次减少。中海拔平原面积最大，为 $8.680\times10^4\,\mathrm{km}^2$；高海拔台地面积最小，为 $0.012\times10^4\,\mathrm{km}^2$。

由图 7.7 可以看到本区不同基本形态类型的分布状况。位于本区东南部的觉罗塔格、库鲁克塔格以及嘎顺戈壁地区，地貌破碎，低海拔台地、中海拔台地、低海拔丘陵、中海拔丘陵等多种基本形态类型交错分布，显得凌乱，没有明显的空间分布规律。位于本区东部的吐哈盆地区，以低海拔平原、低海拔台地、低海拔丘陵为主，低海拔平原顺着盆地西部和北部外围呈条状分布，形如逆时针旋转 90°的"η"状，内部相间分布着低海拔台地与低海拔丘陵。北天山和东天山地区，以中起伏高山、大起伏高山为主，这两种地貌类型都顺着山脉走向呈西北-东南向带状分布。南天山地貌类型较多,整体上随着山势走向分布,犹如一个倒扣着的勺子,勺柄指向西南方向。尤尔都斯盆地和焉耆盆地都以中海拔平原为主,分布形状都与盆地形状相一致。

表 7.15　天山地区基本形态类型统计表

代码	基本形态类型	面积/10^4 km^2	代码	基本形态类型	面积/10^4 km^2
11	低海拔平原	4.787	41	小起伏低山	0.081
12	中海拔平原	8.680	51	小起伏中山	4.451
13	高海拔平原	0.040	52	中起伏中山	6.219
21	低海拔台地	2.143	53	大起伏中山	0.176
22	中海拔台地	3.723	61	小起伏高山	0.647
23	高海拔台地	0.012	62	中起伏高山	4.357
31	低海拔丘陵	2.418	63	大起伏高山	2.348
32	中海拔丘陵	7.439	72	中起伏极高山	0.022
33	高海拔丘陵	0.079	73	大起伏极高山	0.462

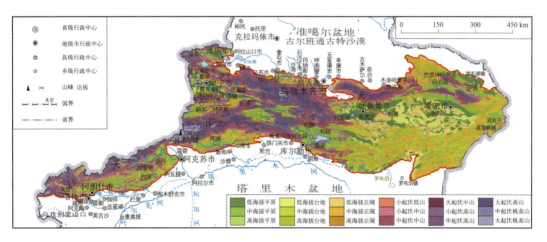

图 7.7　天山地区基本形态类型分布

4) 基本成因类型

天山地区包括的成因类型有 8 种(表 7.16):干燥-流水-冰川-冰缘-黄土-风成-湖成-喀斯特,面积依次减少。本区干燥地貌占主导地位,面积 23.009×10^4 km^2,占本区面积的 47.852%;其次是流水地貌,面积 13.178×10^4 km^2,占本区面积的 27.406%;冰川、冰缘地貌分布面积相差不大,分别是 4.259×10^4 km^2 和 4.165×10^4 km^2;喀斯特地貌面积最小,只有 0.026×10^4 km^2,占本区面积的 0.054%。

表 7.16　天山地区基本成因地貌类型面积分布特征

基本成因类型	冰川地貌	冰缘地貌	流水地貌	湖成地貌	干燥地貌	风成地貌	黄土地貌	喀斯特地貌
面积/10^4 km^2	4.259	4.165	13.178	0.435	23.009	0.819	2.193	0.026
占本区面积百分比/%	8.857	8.662	27.406	0.905	47.852	1.703	4.561	0.054

天山地区基本成因类型的分布状况见图 7.8。干燥地貌的空间分布比较集中，占据了本区东部的大部分地区，在西部南天山南缘也有分布，顺着山形走向呈带状分布。流水地貌主要分布在有河流的地方，顺着河流呈蜿蜒的带状，河流较密集或分布较广的则呈片状分布。黄土地貌主要见于伊犁盆地和北天山北坡，大都呈西北-东南向带状分布。冰川地貌在北天山的婆罗科努山和依连哈比尔尕山呈西北-东南向带状分布；在东天山的博格达山呈西北-东南向带状分布，在巴里坤山只见于其最东端，近似于展翅飞翔的鸽子；在南天山呈西南-东北向带状分布，以哈尔克他乌山分布最多。冰缘地貌基本上分布在冰川地貌的外围，方向随着山势走向而改变，天山中部分布最多。湖成、风成以及喀斯特地貌分布面积很小。湖成地貌主要分布在塞里木湖、博斯腾湖和艾丁湖附近，空间分布特征随湖泊的形状而变化。风成地貌主要见于本区西部的伊犁河岸边和吐哈盆地；吐哈盆地分布较多，鄯善沙漠呈不规则方形特征，哈密附近也有零星的斑块或条状分布。

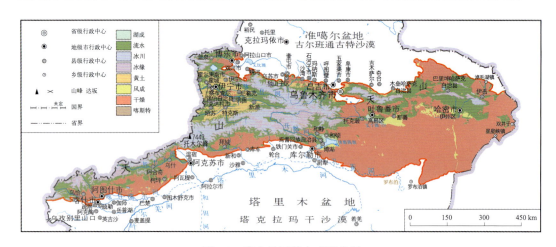

图 7.8　天山地区基本成因类型

5) 基于成因的主营力作用方式、形态类型

天山地区包含的基本成因类型较多，因而主营力作用方式和形态类型相对也较多。表 7.17 详细列举了本区所有主营力作用方式和形态类型的面积分布特征。由于地貌类型较多，面积相对较小。

流水作用下地貌形成的主营力作用方式包括侵蚀剥蚀-冲积洪积-冲积-洪积-河谷-冲积湖积-洪积湖积 7 种，面积依次减少；各类型之间相互差距较大，侵蚀剥蚀类型的面积最大，为 76 370.410 km^2，洪积湖积类型的面积最小，仅 11.064 km^2；洪积湖积和河谷类型都为平原形态类型，冲积湖积地貌的形态类型只有三角洲一种，面积为 596.559 km²；侵蚀剥蚀地貌包括 4 种形态类型：高台地—低丘陵—低台地—高丘陵，面积依次增加；洪积地貌包括洪积扇-低台地-高台地 3 种形态类型，面积依次减少；冲积洪积地貌包括冲洪积扇-高台地-低台地 3 种形态类型，面积依次减少；冲积地貌包含的形态类型最多，分别是冲积扇-河漫滩-低阶地-高地-洼地-低台地-高阶地 7 种，面积依次减少。

表 7.17 天山地区基于成因的地貌主营力作用方式和形态类型分布面积

基本成因类型	主营力作用方式	形态类型	面积/km²	基本成因类型	主营力作用方式	形态类型	面积/km²
湖成地貌	湖积	平原	1 682.481	冲积湖积	平原	482.981	
		湖滩	125.649		三角洲	596.559	
		湖床	1 756.762	流水地貌	冲积	平原	7 140.321
		水库	13.689			冲积扇	3 634.076
		低阶地	233.510			河漫滩	2 577.182
	湖积冲积	平原	242.239			高地	568.158
	湖蚀	平原	292.866			洼地	305.639
冰缘地貌	湖沼	平原	83.969			低台地	91.677
	河谷	平原	22.658			低阶地	1 174.008
	冰蚀	平原	412.415			高阶地	59.652
		台地	38 548.228		冲积洪积	平原	11 121.483
	侵蚀剥蚀	低台地	325.964			冲洪积扇	20 817.331
		高台地	136.358			低台地	373.142
	侵蚀剥蚀	丘陵山地	2 116.966			高台地	457.276
冰川地貌	河谷	平原	319.893		洪积	平原	1 557.937
	冰蚀	高台地	111.358			洪积扇	877.784
	冰缘	平原	6 630.895			低台地	583.875
	冰碛	台地	295.146			高台地	202.884
		低台地	206.139		洪积湖积	平原	11.064
		高台地	181.204		河谷	平原	2 772.763
		低丘陵	10.594			低台地	1515.331
		高丘陵	303.845			高台地	481.678
	冰水	平原	1136.676		侵蚀剥蚀	低丘陵	1 262.185
		阶地	44.219			高丘陵	2 096.185
		漫滩	335.112			山地	71 015.031
		冰水扇	1 790.523	喀斯特地貌	冰川	山地	2.746
	侵蚀剥蚀	山地	31 228.387		冰缘	山地	253.328

续表

基本成因类型	主营力作用方式	形态类型	面积/km²	基本成因类型	主营力作用方式	形态类型	面积/km²
黄土地貌	风积洪积	山前黄土平地	1 241.387	干燥地貌	盐湖	平原	1 087.715
	构造堆积	山间黄土平地	69.385		河谷	平原	273.910
	侵蚀冲积	河谷平原	294.899		洪积	平原	40 392.048
		河流低阶地	459.253			洪积扇	13 178.112
		河流高阶地	867.185			低台地	10 628.092
		台塬	1 888.826			高台地	3 582.472
		塬	1 260.004		剥蚀	平原	14 339.235
		残塬	36.313			高平原	163.457
	侵蚀堆积	梁塬	14.355			低台地	20 133.295
		斜梁	2 528.639			高台地	15 644.936
		峁梁	632.474		侵蚀剥蚀	丘陵山地	110 668.026
	侵蚀剥蚀	丘陵山地	12 639.452	风成地貌	风积	固定的沙丘	218.631
风成地貌	风积冲积	平原	2.861			半固定的沙丘	2 001.872
	风蚀	丘陵	1 979.083			流动的沙丘	2 250.598
						复合流动的沙丘	1 741.652

湖成地貌包括湖积-湖蚀-湖积冲积 3 种主营力作用方式，面积依次减少；湖蚀和湖积冲积都为平原类型，面积分别是 292.866 km² 和 242.239 km²；湖积包括 4 种形态类型：湖床-低阶地-湖滩-水库，面积依次减少。

黄土地貌包括 5 种主营力作用方式，按照面积从大到小，分别是侵蚀剥蚀-侵蚀堆积-侵蚀冲积-风积洪积-构造堆积。风积洪积和构造堆积都只有一种形态类型地貌，分别是山前黄土平地和山间黄土平地，对应的面积分别是 1 241.387 km² 和 69.385 km²；侵蚀剥蚀类型虽然所占面积大，形态类型有低丘陵和高丘陵，前者面积大于后者；侵蚀冲积划分了 4 种形态类型，按照面积从大到小依次是：台塬—河流高阶地—河流低阶地-河谷平原；侵蚀堆积划分的形态类型种类最多，包括斜梁-塬-峁梁-残塬-梁塬 5 种，面积依次减少。

冰缘地貌的主营力作用方式有侵蚀剥蚀-冰蚀-湖沼-河谷 4 种，面积依次减少；侵蚀剥蚀的形态特征包括高台地-低台地-高丘陵-低丘陵 4 种，面积依次增加。

冰川作用的地貌包括 6 种主营力作用方式，分别是冰蚀-河谷-冰碛-冰缘-冰水-侵蚀剥蚀，面积逐渐增加。其中，冰水地貌包含阶地-漫滩-冰水扇 3 种形态类型，面积依次变大；冰碛地貌包含高丘陵-低台地-高台地-低丘陵 4 种形态类型，面积逐渐减少；冰蚀地貌只有一种形态类型：高台地，面积为 111.358 km²；冰川河谷平原、冰川冰缘作用山地和冰川作用的山地，面积分别为 319.893 km²、6 630.895 km² 和 31 228.387 km²。

干燥作用下地貌形成的主营力作用方式有侵蚀剥蚀-洪积-剥蚀-盐湖-河谷 5 种，面积依次减少；盐湖地貌和河谷地貌的面积分别是 1 087.715 km² 和 273.910 km²，都没有形态类型；洪积地貌包括洪积扇-低台地-高台地3种形态类型，面积依次减少；剥蚀地貌包含低台地-高台地两种形态类型，前者面积大于后者；侵蚀剥蚀地貌包含低丘陵-高丘陵两种形态类型，前者面积大于后者。

风成地貌包括风积冲积-风蚀-风积3种主营力作用方式，面积依次增加；其中前两种主营力作用方式的面积分别为2.861 km^{2}和1 979.083 km^2；风积地貌包含固定的沙丘-复合流动的沙丘-半固定的沙丘-流动的沙丘4种类型，面积依次增加。

喀斯特地貌只有两种主营力作用方式，即冰川作用和冰缘作用的山地类型，面积分别为2.746 km^{2}和253.328 km^2。

4. 昆仑山与阿尔金山地区地貌格局

昆仑山地区面积为32.922×10^4 km^2，占全疆总面积的20.070%。图7.9反映了昆仑山地区的地势情况。从北部塔里木盆地到昆仑山脉，缺少低山的过渡带，高度落差大，地势陡峭；从南部青藏高原则恰好相反，地势相对和缓。

图7.9 昆仑山地区三维地势图

1) 海拔分布特征

本区海拔范围1 159～8 611 m。依据表7.18，本区包含3个海拔等级，中海拔地貌面积5.057×10^4 km^2，占本区总面积的15.361%；高海拔地貌面积14.946×10^4 km^2，占本区总面积的45.398%；极高海拔地貌面积12.919×10^4 km^2，占本区总面积的39.241%。可见本区高海拔地貌占主导地位，其次是极高海拔地貌，中海拔地貌分布较少，反映了本区地势总体海拔较高。

表 7.18　昆仑山地区不同海拔地貌面积分布特征

海拔特征	中海拔	高海拔	极高海拔
面积/$10^4\,km^2$	5.057	14.946	12.919
占本区面积百分比/%	15.361	45.398	39.241

昆仑山地区不同海拔地貌的分布情况见图 7.10。中海拔地貌分布范围很小，主要分布在本区北部，顺着山势西北-东南-东走向，呈狭条状弧形分布。高海拔地貌分布范围与极高海拔相近。高海拔地貌在本区西部的库木库勒盆地、阿尔金山地区分布较为集中，大致呈"σ"状分布；极高海拔地貌在喀喇昆仑山、阿克塞钦湖附近分布较为集中，大致呈不规则、倾斜的椭圆形分布；其余地方，高海拔地貌和极高海拔地貌交错分布，且随着山势走向呈西北-东南向的带状分布，或从西到东的带状分布。

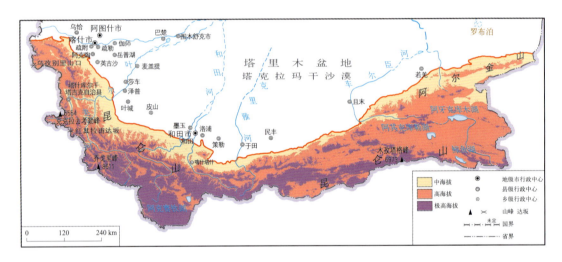

图 7.10　昆仑山地区不同海拔地貌分布

2) 起伏度特征

据地势起伏度(表 7.19)，本区包含大起伏山地-中起伏山地-平原-小起伏山地-丘陵-台地-极大起伏山地 7 种类型，面积依次减少。本区大起伏山地所占面积最大，为 $10.244\times10^4\,km^2$，占本区总面积的 31.116%；中起伏山地面积为 $7.437\times10^4\,km^2$，占本区总面积的 22.590%；平原面积为 $5.891\times10^4\,km^2$，占本区总面积的 17.891%。其余起伏类型面积分布较小，极大起伏山地面积只有 $0.681\times10^4\,km^2$，占本区总面积的 2.068%。

表 7.19　昆仑山地区不同起伏地貌面积分布特征

地势起伏类型	平原	台地	丘陵	小起伏山地	中起伏山地	大起伏山地	极大起伏山地
面积/$10^4\,km^2$	5.891	2.260	2.632	3.777	7.437	10.244	0.681
占本区面积百分比/%	17.894	6.865	7.994	11.473	22.590	31.116	2.068

昆仑山地区不同起伏地貌的空间分布特征见图 7.11。将本区从中间(从民丰县垂直向南划线)划分为西、东两大部分。

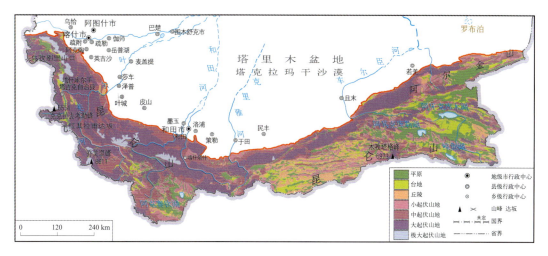

图 7.11 昆仑山地区不同起伏地貌分布

在西部,大起伏山地占绝对优势,顺着山势西北-东南走向呈带状分布。中起伏山地零星分布在阿克塞钦湖西北部,近似于圆形斑状分布,昆仑山北部也有断续带状分布。平原和台地则分布在河谷和湖泊周围,在塔什库尔干河谷,平原与台地地貌接近于南北向条状分布;在阿克塞钦湖附近则随着湖盆的形状而改变,近似于西北-东南向片状分布;在其它河谷、沟谷地区,也有平原和台地地貌分布,空间特征都随着谷地形状而变化。极大起伏山地主要分布在西部,随着山脉走向呈带状分布。

在东部,大起伏山地主要分布在昆仑山北部和阿尔金山,接近于西东走向呈带状分布;平原和台地地貌主要分布在河谷、湖盆地区,在鲸鱼湖附近近似于椭圆形分布;靠近昆仑山南部山原地带,平原、台地、丘陵以及小起伏山地地貌交错分布,大多呈东西向条状分布。

总体上,西部地区地貌类型分布集中整齐,东部地区地貌类型分布破碎零散。

3) 基本形态类型

昆仑山地区共有 19 种基本形态类型,山地基本类型最多。依据表 7.20,按照面积从小到大,分别是:中海拔台地-中海拔丘陵-极高海拔台地-极高海拔平原-极大起伏极高山-小起伏中山-大起伏中山-极高海拔丘陵-中海拔平原-高海拔丘陵-小起伏高山-小起伏极高山-高海拔台地-中起伏中山-中起伏高山-中起伏极高山-大起伏高山-高海拔平原-大起伏极高山。中海拔地貌面积最小,为 $0.246 \times 10^4 \text{ km}^2$,大起伏极高山面积最大,为 $5.440 \times 10^4 \text{ km}^2$。所有基本形态类型的平均面积大约是 $1.733 \times 10^4 \text{ km}^2$,只有中起伏中山、中起伏高山、中起伏极高山、大起伏高山、高海拔平原以及大起伏极高山,6 种基本类型的面积大于平均面积。也就是说,中起伏极高山、大起伏高山、高海拔平原、大起伏极高山 4 种类型,合起来占据本区总面积 50%多。

表 7.20　昆仑山地区基本形态类型统计表

代码	基本形态类型	面积/$10^4 km^2$	代码	基本形态类型	面积/$10^4 km^2$
12	中海拔平原	1.172	51	小起伏中山	0.713
13	高海拔平原	4.038	52	中起伏中山	1.818
14	极高海拔平原	0.681	53	大起伏中山	0.793
22	中海拔台地	0.246	61	小起伏高山	1.382
23	高海拔台地	1.689	62	中起伏高山	2.585
24	极高海拔台地	0.325	63	大起伏高山	4.011
32	中海拔丘陵	0.315	71	小起伏极高山	1.682
33	高海拔丘陵	1.240	72	中起伏极高山	3.034
34	极高海拔丘陵	1.077	73	大起伏极高山	5.440
			74	极大起伏极高山	0.681

　　昆仑山地区基本形态类型的空间分布特征见图 7.12。中海拔平原在阿尔金山、东昆仑的东部靠近柴达木盆地的地方分布较为集中，接近于东西向分布，呈不规则方形空间分布特征；在本区其他地方主要顺着河谷或沟谷零星分布。中海拔台地零星分布在西昆仑和阿尔金山的山间谷地，大都呈不规则几何形状分布。中海拔丘陵零散分布于阿尔金山东部、西昆仑山北部，无明显空间特征规律。

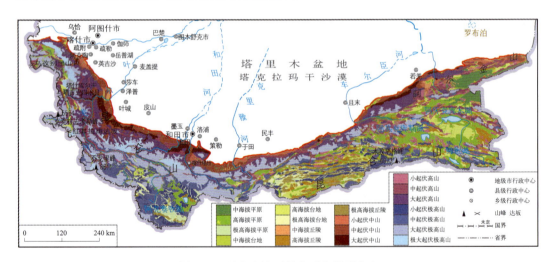

图 7.12　昆仑山地区基本形态类型分布

　　高海拔平原在本区分布较多，主要分布在山间谷地、湖盆等地区，其空间分布特征都随着所处谷地、湖盆的形状而改变；在阿克塞钦湖、鲸鱼湖、阿牙克库木湖、阿其克库勒湖等地区分布相对较集中，其他地区零星分布。高海拔台地在东昆仑山的鲸鱼湖、阿牙克库木湖和阿其克库勒湖地区分布较为集中，呈西北-东南向不规则带状分布，其余谷地、湖盆地区也有零星小面积分布。高海拔丘陵主要分布在东昆仑和昆仑山南部山原地带，与高海拔台地交错分布，各图斑面积小，无明显空间分布特征。

极高海拔平原主要分布在阿克塞钦湖南部的盆地区，呈西北-东南向带状分布，其余湖盆区也有小面积零星分布。极高海拔台地分布面积很小且分散，无明显空间分布特征。极高海拔丘陵主要分散分布在昆仑山南部山原地带，大多呈东西向条状分布。

小起伏中山、小起伏高山、小起伏极高山从北向南将本区划分为三个层次，大体上呈带状分布；小起伏中山零星分布在本区的北部；小起伏高山主要分布在东昆仑山，整体上呈"<"状分布；小起伏极高山主要分布在喀喇昆仑山东北部和昆仑山南部山原，在喀喇昆仑山东北部呈西北-东南向带状分布，在昆仑山南部山原呈东西向条带状分布。中起伏中山主要分布在本区的北部，顺着西北-东南-东走向基本呈连续带状分布。中起伏高山主要分布在本区中部，顺着西北-东南-东走向呈不连续的条带状分布。中起伏极高山主要分布在本区的南部山原地带；在喀喇昆仑山地呈西北-东南向不规则几何图形分布；东昆仑南部山原呈东西向条带状分布。大起伏中山主要分布在西昆仑山北部边缘和阿尔金山北部边缘，在西昆仑山北部边缘顺着西北-东南走向呈带状分布，在阿尔金山北部边缘顺着西南-东北走向呈条状分布。大起伏高山与大起伏中山分布较为相似，在西昆仑山北部边缘顺着西北-东南走向呈带状分布，在阿尔金山北部边缘顺着西南-东北走向呈条带状分布。大起伏极高山主要分布在本区南部，顺着西北-东南-东走向基本上呈连续的带状分布。极大起伏极高山，主要分布在昆盖山、喀拉塔格山、喀喇昆仑山，呈西北-东南向带状分布。

4) 基本成因类型

昆仑山地区基本成因类型包括（见表 7.21）：流水-冰缘-冰川-干燥-黄土-湖成-风成-喀斯特-火山熔岩，面积依次减少。也就是说，本区地貌形成的外营力作用以流水作用为主，其次是冰缘和冰川作用。流水地貌面积 $12.847\times10^4\,\mathrm{km}^2$，占本区总面积的 39.022%；冰缘地貌面积 $10.127\times10^4\,\mathrm{km}^2$，占本区总面积的 30.761%；冰川地貌面积为 $6.319\times10^4\,\mathrm{km}^2$，占本区总面积的 19.194%。喀斯特地貌和火山熔岩地貌面积很小，分别为 $0.091\times10^4\,\mathrm{km}^2$ 和 $0.085\times10^4\,\mathrm{km}^2$；分别占本区总面积的 0.276%和 0.258%。

表 7.21　昆仑山地区基本成因地貌面积分布特征

成因	冰川	冰缘	流水	湖成	干燥	风成	黄土	喀斯特	火山熔岩
面积/$10^4\,\mathrm{km}^2$	6.319	10.127	12.847	0.420	1.793	0.283	0.957	0.091	0.085
占本区面积百分比/%	19.194	30.761	39.022	1.276	5.446	0.860	2.907	0.276	0.258

图 7.13 反映了昆仑山地区基本成因类型的空间分布特征。流水地貌在本区分布范围最广，主要分布在本区北部的大部分地区和区内的河谷、沟谷以及湖盆地区。大致以策勒县为界，划分为两部分。西部的流水地貌分布在西昆仑山的北部及其山间谷地中，顺着山势走向与河流走向呈西北-东南向带状分布；东部的流水地貌分布在中昆仑山北部边缘、东昆仑山的北部、阿尔金山大部分地区，以及库木库勒盆地，除了在库木库勒盆地呈西北-东南向得近似于椭圆形分布，其余地方均呈东西向带状分布。冰缘地貌大部分集中分布在中东昆仑山南部和中部地区，且大面积呈片状分布；在西昆仑、喀喇昆仑山、阿克塞钦湖地区也有不少分布，但图斑不如东昆仑山分布集中整齐。冰川地貌主要集

分布在西昆仑山,以昆盖山、喀拉塔格山、喀喇昆仑山、萨雷阔勒岭分布最多,全都随着山势走向呈西北-东南向带状分布。干燥地貌主要分布在本区的北部地区且不连续,在英吉沙、和田附近的昆仑山边缘有断续西北-东南向条状分布;在阿尔金山北部边缘由西南-东北向狭条状分布;在阿尔金山南部接近柴达木盆地近似于东西向带状分布。黄土地貌集中分布在两个地区:一处是从泽普延伸到皮山附近,呈西北-东南向带状分布;一处是从策勒延伸到民丰附近,呈东西向带状分布。风成地貌只见于祁漫塔格山南部的,大致呈西北-东南向的椭圆状分布。湖成地貌散落在本区,形状大小不一。喀斯特与火山熔岩地貌面积很小,分布也较零散,没有明显空间分布特征。

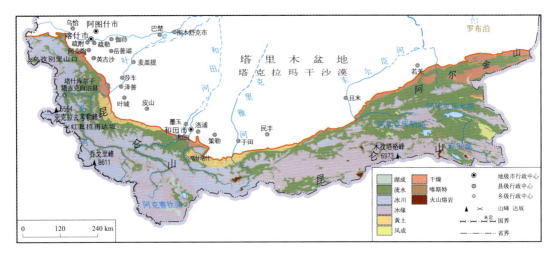

图 7.13 昆仑山地区基本成因类型

整体上,流水、冰缘、冰川共同塑造了本区西部地区的地貌,所占比例大致相当,北部边缘区分布有少量黄土覆盖的地貌类型;而在本区东部地区,占主导地位则是流水和冰缘作用,两者比重相当,只在阿尔金山北部边缘和南部沟谷地区分布有少量干燥地貌。其他地貌类型则零星散落在其中,空间分布特征不显著。

5)基于成因的主营力作用方式、形态类型

昆仑山地区基于成因的主营力作用方式和形态类型较多(表 7.22)。其中流水地貌所包含的主营力作用方式与形态类型最多,其次是干燥、冰川和冰缘地貌。

流水地貌包括侵蚀剥蚀-洪积-冲积洪积-冲积-河谷-冲积湖积-洪积湖积 7 种主营力作用方式,面积依次减少。缺少河谷地貌和洪积湖积地貌形态类型,冲积湖积地貌只有三角洲一种形态类型,侵蚀剥蚀地貌包含低台地-高丘陵-高台地-低丘陵 4 种形态类型,面积依次增加;洪积地貌包括高台地-洪积扇-低台地 3 种形态类型,面积依次增加;冲积洪积地貌包括冲洪积扇-低台地-高台地 3 种形态类型,面积依次减少;冲积地貌包含形态类型最多,有高阶地-低台地-低阶地-河漫滩-冲积扇 5 种,面积依次增加。

表 7.22　昆仑山地区基于成因的地貌主营力作用方式和形态类型分布面积

基本成因类型	主营力作用方式	形态类型	面积/$10^4 km^2$	基本成因类型	主营力作用方式	形态类型	面积/$10^4 km^2$
湖成地貌	湖积	平原	1 277.705	流水地貌	冲积湖积	平原	839.064
		湖滩	739.489			三角洲	456.645
		湖床	1 909.617		冲积	平原	4 832.630
		水库	2.453			冲积扇	888.819
		低阶地	177.983			河漫滩	543.766
		高阶地	39.835			低台地	186.181
	湖积冲积	平原	55.983			低阶地	332.133
火山熔岩地貌	熔积	堰塞湖	26.118			高阶地	70.751
	冰缘	低丘陵	88.782		冲积洪积	平原	6 112.484
		高丘陵	161.263			冲洪积扇	3605.210
		山地	334.588			低台地	636.452
	侵蚀剥蚀	低台地	11.779			高台地	634.873
		高台地	155.394		洪积	平原	12 014.063
		高丘陵	2.351			洪积扇	3 430.882
		山地	65.808			低台地	4 678.799
喀斯特地貌	冰缘	高丘陵	18.562			高台地	2 283.672
		山地	230.809		洪积湖积	平原	51.334
	冰川	山地	393.612		河谷	平原	3 230.952
	侵蚀	高丘陵	18.741		侵蚀剥蚀	低台地	2 050.372
		山地	247.387			高台地	2 605.694
冰川地貌	冰水	平原	1 530.114			低丘陵	2 910.414
		漫滩	42.998			高丘陵	2 449.187
		冰水扇	1 260.107			山地	73 628.033
	冰碛	平原	1 156.680	冰缘地貌	湖沼	平原	989.781
		丘垅	9.776		冰蚀	平原	4 213.251
		低台地	213.224			洼地	10.009
		高台地	640.052		河谷	平原	975.564
		低丘陵	47.144		侵蚀剥蚀	低台地	2 871.491
		高丘陵	493.896			高台地	3 865.562
	冰缘	山地	10 611.849			低丘陵	7 072.705
	河谷	平原	1 102.905			高丘陵	8 635.494
	侵蚀剥蚀	山地	46 076.702			山地	72 636.044

续表

基本成因类型	主营力作用方式	形态类型	面积/10^4 km²	基本成因类型	主营力作用方式	形态类型	面积/10^4 km²
风成地貌	风积	半固定的沙丘	776.417	干燥地貌	盐湖	平原	58.339
		流动的沙丘	1 221.202		河谷	平原	23.202
		复合流动的沙丘	828.833		洪积	平原	3 933.723
黄土地貌	风积洪积	山前黄土平地	25.510			洪积扇	1 079.655
	侵蚀剥蚀	低丘陵	15.929			低台地	446.318
		高丘陵	30.205			高台地	284.856
		山地	9 496.073		侵蚀剥蚀	台地	2 933.336
干燥地貌	侵蚀剥蚀	山地	9 116.347			丘陵	51.019

  干燥地貌包含 5 种主营力作用方式, 侵蚀剥蚀-洪积-剥蚀-盐湖-河谷面积依次减少; 盐湖地貌与河谷地貌没有形态类型; 侵蚀剥蚀包含低丘陵-高丘陵两种形态类型; 洪积地貌包括洪积扇-低台地-高台地 3 种形态类型, 面积依次减少; 剥蚀地貌包含低丘陵-低台地-高台地两种形态类型, 面积依次增加。

  冰川地貌也拥有 5 种主营力作用方式, 分别是侵蚀剥蚀-冰缘-冰水-冰碛-河谷地貌, 面积依次减少; 只有冰水和冰碛地貌划分了形态类型; 冰水地貌的形态类型为冰水扇-漫滩, 前者面积大于后者; 冰碛地貌的形态类型有丘垅-低丘陵-低台地-高丘陵-高台地 5 种, 面积依次增加。

  冰缘地貌包含河谷-湖沼-冰蚀-侵蚀剥蚀 4 种主营力作用方式, 面积依次增加; 冰蚀地貌仅有洼地一种形态类型; 侵蚀剥蚀地貌划分的低台地-高台地-低丘陵-高丘陵 4 种形态类型, 面积依次增加。其他成因类型所包含的主营力作用方式、形态类型较少。湖成地貌包括湖积冲积和湖积两种主营力作用方式; 湖积冲积平原地貌面积为 55.983×10^4 km²; 湖积地貌包括湖床-湖滩-低阶地-高阶地-水库 5 种形态类型, 面积依次减少。黄土地貌包括风积洪积-侵蚀剥蚀两种主营力作用方式, 前者面积小于后者; 前者只有山前黄土平地一种形态类型; 后者包括低丘陵-高丘陵 2 种形态类型。风成作用的只有风积一种主营力作用方式, 划分的形态类型半固定的沙丘-复合流动的沙丘-流动的沙丘 3 种, 面积依次增加。喀斯特地貌包含 3 种主营力作用方式, 分别是冰川-侵蚀-冰缘地貌, 面积依次减少; 形态类型只有高丘陵一种类型, 冰缘地貌和侵蚀地貌都含有此种形态类型。火山熔岩地貌包括冰缘-侵蚀剥蚀-熔积 3 种类型, 面积依次减少; 熔积地貌只有堰塞湖一种形态类型; 冰缘地貌只包括低丘陵-高丘陵两种类型, 而且后者面积大于前者; 侵蚀剥蚀地貌包括高丘陵-低台地-高台地 3 种形态类型, 面积依次增加。

7.2 新疆山地区域地貌形成的差异性

  区域地貌的形成演化分析主要从地貌形成的地质构造、物质基础、气候条件、外营力差异 4 个方面进行, 通过差异性比较可总结出区域地貌的形成条件。

1. 地质构造特征分析

地质记录显示，不同山地的抬升时代存在差异，总体上是由南向北发展：昆仑山在上新世开始显著升起；天山的大幅度隆升开始于早更新世；阿尔泰山自中生代初期开始一直未接受沉积，差异性升降运动弱（王树基，1998）。

阿尔泰山、天山、昆仑山等地槽，在早古生代时，发生大幅度下沉，接受大量沉积。经加里东运动，产生强烈褶皱和岩浆岩侵入活动，岩层发生变质，褶皱产生了背斜，背斜两侧发生边缘坳陷，成为后期沉积的场所。海西期地槽区表现为广泛的海侵，产生火山喷发和大规模的火成岩侵入活动，继而发生强烈褶皱和断裂升降运动。古生代末期，全疆除了喀喇昆仑以外所有地槽都已全部隆起成陆地，形成阿尔泰山、天山、昆仑山等雄伟的山地以及两个盆地。此时不仅成陆范围远远超出加里东时期，而且褶皱和断裂活动也表现较强烈。在阿尔泰山、天山、昆仑山等地区，基底断裂活动进一步发展，并使若干基底坚硬的断块地区，如库鲁克塔格、柯坪山地、阿尔金山、北山等表层都发生了块状的断裂（中国科学院新疆综合考察队，1978）。

1）阿尔泰山与北塔山地区

阿尔泰山的大地构造属于阿尔泰-萨齐岭地槽褶皱区，其主体属于加里东构造单元，地层主要为元古代晚期碎屑岩建造；下古生界为浅海相碳酸盐岩和碎屑岩沉积；上古生界为巨厚中基性火山屑岩、碳酸岩及陆相含煤岩系；中生界全部为陆相沉积；新生界仅见于山间盆地与山前地带，为河湖相沉积，加里东运动使阿尔泰山形成复杂的褶皱，华力西运动发生大规模的花岗岩侵入，至古生代末期，阿尔泰山已成为高耸山地。整个中生代基本上处于剥蚀夷平过程，新生代继承性的强大断裂活动使阿尔泰山形成断块山地。由于岩性古老，在山体中形成硬性单元，在后期强烈的构造运动中，造成各种以断裂为主的镶嵌体。山前海西褶皱带，经长期的剥蚀夷平、变位，形成断块山麓阶梯（中国科学院新疆综合考察队，1978）。

2）准噶尔西部山地

准噶尔西部山地的构造介于阿尔泰山与天山之间。新第三纪和第四纪的强烈构造运动在古老剥蚀准平原基础上发生大型拱曲作用，它受东北和西北两组断层线分割，地垒山脉中间为地堑。这种新构造运动重叠在古构造运动基础上，其间有很少的火成岩侵入体（中国科学院新疆综合考察队，1978）。

3）天山山地与山间盆地

天山山系是在古生代地槽褶皱基础上经历了复杂的地质演变而产生的，总体上是一个巨大的扇形褶皱，而依附于结晶轴的加里东构造单元所形成的内部山地，山势较低而且窄小。相反，南北两翼的海西褶皱带却形成天山最巍峨的山脉，且南北两翼古生代地层都向平原方向逆掩。华力西运动在其山体的形成中起了巨大作用，主要表现为广泛的海侵。剧烈的火山喷发和大规模火成岩侵入，此次运动晚期导致岩性致密的古生代地层发生强烈褶皱隆起而成高大的山岭。整个中生代和老第三纪天山地区基本上处于长期剥蚀夷平阶段，新第三纪与第四纪初的强烈构造运动使被夷平的古天山发生解体，出现剧烈的断块隆升，而在山前带形成了新的褶皱，扩大了天山的山体，一个崭新的巨大山系随之形成（中国科学院新疆综合考察队，1978）。

4）昆仑山与阿尔金山地区

昆仑山和天山不同，中央结晶带隆起最高，后期地槽褶皱带所组成的山岭山势较低，且具有等峰面性。山麓有前缘凹陷的前山带和山麓断块山梯级。山麓隆起以断裂为主，也伴生有褶皱运动。昆仑山的地质历史相当复杂，经历了从前震旦纪至第四纪的全部地质发展过程。前震旦纪晚期，昆仑山的基底岩系形成变质岩系；震旦纪形成叠层石灰岩与基性火山岩系互层；下古生代以来形成昆仑中带岛弧；上古生界多为浅海相灰岩与陆源岩碎屑。自三叠纪起昆仑山以岛弧性质开始形成，不同地段相继升出海面成陆。侏罗纪在许多分隔的山间盆地沉积了煤系地层，其上覆盖着红色地层，红层由下而上为泥岩、砂岩、砾岩。昆仑山地区岩浆活动非常强烈，具有多期活动性质，岩石组合类型繁多，以石英云闪长岩-花岗岩长岩-花岗岩为主。由于受印度板块与亚洲大陆碰撞的影响，原来的一些古构造全面复活，造成本区新构造运动十分强烈，火山活动普遍，地震频繁发生（中国科学院新疆综合考察队，1978）。

喀喇昆仑山系为另一种构造类型。地质历史上长期处于地槽部位，沉积层深厚，直到白垩纪才开始回返。而在阿尔卑斯运动中继续上升，并以褶皱为主，保持雄伟山地面貌，缺少准平原的遗迹。由于褶皱紧凑，也没有下陷的构造盆地。地质发展历史表明，喀喇昆仑山主要为中生代褶皱形成的山脉，经由喜马拉雅运动又强烈隆起，使其成为平均海拔达 6 000 m 的高大山地（中国科学院新疆综合考察队，1978）。

喀喇昆仑山主要由古生代与中生代地层组成，均为浅水沉积，古生界以灰岩为主，三叠系、侏罗系在卡拉其古一带均为陆架型灰岩沉积。喀喇昆仑白垩纪初隆起成陆，从卡拉其古到红其拉甫山口分布花岗闪长岩和花岗岩，晚三叠世的印支运动对青藏高原北部地区有重大影响，不仅使古特提斯海消亡，而且使喀喇昆仑-羌塘以北地区进入一个新的地质历史发展阶段。第三纪中后期以来，印度次大陆与亚洲大陆碰撞使老构造复活，导致本区成为陆地区现今最活跃的地区之一（中国科学院新疆综合考察队，1978）。

帕米尔高原具有复杂的地质构造，它位于众多大规模构造的顶端，由许多向北的弧形构造组成，主要构造在华力西造山运动时已具轮廓。阿尔卑斯运动使帕米尔产生了巨大的断裂与位移，现代帕米尔弧形构造是第三纪末形成的，帕米尔高原地层主要由古生代地层与花岗岩类侵入体构成，白垩纪与老第三纪在北部低地沉积有巨厚的海相地层，新第三纪为陆相粗粒碎屑砂岩与砾岩（中国科学院新疆综合考察队，1978）。

2. 物质基础及差异性

1）阿尔泰山与北塔山地区

阿尔泰山的花岗岩类几乎占据山体的一半，在中低山地区常形成负地形，但也有巨大的花岗岩体构成高大山峰，例如铁美尔巴坎山。在阿尔泰山东南段（青河流域）海拔2 200 m的茹叶尔克套和库沙拉等处，花岗岩规模最大。阿尔泰山青格里附近的低山带内，海西期花岗岩进入震旦纪地层内，包含有伟晶花岗岩，后者经分选侵蚀成为巨大的岩墙，其上密布蜂窝状的孔穴，有的直径高可及人，状似佛龛。阿勒泰地区的阿尔泰低山带的选择侵蚀作用非常明显：伟晶花岗岩岩脉和石英突起为山脊，友谊峰海拔4 374 m，主要由奥陶系的灰色、浅灰绿色的变质碎屑岩和花岗岩组成；花岗岩或片岩形成洼地或纵岩，其正地形为向山前倾斜的单斜脊地貌。另外在哈纳斯湖西侧的骆驼山，多由灰绿色千枚岩构成，海拔只有2 000 m左右。阿尔泰山高山的绿色片岩和千枚岩地区，冰裂风化的鳞状剥蚀作用特别强烈。碎屑状的风化物混合雪水、雨水向下沿坡移动，成为极厚的坡积层。由于这种块体运动产生了特殊山坡形态，峰顶出现狭隘的、梳子状的峰脊，两侧为斜坦的风化剥蚀面，向下转折成为岩面光秃并且裸露的凸形坡，而下部则为堆积物之间的凹形坡（中国科学院新疆综合考察队，1978）。

2) 准噶尔西部山地

准噶尔西部山地，在平坦的山顶剥蚀面上，分布着极易风化的岩石碎屑层；在宽广的谷地中主要以洪积碎石为主，细土沉积只限于塔城盆地与和布克谷地中。山地西部沉积了大量黄土，属于西风从西部哈萨克斯坦境内的卡拉库姆沙漠吹来的尘埃（中国科学院新疆综合考察队，1978）。

3) 天山山地与山间盆地

天山最高峰——汗腾格里峰，由大理岩、千枚岩及砂岩组成。天山西段博罗科努山（雨影区）晚古生代石灰岩地层在地形上也有独特的表现。这些山区气候相当干燥，岩石的化学风化作用不显著。在中天山内陆剥蚀高原面上，突露平整枕状节理发育的花岗岩体，由于冰缘带的冰霜风化作用强烈，每年积雪甚厚，夏季逐次消融，枕状节理层间特别易于风化，矿物质松解，再经风的吹蚀，形成弹簧垫状的岩柱。在东天山的博格达峰，由辉长岩和辉绿岩构成，为东天山的最高峰（中国科学院新疆综合考察队，1978）。

4) 昆仑山与阿尔金山地区

昆仑山山区前寒武纪的结晶岩、花岗岩突露在最高处，海西期的花岗岩也到处秃裸，呈现拱起的峰顶。山脉北翼在海拔2 000~4 000 m之间普遍堆积风成沙黄土，以和田、于田一带最为发育，厚度可达20 m。山区的成土风化壳，多是处在幼年性的碎屑状风化壳、易溶盐石膏风化壳和碎屑碳酸盐风化壳，普遍具有薄层、多砾、矿物风化程度弱等特点（郑度，1999）。

3. 气候条件及差异性分析

新疆的气候属于大陆性干旱气候，但南北跨越了两个温度带，以天山为界，北疆为中温带，南疆为暖温带。在阿尔泰山及准噶尔西部山地，除布尔津河有冰川融水补给外，其余各河流主要靠降雨和季节融雪水补给。降水量年际变化较大，为全疆年际变化最大的地区。天山(中、西段)南北坡、帕米尔山区、西昆仑以及喀喇昆仑山地区,由于高山冰川积雪比较丰富,夏季高山冰雪融水与低山降水有互补作用,是全疆河流径流量年际变化最小地区。天山东段、东昆仑和阿尔金山,由于降雨少,夏季多靠冰川、积雪融水补给,径流年际变化居于前两类之间(中国科学院新疆综合考察队,1978)。

1) 阿尔泰山与北塔山地区

阿尔泰山基带属于温带大陆性干旱气候。西段山区雨量丰富、森林茂密,径流作用强盛;东段山区降雨减少、林地减少,以草地为主,径流作用较弱;再向东的北塔山地区则属荒漠、荒漠草原景观,降水量稀少,径流微弱。

2) 准噶尔西部山地

准噶尔西部山地属中温带大陆性干旱气候,山地西麓年降雨量约 300 mm,东麓为 100~200 mm,气候干燥。山地的上部主要以草原景观为主,其下部主要以荒漠草原景观为主(中国科学院新疆综合考察队,1978)。

3) 天山山地与山间盆地

天山山地山体宽广,海拔相差悬殊,使得山地内部气温变化幅度很大。天山北部为温带大陆性干旱气候,南部为暖温带大陆性干旱气候。西部山地地形复杂宽阔,年平均气温等值线随着地形的变化而复杂;东部山地地形简单而狭窄,气温等值线随着地形的变化而较稀疏。天山南、北坡年气温梯度变化大,海拔越高,气温等值线的密集程度越大(胡汝骥,2004)。天山年降雨量分布非常不均匀,既有降水量大于 1 000 mm 的湿润区,也有降水量约 6.9 mm 的极端干旱区。受西风气流影响,天山西部降水多于东部,北坡的降水量大于南坡,山区降水量多于盆地,迎风坡降水量大于背风坡(中国科学院新疆综合考察队,1978)。

4) 昆仑山与阿尔金山地区

昆仑山基带属于暖温带大陆性干旱气候。庞大的山体和高峻的地势,使得昆仑山区气候、湖泊、河网、冰川等自然环境变化剧烈,气候极端干旱、寒冷,又是高山冰川集中发育的中心,形成了独特的气候区。昆仑山耸立于中亚最干旱的荒漠区,山地气候十分干燥,而且干燥程度由西向东逐渐增加,无论是水文网、径流量、冰川规模、降雨量等都有明显变化。受所处地理位置影响,昆仑山上吸收水汽的能力低于阿尔泰山和天山山地。山区南北气温差异显著,而且降雨量分布也很不均匀(中国科学院新疆综合考察队,1978)。

4. 外营力条件及差异性分析

1) 阿尔泰山与北塔山地区

阿尔泰山高山区冰川、冰缘作用强烈,冰川槽谷、角峰等发育,冰斗和槽谷常为冰碛物阻塞，形成一系列小湖泊；中山区主要受流水作用和干燥作用影响，西部、中部中山区以流水侵蚀、侵蚀剥蚀作用为主，森林覆盖良好，东部中山区干燥剥蚀作用强于流水侵蚀作用；低山丘陵区气候干燥，以干燥剥蚀地貌为主，多为荒漠草原景观（中国科学院新疆综合考察队，1978）。

2）准噶尔西部山地

准噶尔西部山地由于海拔普遍较低，山地垂直分带不明显，位于西风气流前进的道路上，但山地较低，地形对降雨的阻挡影响不显著，迎风坡和背风坡在地貌上的差异较弱。山地常年流水的河流较少，地表切割微弱，风化、干燥剥蚀作用强烈。塔城盆地内部受流水冲积、洪积作用影响强烈（中国科学院新疆综合考察队，1978）。

3）天山山地与山间盆地

天山山地大部分高峰都有现代冰川发育。山地西段，冰川发达，是大河流的主要水源；山地东段比较干燥，只有 4 000 m 以上的山顶才可见常年积雪，分布少数冰川，大河流也不多见。天山内部海拔高度各不相同，有些盆地、谷地气候较为湿润，外营力以流水作用为主，如伊犁盆地；但吐鲁番-哈密盆地则处于干燥气候条件下，干燥剥蚀、洪积作用强烈；海拔较高的尤尔都斯盆地属于高海拔盆地，以冰缘作用为主（中国科学院新疆综合考察队，1978）。

4）昆仑山与阿尔金山地区

昆仑山山岭间有巨大高差，但没有明显的垂直带划分，高处全为高寒荒漠，直接与常年积雪、冰川、冰缘作用带相接。由于巨大山体隆起很高，气候严寒，干旱、寒冻机械风化和干旱剥蚀作用强烈。整个昆仑山地区，从北向南基本可以划分为 3 个外营力作用带：最北侧是风成沙黄土、干燥作用共同构成的外营力作用带，黄土地貌主要分布在且末以西地段，以东地段则是以干燥地貌为主；中间是流水侵蚀作用为主的外营力作用带；南侧是冰川、冰缘共同作用的外营力作用带（中国科学院新疆综合考察队，1978）。

7.3 新疆山地地貌特征及其形成演化

阿尔泰山、天山、昆仑山等地槽区在古生代发生剧烈的凹陷和褶皱，沉积了巨厚的沉积岩系，有规模巨大的花岗岩侵入和火山岩系活动。古生代末褶皱上升成为雄伟山地。中生代继续有所活动，遭受长期剥蚀，继而在天山外围两麓凹陷带及山间盆地和昆仑山北麓凹陷带内沉积巨厚的中生代岩系。新生代继续沉积后，受到幅度巨大的褶皱断裂作用，成为一系列长条的山脉，或被断裂分割形成许多次一级的楔形地块和山间盆地（中国科学院新疆综合考察队，1978；中国科学院新疆资源开发综合考察队，1994；袁方策等，1994）。

1. 阿尔泰山与北塔山地区

1) 剖面特征

阿尔泰山与北塔山地区的整体外形近似于一只展翅飞翔的苍鹰,只是上下翅膀有些不对称;上部的翅膀较为宽阔沉重,下部的翅膀则相对较狭窄单薄。沿着近似于西南-东北方向作与阿尔泰山区域相互垂直作剖面线,见图7.14,从西到东,共五条剖面线。由图7.14可知,本地区从西向东,地势逐渐降低,坡度减缓;在阿尔泰山区域,阶梯状的地势层次较为清晰,而在北塔山区域,则无明显的阶梯特征。剖面线L1,海拔从1 000 m左右上升到3 500 m左右,变化速度均匀,接近于直线上升;剖面线L2、L3和L4,在前面一部分,海拔变化不大,但后一部分海拔高度迅速增加,表明这些地方山势较陡;剖面线L5不仅显示出该区地势和缓,而且海拔高度较低。

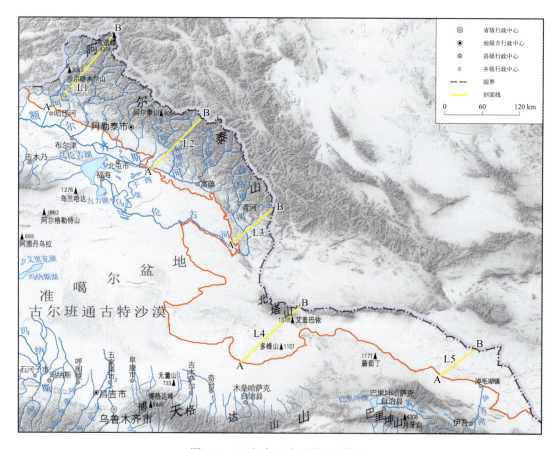

图 7.14 阿尔泰山地区剖面分析图

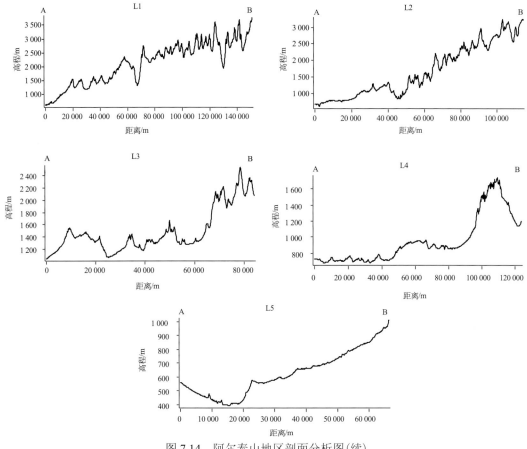

图 7.14 阿尔泰山地区剖面分析图(续)

2) 山地垂直地貌带

阿尔泰山地区以干燥、流水、冰缘、冰川四种外营力作用为主(可参考表 7.5),而且这四种作用力的影响范围随着海拔高度的变化而变化;海拔 1 000 m 以下,零星分布有黄土覆盖的地貌类型和风沙作用的地貌类型。

阿尔泰山地区,现代冰川和雪线高度大约在 3 200 m 左右,分布着冰川作用塑造的地貌类型。其上部是永久寒冻带,常年没有融化作用,所以地貌发育过程缓慢;其下部在夏季冰雪和冻土都会有融化作用,使得地貌形成过程显著加强。冰川作用地貌区,冰雪覆盖在坚硬的岩石上,裸露的山峰大多被冰雪雕刻成角峰和刃脊地貌,分布有冰川槽谷、冰斗、冰碛湖、冰蚀地貌等。

本区的多年冻土(冰缘)线大致在海拔高度 2 400 m 左右,上接现代冰川积雪形成的冰川地貌带,属于没有冰川覆盖的气候严寒地区,寒冻风化和冻融作用强烈,地貌发育过程明显快于冰川积雪区。冰缘作用对山坡地貌发育的影响占绝对优势。冰川前缘的雪蚀、风化作用,促进了山地地貌的演化。山坡上的岩石经过寒冻风化作用,不同结构和成分的岩石形成不同的地貌特征,如岩海、峰林、岩屑坡等。

在海拔 1 500 m 以上，主要是流水作用塑造的地貌带，上部与冰缘地貌带相邻。受降水影响，该地貌带上具有明显的流水侵蚀切割特征，河流切割基岩山地形成谷地。分布有较多的森林植被，特别是在河谷阴坡，阿尔泰山的西北分布着南泰加林型森林。流水作用地貌带的生物风化与化学风化作用明显，由于植被覆盖，山地剥蚀侵蚀强度减弱，风化过程和成土过程进行得比较彻底。但是在植被受到破坏的地方，在暴雨冲刷下，在山谷出口迅速形成冲积扇。

1 000 m 以下主要是干燥作用塑造的地貌带，上邻流水地貌区，下接平原地貌区。该区受机械风化、干燥剥蚀等作用影响形成干燥剥蚀地貌，表现为荒漠景观。

3) 山地夷平面

阿尔泰山地区的分布的夷平面较多，具有明显的层状地貌特征。阿尔泰山普遍保存有多级夷平面，不同的人划分的等级不同(袁方策等，1991；王树基，1998；吴珍汉等，2001)，如图 7.15(A) 和图 7.15(B)，目前较为认同划分为 5~6 级夷平面。

最高夷平面，在西部分布在海拔 3 000 m 以上，东部约在海拔 2 800 m 以上，由齐平的山脊线和峰顶面构成，为破碎的古准平原面，局部残留有薄层红色风化壳，顶面平缓。第二级夷平面分布在海拔 2 600~3 000 m 处，由大面积平坦宽阔的山顶面和齐平的长条形平台面构成，起伏缓和，连续性好，分布有众多湖泊、积水洼地和沼泽地，保留有大量第四纪冰蚀地貌(吴珍汉等，2001)。第三级夷平面分布在海拔 1 800~2 500 m 之间，顶面较为破碎，仅残留一些峰顶面，呈条状、片状缓起伏台面和块状山顶面，上覆薄层红色风化壳。

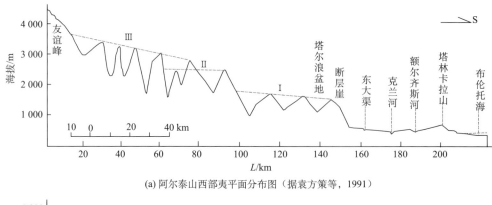

(a) 阿尔泰山西部夷平面分布图（据袁方策等，1991）

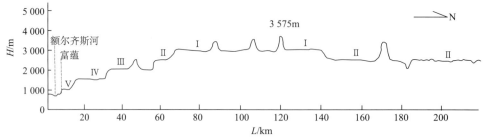

(b) 阿尔泰山东段夷平面分布（据王树基，1998）

图 7.15　阿尔泰山夷平面分布

第四级夷平面分布在海拔 1 200~1 600 m 之间，遍布在低山丘陵区，夷平面起伏和缓、平坦、完整并且较为连续，与断陷盆地、宽浅谷地相间分布，上覆杂色砂质黏土风化壳(吴珍汉等，2001)，其南侧常以明显的断层崖与准噶尔盆地相隔(袁方策等，1991)。

第五级夷平面分布在海拔 600~800 m 的山前丘陵带，特点是平顶缓丘，地表起伏小，与平原成缓倾过渡关系，发育绛红色与棕红色黏土风化壳(王树基，1998)。

4) 山间盆地

阿尔泰山是长期受剥蚀的加里东褶皱地块，属于典型的断块山地，内部没有中生代或第三纪的堆积盆地，中山带和低山带古生代地层断裂下陷形成的构造盆地，如青格里、布尔根等都被第四纪的砾石层与黄土状物质所填充，属于最新构造断裂系统的成因(中国科学院新疆综合考察队，1978)。

高山带以上分布着许多由古冰川剥蚀形成的、属于冰槽性质的小型山间盆地。喀纳斯湖就是由终碛阻塞形成的。这些盆地周围山坡的冻裂风化作用和雪蚀作用强烈。

中山带分布着与山脉走向平行、规模较小的地堑式山间盆地，如青格里盆地。这些盆地因海拔较低，没有受到冰川直接刻蚀的影响，盆地内堆积着薄层第四纪砾石层。

在低山带，有许多地堑谷形成的、与山脉走向一致的山间盆地，如阿勒泰地堑谷，呈西北向排列。这种盆地在冰期融雪时可能曾被洪水满溢，覆有薄层的冲积层。目前通过盆地的河道已经下切到盆地的基岩中，盆地大部分被周围山地的洪积物所填充。

2. 准噶尔西部山地

1) 剖面分析

准噶尔西部山地形状近似于头朝下倾斜的海马，由多个相互不连续的低山丘陵、盆地、谷地组成，地势和缓。这些山地大致呈东西走向。分别对本区域的各个山体作剖面分析，见图 7.16。

剖面线 L1，横跨了巴尔鲁克山和玛依勒山。由图可见，巴尔鲁克山山势较陡，玛依勒山山势相对缓和，而且前者海拔高于后者；山顶受流水作用影响较大。巴尔鲁克山西北部山坡黄土覆盖形成的地貌为主，玛依勒山的东南部山坡则受干燥作用影响大，两者之间的托里谷地受两面山体的遮挡以干燥作用为主。

剖面线 L2，从塔城盆地向塔尔巴哈台山做的横剖面。依据剖面线，塔尔巴哈台山山势相对缓和，山顶冰缘作用形成的范围很小。塔尔巴哈台山山麓有少量黄土覆盖的地貌，其余地方均受流水作用影响大。

剖面线 L3，从塔城盆地向齐吾尔喀叶尔山做的横剖面。齐吾尔喀叶尔山山势较陡，山顶有少量冰缘作用地貌；在面向塔城盆地山坡，全部受流水作用影响，而面向准噶尔盆地山坡，以 1 700 m 左右为界，上部受流水作用影响，下部以干燥作用地貌为主。

剖面线 L4，基本上从西南向东北方向，横跨了齐吾尔喀叶尔山和萨乌尔山。该剖面线穿过的齐吾尔喀叶尔山部分，海拔较低，山势和缓，且以干燥作用影响为主；萨乌尔山，约在 3 000 m 以上，分布着冰缘作用的地貌，从 3 000~2 200 m 左右，两面山坡都

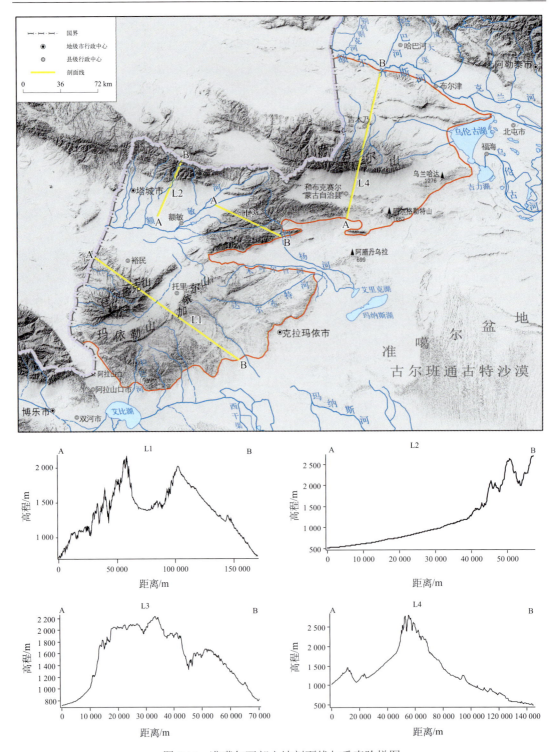

图 7.16 准噶尔西部山地剖面线与垂直阶梯图

是受流水作用影响，2 200 m 以下，除了东北方向有少许流水地貌和沙地分布外，其余都是干燥作用形成的地貌。

2) 山地垂直地貌带

准噶尔西部山地由于山地高度普遍较低，所以山地垂直分带不明显；主要以流水和干燥作用塑造的地貌为主，其他地貌类型存在缺失；古冰川、冰缘地貌仅分布在北部山区，而且面积很小；受西部哈萨克斯坦境内的卡拉库姆沙漠影响，山地西部分布有黄土物质，形成黄土覆盖地貌。

北部山区由萨乌尔山、塔尔巴哈台山、齐吾尔喀叶尔山以及山间谷地组成。萨乌尔山海拔 3 000 m 以上地区有少量古冰川、冰缘地貌分布；流水作用的地貌带分布在海拔 2 200～3 000 m 之间，多为流水侵蚀的山地；海拔 2 200 m 以下就是干燥剥蚀、洪积形成的地貌区。齐吾尔喀叶尔山地貌垂直特征两边不对称；山体西北部面向塔城盆地，约以海拔 2 200 m 为界，分为两个地貌带，上部为冰缘剥蚀山地，下部为流水侵蚀、冲积地貌；山体东南部面向准噶尔盆地，多了干燥剥蚀地貌区，分布在海拔约 1 800 m 以下，其余地貌分布与山体西北部相同。塔尔巴哈台山上的冰缘剥蚀地貌分布在海拔约 2 550 m 以上；海拔 2 000～2 550 m 之间是流水侵蚀作用形成的地貌；海拔 1 600～2 000 m 之间分布黄土物质覆盖的地貌；海拔 1 600 m 以下为流水冲积地貌的分布区。

南部山盆地势明显低于北部山地，由巴尔雷克山、玛依勒山、加依尔山以及山间谷地、盆地组成。巴尔鲁克山西部以海拔 1 700 m 为界，上部是流水侵蚀地貌，下部是黄土覆盖地貌；玛依勒山和加依尔山在海拔 1 700 m 以上为流水侵蚀地貌，以下为干燥剥蚀和干燥洪积地貌。

3) 山地夷平面

准噶尔西部山地的夷平面分布较少，特征不清晰，而且有些区域夷平表面狭窄、不成带，所以层状地貌特征不如阿尔泰山、天山等山地明显。图 7.17 反映了准噶尔西部山地中巴尔雷克山上分布的夷平面，第一级夷平面分布在海拔 2 500 m 左右；第二级夷平

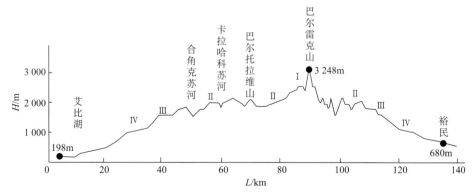

图 7.17　准噶尔西部巴尔雷克山夷平面分布(据 1978 年《新疆地貌》)

面分布在海拔 2 150 m 左右；第三级夷平面分布在海拔约 1 650 m；第四级夷平面分布在海拔 1 200 m 左右。由图 7.17 可知，每级夷平面的宽度都不大，而且不如其他山地夷平面那样具有层次分明的分布特征。

4) 山间盆地

准噶尔西部山地的山间盆地，如塔城盆地、和布克赛尔谷地、蘑菇台盆地等均属于古老继承性盆地，都是继承了中生代的山间盆地，经阿尔卑斯运动断裂下沉而发展起来的，大多为半封闭性盆地(中国科学院新疆综合考察队，1978)。

3. 天山山地与山间盆地

1) 剖面分析

天山山地沿着东西方向横卧在新疆中部，将其分割为南疆、北疆两部分。整个天山山脉呈东西向宽带状分布，但位于新疆境内的天山山脉部分，则近似于一个倾斜的 T 形分布(见图 7.18)。按照从西向东的顺序，选取 6 条剖面线，图 7.18 反映了每个剖面线的特征，并描绘了每个剖面线附近山地垂直阶梯地貌特征。依据各剖面线所反映出来的地貌成因类型来看，从西向东气候逐渐干燥。

剖面线 L1，海拔高度约从 1 500 m 左右到 4 000 m 左右，由图 7.18 可见，本剖面上山势较陡，且山间有较大沟谷；哈拉峻盆地和柯坪褶皱山体海拔约在 2 200 m 以下；在垂直方向上，3 000 m 左右以上，主要受冰川、冰缘作用影响；3 000～2 500 m 左右，主要是流水作用形成的地貌特征；其余地区，都是以干燥作用的地貌为主。

剖面线 L2 距离最长，海拔差也最大，经过南天山托木尔峰附近、伊犁盆地的特克斯河谷和伊犁河谷、北天山、以及博尔塔拉河谷。南天山地区山势陡峭，海拔高，以冰川、冰缘作用的地貌为主；特克斯河谷和伊犁河谷以流水作用的地貌为主，两河之间为乌孙山，主要是黄土覆盖的山地地貌；本剖面上的北天山虽然没有南天山海拔高，但是山势同样陡峭，而且垂直阶梯的地貌特征明显，从山顶到山脚依次是冰川、冰缘作用地貌，流水作用地貌，干燥作用地貌和流水作用地貌(包括博尔塔拉谷地)。

图 7.18 天山山地剖面线与垂直阶梯图

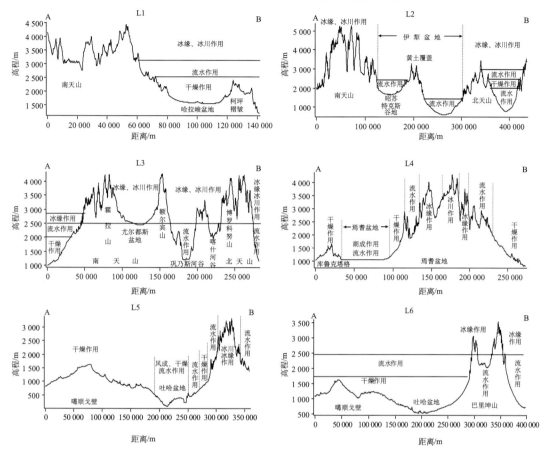

图 7.18 天山山地剖面线与垂直阶梯图(续)

剖面线 L3,由南到北横跨了霍拉山、尤尔都斯盆地、额尔宾山、巩乃斯河谷、喀什河谷以及博罗科努山。霍拉山南坡从山顶到山脚,依次是冰川作用、冰缘作用、流水作用和干燥作用,其中冰川作用和干燥作用分布范围较大;尤尔都斯盆地属于高山盆地,盆地内部地势平坦,冰川、冰缘作用影响广泛,周围山地冰雪融水形成了湖泊,巴音布鲁克天鹅国家自然保护区就位于其中;巩乃斯河谷、喀什河谷以及北天山北坡山麓地带主要受流水作用影响;其余地方包括额尔宾山和博罗科努山都是以冰川、冰缘作用地貌为主。

剖面线 L4 经过库鲁克塔格低山丘陵区、焉耆盆地、阿拉沟山和依连哈比尔尕山,前两者海拔均在 1 500 m 以下,后两者海拔可高达 4 000 m 左右;库鲁克塔格为干燥作用地貌区;焉耆盆地为湖成作用和流水作用共同影响区;阿拉沟山南坡由山麓到山顶的地貌特征依次受干燥、流水和冰缘作用影响;依连哈比尔尕山北坡从山顶到山脚依次分布着冰川、冰缘、流水和干燥作用形成的地貌类型。

剖面线 L5 大致呈"U"型。分布在该剖面上的嘎顺戈壁为干燥作用控制区;吐哈盆地属于流水、干燥和风成作用共同影响的地貌区;东天山从山顶到山脚依次分布冰川、冰缘作用地貌、流水作用地貌、干燥作用地貌、流水作用地貌。

剖面线 L6，整体上山势和缓，特别是嘎顺戈壁几乎是低山丘陵，只有巴里坤山地起伏较大；在该剖面上，干燥作用影响范围最大，从嘎顺戈壁延伸到吐哈盆地，该区域海拔较低，约在 1 600 m 以下；属于东天山的巴里坤山，以流水作用为主，只有山顶约 2 500 m 以上分布冰缘作用地貌。

2）山地垂直地貌带

天山山脉的垂直地貌结构十分显著，自上而下分布着冰川积雪地貌带、冰缘冻融地貌带、流水侵蚀、冲积地貌带、干燥剥蚀、洪积地貌带。在天山北坡，还分布有少量黄土覆盖地貌，但没有形成完整的地貌带。受地理位置、山脉宽度、海拔高度等多种因素影响，天山山地的垂直地貌结构在不同区域都存在较大差异，而且受新构造运动影响，山地高度差异较大，形成不同的梯级地貌，使得垂直地貌结构更加复杂，塑造地貌的各种外营力特征的分布范围也存在区域差异。特别是天山南坡和天山北坡的垂直地貌带，如，干燥地貌在天山北坡主要分布在海拔 2 000 m 以下，在天山南坡则在 2 000～2 500 m 以下；冰缘冻融地貌在天山北坡主要分布在 2 800～3 500 m 之间，在天山南坡冰缘地貌分布的最低海拔从西 3 500 m 向东逐渐降低，巴里坤附近 3 200 m，东端最低处 3 000 m；冰川积雪地貌在北天山分布在海拔 3 500 m 以上地区，在天山南坡现代雪线的最低海拔也是自西向东由 4 500 m、4 200 m、最终降到 4 000 m。

天山山地的极高山地貌带，海拔大约在 4 000 m 以上，多分布在山峰高耸地区，由高大的山结组成，地貌发育过程相对缓慢，分布有规模巨大的山岳冰川，覆盖有永久积雪，是现代冰川作用的主要地区，冰雪和寒冻风化作用强烈，裸露的山峰被雕刻成角峰和刃脊，冰川槽谷、冰斗、冰碛湖、冰蚀地貌等发育。

海拔 3 600 m 以上为天山山地的高山地貌带，其上与极高山地貌带相接。高山带主要是古冰川作用、现代冰缘冻融作用地貌带，古冰川槽谷、冰缘地貌普遍发育，分布有季节性积雪，冰冻风化、霜冻风化剧烈，山地岩石剥蚀作用强烈，倒石堆、崩塌、雪蚀洼地、坡面雪蚀泥流等分布广泛。

天山山地的中山地貌带约在 2 000 m 以上，上接高山地貌带。降水丰富，地貌明显带有侵蚀切割特征，流水作用强烈，地表破坏严重，沟谷纵横，岭谷相间地貌分布较多，河谷切穿了古冰川谷地及其底碛沉积层，甚至切入山地基岩内部，形成河流阶地和基岩峡谷，化学风化和生物风化作用明显，地表覆盖有植被，剥蚀、侵蚀强度减弱。

天山山地的低山丘陵地貌带约在 2 000 m 以下，受流水侵蚀、冲积作用和干燥剥蚀、洪积作用共同影响，大部分地区缺少植被覆盖，长期受到强烈的机械风化作用影响。低山带及前山带构造，夹有一些向斜谷地，形成山间纵谷平原。天山北坡低山带堆积有黄土覆盖的地貌，该区山前构造最为典型，形成多排褶皱带，图 7.19 反映了山前褶皱带的发展模式。断裂的推覆、冲断、逆掩、走滑造成了地壳在山区的剧烈缩短，山地断块抬升；同时在山麓盆地边界主断裂(MBF)的推覆、冲断造成了下盘新地层的褶皱，继而在其中发育低角度的前沿活动断裂(FAF)向盆地方向逆冲，山地以此方式向外扩张，如图 7.19(王树基，1998)。

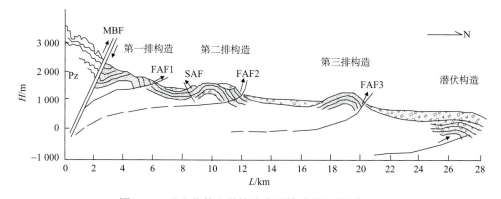

图 7.19　天山北麓山前构造发展模式(据王树基,1998)

注：MBF 指边界主断裂(master boundary fault)；FAF 指前沿活动断裂(frontal active fault)；SAF 指次反向断裂(secondary antithetic fault)

3) 山地夷平面

天山山地普遍保存有 3 级夷平面,图 7.20 反映了天山地所有夷平面的分布状况,并针对不同山区的夷平面进行了剖面分析。

第一级夷平面主要分布在高山与极高山区,海拔在 4 000 m 以上,地貌特点是齐平的山顶面、山脊线和较为平坦的夷平面残体,缺少风化壳,覆盖有冰碛物和寒冻岩石碎屑。第二级夷平面分布在中高山地区,海拔约为 2 800~3 200 m 之间,地貌特征表现为山坡平台或横向山脊,保存有多层风化壳,局部上覆盖第三系红层。第三级夷平面分布在海拔 1 800~2 200 m 之间,位于中低山地区,保存有老第三纪形成的化石夷平面,现在的夷平面发育在渐新世-中新世沉积层上(王树基,1998；吴珍汉等,2001)。

据图 7.20(A),天山山地的第一级夷平面主要分布在北部的依连哈比尔尕山和南部的哈尔克他乌山,这是因为两个山脉海拔高,山顶面比较平坦,破坏程度较轻,夷平面保存完整。第三级夷平面在巴里坤山、库鲁克塔格、觉罗塔格地区分布较多,地形相对平坦和缓,基本上保留了原始地貌形态(王树基,1998)。

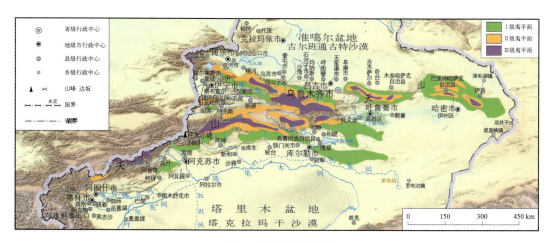

A. 天山山地夷平面空间分布

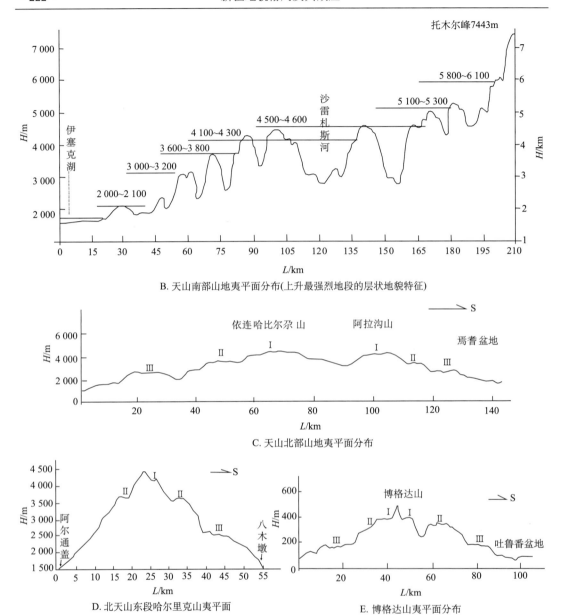

图 7.20　天山山地夷平面分布(据王树基，1998)

4) 山间盆地

天山山地隆起剧烈，山脉中分布着一系列大小不等的山间盆地，规模较大的伊犁盆地、特克斯盆地、焉耆盆地、吐鲁番盆地、哈密盆地及尤尔都斯盆地等都位于构造沉降带内。除了少数盆地(如拜城盆地)形成于新生代以外，大部分在中生代时已经形成。有些构造盆地虽然不断接受后期沉积和构造运动的影响，但是仍然具有古老构造盆地地貌的继承性，如伊犁盆地。天山山脉的高山带以上，谷坡陡峭，由冰川阻塞形成的湖盆保留很少，多见构造成因的串珠状纵向构造盆地，如被开都河串联起来的大小尤尔都斯盆地。高山带以上的盆地在冰期都被冰川刻蚀改变地貌特征，盆地周围分布冰碛物，中部有间冰期的湖相沉积，最后发育年轻的河流冲积平原。

巴里坤盆地和赛里木湖盆都没有大河注入，主要靠地下水补给；前者为地堑式盆地，湖滨分布着大面积盐土；后者为全封闭的盆地，湖滨多为洪积扇。伊犁盆地边缘有第三纪地层和中生代地层分布，盆地中部堆积厚层的第四纪砾石和黄土状物质。焉耆盆地是天山海西褶皱带内的中、新生代拗陷，盆地表层覆盖第四纪沉积层，西部是开都河不同阶段发育的三角洲，中部则是博斯腾湖。拜城盆地属于新生代向斜断裂下陷的盆地，被渭干河所携带的冰水沉积物填充，其上覆盖着现代河流冲积物和山麓洪积物。吐鲁番盆地是经历了侏罗纪、白垩纪、第三纪和第四纪拗陷的古老盆地，晚期的造山运动褶皱起来的火焰山背斜将其隔为南北两部分，南部下陷最低，分布着我国内陆最低点艾丁湖。哈密盆地也是天山褶皱带内中、新生代拗陷，但下陷程度小于吐鲁番盆地，第三纪地层广泛出露，深沟遍布，风蚀地貌广泛出现，第四纪地层只有天山南麓洪积扇广泛发育。

4. 昆仑山与阿尔金山地区

1）剖面特征

昆仑山分布在新疆的南部边缘，其弧形外形犹如月牙，大致沿着北-东南-东的方向延伸，如图7.21。选取与山体基本垂直的角度，从西向东分别作剖面分析，共有9条剖面线。总的来看，昆仑山北部与塔里木盆地相接处，地势陡峭；昆仑山南部则相对和缓，特别是在中东昆仑，北部与南部地势差异显著。

剖面线L1，位于昆仑山的最西端，山体较窄，经过萨雷阔勒岭、塔什库尔干谷地和西昆仑山。萨雷阔勒岭海拔接近5 000 m，地貌特征主要受冰川作用控制，边缘接近谷地处有部分地貌受冰缘作用影响；塔什库尔干谷地由于海拔较低，有冰雪融水汇聚的河流穿过，所以地貌特征以流水作用为主；西昆仑山在3 000 m左右以上分布冰川作用的地貌，3 000 m左右以下则为流水作用地貌。

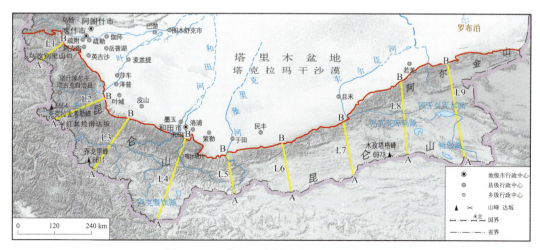

图7.21　昆仑山山地剖面线与垂直阶梯图

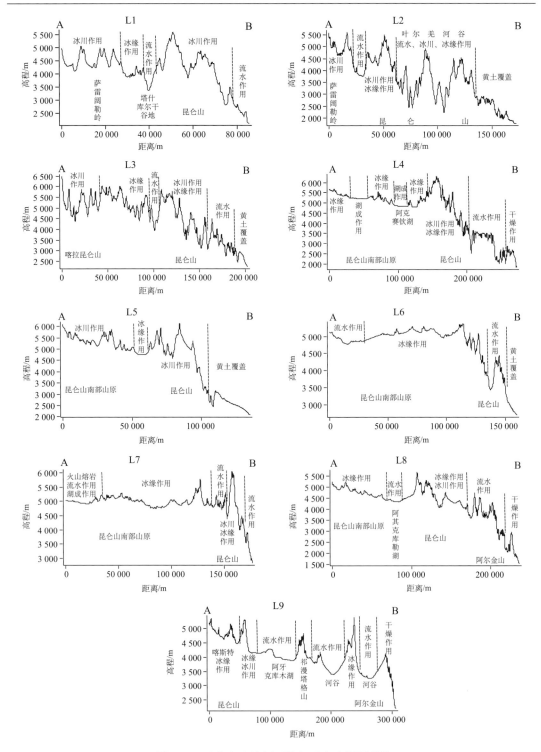

图 7.21　昆仑山山地剖面线与垂直阶梯图(续)

剖面线 L2 山势陡峭，海拔落差也大，本剖面上的萨雷阔勒岭主要受冰川、冰缘作用控制，但分布其中的河谷则以流水作用影响为主；该剖面上的昆仑山部分，除了其北坡分布有黄土覆盖的地貌特征外，其余地方流水作用的地貌占主导地位，并分布少量冰川、冰缘作用地貌。

剖面线 L3 经过喀喇昆仑山和昆仑山，整体山势较陡，除部分山间河谷受流水作用影响外，其余均由冰川和冰缘作用控制；昆仑山北坡的外营力作用表现出阶梯状形式，从山顶到山脚依次分布着冰川冰缘地貌、流水地貌和黄土覆盖地貌。

剖面线 L4 经过喀喇昆仑山东南部的末端、昆仑山南部山原和昆仑山，外形似"┓"状，最高海拔接近于 6 000 m，交替出现的外营力作用较多；喀喇昆山为冰缘作用影响区；昆仑山南部山原山势和缓，由湖成、冰缘作用交替影响，阿克塞钦湖就位于此处；昆仑山北坡山势陡峭，从山顶到山脚分别受冰川冰缘作用、流水作用和干燥作用影响。

剖面线 L5 由南到北从昆仑山南部山原过渡到昆仑山，整体山势相对缓和；约以 3 500 m 左右为分界线，该海拔以上大多受冰川作用控制，冰川地貌遍布，间或有零星冰缘地貌分布；该海拔以下，位于昆仑山北部山麓地带，为黄土覆盖的地貌特征。

剖面线 L6 在昆仑山南部山原地势平缓，以冰缘作用影响为主，流水作用的地貌特征主要分布在与西藏相接壤地区，范围较小；昆仑山北坡山势陡峭，海拔上升较快，从山顶到山脚依次分布冰缘作用、流水作用和黄土覆盖地貌特征。

剖面线 L7，地势较缓，冰缘作用地貌占主导地位，只在南部接近西藏的边界地方间杂分布有少量火山熔岩地貌、流水地貌和湖成地貌；该剖面上昆仑山山体相对较窄，山顶主要以冰川冰缘作用为主，其余地方为流水作用控制区；昆仑山北坡山势陡峭，接近于垂直山势。

剖面线 L8 从昆仑山南部山原上的木孜塔格峰东部开始，经过阿其克库勒湖盆，跨越东昆仑山和阿尔金山；昆仑山南部山原主要受冰缘作用控制，阿其克库勒湖盆以流水作用为主，昆仑山则是由冰缘作用和冰川作用共同控制；阿尔金山主体受流水作用影响，在其北坡干燥作用影响强烈。

剖面线 L9 距离最长，从南到北横跨东昆仑山和阿尔金山，途中经过阿牙克库木湖盆和祁漫塔格山；在昆仑山南部山原-新疆与青海交界处分布有少面积的喀斯特地貌，主要以冰缘作用地貌为主；阿牙克库木湖以南地区冰缘作用和冰川作用的地貌占主导地位；祁漫塔格和阿尔金山在 3 800 m 左右以上基本上受冰缘作用控制；阿尔金山内部山谷主要分布干燥作用地貌；阿牙克库木湖盆、阿尔金山与祁漫塔格之间的山谷则分布流水作用地貌。

2) 山地垂直地貌带

本区域的山地垂直地貌结构比较明显，自上而下分别为冰川积雪地貌带、冰缘冻融地貌带、流水侵蚀、冲积地貌带、干燥剥蚀、洪积地貌带。在昆仑山中、西段，还分布有少量黄土覆盖地貌，但没有形成明显的地貌带。在地理位置、山脉高度、自然条件等因素的影响下，不同地貌带所分布的海拔高度自西向东存在差异，冰缘地貌下界在西部基本上为 3 500 m，中东部为 4 600~4 800 m；现代雪线在昆仑山与阿尔金山地区的西部大致为 4 500 m，中东部为 5 500 m。

昆仑山与阿尔金山地区的极高山地貌带，大约在海拔 5 000 m 以上，多分布在山峰陡峭地区，其上部是永久积雪带，冰川地貌发育；下部在暖季会有消融变化，形成冰川冰缘地貌。山峰和山坡被冰雪覆盖，在强烈的冰冻作用下形成角峰、刃脊、冰川槽谷等地貌特征。慕士塔格峰是冰川形成最早的山峰，被称做"冰山之父"，海拔约为 7 555 m，厚厚的冰层覆盖整个山体，冰层在西坡下延到 5 000～5 500 m，东坡达到 5 300 m 左右（中国科学院新疆综合考察队，1978）。极高山地貌带分布着又深又宽阔的冰川槽谷，两旁是陡峻的悬崖峭壁，冰舌布满整个谷底。

昆仑山与阿尔金山地区的高山地貌带大约位于海拔 4 000 m 以上，上接现代冰川和永久积雪带。这里分布有许多古冰川地貌，如冰斗、古冰川槽谷、冰蚀湖、冰碛物和冰碛湖等。高山带的冰缘地貌发育，冻融作用和雪蚀作用促进了山地地貌的演化，形成石冰川、雪蚀洼地等地貌特征。高山带受古冰川侵蚀的坡面上或者是未受冰蚀的坡面上，往往产生由雪蚀作用形成的洼地，许多洼地联接起来就成为一种改变地貌的巨大作用。高山带的下部，由于降水量逐渐增多，冰川积雪融水形成河流，顺着山谷流淌，形成流水侵蚀地貌，河谷形态与高山带上部存在差异，河流开始下切，有些地方形成河流阶地。

昆仑山与阿尔金山地区的中山带，降雨相对较多，流水侵蚀切割作用强烈，成为塑造地貌形态的主要外营力。河谷下切程度增加，其上部是由冰碛物质组成的河流阶地，下部是基岩峡谷。河谷切割强度受制于河流水量大小、冰碛物的厚度和地壳运动激烈程度影响（中国科学院新疆综合考察队，1978）。

昆仑山与阿尔金山地区的低山带自西向东为一狭长条带区域，位于地槽褶皱带的前缘凹陷区内，这里新构造运动表现强烈，大约位于海拔 3 000 m 以下，完全受干旱荒漠气候条件控制，干旱剥蚀作用强烈，干燥剥蚀地貌发育。在昆仑山西部和中部地区，北坡低山带堆积有少量黄土，形成黄土覆盖的低山地貌。

3）山地夷平面

图 7.22 反映出喀喇昆仑山、昆仑山和阿尔金山发育了 2～3 级夷平面。

昆仑山的第一级夷平面发育在海拔 6 000 m 以上，由齐平的山脊线和峰顶面组成；第二级夷平面在昆仑山西段和东段位于海拔 4 500 m 左右，但在昆仑山中段的海拔约在 5 000～5 500 m，由山峰群和山脊线两侧山坡的腰部和高山带山顶面组成，现在保存古夷平面基本形态的是比较宽广的长条形平台或和缓的平顶山脊以及宽广平坦的山地垭口等；第三级夷平面在海拔 3 500～4 600 m，属于残留高原面，是丘陵、宽谷与湖盆所构成的和缓起伏的准平原化地貌（图 7.22（A,B））。

阿尔金山的第一级夷平面发育在海拔 4 200～4 600 m，夷平面比较破碎，呈条带状或块状，现存面积较小；第二级夷平面位于海拔 3 000～3 600 m，由起伏和缓的丘陵和高山山足面组成，呈条带状或块状（图 7.22（C））（王树基，1998；吴珍汉等，2001）。

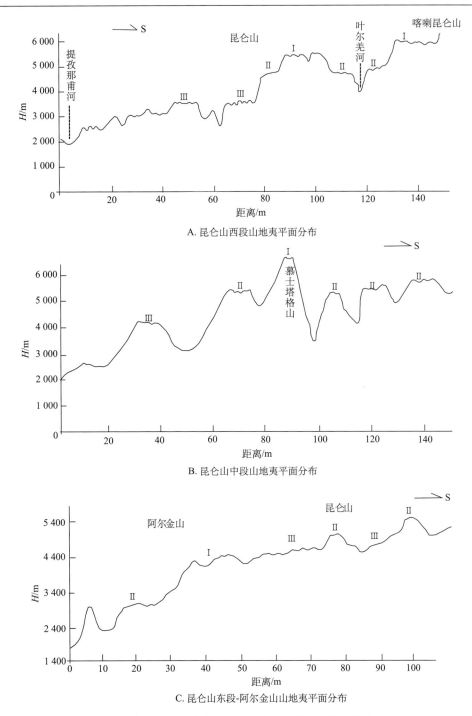

A. 昆仑山西段山地夷平面分布

B. 昆仑山中段山地夷平面分布

C. 昆仑山东段-阿尔金山山地夷平面分布

图 7.22　昆仑山与阿尔金山地区山地夷平面分布(据王树基,1998)

4) 山间盆地

昆仑山地区在宽广的山体中,分布有较大的山间盆地,如塔什库尔干、阿克赛钦、阿牙克库木、喀拉米兰等盆地。昆仑山地是长期不断隆起的山脉，剥蚀作用强烈，在构造上缺少像天山那样古老的构造盆地，只有一些断裂河谷被第四纪冰川修饰形成的山间盆地(中国科学院新疆综合考察队，1978)。塔什库尔干是沿着断层谷被冰川刻蚀形成的冰槽型山间盆地，平直的宽谷两侧遗留有各期冰碛阶地，槽谷中出露冰碛垄，但谷底大部分为现代沉积所覆盖。东昆仑山的库木库里盆地是一个新生代内陆凹陷盆地，沉积有很厚的第三纪和第四纪地层。盆地中的第三纪地层褶皱形成若干背斜，隆起带的南北都为沉陷区，堆积冰碛物和冰水沉积物，其上又被第四纪洪积、冲积物所覆盖。

第 8 章 新疆盆地地貌格局及特征分析

由于天山山脉横穿新疆中部,两大盆地分属于不同的水热自然地理地带。准噶尔盆地为中温带荒漠地带,塔里木盆地为暖温带荒漠地带。准噶尔盆地由于北西、北东和近东西向断裂的控制,呈三角形断块盆地。塔里木盆地在北东东、北西西以及东西向山前断裂带的约束下,呈现出巨大的菱形断块,其长轴方向近似于东西向,地面向东倾斜,东部为东西向拗陷区,地势最低,罗布泊洼地发育其中。

据表 8.1,新疆两大盆地的面积为 $68.324 \times 10^4 \text{km}^2$,占全疆总面积的 41.653%。而且塔里木盆地的范围远远大于准噶尔盆地,前者面积是后者面积的三倍还多。

表 8.1 新疆盆地地貌面积分布特征

区域		面积/10^4km^2	占总面积百分比/%
盆地地貌	准噶尔盆地	15.606	9.514
	塔里木盆地	52.718	32.139
合计		68.324	41.653

8.1 新疆盆地地貌格局

1. 准噶尔盆地地貌格局

准噶尔盆地面积为 $15.606 \times 10^4 \text{km}^2$,占全疆总面积的 9.514%。准噶尔盆地形似倾斜的不规则梯形(图 8.1),四周被山丘所包围,几乎成封闭的盆地,只有西部的艾比湖和西北部的额尔齐斯河处与外界相通。

1) 海拔

本区海拔范围 154~2 056 m。据表 8.2,只有低海拔和中海拔两个等级,而且低海拔地貌的面积远大于中海拔地貌。低海拔地貌占本区总面积的 91.772%,中海拔地貌则仅占本区总面积的 8.228%。

表 8.2 准噶尔盆地不同海拔地貌面积分布特征

海拔	面积/10^4km^2	占本区面积百分比/%
低海拔	14.322	91.772
中海拔	1.284	8.228

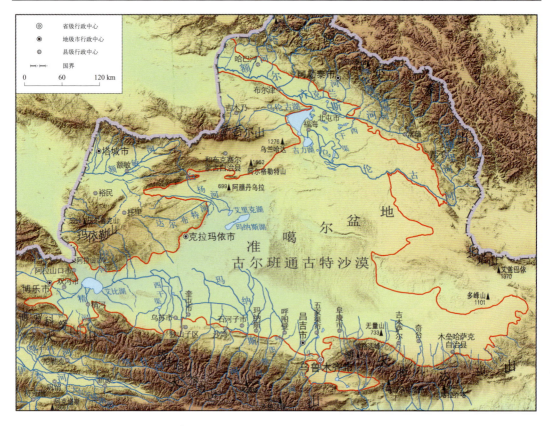

图 8.1 准噶尔盆地三维地势图

由图 8.2 可以看到，低海拔地貌占据了本区的绝大多数地方；中海拔地貌只分布在外围边缘地区，集中分布在本区东南部地区，大体上呈带状分布。

2) 起伏类型

准噶尔盆地按照起伏类型，划分为平原-丘陵-台地-小起伏山地-中起伏山地 5 种地貌类型，面积依次减少（表 8.3）。平原地貌面积为 8.270×10^4 km^2，占本区总面积的 52.992%，丘陵地貌面积 5.569×10^4 km^2，占本区总面积的 35.685 %，这两种地貌类型在准噶尔盆地占主导地位。

表 8.3 准噶尔盆地不同地势起伏的地貌类型面积分布特征

地势起伏类型	平原	台地	丘陵	小起伏山地	中起伏山地
面积/10^4 km^2	8.270	1.730	5.569	0.029	0.008
占本区面积百分比/%	52.992	11.086	35.685	0.186	0.051

图 8.3 反映了准噶尔盆地不同起伏地貌类型的空间分布特征。平原地貌主要分布在本区西部、南部以及北部的额尔齐斯河、乌伦古河，呈倾斜的"Z"形分布。台地地貌主要分布在本区的北部和南部，北部多呈零散的条带状分布，走向各不相同；在南部

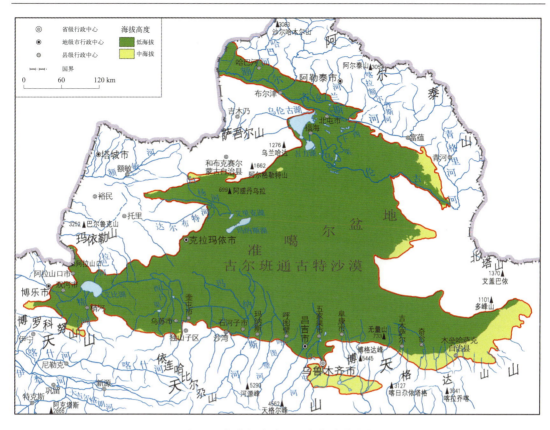

图 8.2 准噶尔盆地不同海拔地貌分布

主要分布在乌苏县至乌鲁木齐一带,均随着南北走向呈现大小不一的不规则方形分布。丘陵地貌主要分布在本区的中心地带,为古尔班通古特沙漠,形如不规则梯形分布,其它地区也有零星的碎小图斑分布。小起伏山地和中起伏山地面积很小,主要分布在本区东南部的边缘,呈狭长的条状分布。

3) 基本形态类型

准噶尔盆地的基本形态类型包括 9 种(表 8.4),分别是低海拔平原-低海拔丘陵-低海拔台地-中海拔平原-中海拔丘陵-中海拔台地-小起伏中山-中起伏中山-小起伏低山,面积依次减少。低海拔平原面积 $7.293\times10^4 \text{km}^2$,占本区总面积的 46.732%,处于绝对优势地位。

表 8.4 准噶尔盆地基本形态类型统计表

代码	基本形态类型	面积/10^4km^2	代码	基本形态类型	面积/10^4km^2
11	低海拔平原	7.293	32	中海拔丘陵	0.168
12	中海拔平原	0.977	41	小起伏低山	0.003
21	低海拔台地	1.625	51	小起伏中山	0.026
22	中海拔台地	0.105	52	中起伏中山	0.008
31	低海拔丘陵	5.401			

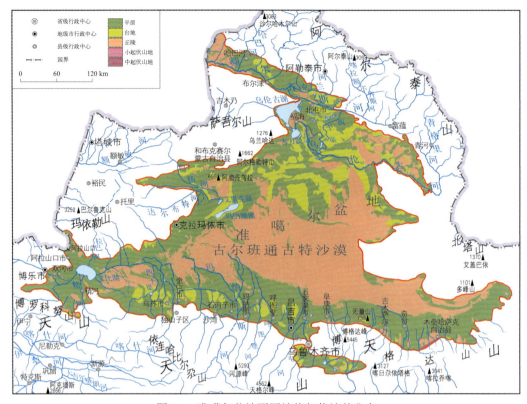

图 8.3 准噶尔盆地不同地势起伏地貌分布

准噶尔盆地各基本形态类型的空间分布特征见图 8.4。低海拔平原地貌总体上呈倾斜的"Z"形分布,主要分布在本区西部、南部以及北部的额尔齐斯河、乌伦古河;在本区西部呈东北-西南向不规则带状分布,在本区南部近似于东西向带状分布,在本区北部则是西北-东南向带状分布。中海拔平原主要分布在外围边缘地区,乌鲁木齐地区近似于西北-东南走向呈不规则长方形分布,本区东南部顺着区域外围边缘,沿东西走向呈弧形分布,在本区东北部顺着西北-东南走向呈条状分布,其它地区也有零散分布。低海拔台地地貌主要分布在本区的北部和南部,北部多呈零散的条带状分布,走向各不相同,在南部主要分布在乌苏县至乌鲁木齐一代,均随着南北走向呈大小不一的不规则方形分布。低海拔丘陵地貌主要分布在本区的中心地带,为古尔班通古特沙漠,形如不规则梯形分布,其他地区也有零星碎小图斑分布。中海拔台地、中海拔丘陵、小起伏低山、小起伏中山以及中起伏中山,分布范围很小,没有明显的空间分布特征。

4) 基本成因类型

准噶尔盆地区包含的基本成因类型不多(见表 8.5),分别为风成-流水-干燥-湖成-黄土 5 种,面积依次减少。可见本区地貌形成的外营力中,风力作用和流水作用占主导地位,面积分别是 $5.357×10^4 km^2$ 和 $5.294×10^4 km^2$,分别占本区总面积的 34.326% 和 33.923%。此外,干燥作用对本区地貌类型的塑造也有很大影响,干燥地貌的面积为 $3.963×10^4 km^2$,占本区总面积的 25.394%。

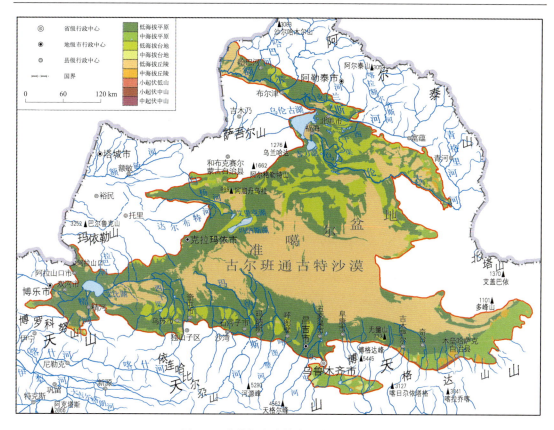

图 8.4 准噶尔盆地基本形态类型分布

表 8.5 准噶尔盆地基本成因地貌面积分布特征

基本成因类型	干燥	流水	湖成	风成	黄土
面积/$10^4 km^2$	3.963	5.294	0.882	5.357	0.110
占本区面积百分比/%	25.394	33.923	5.652	34.326	0.705

准噶尔盆地不同成因类型的空间分布特征见图8.5。流水地貌在本区北部,顺着额尔齐斯河与乌伦古河呈条带状分布,在本区西部,流水地貌呈东北-西南向条带状分布,在本区南部,流水地貌分布最多,呈西北-东南向带状分布。风成地貌大部分集中分布在本区中心地带,近似于梯形分布,其余地方也有零星分布。干燥地貌在北部地区,近似于"爪"形分布,在西部边缘,顺着东北-西南向条状分布。湖成地貌主要分布在乌伦古湖、玛纳斯湖、艾比湖分布,空间特征随着湖盆形状而改变,在本区南部还有碎小图斑零星分布。黄土地貌仅分布在本区东南部,面积很小,无明显空间分布特征。

5)基于成因的主营力作用方式、形态类型

准噶尔盆地区基于成因的主营力作用方式与形态类型见表8.6。流水地貌所包含的主营力作用方式最多,其次是干燥、黄土、湖成以及风成地貌。

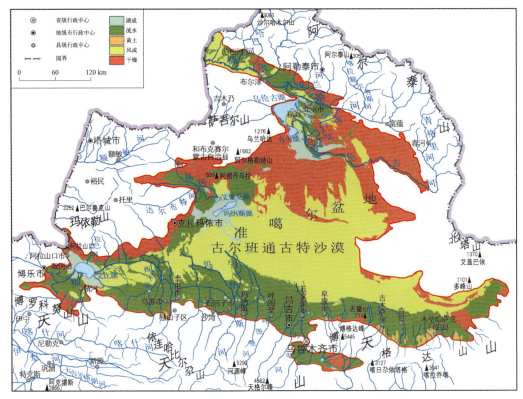

图 8.5 准噶尔盆地基本成因地貌分布

  流水作用下地貌形成的主营力作用方式包括冲积-冲积洪积-冲积湖积-侵蚀剥蚀-洪积-河谷-洪积湖积 7 种类型，面积依次减少。河谷地貌、洪积湖积地貌没有划分形态类型；冲积湖积地貌只有三角洲一种形态类型，面积为 930.723 km^2；冲积洪积地貌划分了两种形态类型，冲洪积扇和低台地，前者面积远大于后者；侵蚀剥蚀地貌也只有低台地和高台地两种形态类型，前者面积远大于后者；洪积地貌包括高台地-洪积扇-低台地 3 种形态类型，面积依次增加；冲积地貌划分的形态类型最多，根据面积从大到小依次是冲积扇-高地-低台地-河漫滩-洼地-高台地-低阶地-高阶地。干燥地貌的主营力作用方式有剥蚀-洪积-侵蚀剥蚀-盐湖 4 种，面积依次减少；盐湖地貌面积只有 405.540 km^2，没有形态类型；侵蚀剥蚀地貌、剥蚀地貌都只有低台地和高台地两种形态类型；洪积地貌的形态类型有洪积扇-低台地-高台地 3 种，面积依次减少。黄土地貌所包含的主营力作用方式有 4 种，按照面积从小到大依次是侵蚀剥蚀-侵蚀堆积-风积洪积-侵蚀冲积；后面 3 种都只有一种形态类型，分别对应斜梁、山前黄土平地、台塬；侵蚀剥蚀地貌划分了低台地和高台地两种形态类型，前者面积大于后者。湖成地貌包括湖积冲积-湖蚀-湖积 3 种主营力作用方式，面积依次增加；湖积冲积地貌没有形态类型，面积为 1 152.938 km^2；湖蚀地貌划分了低台地和高台地两种形态类型，后者面积小于前者；湖积地貌划分的形态类型较多，按照面积从小到大依次是低阶地-水库-高阶地-湖滩-湖床 5 种类型。风成地貌划分了风积-风积冲积-风蚀 3 种主营力作用方式，面积依次减少；只有风积地貌划分了形态类型，分别是半固定的-固定的-流动的-复合流动的 4 种，面积依次减少。

表 8.6 准噶尔盆地基本成因的地貌主营力作用方式和形态类型分布面积

基本成因类型	主营力作用方式	形态类型	面积/km²	基本成因类型	主营力作用方式	形态类型	面积/km²
湖成地貌	湖积	平原	2779.458	流水地貌	冲积湖积	平原	1987.826
		湖滩	706.677			三角洲	930.723
		湖床	2166.132		冲积	平原	18640.375
		水库	191.855			冲积扇	5842.172
		低阶地	48.693			河漫滩	2049.783
		高阶地	438.289			高地	3795.738
	湖积冲积	平原	1152.938			洼地	1291.885
	湖蚀	平原	60.011			低台地	2690.284
		低台地	352.464			低阶地	454.933
		高台地	921.240			高台地	601.891
黄土地貌	风积洪积	山前黄土平地	126.456			高阶地	16.628
	侵蚀堆积	斜梁	225.503		河谷	平原	63.007
	侵蚀冲积	台塬	49.016		冲积洪积	平原	7182.560
		台地	182.198			冲洪积扇	6311.560
	侵蚀剥蚀	低台地	440.022			低台地	341.028
		高台地	78.045		洪积	平原	42.310
干燥地貌	盐湖	平原	405.540			洪积扇	87.556
	洪积	平原	9686.744			低台地	109.027
		洪积扇	3367.826			高台地	3.760
		低台地	248.252		洪积湖积	平原	55.758
		高台地	36.851		侵蚀剥蚀	低台地	362.373
	剥蚀	平原	9884.520			高台地	33.002
		低台地	7765.881			山地	50.258
		高台地	3343.033	风成地貌	风积	固定的沙丘	6635.179
	侵蚀剥蚀	低台地	3436.268			半固定的沙丘	44346.662
		高台地	1319.662			流动的沙丘	982.395
		山地	132.554			复合流动的沙丘	186.050
					风积冲积	平原	908.583
					风蚀	丘陵	512.715

2. 塔里木盆地地貌格局

塔里木盆地面积为 $52.718 \times 10^4 \, \text{km}^2$，占全疆总面积的 32.139%。根据图 8.6，塔里木盆地区地势由南向北缓慢倾斜，并由西向东稍微倾斜，盆地外缘边界受到东西向和北西向深大断裂的控制和影响，呈不规则的菱形。

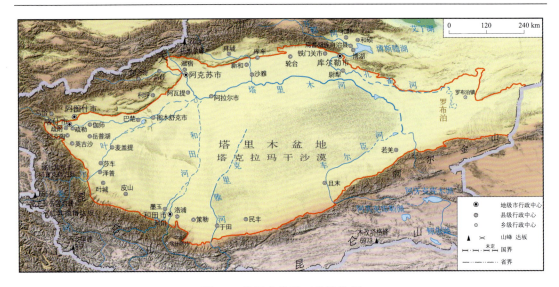

图 8.6 塔里木盆地三维地势图

1) 海拔特征

塔里木盆地的海拔范围是 778～3 139 m，划分为低海拔、中海拔两个等级（表 8.7）。低海拔面积为 $15.399 \times 10^4 \, km^2$，占本区总面积的 29.21%；中海拔面积为 $37.319 \times 10^4 \, km^2$，大约是低海拔的两倍还多，占本区总面积的 70.79%。

表 8.7 塔里木盆地不同海拔地貌面积分布特征

海拔	面积/$10^4 \, km^2$	占本区面积百分比/%
低海拔	15.399	29.21
中海拔	37.319	70.79

塔里木盆地不同海拔地貌的空间分布特征见图 8.7。低海拔地貌集中分布在盆地东北部，顺着塔里木河中下游和孔雀河蜿蜒分布，一直延伸到罗布泊地区，整体上，近似于西北-东南向的带状分布。中海拔地貌集中分布在盆地西南大部分地区，形如不规则方形分布。

2) 地势起伏类型特征

塔里木盆地不同起伏地貌的面积数量特征见表 8.8。包含的不同起伏地貌有丘陵-平原-台地-小起伏山地-中起伏山地-大起伏山地 6 种类型，面积依次减少。丘陵和平原地貌是本区的主导地貌类型，面积分别为 $33.631 \times 10^4 \, km^2$ 和 $16.817 \times 10^4 \, km^2$，分别占本区总面积 63.794% 和的 31.900%。

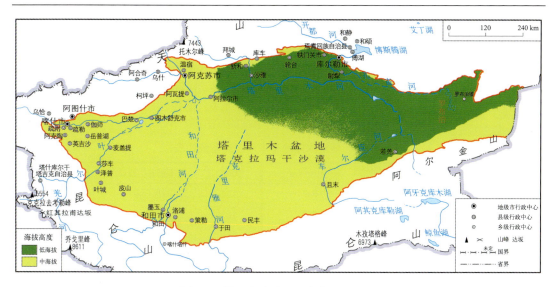

图 8.7 塔里木盆地不同海拔地貌分布

表 8.8 塔里木盆地不同起伏地貌面积分布特征

地势起伏类型	平原	台地	丘陵	小起伏山地	中起伏山地	大起伏山地
面积/10^4 km²	16.817	1.679	33.631	0.466	0.112	0.013
占本区面积百分比/%	31.900	3.185	63.794	0.884	0.212	0.025

塔里木盆地不同起伏地貌的空间分布特征见图 8.8。平原地貌主要分布在盆地的外围,近似于环形分布;丘陵地貌主要分布在盆地中部,近似于椭圆形分布;其他起伏地貌类型零星散落在其中,空间分布特征不显著。

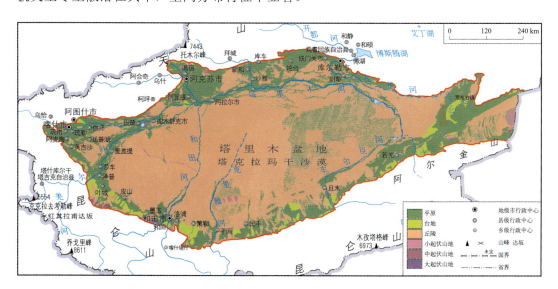

图 8.8 塔里木盆地不同起伏地貌类型分布

3）基本形态类型

塔里木盆地基本形态类型面积的数量特征见表 8.9。中海拔丘陵-中海拔平原-低海拔丘陵-低海拔平原-中海拔台地-小起伏中山-低海拔台地-中起伏中山-大起伏中山，面积依次减少。

表 8.9　塔里木盆地基本形态类型统计表

代码	基本形态类型	面积/$10^4 km^2$	代码	基本形态类型	面积/$10^4 km^2$
11	低海拔平原	7.060	32	中海拔丘陵	25.622
12	中海拔平原	9.757	51	小起伏中山	0.466
21	低海拔台地	0.330	52	中起伏中山	0.112
22	中海拔台地	1.349	53	大起伏中山	0.013
31	低海拔丘陵	8.009			

塔里木盆地基本形态类型的空间分布特征见图 8.9。中海拔丘陵、中海拔平原、低海拔丘陵、低海拔平原 4 种类型分布范围较广，空间特征较明显，其余基本形态类型分布零散，没有形成显著的空间分布特征。中海拔丘陵主要分布在盆地的西南部，近似于倾斜的椭圆形分布；中海拔平原分布在盆地西北部、西部、南部地区的外围，构成弧形分布；低海拔丘陵主要分布在盆地东北部，近似于倾斜的不规则长方形分布；低海拔平原集中分布在两处：一处在塔里木河中下游和孔雀河地区，顺着河流呈辫状、弧形分布；另一处在罗布泊东部和阿尔金山北部地区，近似于颠倒的"T"形分布。

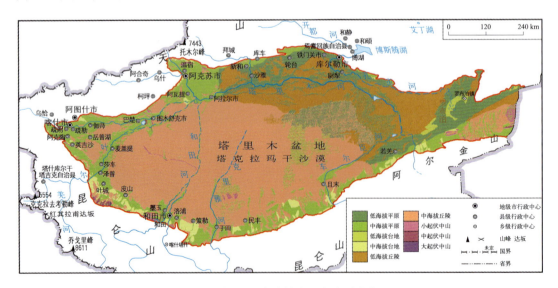

图 8.9　塔里木盆地基本形态类型分布

4) 基本成因类型

塔里木盆地基本成因类型的面积特征见表 8.10。风成地貌面积为 $36.384×10^4 \text{ km}^2$，为本区的主导成因类型；其次是流水地貌，面积为 $8.826×10^4 \text{ km}^2$；干燥地貌面积为 $5.799×10^4 \text{ km}^2$；其余成因类型面积都很小，对本区地貌类型的形成影响较小。

表 8.10 塔里木盆地基本成因地貌面积分布特征

基本成因类型	冰川地貌	风成地貌	流水地貌	湖成地貌	干燥地貌	黄土地貌
面积/10^4 km^2	0.001	36.384	8.826	1.551	5.799	0.157

塔里木盆地基本成因类型的空间分布特征见图 8.10。塔里木盆地拥有中国第一、世界第二大的流动沙漠：塔克拉玛干沙漠。换句话说，就是风成地貌分布范围很广，几乎占据本区面积的 70%；整体上近似于椭圆形分布。流水地貌主要分布在有河流经过的地方，顺着河流走向蜿蜒分布；本区西部-北部分布较多，基本连接成片，近似于不规则的条带状、弧形分布；本区南部分布较少，都随河流分布，呈南北向狭条形分布。干燥地貌在盆地南部边缘分布较为集中，呈弧形分布。湖成地貌则主要分布在罗布泊附近，不规则几何形状分布。黄土地貌和冰川地貌面积很小，无显著分布特征，特别是冰川地貌，都可以忽略不计。

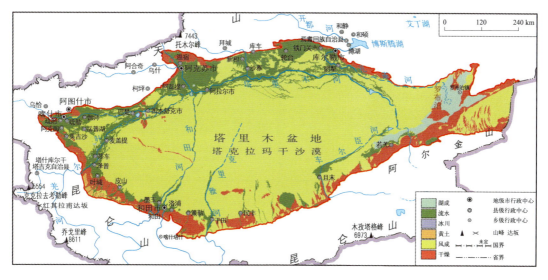

图 8.10 塔里木盆地基本成因地貌分布

5) 基于成因的主营力作用方式、形态类型

塔里木盆地区，流水地貌包含的主营力作用方式最多；其次是干燥地貌、黄土地貌、风成地貌，以及湖成地貌。详细划分见表 8.11。

表 8.11　塔里木盆地基成因的地貌主营力作用方式和形态类型分布面积

基本成因类型	主营力作用方式	形态类型	面积/km²	基本成因类型	主营力作用方式	形态类型	面积/km²
湖成地貌	湖积	平原	8 266.175	流水地貌	冲积湖积	平原	1 938.607
		湖床	3.959		冲积	平原	32 083.808
		水库	1 022.807			冲积扇	8 339.403
		低阶地	2 226.874			河漫滩	10 174.224
		高阶地	1 903.843			高地	539.702
		低台地	1 010.629			洼地	2 362.068
	湖积冲积	平原	1 080.345			低台地	245.787
黄土地貌	风积洪积	山前黄土平地	77.321			低阶地	554.180
	侵蚀冲积	台塬	331.871			迂回扇	393.346
	侵蚀剥蚀	低台地	46.567		冲积洪积	平原	1 3653.337
		高台地	0.304			冲洪积扇	1 3676.592
		丘陵山地	1 113.331			低台地	26.020
冰川地貌	冰水	平原	8.701			高台地	17.480
干燥地貌	盐湖	平原	6 039.446		河谷	平原	411.184
	河谷	平原	76.056		洪积	平原	770.453
	洪积	平原	19 867.225			洪积扇	1 758.104
		洪积扇	11 402.350			低台地	126.449
		低台地	6 319.791			高台地	776.003
		高台地	1 078.605		侵蚀剥蚀	低台地	5.932
	剥蚀	平原	1 174.083			山地	402.502
		低台地	1 106.521	风成地貌	风积	固定的沙丘	16 108.508
	侵蚀剥蚀	高台地	3 851.349			半固定的沙丘	74 625.884
		低台地	1 868.263			流动的沙丘	118 551.332
		高台地	2 410.057			复合流动的沙丘	150 285.694
		山地	2 796.092		风蚀	丘陵	4 267.743

流水作用形成的地貌包括侵蚀剥蚀-河谷-冲积湖积-洪积-冲积洪积-冲积 6 种类型，面积依次增加。其中冲积湖积、河谷地貌都没有划分形态类型，侵蚀剥蚀地貌只有一种形态类型；洪积地貌划分了洪积扇-高台地-低台地 3 种形态类型，面积依次减少；冲积洪积地貌划分了高台地-低台地-冲洪积扇 3 种形态类型，面积依次增加；冲积地貌划分的形态类型最多，按照面积从小到大依次是：低台地、迂回扇、高地、低阶地、洼地、冲积扇、河漫滩。干燥作用下的主营力作用方式包括洪积-侵蚀剥蚀-剥蚀-盐湖-河谷 4 种，面积依次减少；盐湖、河谷地貌没有划分形态类型；侵蚀剥蚀、剥蚀地貌都包含低台地和高台地两种形态类型；洪积地貌划分了 3 种形态类型，按照面积从大到小，依次是洪积扇、低台地、高台地。

风成地貌包括风蚀和风积两种主营力作用方式,后者面积大于前者,仅风积地貌划分了形态类型,按照面积从小到大依次是固定沙丘-半固定沙丘-流动沙丘-复合流动沙丘4种。

湖成地貌包括湖积、湖积冲积两种主营力作用方式,前者面积远大于后者,而且前者划分了形态类型,后者没有形态类型。湖积地貌包含的形态类型有湖床-低台地-水库-高阶地-低阶地5种,面积逐渐增加。黄土地貌包括侵蚀剥蚀-侵蚀冲积-风积洪积3种主营力作用方式,面积依次减少。后两者都只有一种形态类型,分别是台塬和山前黄土平地。侵蚀剥蚀地貌划分了低台地、高台地两种形态类型,前者远大于后者。

3. 冲洪积扇地貌空间格局

越来越多的研究表明,冲洪积扇的形成受地质构造、气候、水文、流域地貌条件等诸多环境因素的影响,因此,冲洪积扇研究具有十分重要的理论意义和现实意义。新疆是中国冲洪积扇类型分布最多的地区,特别是西北干旱区更是各种典型冲洪积扇的集中地。新疆的冲洪积扇沿山麓分布,占据了山前平原较大的范围,具有丰富全面的地貌类型[①],在水资源调查和评价中具有十分重要的水文地质意义(乔彦肖和赵志忠,2001),研究新疆冲洪积扇的空间分布格局,具有一定的指导意义。

1)冲洪积扇定义及新疆冲洪积扇现状

(1)冲洪积扇定义

在英文中"alluvial fan"含义很广,既包括了由河流过程形成的沉积物,也包括了由洪水过程形成的沉积物。而我国学术界一般认为,冲积是指与河流过程有关的,而洪积是指与洪水、泥石流过程有关的,因此也就没有一个恰当的中文词汇来涵盖"alluvial fan"的全部内涵,也就出现了中文名称上混乱的现象:冲积扇、洪积扇、冲积-洪积扇三种名词在我国学术界并存。本研究对这种扇形地貌体统一采用冲洪积扇的名称来统称冲积扇、洪积扇、冲积-洪积扇三种地貌类型,依据《地貌学词典》(周成虎,2006),它们各自定义如下。

冲积扇(alluvial fan):指山地河流出山口进入平坦地区后,因河床坡降骤减,水流搬运能力大为减弱,部分挟带的碎屑物堆积下来,形成从出口顶点向外辐射的扇形堆积体。在纵向上,其剖面呈凹形,坡降上陡下缓,组成物质也由粗变细;但在横向上,剖面呈凸形。

洪积扇(proluvial fan):指干旱、半干旱地区暂时性洪流在山谷出口形成的扇状堆积地貌。一般规模较大,自扇顶向扇缘,地面逐渐降低,坡度逐渐变小,堆积物逐渐变细,分选性逐渐变好;其组成物质为洪积物。我国西北干旱区山麓地带均有分布。

冲积-洪积扇(alluvial-proluvial fan):看作是河流与洪水共同作用形成的一种扇形地貌类型,既有冲积扇的特征又具有洪积扇的特征。

---

① 杜国坦,张天增. 新疆冲积扇的类型及其水文地质特征,中国科学院地理研究所资料,1965年。

(2) 新疆冲洪积扇现状

自 Drew 提出"alluvial fan"一词以来(Drew, 1873), 冲积扇已经有上百年的研究历史。而作为典型冲洪积扇类型的集中地, 新疆的冲洪积扇地貌类型成为研究西北干旱区冲洪积扇的最佳研究对象, 其研究也有了一定的历史。

国际上已有学者对冲洪积扇的自动提取进行了相关研究, 其中 Miliaresis 是利用 DEM 和遥感影像进行地貌信息提取的权威专家。他对加利福尼亚死亡谷(death valley of California)的洪积扇进行了提取研究(Miliaresis, 2001), 他的提取方法和步骤是: 先用 DEM 进行初步自动提取, 再利用遥感影像和老地貌图进行精确定位。可见, 目前现状下, 遥感影像上反映的地貌、地质、构造等信息仍没有有效的自动提取方法。

国内对新疆冲洪积扇的研究主要表现在形成年龄、沉积特征等方面, 如杨晓平等致力于冲洪积扇形成年龄分析研究(杨晓平等, 2004); 有学者对冲洪积扇区域的地下水质进行分析(高佩玲, 2006; 肖鲁湘等, 2005), 也有研究冲洪积扇演化和地层沉积特征的(李盛富等, 2006; 杨帆和贾进华, 2006; 崔卫国等, 2007)。

2) 新疆冲洪积扇的地学统计分析

(1) 类型面积特征

新疆冲洪积扇的总面积为 $10.635\times10^4\ km^2$。见表 8.12, 按照海拔划分为中海拔-低海拔-高海拔 3 种类型, 面积依次减少; 按照成因类型, 包括流水作用和干燥作用, 前者面积大于后者。这表明新疆的冲洪积扇地貌类型主要分布在中海拔和高海拔地区, 绝大部分都是受流水作用的影响而形成。

表 8.12 新疆冲洪积扇所属的海拔、成因类型

基本形态类型	海拔			基本成因类型	
	低海拔	中海拔	高海拔	流水地貌	干燥地貌
面积/$10^4\ km^2$	4.035	5.938	0.662	6.622	4.013

新疆冲洪积扇地貌主要包括冲积扇、冲洪积扇、洪积扇 3 种形态类型, 前两个都是在流水的冲积、洪积作用下形成, 洪积扇则是受干燥作用的影响而形成。依据表 8.13, 冲洪积扇的面积为 $4.653\times10^4\ km^2$, 洪积扇面积为 $4.013\times10^4\ km^2$, 冲积扇面积 $1.969\times10^4\ km^2$。这表明流水作用的冲洪积扇所占面积最大, 其次是干燥作用的洪积扇地貌类型, 再次是流水作用的冲积扇地貌类型。

表 8.13 新疆冲洪积扇所属的主营力作用方式、形态类型

成因类型	流水地貌		干燥地貌
主营力作用方式	冲积	冲积洪积	洪积
形态类型	冲积扇	冲洪积扇	洪积扇
面积/$10^4\ km^2$	1.969	4.653	4.013

表 8.14 反映了基于坡度及其组合的新疆冲洪积扇面积统计特征。大多数冲洪积扇类型都是倾斜的，面积为 $5.201×10^4$ km^2；还有面积为 $4.436×10^4$ km^2 的冲洪积扇类型是平坦的，具有起伏特征、无明显坡度特征的冲洪积扇类型所占面积较小。冲积扇地貌中，平坦的冲积扇类型最多，面积为 $1.368×10^4$ km^2，其次是倾斜的冲积扇类型，面积为 $0.462×10^4$ km^2，起伏的冲积扇类型面积最少，仅有 $0.023×10^4$ km^2，还有面积约 $0.116×10^4$ km^2 的冲积扇类型坡度组合较模糊。冲洪积扇地貌中，倾斜的冲洪积扇类型最多，面积为 $2.2325×10^4$ km^2；其次是平坦的冲洪积扇类型，面积为 $1.897×10^4$ km^2。洪积扇地貌也是倾斜的类型最多，面积为 $2.414×10^4$ km^2；其次是平坦的洪积扇类型面积为 $1.171×10^4$ km^2。总的来讲，按照坡度划分的类型中，面积在 $1×10^4$ km^2 以上的地貌类型包括倾斜的洪积扇—倾斜的冲洪积扇—平坦的冲洪积扇—平坦的冲积扇—平坦的洪积扇 5 种，面积依次减少。

表 8.14　基于坡度及其组合的新疆冲洪积扇类型

坡度	未划分			平坦的		
形态	冲积扇	冲洪积扇	洪积扇	冲积扇	冲洪积扇	洪积扇
面积/10^4 km^2	0.116	0.091	0.028	1.368	1.897	1.171
总面积/10^4 km^2	0.235			4.436		
坡度	倾斜的			起伏的		
形态	冲积扇	冲洪积扇	洪积扇	冲积扇	冲洪积扇	洪积扇
面积/10^4 km^2	0.462	2.325	2.414	0.023	0.340	0.400
总面积/10^4 km^2	5.201			0.763		

(2) 图斑规模特征

地貌类型的图斑大小、规模等级在一定程度上可以反映地貌空间分布格局以及发育环境。而且，图斑规模的划分并没有统一的定量原则，本研究依据相对性原则进行图斑等级的划分。新疆的冲洪积扇地貌类型，总图斑 950 个，面积最大的为 3 876.895 km^2，面积最小的只有 0.770 km^2，图斑的平均面积约 111.950 km^2。表 8.15 将新疆冲洪积扇地貌类型图斑划分为六个等级。表 8.16 是各扇形地貌单元图斑的个数及规模统计。

表 8.15　冲洪积扇图斑等级划分

图斑规模	微型图斑	小图斑	中图斑	大图斑	超大图斑	巨图斑
面积划分等级/km^2	<10	10~50	50~100	100~500	500~1 000	>1 000

依据表 8.16，图斑面积介于 10~50 km^2 的小图斑和面积介于 100~500 km^2 大图斑占全部扇形地貌类型图斑总数的 67.158%(39.053%+28.105%)，其中小图斑共占扇形地貌图斑总数的 39.053%，表明新疆的扇形地貌类型以小图斑、大图斑为主，面积介于 10~50 km^2 的小图斑尤为突出。此外，不论是那种类型的扇形地貌单元，都是以小图斑和大图斑为主，而且前者规模大于后者。

表 8.16 不同冲洪积扇类型的图斑规模统计

图斑规模	微型图斑		小图斑		中图斑		大图斑		超大图斑		巨图斑		图斑总数
	个数	百分比/%	个数	百分比/%	个数	百分比/%	个数	百分比/%	个数	百分比/%	个数	百分比/%	
冲积扇	14	9.333	51	**34.000**	35	23.333	47	**31.334**	0	0	3	2.000	150
冲洪积扇	25	7.418	115	**34.125**	77	22.849	105	**31.157**	11	3.264	4	1.187	337
洪积扇	43	9.287	205	**44.276**	92	19.871	115	**24.838**	8	1.728	0	0	463
总计	82	8.632	371	**39.053**	204	21.473	267	**28.105**	19	2.000	7	0.737	950

3) 新疆冲洪积扇的空间分布特征

(1) 不同地貌指标的空间分布特征

图 8.11～图 8.14 分别反映了基于不同分类原则的新疆冲洪积扇地貌的空间分布特征

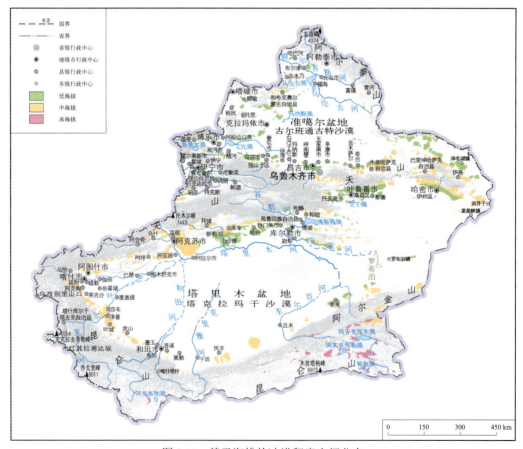

图 8.11 基于海拔的冲洪积扇空间分布

第 8 章 新疆盆地地貌格局及特征分析

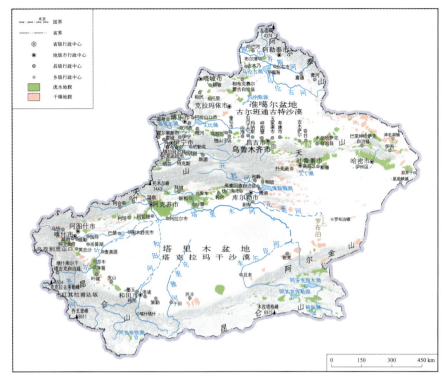

图 8.12 基于成因类型的冲洪积扇空间分布

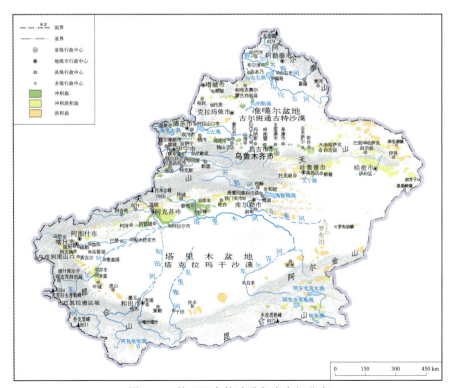

图 8.13 基于形态的冲洪积扇空间分布

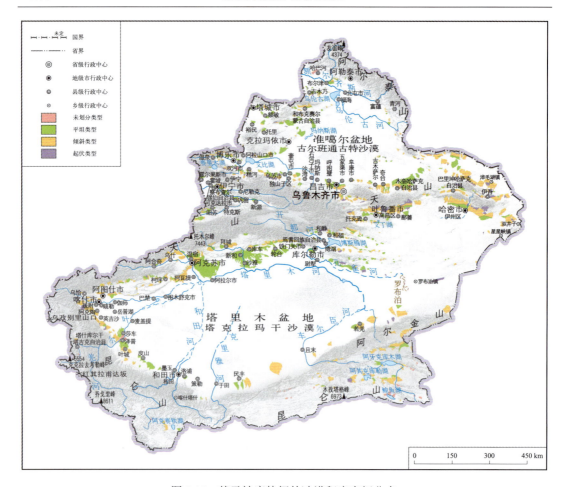

图 8.14 基于坡度特征的冲洪积扇空间分布

与格局模式。总体上，新疆的冲洪积扇主要分布在区内三大山系的山麓地带。天山与昆仑山山前的冲积洪积平原，是由很厚的第四纪松散沉积物组成的，冲洪积扇带都是由山间河流冲积洪积而成的。阿尔泰山山前是一片向着准噶尔盆地微微倾斜的第三纪岩层组成的平原，山麓部位没有第四纪松散物质组成的冲洪积扇存在，只是额尔齐斯河的支流克兰河、布尔津河、哈巴河出山后在谷地形成面积不大的冲洪积扇。

低海拔的冲洪积扇类型主要分布在阿尔金山东北部、南天山南麓的中东部、东天山南北麓、北天山北麓、伊犁盆地北部、准噶尔西部山地的山麓地带等地，除了在天山南北麓形成较大规模的、连成条带状分布外，其余地方都是零散的扇形分布。冲洪积扇类型在中海拔地区分布最多，主要集中在天山南北麓、昆仑山北麓地带，部分扇形连接在一起呈带状分布，其余都成零散的扇形分布。分布在高海拔地区的冲洪积扇类型，主要见于昆仑山东部的库木库勒盆地，分布范围很小，随着盆地形状呈零散的、近似于扇形分布。

（2）不同规模的空间分布特征

冲洪积扇规模大小变化规律：一是沟谷汇水范围越大，它的规模越大；二是当汇水范围大到一定程度，冲洪积扇规模继续变大，洪流在沟谷中一直处于能量积累、流速加快的运动状态,不存在固体物质的中途堆积,所以冲洪积扇的规模总是随着汇水范围的增大而增大;三是冲洪积扇的规模可由不足 1km², 到数十、直至上百上千平方千米;四是一个完整的冲洪积扇往往不是一次洪流形成的,而是主河床多次摆动的结果(乔彦肖和赵志忠,2001)。

新疆的冲洪积扇在天山南北坡分布最为广泛(图 8.15),因为冲洪积扇主要分布在山地和平原区的过渡地区,是物质从山上冲刷下来后堆积而成的,一般只有在山前与河流的出山口才会有冲、洪积扇,所以说天山南北坡河网密布,水系发达,是新疆地区冲洪积扇发育最多的地方。昆仑山北坡和阿尔泰山南坡也有分布。其空间分布特点:①巨图斑主要分布在天山南麓,以阿克苏、拜城地区分布最多,大体上呈扇形、或连接成条带状分布。②超大图斑主要分布在塔里木盆地外围山麓地带,东天山南北麓也有大量分布,大都在河流出山口呈扇形分布。③大图斑在全疆的山麓地带都有分布,分布范围最广。④中图斑则主要分布在北疆山麓地带,南天山南麓地带也有少量分布。⑤小图斑虽然数量很多,但是分布零散,散布在全疆各处,没有明显空间特征;微型图斑个数和分布范围更小,空间分布特征不显著。

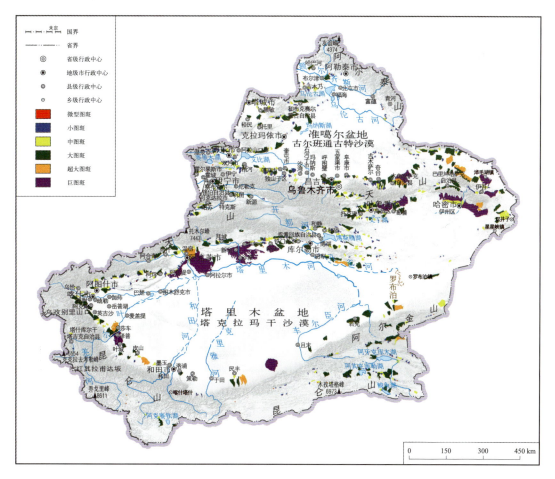

图 8.15 不同规模的扇形地貌单元空间分布

此外，还有三角洲式冲洪积扇，该类扇形地貌类型规模最大，如天山南坡的喀什三角洲、阿克苏三角洲、库尔勒三角洲等，由较大河流冲积形成。在地貌类型中按照次级形态类型归为三角洲地貌。

8.2 新疆盆地区域地貌形成的差异性

区域地貌的形成演化分析主要从地貌形成的地质构造、物质基础、气候条件、外营力差异4个方面进行，本节在《新疆地貌》《新疆第四纪地质》《新疆地貌概论》等基础上，通过比较不同差异性而总结两大盆地区域地貌形成的条件。

1. 地质构造特征

准噶尔与塔里木地台区内，地壳被断层切割较微弱，同时受到隆起和沉陷作用，但运动和缓，分异很弱，所以保持着完整的平原地貌。盆地内部第四纪沉积物均具有分带性特征，从山地边缘到盆地中心，常形成带状环形沉积。残积、高山沼泽沉积、坡积、洪积、冲积、湖积和风积等，各种类型的沉积都有分布，但是各带沉积物的发育程度存在一定差异(中国科学院新疆综合考察队，1978)。

1) 准噶尔盆地

准噶尔地台是不等边三角形，被规模巨大的天山-阿尔泰地槽所包围，周围山脉走向基本上受控于边缘的深大断裂走向，东北缘的阿尔泰山呈西北-东南走向；西缘的准噶尔西部山地为北东-南西向；南缘天山大致是近东西走向。

地质数据表明盆地边缘界线与古生代褶皱山脉和断裂线一致：西北的构造线和山脉走向以及山麓大断裂相符；东北部的构造线和阿尔泰山的西北构造线一致；东部卡拉麦里山的构造线和南部的天山北侧大断裂相符。巨大的断裂带绵延数百公里，天山山麓的断层地形最为显著(中国科学院新疆综合考察队，1978)。

2) 塔里木盆地

塔里木盆地在构造上是一个相当稳定的地台，其周围受许多深大断裂制约形成不规则的菱形盆地。塔里木地台的基底并非是一平整块体，在沙漠西部矗立起若干山脉如麻扎塔格山和巴楚附近的岛山。这些山脉的表部大部分被第四纪的沉积物所覆盖。

塔里木地台被断裂分割程度微弱，保存了地形的完整性和平坦性。平原上堆积巨厚的第四纪沉积物，具有向北向东缓慢倾斜的特点。盆地中间也有小部分受到隆起作用和沉陷作用的影响，在沙漠中有突起的山脊(中国科学院新疆综合考察队，1978)。

2. 物质基础及差异性

1) 准噶尔盆地

准噶尔盆地西北缘的乌尔禾附近为白垩纪砂页岩、泥板岩地层分布的地区。由于玛纳斯基准面变低，发育的沟谷把这种地层分割开来。地层中常夹有胶结坚硬的铁盘，经强劲风力的吹蚀，接近地面的软岩层被刻成凹形，坚硬层次向外突出，成为基部小、顶部宽大的柱状或蘑菇状土体；由于土块的崩塌，也形成底宽顶窄的土体，外形呈针形、锥形、塔形以及其他各式的形状。土体之间每有孔洞穿凿，更使其外形变得奇特。从高处远眺，在不同高度的梯级面上，万千个土体土块错综矗立，形成各种奇特形态，有的状如亭台楼阁，有的状如尖塔或蒙古包，总体好似一座古城废址，穿行其间容易迷失途径，因此有"魔鬼城"之称。盆地中部为沙漠物质所覆盖(中国科学院新疆综合考察队，1978)。

2) 塔里木盆地

塔里木盆地的北部边缘、西部边缘以及南部边缘，有许多发源于天山和昆仑山的河流，这些河流从山地搬运下来大量的物质，堆积在封闭的盆地内部，河流冲积、洪积物堆积形成较大规模冲、洪积扇，并连接成冲积、洪积平原。昆仑山上携带下来的堆积物大部分为砂和砾石的夹层，至于离山最远的沙漠区，大部分为细砂和粉砂。从天山上携带下来的物质组成较细，夹有红色黏土层，地貌表现形态比较平缓。盆地东部是著名的罗布泊，分布有厚厚的盐壳，盆地中部是流动沙丘。盆地内部地带性土壤为富有石膏或盐盘的棕色荒漠土(中国科学院新疆综合考察队，1978)。

3. 气候条件差异性

1) 准噶尔盆地

准噶尔盆地属于中温带大陆性干旱气候。盆地西部有较大的山口和谷地，成为北冰洋及大西洋比较湿润的气流进入盆地的通道。降水量较多，向盆地中心和东部逐渐减少，气候也逐渐干燥。盆地边缘发源于周围山地的河流较多，特别是天山北麓分布有众多河流，为盆地提供了丰富的水源。准噶尔盆地植被较为丰富，大部分是灌木和半灌木的荒漠或半荒漠性植物(中国科学院新疆综合考察队，1978)。

2) 塔里木盆地

塔里木盆地属于暖温带大陆性干旱气候。盆地周围没有外界水汽可以进入的通道，所以降水量和相对湿度都要小于准噶尔盆地，气候干燥。盆地西部、北部、和东部发源于周围山地的河流较多，特别是塔里木河从西向东环绕盆地北部边缘，叶尔羌河、和田河从南到北穿过塔克拉玛干沙漠汇流到塔里木河。盆地内西部水分大于东部，东部河流枯竭。盆地内气候温暖、干旱，年平均温度 $10\sim20°C$，年降水量 $10\sim80$ mm，中部不足 10 mm。在严酷的干旱气候条件下，地带性植被为灌木荒漠，主要分布于周围山麓冲积、洪积平原上(中国科学院新疆综合考察队，1978)。

4. 外营力条件差异性分析

1) 准噶尔盆地

准噶尔盆地北部为温带半荒漠的阿尔泰山南麓平原，河流含沙量较小，出山后汇成额尔齐斯河、乌伦古河两大河流。在阿尔泰山山前地区，堆积着以砾石粗砂为主的冲积扇，冲积-洪积平原分布很窄。盆地南部为温带荒漠的天山北麓平原，河流携带泥沙量远大于阿尔泰山前河流。河流出山后都单独流向盆地，没有形成规模较大的水系，向盆地中心流量逐渐减少，携带物全部沉积在山前，造成了较为广泛的山前平原。盆地西部是温带荒漠性准噶尔西部山地的东麓平原，除了暴雨形成的间隙性洪水外，没有常年河流，所以带入盆地的沉积物质较少，洪水形成的洪积扇面积也不大。盆地东部是温带荒漠性的卡拉麦里剥蚀高原和诺敏戈壁，水流枯竭，干燥度更强，外营力的修饰作用更为微弱。盆地中部则是以固定、半固定沙丘为主的古尔班通古特沙漠，风积、风蚀作用显著(中国科学院新疆综合考察队，1978)。

2) 塔里木盆地

塔里木盆地属于暖温带荒漠性盆地，中部是风积作用塑造的地貌特征，周围是受风力风积、流水冲积、干燥洪积等外营力作用形成的地貌特征。盆地西部、北部地貌形成的外营力作用主要以流水冲积为主；盆地南部则干燥洪积作用是塑造地貌特征的主要营力；盆地东部湖成地貌分布较多；盆地内部则是风积地貌的集中地(中国科学院新疆综合考察队，1978)。

8.3 新疆盆地地貌特征及其形成演化

1. 盆地地貌的剖面特征

1) 准噶尔盆地

准噶尔盆地为半封闭式盆地，四周被山丘所包围，只有西部的艾比湖和西北部的额尔齐斯河处与外界相通，平面犹如倾斜的"Z"形分布(图 8.16)。从西北到东南依次作西南-东北方向的剖面线，共 5 条，以此来分析盆地中的地貌空间分布特征。主要阿尔泰山南麓山前平原、准噶尔西部山地东麓山前平原、天山北麓山前平原以及古尔班通古特沙漠四部分组成，其中阿尔泰山南麓山前平原主要受干燥作用影响，天山北麓山前平原主要受流水作用控制，古尔班通古特沙漠受风成作用控制(中国科学院新疆综合考察队，1978)。

剖面线 L1 距离最长，从天山北麓一直延伸到阿尔泰山南麓，途经准噶尔盆西部山地的东麓，整体上海拔都在 1 000 m 以下。从西南地势低于东北部，近似于两级台阶，大约以和布克赛尔附近为界，其西南为第一级台阶，海拔大约在 600 m 以下，地势和缓，并依次受流水—风成—流水—湖成作用影响；其东北为第二级台阶，明显高于前一台阶，流水、干燥和湖成作用共同塑造了该区的地貌特征。

剖面线 L2 平面上形似一个勺子，勺柄指向东北方向。从天山北麓穿过古尔班通古特沙漠，上到乌伦古河与额尔齐斯河之间古老的剥蚀高台地，最终延伸到阿尔泰山南麓。西南部是流水作用塑造的绿洲平原区，地势和缓、地表倾斜，属于新疆绿洲经济带；中部是风力作用影响下形成的大沙漠，以固定、半固定沙丘为主，地势平缓；东北部是干燥作用塑造的荒漠戈壁，地表起伏落差较大。

剖面线 L3 从天山北麓平原穿过古尔班通古特沙漠到达乌伦古河上中游附近南部的剥蚀高地，形如"√"状。西南部是流水冲积形成的绿洲平原区，地势和缓、地表倾斜；中部是风力作用影响下形成的大沙漠，以固定、半固定沙丘为主；东北部是干燥作用塑造的荒漠戈壁。从天山北麓平原到古尔班通古特沙漠，海拔上升较快，几乎为直线上升，上升幅度高达 450 m 左右。

剖面线 L4 经过的区域主要受两大外营力作用影响：流水和干燥作用。从西南到东北两种外营力几乎均等分割整个剖面，靠近天山北麓的为流水作用主导区，东北部的台地区受干燥作用影响，近似于平躺着的"S"形剖面。

剖面线 L5 长度最短，但海拔最高，可达 1 400 m。地势相对较缓，从西南部的天山北麓平原逐渐降低海拔，一直到北塔山南麓平原，呈倾斜的弧形形状。将近三分之二的地貌特征受流水作用控制，只有东北部干燥作用影响较大。

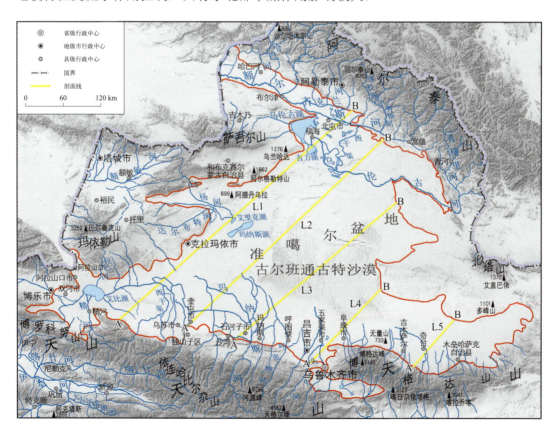

图 8.16　准噶尔盆地地势与剖面图

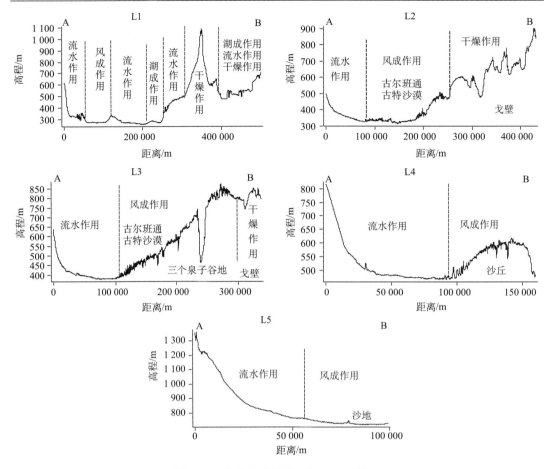

图 8.16　准噶尔盆地地势与剖面图(续)

2) 塔里木盆地

塔里木盆地是一个全封闭式盆地，呈不规则的菱形，这是因为盆地外缘边界受到东西向和北西向深大断裂的控制和影响。盆地地势由南向北缓慢倾斜，并由西向东稍微倾斜。为分析盆地中的地貌特征，从西到东依次作西南-东北方向的剖面线，共6条，见图8.17。总体上，位于南部的昆仑山和阿尔金山北麓山前平原的海拔较高，塔克拉玛干沙漠西南部海拔高于东北部，剖面线几乎都是成折线分布，特别是后四条剖面线。发源于昆仑山的和田河、叶尔羌河从南向北穿过塔克拉玛干沙漠，发源于南天山西南部的喀什噶尔河从西南流向东北，这三条河流与发源于南天山西部的阿克苏河在阿瓦提和阿拉尔市之间汇合，形成塔里木河的上游源头。盆地北部塔里木河从西向东弧形分布，因而流水作用对地貌特征影响较大。昆仑山北麓地势陡峭，海拔下降速度快，几乎为垂直下降，天山南麓相对平稳和缓。

剖面线 L1 位于喀什三角洲平原，在西南部有部分地貌特征受干燥作用影响，其余部分受风成和流水作用共同影响。喀什噶尔河、克孜勒苏河以及一些小河流流经

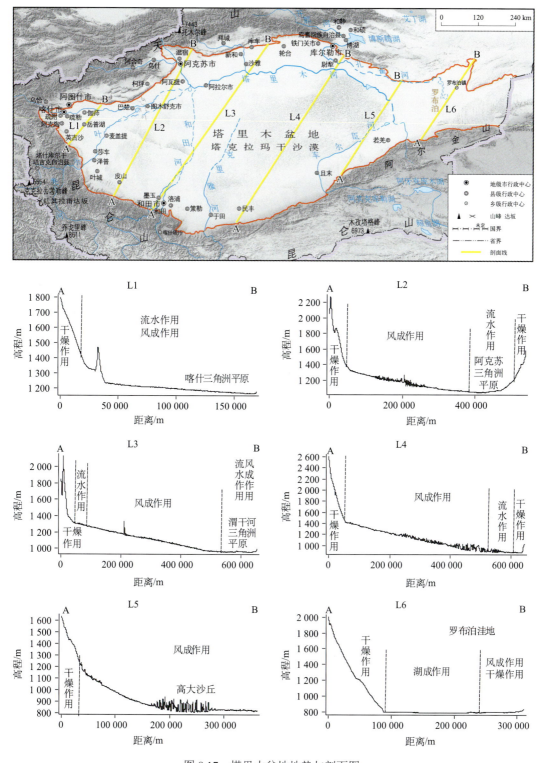

图 8.17 塔里木盆地地势与剖面图

该剖面，水源较多，为绿洲发展提供了基础。但是三角洲边缘与叶尔羌河之间，还分布有沙质荒漠，风成地貌特征分布较多，该剖面在海拔高度上由西南向东北呈递减趋势。

剖面线 L2 由昆仑山北麓穿过塔克拉玛干沙漠，依次经过叶尔羌河、喀什噶尔河和阿克苏河，到达南天山南麓的阿克苏三角洲平原。该剖面除了阿克苏三角洲的海拔较高、地势起伏较大外，其余地方的海拔大体一致，地势相对平缓；昆仑山北麓受干燥作用影响最大，塔克拉玛干沙漠受制于风成作用；流水、风成和干燥作用共同塑造了叶尔羌河到阿克苏三角洲区间的地貌特征。

剖面线 L3 在昆仑山北麓地区开始，途经和田河、塔克拉玛干沙漠、塔里木河到达天山南麓。昆仑山北麓海拔最高，在 1 300 m 以上地势较陡峭；和田河出山口处受流水作用影响形成一片绿洲；在塔里木河与天山南麓间地势平缓，流水、风成共同作用塑造地貌特征。

剖面线 L4 按照西南-东北方向从昆仑山北麓一直延伸到库鲁克塔格南麓，中途穿越了塔克拉玛干沙漠；在昆仑山北麓地区，干燥作用占主导优势，海拔从 2 300 m 几乎垂直下降到 1 400 m 左右；在塔里木河与孔雀河附近，流水作用对地貌特征影响最大；在库鲁克塔格南麓地貌特征受干燥作用控制。

剖面线 L5 从阿尔金山北麓，向东北延展，经过车尔臣河、塔里木河和孔雀河；剖面基本上呈折线分布，共三部分，阿尔金山北麓受干燥作用控制，海拔几乎直线下降，形成第一段折线；从车尔臣河到塔里木河，流水和风成共同作用，海拔呈斜线下降，坡度比第一段折线小，形成第二段折线；其余地段就是第三段折线，几乎与地面平行，地表起伏不大，流水和风成共同作用塑造地貌特征。

剖面线 L6 从阿尔金山北麓，一直延伸穿过罗布泊洼地。由图可以看到阿尔金山北麓山前平原倾斜幅度较大，地表面较为平坦，海拔从 1 900 m 左右几乎直线下降到 800 m 左右，干燥作用占绝对优势；罗布泊洼地海拔在 800 m 左右，地势和缓，湖成和干燥作用共同塑造了罗布泊地区的地貌特征。

2. 盆地水平地貌结构

塔里木和准噶尔地区相当稳定，特别是塔里木地台尤其明显，褶皱和断裂十分轻微，保存着完整的块状地形，虽也受到局部升降运动影响，但运动和缓，分异很弱，极少火成岩的活动。上覆的中、新生代岩层倾斜和缓，只有在地台边缘部分的凹陷区有巨厚的中、新生代沉积，并发生显著褶皱(中国科学院新疆综合考察队，1978；中国科学院新疆资源开发综合考察队，1994；袁方策等，1994)。

1) 准噶尔盆地

准噶尔盆地内的水平地貌结构近似于平行条带状分布，自北向南依次是干燥洪积地貌—流水冲积地貌—湖成地貌—干燥洪积、剥蚀地貌—风成地貌—流水冲积地貌带。沙漠和干燥剥蚀平原分布广泛，大约占盆地面积的 60%~70%。盆地地貌的塑造过程中，河流作用在不同区域的表现形式不同，在盆地北部以流水侵蚀作用为主，在南部则是堆积作用为主。在河流塑造现代地貌的过程中，构造运动对其产生了巨大的影响，其最有力的证据就是水系格局的改变，如乌伦古河水系格局的演变不仅塑造了区域地形，同时影响了地貌特征(中国科学院新疆综合考察队，1978)。

受地质构造、气候条件以及河流特点等影响，准噶尔盆地南北地形的形成存在很大差异，在地貌结构上也各不相同。由于降水量自西向东逐渐减少，干燥度增加，所以，盆地西部和东部的地貌结构也存在很大差异(中国科学院新疆综合考察队，1978)。

盆地北部，额尔齐斯河与乌伦古河流域形成的冲积-洪积平原分布面积小，成狭窄条状分布，大部分地区主要为干燥剥蚀平原地貌，表现为荒漠戈壁景观。形成这种地貌特征的原因主要包括两个方面：第一方面是因为阿尔泰山南麓分布有广泛的森林和草原，所以河流携带的风化碎屑物质很少。虽然布尔津和上游发源于小型冰川地区，由于古冰川为覆盖式的冰盖性质，冰碛物很少，冰川的泥沙沉积物很少。由于植被覆盖度较好，即使是洪水期，其冲蚀和搬运能力也不强烈(中国科学院新疆综合考察队，1978)。所有这些特点使得发源于阿尔泰山的河流含沙量很小，限制了冲积-洪积平原的发育。第二个原因是阿尔泰山南坡山前是近代轻微上升区域，以剥蚀作用为主，大部分地区为石质剥蚀平原，岩性坚硬，河流冲蚀基岩得到的物质很少，在山前河流转向流入西北，额尔齐斯河汇聚了许多支流，水量和搬运能力增加，河流中少量的泥沙被水流带走，只能在支流出山口处和主流汇合口附近，堆积规模较小的冲积扇，物质组成以粗砂砾石为主。所以，在盆地北部表现为狭窄的冲积-洪积平原，第四系沉积的厚度很小，尤其是细土物质堆积更少，广泛分布第四系砂砾层和第三系砂页岩层(中国科学院新疆综合考察队，1978)。

盆地南部，在众多河流的共同作用下形成了宽阔的冲积和冲积-洪积平原，表现为绿洲景观，优越的条件使得该地区成为新疆重要的经济带。盆地南部能够形成与北部差异明显的地貌特征，主要受以下因素影响：首先，发源于天山的河流含沙量远远大于发源于阿尔泰山的河流。天山的植被覆盖度明显低于阿尔泰山的植被覆盖度，机械风化作用强烈；天山构造上升强度远远大于阿尔泰山，山区陡峭，河谷比降大，河流携带大量冰碛物；天山低山区是中生代和新生代较疏松的砂岩和泥岩组成，在暴雨侵蚀、洪水冲蚀和搬运作用强烈，进一步增加了河流的泥沙量。其次，天山北麓从构造上属于山前凹陷区域有利于沉积物的不断堆积；河流出山口后，没有像阿尔泰山南麓那样汇聚成规模巨大的水系，都是单独流向盆地，沿途河水大量渗透、蒸发以及农业引水灌溉利用，河流流量减小，携带的物质全部在山前沉积，形成宽阔的山前平原；堆积的细土平原表层覆盖这黄土状物质，为农业开发提供了极为有利的自然条件(中国科学院新疆综合考察队，1978)。

盆地西部以干燥洪积作用形成的平原地貌为主，间或分布少数流水冲积地貌。由于一系列断块山地的阻挡，只在春季融雪和夏季暴雨期间形成间隙性的洪水，没有常年有水的河流，所以带入盆地的沉积物质很少，洪水携带的碎屑物质形成的洪积扇规模不大(中国科学院新疆综合考察队，1978)。

盆地东部水流枯竭，干燥程度更强烈，所以外营力影响力微弱，基本保持了构造基底地形的原始特征，表现为荒漠戈壁景观。植被覆盖度极低，干燥洪积及剥蚀作用强烈。

盆地中部，三个泉子干谷构成了盆地中的一个阶梯，其北部是以第三纪地层为基础剥蚀平原，上覆极薄的早第四纪的冲积层，表现为干燥剥蚀作用的戈壁景观；其南部主要是冲积平原，分布着广大的风沙物质，表现为风积作用下的沙漠景观，为古尔班通古特沙漠。在沙漠西部边缘，接近风口，以风蚀地貌为主，在风蚀作用下，随着地表物质的差异形成特点各异的地貌特征，独特的风蚀地貌景观造就了这里著名的乌尔禾魔鬼城旅游区。其余的砂质细土冲积平原上，风沙吹积形成固定、半固定沙丘。沙丘的形态类型与走向受周围山脉的影响。山脉分布格局影响了风向、风力的变化从而改变沙丘的形态与走向(中国科学院新疆综合考察队，1978)。

2) 塔里木盆地

塔里木盆地的水平地貌结构近似于环形结构，由内向外依次是风沙吹积沙漠景观—流水冲积、洪积绿洲景观—干燥洪积荒漠景观。盆地内的基本地貌特征主要表现为单调一致的平坦性和整个台块的微倾斜性。塔里木盆地经历了从震旦纪到第四纪漫长的地质演化历史和多期次的构造变革。由于盆地基底分块强、周边板块构造背景复杂，导致了不同性质多期原盆地的叠加和改造。在多期次的构造变革中，盆内隆—坳格局和构造古地理发生过重要的变迁，产生了多个分隔着不同原盆地层序的构造不整合面，形成了复杂的盆地地质结构(林畅松等，2008)。

塔里木盆地在天山山脉和昆仑山山脉的挟持下近似于椭圆形，北部边缘顺着天山南麓呈弧形，南部边缘沿着昆仑山与阿尔金山山脉北麓呈弧形，被高山环抱为一个封闭的盆地，仅在东部有开阔地势并形成一个缺口。

盆地北部发源于天山的河流最终汇聚到塔里木河,在天山南麓形成较大的冲积-洪积平原，但是有别于天山北麓，受自然条件和气候条件的影响，塔里木盆地干燥度大于准噶尔盆地，地表蒸发快，没能形成巨大规模的绿洲带，仅在阿克苏、库尔勒、喀什等地区的三角洲平原或冲洪积扇平原上形成绿洲经济区。叶尔羌河、喀什噶尔河、阿克苏河、渭干河、库车河、孔雀河等都有水流汇入塔里木河，这些河流从山上搬运下来大量物质，堆积在封闭的盆地内，厚度极大。所以盆地西部和北部边缘地貌的形成在很大程度上也取决于河流冲积物的堆积历史以及河流变迁。此外，塔里木盆地北部冲积洪积平原规模不大的另一个原因是天山内部的山间盆地截留了部分河流冲积物，如渭干河在流经拜城盆地时，大量冰水沉积物被截留；开都河携带的沉积物被大小尤尔都斯盆地、焉耆盆地两次卸载后剩下的沉积物才流入孔雀河(中国科学院新疆综合考察队，1978)。

盆地南部由于气候干燥，以干燥洪积、风力吹积地貌为主，没有形成大规模的绿洲带，仅在一些大河出山口处分布有部分绿洲。昆仑山是一座强烈隆起的荒漠性山地，剥蚀作用剧烈，山前堆积大量沉积物，组成山前洪积扇平原。发源于昆仑山的大河，在洪水季节里可以穿过沙漠。叶尔羌河、和田河等穿过沙漠汇入塔里木河，自和田以东，干燥程度增强，河流出山口后很快消失在荒漠戈壁中。在洪水季节，山口冲出巨大漂砾，冲积扇坡降很大，冲洪积平原宽阔。

盆地中部分布着著名的流动沙漠-塔克拉玛干沙漠。风的吹扬作用塑造了多种多样的沙丘形态。塔克拉玛干沙漠的西北部基岩突露在沙漠表面，其南线即麻扎塔格，这个山脊的东南端被和田河贯穿，更东部为缓倾斜平原；只有东南部地势低陷，使得塔里木河下游能够向东南穿过沙漠，车尔臣河进入沙漠后转向东北与塔里木河共同注入台特玛湖，在历史时期水量充足的时候还会流入罗布泊。不过现在车尔臣河与塔里木河下游都已经干涸，台特玛湖和罗布泊也消失了。塔里木盆地内部地形差异与方格状的断裂构造运动有关。在喜马拉雅造山期，盆地南北边缘拗陷部分构造迴转，盆地内部和台块交界处可以看到挠曲的背斜构造（中国科学院新疆综合考察队，1978）。

盆地东部是罗布泊洼地和库姆塔格沙漠，这里湖积作用、风积作用、风蚀作用、洪积作用等交互影响，表现为荒漠戈壁景观，干燥盐湖平原地貌。罗布泊特有的大耳朵状地貌特征在遥感影像上非常明显。

3. 山麓平原的形成过程

山麓平原在新疆分布广泛，两大盆地的边缘均为山麓平原，除了东疆噶顺戈壁等地构造上比较稳定，发育剥蚀平原外，各个山地的山麓都有沉积性质的倾斜平原。尽管山麓平原的形成过程是相似的，但是，受不同的地质结构和岩性、新构造运动的性质和强度、水文过程以及当地的自然环境等因素的影响，不同地区的山麓平原的性状有明显的差异（中国科学院新疆综合考察队，1978）。

1）准噶尔盆地

发源于阿尔泰山与天山北坡的河流，大多由冰川积雪融水补给，山地夏季降水较多，所以准噶尔盆地南北边缘的山麓平原以冲积扇为主，如克朗河以西的额尔齐斯河各支流，形成连续的山麓冲积平原带。

(1) 阿尔泰山南麓平原

阿尔泰山南麓的山前平原规模相对较小，主要有以下两个方面的原因。

首先是地质构造的影响。受新构造运动的影响，第四纪中后期，阿尔泰山前发生东南-西北方向的断裂作用，额尔齐斯河受断裂线控制，折向西北流，河床直接切入古生代基岩中，对山前平原的塑造作用不大。阿尔泰山南麓的其他河流如克朗河、布尔津河、哈巴河等虽然在山麓地带形成了冲积扇，但其规模较小，不能形成大面积的冲积平原。

其次，受地理位置和山势高度影响。阿尔泰山位置偏北，山地的海拔高度远低于天山和昆仑山，山峰上发育现代冰川，山地气候湿冷，高山带积雪时间长，中山带降雨量丰富，使得山地植被茂密，风化残积、坡积、古冰碛等松散沉积物受到植被的保护，没有被河流大量搬运到山前沉积。故阿尔泰山南麓没能形成规模较大山前平原。

(2) 天山北麓平原

天山北麓的山前平原广泛发育，主要是由众多河流携带的冰水沉积物组成。冲积扇的末端与北部古老的淤积平原相接，物质组成较细，地下水出露，形成大片沼泽，且近年来盐渍化现象逐渐严重。

乌苏至木垒之间的山麓平原大部分为冰水沉积，特别是山前褶皱带内的向斜纵谷，大部分填充着冰水带来的砾石和黄土物质。由于第四纪以来地面不断隆起，大河深切在砾石组成的峡谷里，形成多级阶地，在出山口形成现代冲积扇。这些切穿前山带流入盆地的较大河流如奎屯河、巴音沟河、玛纳斯河、乌鲁木齐河、木垒河等，在山前形成联合的冲积扇平原。

乌苏以西的天山北麓山前平原，缺少前山带的阻隔，古生代地层组成的山地直接和山麓平原相接，山坡植被较少，粒径粗大的洪积物直接泻到艾比湖盆地边缘，由于接近西部风口，该区域风势强烈，较细的物质被风吹走，地面多为砾石组成，不宜农业利用。随着艾比湖的萎缩，区域盐渍化现象严重。

木垒以东地区虽然也有山前平原分布，由于降雨少，而且东天山博格达峰以东冰川积雪逐渐减少，没有较大的河流流出山脉北麓，不适合发展绿洲农业，多以牧业为主。与诺敏戈壁相连接，干燥剥蚀作用强烈。

天山北麓形成大规模山麓冲积平原的主要原因为：第一，北天山山势高峻，接受水汽较多，高山永久积雪和冰川面积大，为天山北麓的河流提供了丰富的水量补给；第二，中山带降水量丰富，河网发达，植被覆盖度较好，对径流具有良好的调节作用；第三，低山带堆积的黄土物质，易于搬运，为山前平原的中下部堆积带来大量粗细物质；第四，山前褶皱带对山前平原的形成有很大影响，由于前山带的阻隔，河流带下的大量物质堆积在向斜纵谷内，成为含水的地下水库，对河流径流起到了调节作用，切穿前山带的河流就在山前形成冲积扇平原。

2）塔里木盆地

天山南麓和昆仑山北麓气候干旱，除了少数发源于高山和极高山带冰雪区的河流水量较丰富，在山麓形成大的干三角洲外，大部分地区是暴雨径流补给的河流，这些短小的季节性河流在山麓形成洪积扇，所以塔里木盆地周围地貌以洪积扇或洪积平原与三角洲平原为主。

(1) 天山南麓平原

天山南麓山前平原的形成条件与天山北麓有很大差异。天山南麓的山前平原由干三角洲平原和洪积扇平原相间组成，三角洲的前缘，以及三角洲之间的扇间低地广泛分布盐滩，洼地里普遍分布盐壳，所以不能像天山北麓平原那样形成连片成带的绿洲。

首先，天山南坡受塔克拉玛干沙漠的影响，气候要比天山北坡干燥的多，山地积雪少，而且雪线位置要比北坡高将近 1 000 m，荒漠带上升到 2 000 m，只有阴坡有小片林地分布。所以山地物理机械风化作用强烈，沉积物中大部分为粗粒碎屑，而且夏季降水集中，多为暴雨，常形成山洪泥石流。

其次，天山南坡的径流分布很不均匀，在山前形成规模巨大的以冰水沉积物为主的干三角洲，如阿克苏干三角洲、库尔勒干三角洲等。这是因为许多发源于高山冰雪区的河流如阿克苏河、渭干河等，水量较大，而且由于天山南坡分布着一些山间盆地、谷地，如拜城盆地、乌什谷地等，或者受前山山脉的阻挡，促使水流集中。这些大的干三角洲水量丰富，成为南疆重要的绿洲。干三角洲之间是起源于中山、低山临时性暴流形成的洪积扇。

天山南麓干三角洲平原的规模由西向东递减，一方面由于山区径流的集中程度从西向东减少；另一方面是山间盆地发育，截留了一部分沉积物。阿克苏河源流多且流程长，中途缺少大型山间盆地，所以在山前形成的三角洲沉积规模很大。渭干河流经拜城盆地，大量沉积物堆积在拜城盆地，等切穿背斜构造的前山褶皱带后，沉积较细的物质形成规模较小的三角洲平原，地势较平坦，径流条件好，成为绿洲区，但三角洲下部沙雅一带的地下水位升高，盐渍化严重。孔雀河上游的大、小尤尔都斯盆地和焉耆盆地，沉积物大量堆积，所以孔雀河在切穿由古生代地层组成的库鲁克塔格山后，在山前形成规模较小的库尔勒现代三角洲。但是，库尔勒的老三角洲规模很大，这是因为开都河曾经直接流出铁门关，在库鲁克塔格山前形成广大的干三角洲，后期由于博斯腾湖的不断拗陷，以及库鲁克塔格和西尼尔以南潜伏构造的影响，孔雀河切穿了古老三角洲的中上部，形成新的三角洲平原（中国科学院新疆综合考察队，1978）。

临时性洪水形成的洪积扇，常常联合成洪积扇带。洪积扇由粗大的碎屑物组成，其中常有相当厚的细砂透镜体的夹层。洪积扇的上部坡度很大，但离山坡基岩不远的洪积扇边缘，地形有迅速变缓的趋势。由于气候特别干燥，洪积扇下部地下水的矿化度一般很高，难以开发为绿洲农业。

由于天山南麓山前平原的最前端有塔里木河流经，受塔里木河的影响，山麓平原下部的排水不畅，促使盐分积聚。塔里木河的河道不稳定，常南北摆动，向北移动时可以切割天山南麓干三角洲的前部，塔里木河的灰色冲积层常与干三角洲的红棕色亚黏土交错沉积。

(2) 昆仑山北麓平原

昆仑山北麓的山前平原与天山山麓的山前平原在形成条件上存在较大差异。昆仑山北麓的山前平原以洪积作用为主，较大的三角洲仅分布在极少数的大河出山口。昆仑山位于极端干旱的塔里木盆地南缘，接受的水汽很少，是亚洲中部最干旱的高山区。虽然西昆仑山上也有永久积雪和冰川发育，但是由于水汽来源有限，冰雪分布面积不大，而且只有到了夏季才有大量洪水补给地表径流。东昆仑山的降水更少，大部分为临时性洪水形成的短小河道。

西昆仑山（策勒以西）在第四纪时期不断发生间歇性隆起，使得山麓平原呈现出显著的侵蚀和堆积地貌特征，大部分河流在山前发育了多级阶地，山麓平原上分布着不同年龄的叠置冲积扇，每个冲积扇的形成都展示了不同阶段的构造运动和冰川作用。冲积扇的隆起造成河流不断下切、侧蚀，在其下部又堆积新的冲积扇；老冲积扇上受到支流细沟的侵蚀，沟口也出现小的洪积扇，使得山麓平原的宽度增加。中、东昆仑山（策勒以东）气候更为干燥，地表径流量小，山麓平原多为洪积性质。山麓平原直接和山坡相接，山地和山麓平原也不断隆起，河谷深切形成峡谷。山麓平原由各种不同的沉积物组成，多被沙丘覆盖，许多地段沙丘甚至被吹扬到山坡上。

与天山山地相比而言，昆仑山地中缺少较大的山间盆地，冰雪融解时期形成的洪流便可携带大量的岩石风化物堆积到山麓平原，形成特别宽大的干三角洲与洪积平原。在新构造运动影响下，接近山地的部分山麓平原不断抬升，从而抬高了山麓线的海拔高度，使得扇形地的坡度较陡，故新冲洪积扇不断在老冲洪积扇的基础上向北延伸，加大了山麓平原的幅度。由于形成冲积-洪积复合体的物质组成大部分是砂和砾石，甚至离山最远的山麓平原下部也由亚砂土和细砂组成，粘质含量极少，缺少不透水夹层，而且地下水埋藏较深，再加之气候干燥，故北麓山前平原已开发为人工绿洲的范围相对较小。

第9章　赛里木湖的湖水变化及冰川退缩

由于人口分布稀疏和人类活动罕见，高山湖泊一般保持着自然状态。因此，这些湖泊水位的变化被视为区域气候变化的敏感指标（郭铌等，2003；丁永建等，2006；胡汝骥等，2007），尤其是在干旱、半干旱地区（樊自立和李疆，1984；秦伯强，1999）。因流域的水循环涉及降水量、蒸发和冰川和积雪的融化（马道典等，2003），通常情况下，湖泊演化研究涉及许多因素，包括自然和人为的，其中区域气候变化是最明显的因素（施雅风和张祥松，1995）。因此，开展高山湖泊变化研究具有重要意义。

高山冰川变化是气候变化的另一个最佳自然指标。中国境内的天山山区是全球高山冰川的主要分布地区，有7934条冰川（刘时银等，2015）。许多科学家根据地形和遥感数据分析了气候变化和冰川消退之间的关系（Aizen et al.，2007；Kutuzov and Shahgedanova，2009；Wang et al.，2011）。有人指出在过去40年，高山冰川退缩十分严重（Bolch，2007；Kong and Pang，2012）。中国青藏高原（Bolch et al.，2010；Yao et al.，2012）和中亚（Sorg et al.，2012）也呈现出同样的趋势，这表明在中纬度高海拔和人口分布稀疏的地区，冰川消融是最显著的。

精确获取内陆湖泊变化和冰川消退对气候变化的响应，是准确评估水资源和追溯气候信息的关键。越来越多的研究表明（樊自立和李疆，1984；胡汝骥等，2002；高华中和贾玉连，2005；丁永建等，2006；白洁等，2011；李均力等，2011；Kropáček et al.，2012），自1950年以来干旱和半干旱地区的众多内陆湖泊面积大幅度减少。由于干旱、气候变暖和人类活动的综合影响，在中国的青海省（高华中和贾玉连，2005）、澳大利亚（Jones et al.，2001）、非洲（Mercier et al.，2002）和北美洲北达科塔州（Donald and Thomas，1997）盆地地区，大多数湖泊水位有所下降。此外，新疆自治区许多湖泊（如艾比湖、艾丁湖和罗布泊）正在萎缩甚至枯竭（樊自立和李疆，1984；秦伯强，1999；白洁等，2011）。然而，由于降水量的增加和冰川融化，少数新疆（高华中和贾玉连，2005；丁永建等，2006；胡汝骥等，2007；白洁等，2011）和青藏高原（Liu et al.，2009；Zhang et al.，2011；李均力和盛永伟，2013；Yao et al.，2014）的高山湖泊的水位却有所上升（Aizen et al.，1996，2007；Kutuzov and Shahgedanova，2009）。所有这些研究都表明，湖泊可能受到气候变化在不同程度上的影响。

中国天山山区赛里木湖的水位在过去40年略有增长，这导致了湖表面积的稳步增长（王树基，1978；樊自立和李疆，1984；施雅风和张祥松，1995；郭铌等，2003；马道典等，2003；高华中和贾玉连，2005；丁永建等，2006；白洁等，2011）。Chai等（2013）基于长期序列遥感图像和气象数据，重点研究气候波动对塞里木湖变化的影响。利用GIS方法获取赛里木湖地区测量高度的方法，并结合几种方法估算高温蒸发和持续降水引起的水位变化。根据赛里木湖附近的四个气象站（伊宁、阿拉山口、精河县、温泉）1970~2009年期间的数据，得出赛里木湖区域的气温和降水都有所上涨，分别平均增长超过1.8℃

和 82 mm(Chai et al., 2013)。赛里木湖水位的变化与当地的气候变化相符,湖泊面积与局部温度和降水数据呈线性关系。根据该区域的测高数据估算,在过去 40 年里,湖的水位上升了 2.8 m,水容积增加了 $12.9×10^8$ m^3。然而,Chai 等(2013)没有研究高山冰川的变化,也没有验证测高法是否适用于塞里木湖区域。

因此,本章以上述研究结果为基础,增加了赛里木湖的变化和赛里木湖地区高山冰川变化的分析,并定量解释变化原因(Cheng et al., 2016)。由于赛里木湖是一个封闭的高山湖,受人类活动的影响较小,所以本研究可以相对准确地反映出当地的气候变化。

9.1 实验区域概况

赛里木湖被誉为"丝绸之路"上的"珍珠",它是新疆最大的高山湖和冷水内陆湖(图9.1)(Chai et al., 2013)。地质学上,赛里木湖盆地是地堑断层类型,说明赛里木湖是断陷湖(王树基,1978)。赛里木湖地区有超过 20 条小河是由高山冰川和积雪融化提供水源,这里大约有 10 个小村庄,当地人以放牧为生,少有农业和工业(Chai et al., 2013)。

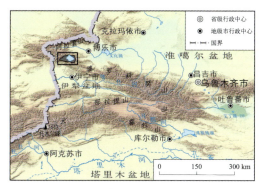
(a) 赛里木湖位置

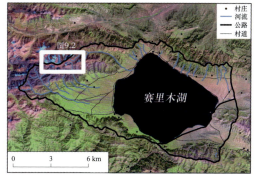
(b) 赛里木湖区域遥感影像

图 9.1 赛里木湖在新疆天山山脉的位置分布及影像

在图 9.1 中,左图中的冰川信息源自中国冰川目录(中国科学院兰州冰川冻土研究所,1981,1986,1987),其白色区域表示天山上的冰川分布;右图源自 Landsat TM 7,4,2 波段合成影像(2007 年 8 月 24)。

赛里木湖西北方向的山峰上,有 13 条不同尺寸的冰川,冰川总面积约 4.28 km^2,其轮廓见图 9.2(中国科学院兰州冰川冻土研究所,1986),冰川轮廓来源于中国冰川目录。

在图 9.2 中,每条冰川对应的名称分别为:A1-5Y745A0001,A2-5Y745A0002,A3-5Y745A0003,B1-5Y745B0001,B2-5Y745B0002,B3-5Y745B0003,C1-5Y745C0001,C2-5Y745C0002,C3-5Y745C0003,C4-5Y745C0004,C5-5Y745C0005,C6-5Y745C0006,C7-5Y745C0007。

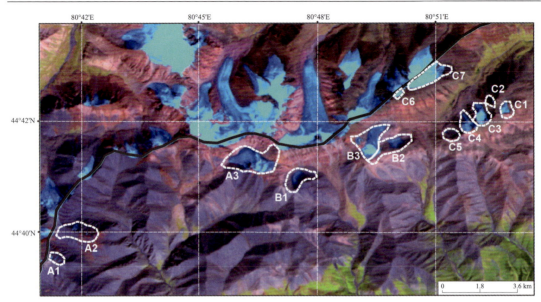

图 9.2 赛里木湖流域的 13 条冰川(编号见前页)
注：Landsat TM 7, 4, 2 波段合成影像，2007 年 8 月 24 日

9.2 研究方法

1. 冰川信息提取

Dozier(1989)认为，可以用归一化冰雪覆盖指数(NDSI)来区分雪、岩石土壤和云层，它可有效地显示出覆被在粗糙地形上的积雪，并可提供冰川轮廓与周围冰碛间清晰的边界。因此，NDSI 法适用于提取基于遥感影像的冰川和积雪信息。NDSI 值可以用两个 TM 波段值求得：

$$\text{NDSI} = (\text{TMgreen} - \text{TMinfrared}) / (\text{TMgreen} + \text{TMinfrared}) \tag{9.1}$$

式中，TMgreen 是 TM/ETM 绿波段值；TMinfrared 是 TM/ETM 红外波段值。

MSS 数据缺乏短波红外波段，不适合采用 NDSI 法，但可以采用人工目视解译法提取冰川轮廓，并用中国冰川目录的数据来估计其提取结果的准确性(施雅风，2005)。

2. ICESat 数据足迹法与测高法所测湖面高程的对比

利用公式(9.2)可以把 ICESat 高程数据(ICESat_elevation_measured)转换为 WGS84 椭球下的高程(ICESat_elevation)(Zhang et al., 2011)，用于比较随模型产生的高程。

$$\text{ICESat\_elevation} = \text{ICESat\_elevation\_measured} - \text{ICESat\_geoid} - 0.7 \tag{9.2}$$

式中，ICESat_elevation_measured 和 ICESat_geoid 是直接从 ICESat 数据获得的，0.7 m 的定量值是从 Topex/Poseidon 椭球到 WGS84 椭球的偏移量(González et al., 2010；Zhang et al., 2011；Kropáček et al., 2012)。

将赛里木湖边界和每个卫星轨道的 ICESat 数据叠加，可以得到 12 个轨道，包含了 2003～2008 年间的 ICESat 高程数据。根据湖泊的历史高程记录，仔细核对所有的足迹(高程)，剔除明显的异常数据。因此,获得了不同时间合理的 ICESat 高程数据,如表 9.1 所示。

表 9.1 2003~2008 年 ICESat 12 轨的高程数据

日期	最大高程/m	最小高程/m	平均高程/m	统计点数目	采样点总数
2003 年 10 月 24 日	2 074.00	2 073.54	2 073.67	8[1]	25
2004 年 2 月 25 日	2 074.90	2 073.35	2 073.66	22	22
2004 年 5 月 26 日	2 073.99	2 073.80	2 073.89	37	37
2004 年 10 月 12 日	2 073.99	2 072.53	2 073.73	57	57
2005 年 5 月 28 日	2 074.02	2 073.86	2 073.92	57	57
2005 年 10 月 29 日	2 074.03	2 073.87	2 073.96	57	57
2006 年 6 月 1 日	2 073.89	2 073.55	2 073.79	19	19
2006 年 11 月 2 日	2 074.01	2 073.46	2 073.90	53	53
2007 年 3 月 19 日	2 073.98	2 073.49	2 073.91	57	57
2007 年 10 月 10 日	2 074.10	2 073.95	2 074.02	57	57
2008 年 2 月 25 日	2 074.12	2 073.67	2 074.00	57	57
2008 年 10 月 12 日	2 074.18	2 073.30	2 073.83	34[2]	44

1) 其中有 17 个点,海拔超过 3 218 m,不符合实际情况;2) 其中有 17 个点,海拔超过 2 830 m,不符合实际情况

9.3 研 究 结 果

1. 基于遥感数据的赛里木湖的面积变化

基于归一化水体指数(NDWI)的计算方法(McFeeters,1996),得出了赛里木湖过去 40 年来的表面积变化、水位和容积(表 9.2 和图 9.3)。赛里木湖的表面积从 1972 年的 453.2±0.2 km², 以每年 12.0±0.3 km² 的增长速度,达到 2011 年的 465.2±0.2 km²。赛里木湖面积的变化呈线性趋势,其相关系数 R^2 为 0.99。湖面积每年升幅较小,年增长率小于 0.7 km²。而通过遥感图像显示的湖面积误差小于 0.8 km²,这说明误差可能是由湖面积的年度增加引起的。

湖泊水位的不断上涨导致赛里木湖地区的一条老国道及一条高速公路被水淹了,因此,需要重新修建道路。此外,湖中群岛原来用桥相连接,走路就能通过,后被水淹没后,只能靠船渡过(Chai et al.,2013)。

表 9.2 过去 40 年赛里木湖和高山冰川的面积变化

年份	湖面积/km²	湖面变化率/(km²/a)	湖面高程/m	湖水体积/10⁸ m³	冰川面积/km²
1972	453.2±0.2	-	2 071.6	202.6	*
1975	453.9±0.4	0.2	2 071.7	203.1	4.55±0.03
1976	454.5±0.5	0.6	2 071.8	203.5	*
1977	455.1±0.6	0.6	2 071.9	204.0	4.28±0.02
1978	455.5±0.5	0.4	2 072.0	204.4	*
1990	459.2±0.2	0.3	2072.3	205.8	3.67±0.03

续表

年份	湖面面积/km²	湖面变化率/(km²/a)	湖面高程/m	湖水体积/10⁸ m³	冰川面积/km²
1998	460.8±0.2	0.2	2 072.8	208.1	*
1999	461.1±0.4	0.3	2 072.9	208.6	3.34±0.04
2000	461.7±0.7	0.6	2 073.0	209.0	*
2001	462.2±0.2	0.5	2 073.2	209.9	*
2002	462.4±0.6	0.2	2 073.3	210.4	2.97±0.03
2003	462.7±0.3	0.3	2 073.4	210.9	*
2004	462.9±0.1	0.2	2 073.5	211.3	*
2005	463.2±0.2	0.3	2 073.6	211.8	*
2006	463.4±0.6	0.2	2 073.7	212.3	*
2007	463.6±0.4	0.2	2 073.8	212.7	2.63±0.02
2008	463.9±0.1	0.3	2 073.9	213.2	*
2009	464.3±0.3	0.4	2 074.0	213.7	*
2010	464.8±0.2	0.5	2 074.2	214.6	*
2011	465.2±0.2	0.4	2 074.4	215.5	2.42±0.02
增加/减少量	12.0±0.3		2.8	12.9	−2.13±0.03

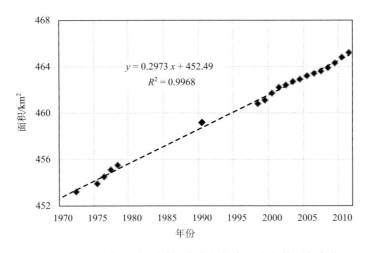

图 9.3　基于过去 40 年遥感影像获得的赛里木湖的面积变化

2. 基于遥感数据的赛里木湖的水位变化

过去 40 年赛里木湖的水位变化如图 9.4 所示。1972～2011 年期间,水位增加了 2.8 m,近似呈线性,相关系数 R^2 为 0.947。20 世纪 70 年代,水位上升 0.4 m,1978～1990 年间增长缓慢。到 1990 年,水位已达到 2072 m。从 2000 年起,湖泊水位进入稳定增长阶段。在过去的 10 年中,水位增加 1.4 m。

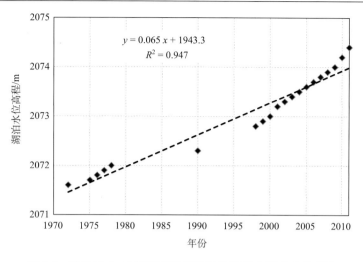

图 9.4　基于过去 40 年遥感影像获得的赛里木湖的水位变化

3. 基于遥感数据的冰川退缩情况

基于公式(9-1)，在过去 40 年中，高山冰川面积在表 9.3 中列出。冰川面积不断减少，从 1975 年 4.55±0.03 km² 减少到 2011 年 2.42±0.04 km²，退缩速度为每年 2.13±0.03 km²。总体而言，面积衰退的趋势呈线性关系，相关系数 R^2 为 0.99(图 9.5)。

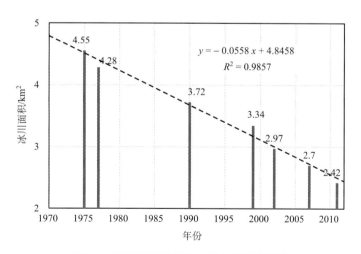

图 9.5　基于遥感影像高山冰川的面积变化

表 9.3 对中国冰川编目中的 13 条冰川过去 40 年的面积做了比较，显示出所有冰川都在消退，且较小的冰川消退速度最快。例如，四个冰川(5Y745C0006、Y745C0002、5Y745C0005、5Y745A0001)几乎消失了(施雅风，2005)。

表 9.3　基于中国冰川目录过去 40 年 13 个冰川的退缩

冰川	1975 年面积/km²	1990 年面积/km²	2007 年面积/km²
5Y745A0001	0.27	0.13	0.01
5Y745A0002	0.44	0.26	0.04
5Y745A0003	1.07	0.85	0.78
5Y745B0001	0.27	0.24	0.15
5Y745B0002	0.28	0.25	0.11
5Y745B0003	0.87	0.81	0.58
5Y745C0001	0.17	0.13	0.07
5Y745C0002	0.02	0.01	0.01
5Y745C0003	0.25	0.21	0.20
5Y745C0004	0.20	0.17	0.15
5Y745C0005	0.03	0.02	0.01
5Y745C0006	0.09	0.07	0.05
5Y745C0007	0.59	0.57	0.54
总计	4.55	3.72	2.70

9.4　对比分析

1. 测高法所得高程和 ICESat 数据的比较

ICESat 数据显示，2003 年至 2008 年赛里木湖的平均高程为 2 073.85 m，与测高法计算的同一时期的平均高程 2 073.65 m 非常接近，只有 0.2 m 的微小差异（表 9.5）。ICESat 数据得到的平均高程表现出了线性上升趋势，测高法的高程情况也是这样，只是前者比后者稍微高一些（表 9.4）。

表 9.4　ICESat 数据足迹法和测高法所测湖面高程的比较

年份	ICESat 获取的平均高程/m	测高法获取的高程/m	差值/m
2003	2 073.67	2 073.4	0.27
2004	2 073.76	2 073.5	0.26
2005	2 073.94	2 073.6	0.34
2006	2 073.84	2 073.7	0.14
2007	2 073.97	2 073.8	0.17
2008	2 073.91	2 073.9	0.01
平均值	2 073.85	2 073.65	0.20

本研究中，用于测量 ICESat 高程的 12 条轨道大多是冬季选取的，即从 10 月到 3 月（表 9.1），在这个季节中，湖水结冰且结冰的湖面被积雪覆盖，这使得湖面高程稍微增高了。

2. 其他区域湖泊水位的比较

从地质学角度来看，赛里木湖盆地是天山山脉的一个地质断陷盆地。在中国的高山中有许多具有相似构造运动的高山湖，比如祁连山的哈拉湖、昆仑山的帕拉湖、羌塘高原的那木湖等。这些高山湖有着大致相似的水源供给条件和独立的蓄水盆地环境，湖水主要消耗途经是蒸发。许多研究表明这些高山湖的水位和面积呈现增长趋势(Zhang et al., 2011；Song et al., 2013)。

Zhang 等(2011)采用卫星测高法分析了青藏高原湖泊的水位变化，发现89%的咸水湖表现出年均0.27 m的水位上涨趋势。根据遥感数据显示1972~2011年间，赛里木湖的水位上涨速度是每年0.3 m，这与青藏高原咸水湖的情况非常相似。意味着全球变暖导致的冰川加速融化是近期湖水水位上升的最有可能的原因。

3. 关于冰川和径流的进一步研究

高华中和贾玉连(2005)使用1960~2000年间的气象资料估计赛里木湖的水平衡关系。他们的研究结果显示，流进湖的水总量、水表面总沉淀量、径流流入湖的总量都增加了。在过去几年里，水位和区域降水都增加了，马道典等(2003)使用区域气候信息和稀缺季节性径流数据得出同样的结论。然而，几乎很少有关于赛里木湖流域冰川消退、冰川质量损失速率和地表径流关系的相关成果。

有研究表明，大多数地区冰川退缩速度很相似，但快速对于所涉及的退缩过程仍缺乏了解，这是因为气候变化不能直接观察到冰川退缩的变化和径流量的增加(Bolch et al., 2012)。通过对天山山脉中的乌鲁木齐冰川1号的观测，显示了冰川从1959年到2003年的显著变化，冰川是表征气候变化的敏感指标(Jing et al., 2006)。然而，冰川对气候变化的响应有一定的延迟，可能有几十年。因此，对赛里木湖流域冰川大规模变化的进一步分析，特别是包括水文和径流量的研究，需要专注于冰川变化与气候变化之间关系分析。

另外，研究中采用的估算整个流域水平衡的方法较为简单，可能与实际水文过程有偏差。在未来研究中，许多其他因素，尤其是冰川融水、径流、融雪水、永久冻土层解冻都需要特别注意。

第10章　新疆典型冰川变化特征及其对关键气象因子的响应

冰川是在气候变化作用下形成的，对气候变化反应敏感。因此冰川本身的变化也可以间接反映气候变化。冰川是水体的固体存在形态，存储着丰富的淡水资源。在水资源缺乏的干旱半干旱区，冰川是重要的水资源来源，冰川变化对干旱区半干旱区的生态环境及人们的生产、生活具有重要影响，开展冰川变化研究对干旱半干旱区可持续发展的实现具有重要意义。随着遥感技术的发展，对人类难以到达的气候条件恶劣、地形险峻、雪灾频发的冰川地区进行遥感观测研究，成为了解冰川学的重要手段之一。新疆冰川分布广泛，主要集中于天山山脉；是世界上山地冰川分布最多的山系之一，且天山冰川的主要分布类型以高大山峰为中心呈辐射状分布。阿尔泰山脉分布的冰川是我国纬度最高的冰川，该地区的冰川具有数量少、规模小的特点。喀喇昆仑山山脉宏伟，山峰众多且雪线海拔高达 5 000 m 左右，冰川规模大，该地区是世界上中、低纬度山岳冰川最发育的地区。

为了更加全面地探讨冰川对关键气象因子的响应特征，本章选取了具有代表性的四条冰川进行研究，分别为位于阿尔泰山的友谊峰地区冰川、天山的博格达峰地区冰川及喀尔力克山地区冰川和喀喇昆仑山的音苏盖提地区冰川。基于1990~2015年 Landsat TM、ETM+\OLI 遥感影像数据，利用雪盖指数法(NDSI)和阈值法提取冰川边界，并参考冰川编目数据结合目视解译法对已获取的冰川边界进行修正，分析博格达峰地区、喀尔力克山地区、友谊峰地区、音苏盖提地区的冰川面积变化、冰川坡向变化及冰川面积的重心变化。结合长时间序列的温度、降水关键气象因子数据，对近20年天山东段典型冰川的气候响应进行了初步探讨。本研究综合比较了四个研究区冰川特征变化情况，并依据关键气象因子、地形及冰川变化特征等因素的相关关系，对冰川变化特征可能存在的影响因素进行了探讨。

10.1　研究区冰川概况

友谊峰地区冰川、博格达峰地区冰川、哈密地区的喀尔力克山冰川与音苏盖提冰川的具体位置如图10.1所示，各研究区的冰川分布情况如下。

1. 博格达地区冰川

博格达峰是中国天山东段博格达山的主峰，位于 87°50′~88°30′E，43°33′~43°54′N 之间。这里山体复杂，地表破碎，高大陡峭的地形为冰川发育创造了良好的空间环境。其峰顶与雪线之间高差数百米至千余米，北坡的雪线高达 3 800 m，南坡的雪线

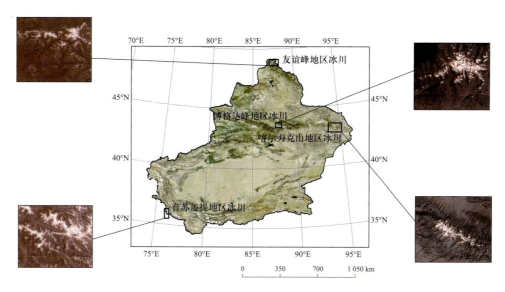

图 10.1 研究区冰川分布概况

高达 3 900~4 000 m。孤立的山体有利于带有水体的气流径直入侵,最大程度地减少中途损耗。山势陡峭的频繁雪崩,成为冰川主要补给来源之一。降水集中于暖季,博格达峰地区高山带降水量较多,以固态为主,加之气温较低,有利于冰川发育。博格达峰地区分布的现代冰川,是众多河流的源头(牛生明等,2014)。根据牛生明等的研究,截至 2001 年,博格达峰地区冰川平均规模为 0.78 km²。该区以小冰川为主,冰川对气候变化响应敏感(牛生明等,2014)。

2. 喀尔力克山地区冰川

喀尔力克山地区位于 93°41′~95°07′E,42°50′~43°35′N 之间(钱亦兵等,2011),即新疆哈密地区天山最东段。托木尔提峰海拔 4888 m,也是喀尔力克山地区的主峰,该地区同时也是东天山南坡和北坡上众多河流的发源地。喀尔力克山脉山势不对称,北坡山幅狭窄,其上的沟壑溪流相对较短浅,地貌景观单一,而南坡山宽沟深,冰蚀、冰碛地貌发育(胡汝骥等,1979)。该地区位于干燥的大陆性气候之中,气候变化主要受西风环流的控制(钱亦兵等,2011)。中国天山现代冰川的分布规律是南坡少于北坡,这主要是受到深切谷地地形的影响所导致的。然而,喀尔力克山冰川分布却是南多北少。喀尔里克峰区的冰川发育,北坡以悬冰川为多,而南坡则多是平顶冰川,形成了中国天山现代冰川中唯一的山谷冰川依次相间分布的景观特征(胡汝骥等,1979)。峰区南坡降水较北坡多,在冰川作用区里,年降水量多达 600 mm 左右。在峰区,年均 0℃等温线在 3 000 m 上下摆动;夏季固态降水的下限在 2 900 m 左右。

3. 音苏盖提地区冰川

音苏盖提地区位于 35°55′~36°15′N 和 75°55′~76°21′E 之间(杨惠安等，1987)。音苏盖提冰川在冰川编目的编码为"5Y654D"，冰川长 42.0 km，这是我国境内目前已知最长的冰川。由于有来自北、西、南三个方向积累区的补给，使该冰川发育由 4 条河流汇流而成的树枝状大型山谷冰川。音苏盖提冰川源头处的山地为消尔布拉克山，诸峰高度在 5 953~6 554 m 之间，平均高 6 210 m。南侧斯卡姆里山，由结晶灰岩组成，平均高度 6 356 m。北侧有 7 座山峰超过 6 000 m，平均高 6 437 m，克朗峰高达 7 295 m，为音苏盖提流域最高峰，系音苏盖提冰川北侧大冰流东支的源头。

音苏盖提冰川的融水汇合了乔戈里峰北坡诸冰川的全部融水，成为叶尔羌河上游克勒青河的主要补给来源。音苏盖提冰川的流域面积为 683.63 km^2，流域内冰川面积为 356.69 km^2，占总流域面积的 52%。其中音苏盖提冰川面积为 329.16 km^2，积累区面积为 221.05 km^2，消融区面积仅 108.1 km^2。因此，冰川比率(K)约为 2。另外，南北两侧共 18 条(南、北两侧各 9 条)已与音苏盖提冰川分离的小冰川，合计面积分别为 9.86 km^2 和 17.67 km^2。其中北侧的 N 冰川，位于音苏盖提冰川末端北侧，长达 9 km，面积是 8.75 km^2，为音苏盖提冰川流域内分离的小冰川中最大的一条冰川。音苏盖提冰川冰舌中下段的宽度变化在 1.5~2.4 km，一般宽度在 3 km 左右。冰川作用垂直高差达 3295 m，仅次于天山西段托木尔峰区土格别里齐冰川的 4 182 m。

4. 友谊峰地区冰川

友谊峰地区位于新疆阿尔泰山区，分布在 48°40′~49°10′N，87°00′~88°00′E 之间，海拔范围为 2 416~4 374 m。友谊峰位于阿勒泰山的中段南坡，是我国纬度最高的冰川分布区域，该区冰川是布尔津河发源地。根据冰川编目资料(中国科学院兰州冰川冻土研究所，1981)记录，阿尔泰山区的冰川融水，尤其是季节性积雪在河流补给比例中高达 45%~50%。该区属于大陆性气候，夏季短暂多雨，冬季漫长而严寒。受到由额尔齐斯河谷进入的北冰洋极地气团的影响，阿尔泰山地区的温度年差较大，在空间上，温度由西向东逐渐下降。降水量也出现自西向东减少的趋势，但随着海拔升高，降水量随之增高。阿尔泰山区的冰川在该地区地形地貌和湿润气流的共同影响下，呈现出独特的分布特点和规律。在空间上主要表现为，随着山地海拔高度的下降，冰川发育规模呈现出由西北向东南方向递减的特点。冰川类型由西北向东南方向改变，冰川朝向表现出不对称性，冰川粒雪线等高度参数由西北向东南方向升高。根据冰川编目资料(中国科学院，1981)，我国境内阿尔泰山脉共有 416 条冰川，总面积达 293.20 km^2，占该区冰川总面积的 32.61%。冰川平均面积 0.70 km^2，以小规模冰川为主，该地区的冰川储量达 16.49 km^3，占到该区总储量的 13.54%，主要集中于冰川规模大于 1 km^2 的冰川上。友谊峰所在山脉是阿尔泰山区额尔齐斯河外流水系冰川数量最多的一条山脉，分别占总条数的 72.6%、总面积的 84.43% 和总储量的 89.70%，冰川平均面积 0.82 km^2。目前，我国阿尔泰山冰川集中发育的地区位于由友谊峰及奎屯峰组成的陡峭山脊上，大于 10 km^2 的 3 条冰川全集中在此，是该山区最大的冰川作用中心。其中，面积最大的冰川是位于友谊峰的哈拉斯冰川，是我国冰川末端海拔最低的冰川。哈拉斯冰川长 10.8 km²，面积 30.13 km²，末端海拔 2 416 m，是友谊峰区最大的复式山谷冰川，冬春积雪厚大，对冰川的补给较大，夏季冰川温度高，消融强且快，冰川规模小、长度短，对气候的响应敏感，为冷季补给占优势的亚洲山岳冰川(王立伦等，1983)。

10.2 研究方法

研究方法主要包括：
(1) 遥感图像的转投影预处理；
(2) 雪盖指数法和目视解译法对冰川边界的提取；
(3) 利用 DEM 90×90 m 进行重采样，对研究区 DEM 30×30 m 异常值的替代；
(4) 对冰川边界提取结果，利用高分一号数据的随机样点法进行验证；
(5) 冰川面积变化率的求法；
(6) 冰川特征变化(包括面积、坡向、重心)的使用方法。

1. 遥感数据预处理

1) 影像数据特征

Landsat 卫星是由美国国家航天与航天局(NASA)自 1972 年陆续发射的，该系列卫星所获取数据影像覆盖范围包括北纬 83°N 到南纬 83°S 之间所有陆地地区，空间分辨率为 30 m，数据更新周期为 16 天。针对水、植物、土壤、岩石等不同地物在波段反射率敏感度的差异，Landsat 卫星相应设置了不同的波段发射范围来获取相应地物信息。其中 ETM+/TM 传感器的反射波段及其主要用途如表 10.1 所示。

表 10.1 ETM+/TM/OLI 传感器介绍

TM 传感器	波段	波长/μm	分辨率/m	主要用途
Band 1	蓝色波段	0.45~0.52	30	判断水深，水体浑浊度，浅海水下地形，分辨植被与土壤
Band 2	绿色波段	0.52~0.60	30	探测植被类型及生长状况，反映水下特征，对水体有一定的穿透能力
Band 3	红色波段	0.63~0.69	30	处于叶绿素强吸收区，用于区分裸露土壤和植被覆盖区域，植被分类及长势的监测等
Band 4	近红外波段	0.76~0.90	30	对绿色植物类别差异敏感，水体强吸收区，用于估算生物量和作物长势，区分植被类型
Band 5	中红外波段	1.55~1.75	30	探测植物含水量和土壤湿度，裸露土壤，在不同植被之间有好的对比度，并且有好的穿透云雾的能力
Band 6	热红外波段	10.40~12.50	120	对植物进行胁迫分析，进行热制图，区分农林覆盖长势
Band 7	中红外波段	2.08~2.35	30	用于区分主要的岩石和矿物类型，位于水的吸收带，受两个吸收带控制，对植物水分敏感

续表

ETM+传感器	波段	波长/μm	分辨率/m	主要用途
Band 1	蓝色波段	0.45～0.52	30	判断水深，水体浑浊度，浅海水下地形，分辨植被与土壤
Band 2	绿色波段	0.52～0.60	30	探测植被类型及生长状况，反映水下特征，对水体有一定的穿透能力
Band 3	红色波段	0.63～0.69	30	处于叶绿素强吸收区，用于区分裸露土壤和植被覆盖区域，植被分类及植被监测等
Band 4	近红外波段	0.76～0.90	30	对绿色植物类别差异敏感，水体强吸收区，用于估算生物量和作物长势，区分植被类型
Band 5	中红外波段	1.55～1.75	30	探测植物含水量和土壤湿度，裸露土壤，在不同植被之间有好的对比度，并且有好的穿透云雾的能力
Band 6	热红外波段	10.40～12.50	60	对植物进行胁迫分析，进行热制图，区分农林覆盖长势
Band 7	中红外波段	2.09～2.35	30	用于区分主要的岩石和矿物类型，受两个吸收带控制，对植物水分敏感
Band 8	微米全色	0.52～0.90	15	为15 m分辨率的黑白图像，用于增强分辨率，提供分辨能力
OLI传感器	波段	波长/μm	分辨率/m	主要用途
Band 1	海岸波段	0.43～0.45	30	应用于监测海岸水体和大气气溶胶
Band 2	蓝色波段	0.45～0.52	30	判断水深，水体浑浊度，浅海水下地形，分辨植被与土壤
Band 3	绿色波段	0.53～0.60	30	探测植被类型及生长状况，反映水下特征，对水体有一定的穿透能力
Band 4	红色波段	0.63～0.68	30	处于叶绿素强吸收区，用于区分裸露土壤和植被覆盖区域，植被分类及植被监测等
Band 5	近红外波段	0.85～0.89	30	去除0.825μm处的水汽强吸收影响，探测植物含水量和土壤湿度，不同植被之间裸露土壤有好的对比度，有好的穿云透雾能力
Band 6	短波红外1	1.56～1.66	30	加强不同植被之间的对比度，同时有一定的云雾辨别能力
Band 7	短波红外2	2.10～2.30	30	分辨岩石和矿物，也可用于辨识湿润土壤和植被覆盖
Band 8	全色波段	0.50～0.68	15	波段范围较窄，可以更好区分植被和非植被
Band 9	卷云波段	1.36～1.39	30	处于水汽强吸收范围，用于云检测
Band 10	热红外1	10.60～11.19	100	用于热强度的测定分析，热分布制图
Band 11	热红外2	11.50～12.51	100	用于热强度的测定分析，热分布制图

2) 数据预处理

本研究所选用的遥感影像 Landsat TM 和 ETM+来自美国地质调查局 USGS 网站(http://www.glovis.usgs.gov)。所下载的遥感数据产品，经过系统辐射校正和地面控制点几何校正，再经数字高程模型(DEM)校正处理。为了便于对多年份的遥感影像资料及 DEM 数据进行分析及与冰川编目数据的使用，对所利用到的各时段的遥感影像数据进行坐标系统的统一处理。所采用的坐标系统为与冰川编目一致的 Albers 圆锥等面积投影和 WGS84 椭球体坐标系统。

具体的投影参数见表 10.2。

表 10.2 各研究区投影参数设置对比

博格达峰地区

名称	参数
Projection	Albers
False_Easting	0
False_Northing	0
Central_Meridian	88.1667
Standard_Parallel_1	43.6083
Standard_Parallel_2	43.8417
Latitude_of_Origin	0.0
Linear Unit	Meter (1.0)
Geographic Coordinate System	GCS_WGS_1984
Angula Unit	(0.0174532925199433)
Prime Meridian	Greenwich (0.0)
Datum	D_WGS_1984
Spheroid	WGS_1984
Semimajor Axis	6378137.0
Semimior Axis	6356752.314245179
Inverse Flattening	298.257223563

喀尔力克山地区

名称	参数
Projection	Albers
False_Easting	0
False_Northing	0
Central_Meridian	94.400000000006
Standard_Parallel_1	42.8333
Standard_Parallel_2	43.45833
Latitude_of_Origin	0.0
Linear Unit	Meter (1.0)
Geographic Coordinate System	GCS_WGS_1984
Angula Unit	(0.0174532925199433)
Prime Meridian	Greenwich (0.0)
Datum	D_WGS_1984
Spheroid	WGS_1984
Semimajor Axis	6378137.0
Semimior Axis	6356752.314245179
Inverse Flattening	298.257223563

音苏盖提地区

名称	参数
Projection	Albers
False_Easting	0
False_Northing	0
Central_Meridian	76.13335
Standard_Parallel_1	35.97225
Standard_Parallel_2	36.19444
Latitude_of_Origin	0.0
Linear Unit	Meter（1.0）
Geographic Coordinate System	GCS_WGS_1984
Angula Unit	（0.0174532925199433）
Prime Meridian	Greenwich（0.0）
Datum	D_WGS_1984
Spheroid	WGS_1984
Semimajor Axis	6378137.0
Semimior Axis	6356752.314245179
Inverse Flattening	298.257223563

友谊峰地区

名称	参数
Projection	Albers
False_Easting	0
False_Northing	0
Central_Meridian	87.500000000006
Standard_Parallel_1	48.77
Standard_Parallel_2	49.0700000000003
Latitude_of_Origin	0.0
Linear Unit	Meter（1.0）
Geographic Coordinate System	GCS_WGS_1984
Angula Unit	（0.0174532925199433）
Prime Meridian	Greenwich（0.0）
Datum	D_WGS_1984
Spheroid	WGS_1984
Semimajor Axis	6378137.0
Semimior Axis	6356752.314245179
Inverse Flattening	298.257223563

2. 冰川边界的提取

冰川边界提取方法采用被学者广泛认可的半自动分类法，即计算机分类与目视解译相结合的方法。首先利用雪盖指数法（NDSI）进行计算机自动分类，可有效剔除有云区域；

其次基于灰度分割法提取冰川边界,阈值多设在 0.1~1 之间。然后,利用目视解译方法对提取的冰川边界进行修正;最后,将提取的冰川边界数据转换成 Albers 等积圆锥投影,再利用 ArcGIS 软件统计面积及其变化。其中归一化雪盖指数法(NDSI),是利用冰雪在可见光波段的红波段具有强反射率,而在短波红外辐射波段具有强吸收特性这一差异,区分冰雪与周围地物类别。具体计算公式为

$$\text{NDSI} = \frac{N_{d2} - N_{d5}}{N_{d2} + N_{d5}} \tag{10.1}$$

式中,N_{d2}、N_{d5} 分别表示 TM/ETM+影像第 2 波段与第 5 波段的 DN 值,OLI 影像数据的第三波段与第六波段。经该式计算可以获得 NDSI 灰度值,取值范围为(-1,1),设置合适的阈值可以取得较为准确的结果,消除传感器和图像配准误差等提取冰川边界提取精度的主要误差来源后(Guo et al., 2013; Hall et al., 2003, Williams et al., 1997),获得了冰川边界提取结果见图 10.2。

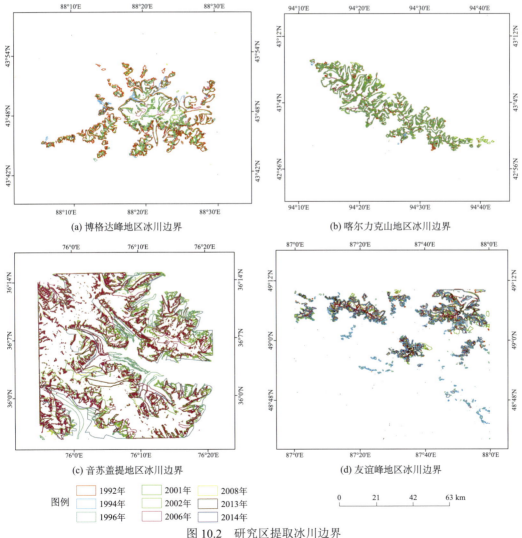

图 10.2 研究区提取冰川边界

3. 数字高程数据处理

将分辨率为 30 m 和 90 m 的 DEM 数据进行比对，形成 30 m 的 GDEM 数据，如果在研究区出现空值或是数据异常情况，再利用分辨率为 90 m 的 STRM 数据重采样为 30 m 的数据，与分辨率为 30 m 的 GDEM 数据进行比较，对两者差值大于 200 m 的像元，用 STRM 的数据替代或填补 GDEM 中的异常值或空值（田洪阵等，2012），用处理好的 GDEM 数据提取坡向信息。

4. 气象数据处理

利用 Python 代码将从中国气象数据网上下载的 1961～2014 年的月值 0.5°×0.5°地面气温及降水格点数据集（V2.0），由.txt 文本格式的数据转化为.tif 数据进行处理，利用研究区的矢量图对气象数据进行剪裁。再利用 IDL 对剪裁出来的气象栅格数据进行求均值处理。年值气象数据是由 12 个月的月值数据利用 IDL 进行累加得到的，之后对年值数据与月值数据相同的数据处理，形成完整的气象数据。

5. 冰川边界提取结果的验证

对上面提取的冰川边界，采用更高分辨率的高分一号数据进行验证。利用目视解译提取的冰川结果，采用郭万钦（Guo et.al., 2013）等的误差评价方法。以博格达峰地区冰川为例，利用 2014 年 9 月 6 日的博格达峰部分地区的高分一号卫星数据，对 2014 年 9 月 1 日的 Landsat 影像提取结果进行验证。先进行随机点验证，误差结果为 2%，冰川面积误差结果为 0.6%，具体结果如图 10.3 所示。

图 10.3　结果验证图

6. 冰川面积变化率

冰川面积变化速率为一个时间段内冰川面积变化量与初始年冰川面积的比值,是一种评价冰川面积变化程度的常见指标,可以较好地统一比较不同时间尺度的冰川变化结果,其计算公式如下(何毅等,2015):

$$A_{\text{APAC}} = \frac{\Delta s}{\Delta t s_0} \times 100\% \tag{10.2}$$

式中,Δs 为冰川变化面积(km^2);s_0 代表初始状态下冰川面积(km^2);Δt 代表研究时段的年限(a)。

7. 冰川属性的提取

在冰川边界提取的基础上,进行冰川属性的提取,以分析冰川变化。冰川的属性包括长度、坡度、坡向、面积、朝向、冰川形态、雪线、冰川重心、冰储量等。本研究统计了冰川面积、坡向、冰川重心这三个属性信息,分析了这些属性信息的变化情况。

(1)冰川面积。将研究区划分好的冰川进行统计,得出冰川的总面积,均以 km^2 为单位。

(2)冰川重心。将博格达峰地区、喀尔力克山地区、友谊峰地区、音苏盖提地区的冰川,以 1990~1992 年研究区内的冰川面积中心为轴心,以横轴代表东西,以纵坐标表示南北,将其划分为 4 个象限。东北部分为第一象限,西北为第二象限,西南为第三象限,东南为第四象限。横坐标数值小代表其面积相对于 1990~1992 年该象限面积变化差异,与 x 轴的夹角代表其与重心的变化方向,以此来探究冰川在不同区域的重心变化情况。

(3)冰川坡向。基于 DEM 数据,利用 ArcGIS 得出四个研究区的矢量坡向图,并对其进行重分类,分为北、东北、东南、南、西南、西和西北八个方位进行统计。再利用 Python 代码进行批处理,对研究区不同坡向的冰川矢量面积进行统计。

10.3 冰川特征变化分析

本章以 1990~1992 年的冰川提取结果为基准,依次以每三年为单位(不重复累计),选取冰川边界最小的一景数据作为这时段的冰川面积,来对博格达峰地区、喀尔力克山地区、音苏盖提地区、友谊峰地区的冰川面积、冰川重心、冰川坡向变化三个特征来展开探究。

1. 冰川面积变化

1)冰川面积整体变化

如表 10.3 所示,1990~2015 年博格达峰地区冰川面积减少 57.73 km^2,整体上呈现出不连续退缩的状态。1990~2001 年呈现持续下降趋势,2002~2004 年呈现出增加趋势,2005~2015 年呈现缓慢退缩趋势。表 10.4 展示出喀尔力克山地区在 1990~2015 年期间,冰川面积减少 51.08 km²，除 2002～2004 年、2011～2013 年有微弱波动外，整体上呈现退缩状态。表 10.5 展示出音苏盖提地区在 1990～2015 年期间，冰川面积减少 369.05 km²，整体上呈现退缩状态，1990～2001 年呈现快速退缩趋势，2002～2004 年有微弱增加，2005～2015 年呈现微弱波动减小趋势。表 10.6 展示出友谊峰地区 1990～2015 年期间，冰川面积减少 170.39 km²，整体上呈现退缩状态，1990～1992 年、1999～2001 年呈现增加趋势，1993～1998 年冰川面积呈现迅速减少趋势，2002～2015 年呈现波动减少趋势。

表 10.3 1990～2015 年博格达峰地区冰川面积变化

年份	冰川面积/km²	面积减少量/km²	面积退缩率/%	年均退缩率/%
1990～1992	158.17			
1993～1995	147.44	10.63	−6.784	
1996～1998	117.43	30.02	−19.60	
1999～2001	103.74	13.69	−8.94	
2002～2004	111.47	−7.7	+5.05	−1.656
2005～2007	110.18	1.29	−0.84	
2008～2010	109.30	0.87	−0.57	
2011～2013	105.97	3.33	−2.17	
2014～2015	100.44	5.53	−5.2185	

表 10.4 1990～2015 年喀尔力克山地区冰川面积变化

年份	冰川面积/km²	面积减少量/km²	面积退缩率/%	年均退缩率/%
1990～1992	158.88			
1993～1995	154.25	4.63	−2.9	
1996～1998	144.92	9.33	−5.87	
1999～2001	136.02	8.90	−5.60	
2002～2004	136.05	−0.03	+0.02	−1.461
2005～2007	120.37	15.68	−9.87	
2008～2010	107.88	12.49	−7.86	
2011～2013	110.06	−2.18	+1.37	
2014～2015	107.80	2.26	−1.42	

表 10.5　1990~2015 年音苏盖提地区冰川面积变化

年份	冰川面积/km²	面积减少量/km²	面积退缩率/%	年均退缩率/%
1990~1992	1109.887			
1993~1995	923.729208	186.1583	−16.77272	
1996~1998	843.986098	79.74311	−7.184792	
1999~2001	709.5538636	134.4322	−12.11224	
2002~2004	764.3243621	−54.7705	+4.93478	−1.509
2005~2007	722.429117	41.89525	−3.774729	
2008~2010	722.576792	−0.14767	+0.01331	
2011~2013	749.349465	−26.7727	+2.4122	
2014~2015	740.836981	8.512484	−0.766968	

表 10.6　1990~2015 年友谊峰地区冰川面积变化

年份	冰川面积/km²	面积减少量/km²	面积退缩率/%	年均退缩率/%
1990~1992	397.2302			
1993~1995	435.3185	−38.0883	+9.58847	
1996~1998	289.5379	145.7806	−36.69927	
1999~2001	209.9883	79.54958	−20.02607	
2002~2004	271.6262	−61.6379	+15.5169	−1.747
2005~2007	206.826	64.8002	−16.31301	
2008~2010	215.8069	−8.98088	+2.26088	
2011~2013	232.3443	−16.5374	+4.16318	
2014~2015	216.8391	15.50525	−3.903342	

2) 不同时段冰川面积变化

从图 10.4 可以看出，博格达峰地区、喀尔力克山地区、音苏盖提地区、友谊峰地区冰川面积均呈现波动减少趋势，而在 2002~2004 年间均呈现增加趋势。博格达峰地区冰川面积退缩率最大、最小的时段分别为 1996~1998 年、2002~2004 年。该地区 2005~2015 年总面积退缩率为 4.58%；喀尔力克山地区面积退缩率最大、最小时段分别为 2005~2007 年、2011~2013 年。2005~2015 年总面积退缩率为 17.78%；音苏盖提地区冰川面积退缩速率最大、最小的时段分别为 1993~1995 年、2002~2004 年。2005~2015 年总面积退缩率为 2.116195%；友谊峰地区冰川面积退缩速率最大、最小的时段分别为 1996~1998 年、2002~2004 年。2005~2015 年总面积退缩率为 13.79%。四个研究区近 10 年冰川面积退缩速率都在减慢。

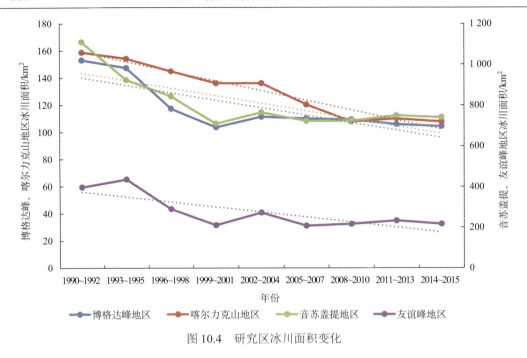

图 10.4 研究区冰川面积变化

总的来说，博格达峰地区、喀尔力克山地区、音苏盖提地区、友谊峰地区冰川面积均在 90 年代出现大面积退缩，之后呈现波动减少趋势，而在 2002～2004 年间均呈现扩张趋势。四个研究区近 10 年冰川面积退缩速率均呈现减慢趋势，通过比较年均退缩率，可得出友谊峰地区的退缩速率最大，其他依次为博格达峰地区、音苏盖提地区和喀尔力克山地区。

2. 冰川面积重心变化

冰川的形态是冰川研究的一个重要方面，不同形态的冰川对气象因子的响应有所不同，研究冰川面积重心的变化对今后冰川形态变化会起到一定的借鉴意义。以博格达峰地区与喀尔力克山地区的冰川为例，以冰川面积中心为轴心，以横轴代表东西方向，以纵坐标表示南北方向，将其划分为 4 个象限，东北部分为第一象限，西北为第二象限，西南为第三象限，东南为第四象限，以此来探究冰川在不同区域的重心变化情况。

博格达峰地区冰川面积的重心变化情况如图 10.5(a)：第一象限，1990～1992 年冰川面积有所增加，冰川面积重心于 1993～1995 年出现明显北移，1996～1998 年急速退缩东移，之后重心呈现微弱波动变化；第二象限，2002～2004 年、2008～2010 年冰川面积有所退缩，冰川面积重心呈现明显退缩北移现象，除 1993～1995 年外的其他年份的冰川呈现退缩，但重心方向基本无变化；第三象限，1996～1998 年之后冰川呈现出明显的前进特征，且面积重心向西移动。第四象限表现出 1993～1995，冰川面积没变化，冰川面积重心表现出明显的向东移退缩特征，1996～1998 年冰川面积再次退缩，面积重心微向南移动，之后呈现微弱波动，面积重心无明显波动。

喀尔力克山地区的冰川面积重心变化情况如图 10.5(b)：在第一象限，1993～1995年，冰川面积退缩，重心无明显变化，1996～1998年冰川面积增加，冰川重心向东移动，1999～2001年冰川面积有所增加，且冰川面积重心向东移动，2002～2004年冰川面积增加，冰川面积明显的向北方向移动，2008～2010年冰川面积再次退缩，冰川面积重心向东方向移动，之后冰川面积重心变化微弱；第二象限1993～1998年冰川面积微弱退缩，冰川面积重心无变化，1999～2001年冰川面积明显退缩，冰川面积重心向东西方向移动，2002～2004年冰川面积增加，冰川面积重心向北移动，2008～2010年冰川面积退缩，冰川面积重心无明显变化，2011～2013年冰川面积几乎不变，冰川重心向西移动。第三象限的冰川面积呈持续退缩，但冰川面积重心无明显变化。第四象限，冰川在面积上表现出退缩，但是其面积重心无较大变化。

音苏盖提地区冰川面积的重心变化情况如图 10.5(c)：在第一象限，1993～1995冰川面积退缩，冰川面积重心几乎没变，1996～1998年冰川面积继续退缩，冰川面积重心出现明显向北偏移，1999～2001年冰川面积相对于前一阶段无太大变化，但是冰川的重心出现了东移，2002～2004年冰川面积有所增加，但冰川重心略微东移，2005～2007年冰川面积有所退缩，冰川重心出现变化，2008～2010、2011～2013、2014～2015年三个阶段均呈现冰川面积有所增加，且冰川面积重心向北移；在第二象限，1993～1995年冰川面积有所退缩，面积重心明显向北移东。1996～2007年冰川面积及冰川面积重心变化很小。2008～2010年冰川面积出现明显退缩，面积重心明显有所北移。2011～2013年冰川面积有所增加，面积重心明显向西方向移动。2014～2015年冰川面积有所减少，面积重心明显向东移动。在第三象限，1993～1995年冰川面积有所增加，面积重心明显向西移动。1996～1998年冰川面积略微退缩，面积重心微向西移动。1999～2001年冰川面积明显退缩，面积重心明显向西方向偏移。2005～2015年冰川面积与冰川面积重心均无明显变化。在第四象限，1993～1995年冰川面积退缩，面积重心没有发生偏移。1996～2013年冰川面积与冰川面积重心无明显变化，2014～2015年冰川面积有所增加，面积重心向东偏移。

友谊峰地区冰川面积重心的变化情况如图 10.5(d)：在第一象限，除1993～1998年冰川面积表现出明显的变化外，其他年份的冰川面积变化微弱，且冰川面积重心变化微弱。第二象限冰川面积有很大的变化，但其冰川面积重心变化微弱。在第三象限，1993～1995年冰川面积有所增加，冰川面积重心变化微弱。1996～2001年冰川面积有所退缩，冰川面积重心微向西偏移。2002～2004年冰川面积再次退缩，冰川面积重心向西方向移动。2005～2013年冰川面积与冰川面积重心波动不大，2014～2015年冰川面积有所增加，冰川面积重心向南方向偏移。第四象限1993～1995年的冰川面积有所增加，面积重心略向南偏移，1996～1998年冰川面积退缩，冰川面积重心略微向东偏移，1999～2001冰川面积退缩，冰川面积重心向南偏移，2002～2004年冰川面积明显增加，且面积重心向东偏移，之后冰川面积变化无明显波动。

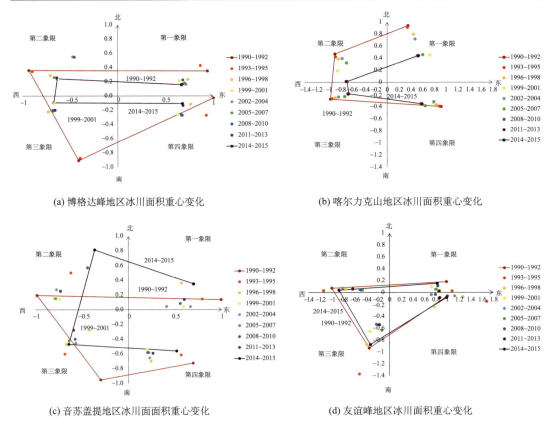

图 10.5 冰川面积重心变化

综上所述,博格达峰地区、喀尔力克山地区、音苏盖提地区、友谊峰地区的冰川面积重心都呈现了向原点靠近的趋势,这也从侧面反映出了这四个研究区冰川面积退缩的情况,并且从图上也可以直观地看出,四个研究区 1990~1995 年的冰川面积重心变化在各个象限的变化基本都大于 2005 年之后的冰川面积重心变化。除友谊峰地区外,博格达峰地区、喀尔力克山地区、音苏盖提地区的冰川面积在四个象限均呈现明显的重心变化,友谊峰地区仅在第二、第三象限上出现了明显的冰川面积重心变化,且在第二象限表现出了明显的东西水平方向上的变化。

同时,对冰川面积的重心变化与从遥感影像上获取的冰川形态进行了对照。发现博格达峰地区与喀尔力克山地区的冰川面积重心变化与冰川本身的形态有着很好的对应关系。博格达峰冰川在第一象限呈不连续分布,冰川的融化易从不连续的小冰川开始,之后再从大规模冰川的末端开始融化。第二象限冰川比第一象限冰川密集,呈片状分布,连续性较好;但北部冰川分布比西部冰川密集,导致冰川重心北移。第三象限冰川呈现出两个条带状分布,冰川融化自南端开始,当南端的冰川达到临界点后,西坡的冰川开始融化,冰川重心逐渐西移。第四象限的冰川分布较第一、第三象限密集,由于东段冰川末端的海拔比南段的冰川海拔低,冰川易从东段开始融化。就冰川分布而言,喀尔力克山地区第一象限的冰川具有西多东少的分布特点。由于冰川北段的海拔高于东段,因此出现冰川重心东移现象。第二象限冰川分布密集且规模较大,冰川不易融化,退缩较缓慢;而冰川重心南移现象与北端的海拔低于南段海拔有关。第三象限的冰川呈短条带分布,导致冰川重心变化与冰川面积分布一致。第四象限的冰川分布呈现出长条状使得冰川退缩由低海拔向高海拔逐渐退缩。

3. 冰川面积坡向变化

坡向是冰川面积变化的主要影响因素之一(王秀娜等,2013;王凯等,2015)。由于地形、太阳辐射等不同因素的影响,不同坡向上冰川面积的变化存在差异。

博格达峰地区冰川在不同坡向上的面积见图10.6(a),东北坡向上比东南坡向上的冰川面积小2.37 km^2,西南、南坡向上比西北、北方向上的冰川面积小4.18 km^2,博格达峰地区面积分别为40.99 km^2、117.63 km^2。

喀尔力克山地区东向分布的冰川面积明显大于其他坡向(图10.6(b)),其面积为36.37 km^2。东南坡向的冰川面积比东北坡向上的冰川面积大6.4 km^2。且西南、南坡向上的冰川面积比西北、北坡向上的冰川面积共大5.73 km^2,南坡向面积比北坡向大。

音苏盖提地区冰川面积分布最大的坡向为东北坡向(图10.6(c)),且各坡向的冰川面积大小差异相对于其他地区不是很大。音苏盖提地区东北坡向的冰川面积比东南坡向的冰川面积大52.74 km^2,比西南坡向的冰川面积大14.76 km^2。西南、南坡向比西北、北方向上的冰川面积大44.55 km^2。

友谊峰地区东向分布的冰川面积明显大于其他坡向(图10.6(d)),东北坡向的冰川面积大于东南坡向,友谊峰地区在西南、南坡向比西北、北方向上的冰川面积小16.33 km^2。

总的来说,博格达峰地区、喀尔力克山地区、友谊峰地区各坡向冰川面积分布不均,东坡向上的冰川面积均明显大于其他坡向的冰川面积,音苏盖提地区相对来说分布较均匀,在各个坡向均有较多的冰川分布。博格达峰地区、音苏盖提地区、友谊峰地区北坡向上的冰川面积均大于南坡向上的冰川面积,不同的是,喀尔力克山地区南坡向上的冰川面积大于北坡向上的冰川面积。

各研究区不同坡向的冰川面积退缩速率如图10.7所示。博格达峰地区西北坡冰川面积退缩较快,退缩率达到44.4%,西南坡次之,为52.66%。东坡的速率最小,为22.62%。喀尔力克山地区西北坡冰川面积退缩较快,退缩率达到44.4%,北坡次之,为42.4%。东坡的速率最小,为19.5%。该变化规律与整个天山东、中、西段冰川一致。西段总体较快,中段次之,东段最慢,从南北坡向上进行相比,北部退缩快于南部(何毅,2015)。音苏盖提地区东坡冰川面积退缩最快达到58.16%,南坡次之,为39.11%,北坡的速率最小为26.62%。友谊峰地区在东坡的退缩速率最大,为22.36%,东南坡次之,为20.64%,退缩速率最慢的为北坡,其退缩速率为0.33%。总的来说,博格达峰地区、喀尔力克山地区、音苏盖提地区的现代冰川在各个坡向均呈退缩趋势,但退缩程度不同。友谊峰地区除西北方向的冰川面积有所增加外,其他各方向也均呈现出退缩的趋势。博格达峰地区与喀尔力克山地区均在西北坡向上退缩最快,东坡退缩最慢,音苏盖提地区与友谊峰地区在东坡冰川面积退缩最快,北坡退缩最慢。

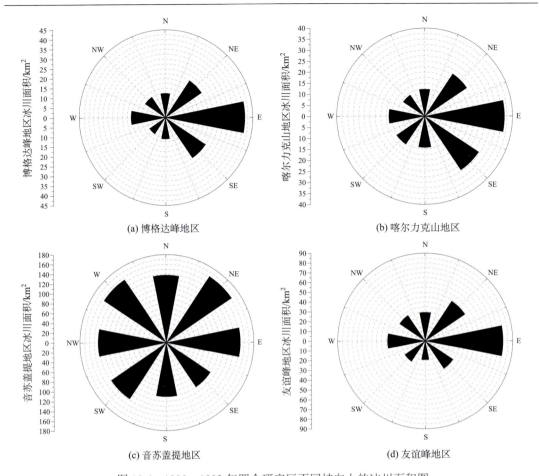

图 10.6　1990～1992 年四个研究区不同坡向上的冰川面积图

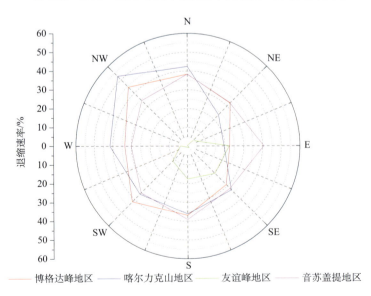

图 10.7　不同坡向冰川面积退缩速率

10.4 冰川变化对关键气象因子的响应

降水、气温及其组合是影响冰川发育的主要气候因子，降水决定冰川积累，气温决定消融(李忠勤等，2003)，它们的共同影响决定着冰川性质、发育和演化(段建平等，2009；张明军等，2011；朱弯弯等，2014)。研究表明，近半个世纪以来新疆的温度呈现上升趋势，且降水量增多，气候逐渐转湿(白金中等，2012)。冰川作为气候的产物，其消融与气候的变化有着密切的关系。由于气象站点距离研究区较远，直接选用研究区附近的气象站点，误差较大。鉴于此，本章选用了气象数据共享网站上提供的 1961~2014 年的 0.5°×0.5°的月温度与降水格网数据。该数据集基于经度、纬度、海拔高度 3 个自变量，经过 3 次样条插值得到，同时考虑地形因素，提高了数据集精度。该数据对新疆山地大地形附近的降水空间特征描述较准确(赵煜飞和朱江，2015；赵煜飞等，2014)，为探究冰川面积变化与气候的关系提供了数据支撑。

1. 年际尺度上气象因子的变化特征及冰川的响应

基于研究区 0.5°×0.5°的格网数据的温度、降水数据累加得到的年值温度、降水数据来分析其特征。

1961~2014 年，博格达峰地区、喀尔力克山地区、音苏盖提地区、友谊峰地区年均降水都呈现出升高趋势，且喀尔力克山地区的年均降水通过了 $p=0.05$ 的显著度检验，降水量增多趋势明显(图 10.8)。通过线性分析表明，54 年来，博格达峰地区、喀尔力克山地区、音苏盖提地区、友谊峰地区的年均降水量分别 610.01 mm、212.33 mm、109.09 mm、526.65 mm，其降水增长率分别为 14.62 mm/10 a、9.11 mm/10 a、2.61 mm/10 a、15.39 mm/10 a。

1961~2014 年，博格达峰地区、喀尔力克山地区、音苏盖提地区、友谊峰地区年均气温都呈现出是上升趋势，且博格达峰地区、喀尔力克山地区的年均温度均通过了 $p=0.05$ 的显著度检验，升温趋势明显(图 10.8)。通过线性分析表明，54 年来，博格达峰地区、喀尔力克山地区、音苏盖提地区(剔出异常值后)、友谊峰地区的年平均温度分别为–2.52 ℃、1.74 ℃、–5.07 ℃、–4.82 ℃，其增温率分别为 0.207 ℃/10 a、0.322 ℃/10 a、0.302 ℃/10 a、0.15 ℃/10 a。

由上可得出，四个地区增温率由大到小依次为：喀尔力克山地区、音苏盖提地区、博格达峰地区、友谊峰地区。降水量增多率依大到小为：友谊峰地区、博格达峰地区、喀尔力克山地区、音苏盖提地区。

通过上面分析结合冰川面积退缩结论，即友谊峰地区的退缩速率最大，其次为博格达峰地区，然后为音苏盖提地区，最后为喀尔力克山地区。由此可以推断出，友谊峰地区对关键气象因子的响应大于博格达地区，大于音苏盖提地区，大于喀尔力克山地区。并且友谊峰地区、博格达峰地区降水量的增加，对冰川的退缩起到的作用不大，喀尔力克山地区的降水量对冰川面积的退缩，起到了一定的抑制作用。

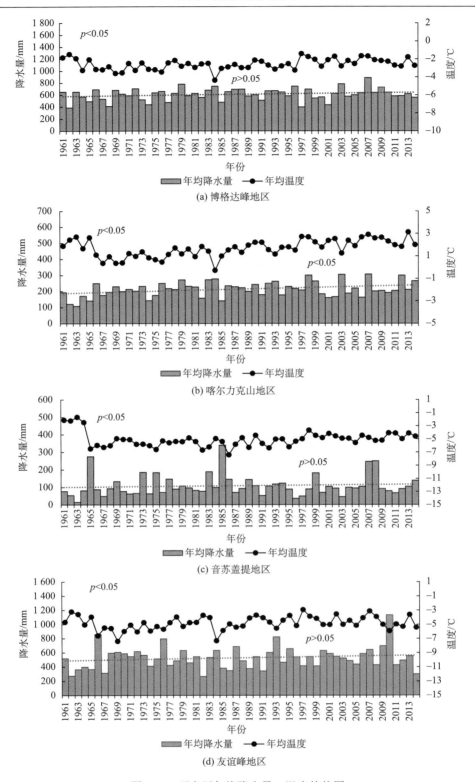

图 10.8 研究区年均降水量、温度趋势图

为了更好地对 11.3.1 中的 20 世纪 90 年代冰川面积迅速变化进行对此分析，分别对关键气象因子，包括温度和降水，以每 10 年为一阶段求取均值（图 10.9）。结果表明，20 世纪 90 年代博格达峰地区、喀尔力克山地区、音苏盖提地区、友谊峰地区的温度均有明显上升，且博格达峰地区、音苏盖提地区在 20 世纪 90 年代降水明显减少，喀尔力克山地区微弱增加，友谊峰地区对温度反映敏感，降水的增加未能弥补温度升高导致的消融量，可以很好地解释 20 世纪 90 年代冰川面积的迅速变化。

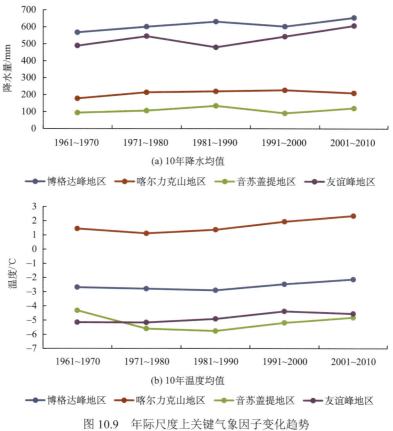

图 10.9　年际尺度上关键气象因子变化趋势

总而言之，从冰川面积退缩速率上来看，可以得出友谊峰地区的冰川面积退缩速率最大，其次为博格达峰地区，然后为音苏盖提地区，喀尔力克山地区的冰川面积退缩速率最小。从 10 年增温率的关系方面，得出喀尔力克山地区的 10 年增温率最大，音苏盖提地区次之，博格达地区第三，友谊峰地区的 10 年增温率最小。10 年降水均值增长率的关系上来看，可以得出友谊峰地区的 10 年降水均值增长率最大，博格达峰地区的 10 年降水均值增长率次之，随后为喀尔力克山地区，音苏盖提地区的 10 年降水增长率最小。由此可以推断出，在不考虑其他因素的影响下，四个研究区对关键气象因子响应的敏感度由弱到强，依次为友谊峰地区、博格达峰地区、音苏盖提地区、喀尔力克山地区。并且在四个研究区中温度的变化对冰川的变化均起到了主要作用。

2. 年内尺度上气象因子的变化特征及冰川的响应

由于不同季节气候变化对冰川影响有所不同，本研究参考天山乌鲁木齐河源1号冰川的相关研究，将一年分为两季，其中4～10月为湿季，11月～次年3月为干季（张国梁，2012；刘美琳，2014），然后对每个研究区湿季、干季的积温与降水的变化趋势进行了分析（图10.10）。博格达地区、喀尔力克山地区、友谊峰地区在湿季增温趋势显著，通过了0.05水平上的显著性检验。除友谊峰地区在湿季的降水量有所减少，但减少不显著，未通过0.05水平上的显著性检验外，博格达地区、喀尔力克山地区、音苏盖提地区在湿季的降水量均有所上升，博格达峰地区、音苏盖提地区湿季降水量增加不显著且未通过显著度检验（$p<0.05$），喀尔力克山地区湿季降水量增加显著，通过了0.05水平上的显著性检验。在干季，博格达峰地区、友谊峰地区降水增加显著且通过了$p<0.05$的显著度检验。而喀尔力克山地区、音苏盖提地区干季降水量较为稳定，变化不大。博格达峰地区、喀尔力克山地区、音苏盖提地区、友谊峰地区的干季积温都表现出上升趋势。但博格达地区、音苏盖提地区、友谊峰地区干季积温上升不显著，未通过$p<0.05$的显著度检验。喀尔力克山地区干季积温增加显著且通过了$p<0.05$的显著度检验。从中可以推断出四地区冰川退缩的主要原因是干湿两季温度升高所致，干湿两季降水量的增多，并没有使得冰川整体的退缩有所减缓。

3. 年际尺度上冰川面积变化对关键气象因子的响应滞后性

博格达峰地区的降水与冰川面积的对比曲线图10.11(a)、(b)所示，博格达峰地区的冰川面积变化对降水量、温度的响应存在滞后性，且滞后时间相对较短。如图10.11(a)中不同颜色椭圆标注区域，1993年当降水开始减少时，冰川面积大约在1994年开始减少，2003年降水开始减少，冰川面积于2004年左右才开始下降，2009年降水再次减少时，冰川在大约2010年之后才开始减少。从图10.11(b)博格达峰地区年均温度与冰川面积的关系图所圈起来的部分，可以看出在1997年，当温度开始下降的时候，冰川面积大约在1998年左右开始增加，2003年当温度再次升高时，冰川面积大约在2004年左右开始下降，2006年冰川温度开始下降时，冰川面积于2007年开始缓慢变化。

喀尔力克山地区对关键气象要素的滞后性分析：从喀尔力克山地区年均降水与冰川面积关系如图10.11(c)所示：绿线圈起来的为降水的变化趋势，红线圈起来的为冰川面积变化趋势，从中可以看出，大约1981年左右开始，降水呈现升高-下降-升高-下降的变化趋势，冰川面积变化相对应的为冰川面积退缩减慢-加快-减慢-加快两个有很好的一致性。喀尔力克山地区年均温度与冰川面积关系如图10.11(d)所示，绿线圈起来的为降水的变化趋势，红线圈起来的为冰川面积变化趋势，从图中可以看出，大约自1981年左右，温度的变化趋势为减低-升高-降低-升高，此时相对应的冰川面积变化为加速前期变化-加速退缩-退缩变缓-退缩加快，同样有着较好的对应趋势。因此喀尔力克山地区对温度的响应也有一定的滞后性。

第 10 章 新疆典型冰川变化特征及其对关键气象因子的响应

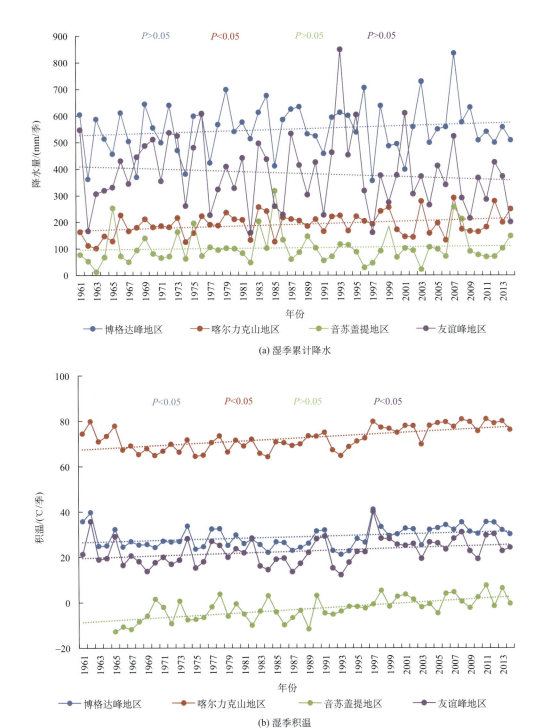

图 10.10 年内尺度上关键气象因子变化趋势

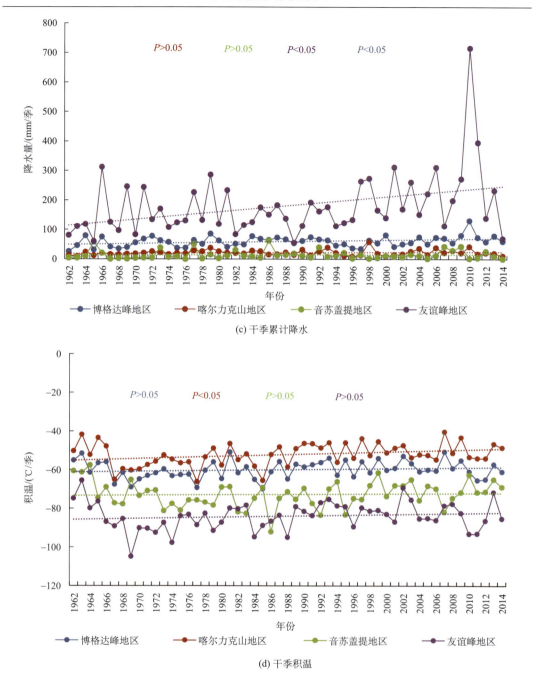

图 10.10 年内尺度上关键气象因子变化趋势(续)

音苏盖提地区对气候变化的滞后性分析:如音苏盖提地区年均降水与冰川面积关系图 10.11(e)所示,绿线圈起来的为降水的变化趋势,红线圈起来的为冰川面积变化趋势,1983 年左右,降水的变化趋势减少-增多-减少-缓慢减少-增多-减少,对应的冰川面积变化为快速退缩-退缩变缓-增加-减少,降水与冰川面积变化有着良好的对应关系,且存在滞后效应。如图 10.11(f)音苏盖提地区温度与冰川面积关系所示,绿线圈起来的为温度的变化趋势，红线圈起来的为冰川面积变化趋势，约在 1984 年左右，温度的变化趋势为温度快速增高-增高变缓增高-下降，对应的冰川面积变化为快速退缩-退缩变缓-增加-减少。温度与冰川面积变化也有着良好的对应关系，且存在滞后效应。

友谊峰地区的降水与冰川面积的对比曲线图 10.11(g)所示，降水为绿线圈起来的部分所示，1992 年当降水到达对应阶段的最高值时，冰川面积大约在 1994 年达到对应阶段最高值，降水于 1999 年达到最低值时，冰川面积于 2001 年左右达到最低值，2009 年当降水达到最大值时，冰川面积于 2010 年达到冰川面积的最高值。友谊峰地区的温度与冰川面积的对比曲线图 10.11(h)所示，如图绿色圈起来的部分所示，当温度于 1993 年左右达到最低值时，相应阶段的冰川面积于 1994 年左右达到最大值，当 2004 年左右温度达到最低值时，冰川面积在 2005 年达到对应时期的最大值。因此友谊峰地区对关键气象因子的响应具有一定的滞后性。

总的来说，冰川无论规模大小对关键气象因子的响应都存在一定的滞后性，且博格达峰地区、友谊峰地区对关键气象因子响应敏感，滞后期短，喀尔力克山地区冰川、音苏盖提地区冰川对关键气象因子响应不敏感，滞后期较长。

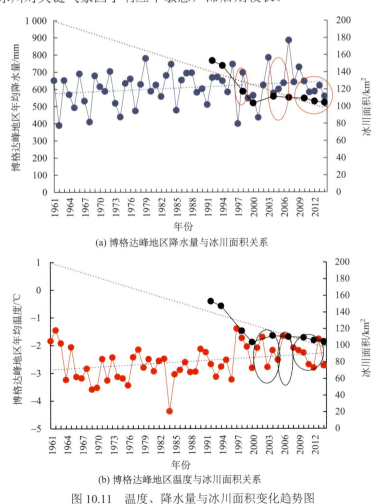

(a) 博格达峰地区降水量与冰川面积关系

(b) 博格达峰地区温度与冰川面积关系

图 10.11 温度、降水量与冰川面积变化趋势图

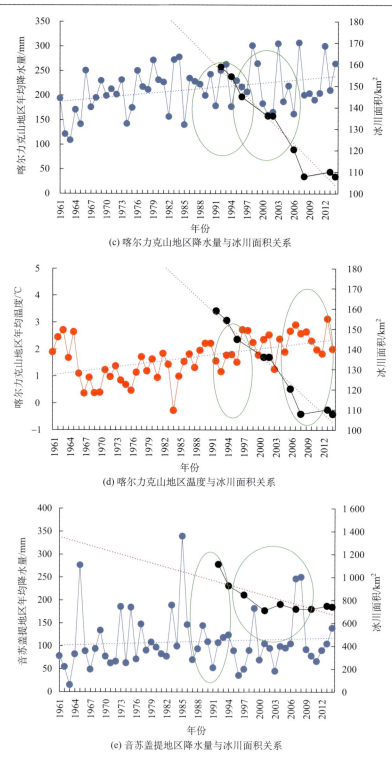

图 10.11 温度、降水量与冰川面积变化趋势图

第 10 章 新疆典型冰川变化特征及其对关键气象因子的响应

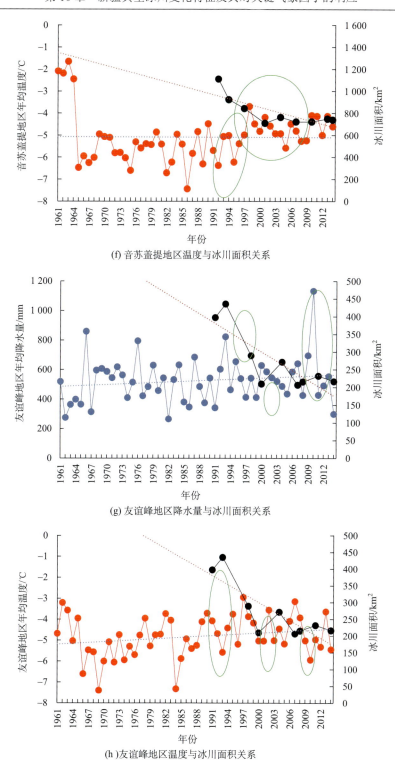

(f) 音苏盖提地区温度与冰川面积关系

(g) 友谊峰地区降水量与冰川面积关系

(h) 友谊峰地区温度与冰川面积关系

图 10.11 温度、降水量与冰川面积变化趋势图(续)

第11章　基于地貌特征的新疆耕地资源变化

耕地是地球上最普遍的土地利用形式之一，也是受人类活动影响最大的土地利用类型(封志明等，2005)。耕地资源的变化特征是土地利用与土地覆被变化研究的重要内容(刘旭华等，2005)，也是关系到耕地安全与粮食安全的重大问题(蔡运龙等，2009)。新疆作为我国农业用地较多(朱会义，2007)和后备耕地资源较大的省区(范兆菊等，2005)，在我国耕地资源保护和持续利用中具有突出地位。因此，掌握新疆耕地的变化情况，对于耕地保护及相关政策的制定、绿洲经济带的可持续发展以及保障国家粮食安全均具有重要的现实意义。

新疆深处欧亚大陆腹地，位于我国的西部，约占全国总面积的 1/6。由于特殊的地理位置和独特的地形地貌特征，区内光热资源丰富，降水相对稀少，但高山却能依靠夏季降雨量和冰雪融水形成众多的河流，为发展农业提供了优越的自然条件。研究新疆的土地利用变化(Jia et al.，2004；吴世新等，2005；Luo et al，2010)，特别是绿洲耕地文献较多(Zhang et al.，2003；Lei et al.，2006；Huang et al.，2007；陈小兵等，2008)，主要在研究新疆耕地资源数量变化(刘新平等，2008)、驱动因子(樊华和张凤华，2007；马晓丽等，2008；沈霞和孙虎，2008)以及绿洲扩张(Cheng et al.，2006)等基础上，进一步分析耕地变化所产生的生态环境效应或是其对生态环境变化的响应，如绿洲耕地开垦对土壤有机质含量及其分布的影响(Gui et al.，2011；Xu et al.，2011)等。基于新疆独特的地形地貌的空间分异特征分析耕地资源分布与变化的文献相对较少，如乔木等通过对新疆地形地貌和农业生产关系资料的分析，指出新疆地区对农业生产起主要作用的是地表形态、外营力性质和强度以及地表物质组成(乔木和陈模，1994)；Ishiyama 等也曾指出在塔里木盆地内地表条件是制约绿洲耕地发展的基本因素之一(Ishiyama et al.，2007)。分析表明，利用多个时期的土地利用数据分析新疆耕地资源整体变化趋势的文献相对较多，但基于水资源分区数据，利用长时间序列的土地利用数据，按分区单元对比分析耕地资源变化及分区差异性的文献相对较少(程维明等，2012)，故有必要考虑水资源分区和区域地形地貌条件对耕地资源的影响，通过叠加分析水资源分区和不同地貌类型上的耕地资源面积变化情况，定性、定量地反映新疆整体变化趋势和分区耕地资源的差异性变化，以反映不同地区的耕地资源开发强度，从而为实现区域耕地资源的合理规划和利用提供科学依据。

鉴于此，本章以新疆数字地貌数据和长时间序列的土地利用数据为切入点，结合流域水资源分区单元，分析基于水资源分区和地貌特征的新疆耕地资源变化特征，揭示新疆整体耕地的变化趋势，分析水资源分区的变化特征和差异，探讨分区之间的耕地资源开发强度。该研究意在为新疆耕地资源的评价提供依据，也为新疆耕地资源匹配、后备耕地开发规划提供基础的科学保障和依据，以掌握区内土资源现状，制定区域未来发展规划，实现绿洲经济的可持续发展。

11.1 研 究 方 法

基于 ArcGIS 进行数据的空间叠加分析，利用统计软件进行分析。通过水资源分区与不同时段的土地利用数据的叠加，可得出全疆及不同水资源分区多个时段的耕地变化情况，其中耕地变化基本研究单元的地貌类型由单元内占最大面积的地貌类型来确定。设 A_n (n=1，2，3，4，5) 分别代表 1995 年、2000 年、2005 年、2008 年和 2012 年的耕地面积，具体技术流程如图 11.1 所示。

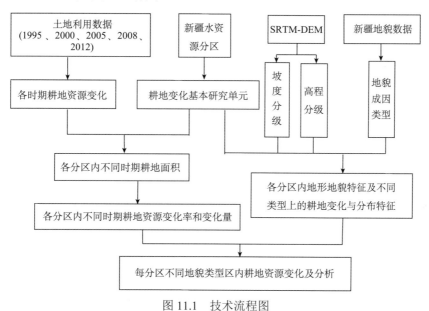

图 11.1 技术流程图

11.2 基于水资源分区的新疆耕地资源数量变化分析

1. 新疆耕地数量总体变化特征

通过叠加处理和统计分析，得出了全疆及不同水资源分区多个时段的耕地变化情况，图 11.2 展示了各水资源分区不同时期耕地资源的空间分布状况，表 11.1 反映了各水资源分区不同时期的耕地资源量差异和三个时间段的耕地变化量。分析表明，耕地资源变化呈现出以下特征：不同时段各水资源分区耕地的空间分布稍有变化，但总体格局保持不变，依新疆总体地形地貌特征基本呈环形分布在山前平原地带(图 11.2)不同时段各水资源分区的耕地面积有增有减，但总体上呈现出持续增长的趋势，1995 年 566.11 hm^2，2000 年 592.55 hm^2，2005 年 673.24 hm^2，2008 年 692.50 hm^2，2012 年 697.01 hm^2。从 1995 年到 2012 年，共增加 126.39 hm^2。不同时段全疆耕地面积的增加情况不同，1995~2000 年(A_2–A_1)增加 26.43 hm^2；2000~2005 年(A_3–A_2)增加 80.69 hm^2；2005~2008 年(A_4–A_3)增加 19.26 hm^2；2008~2012 年(A_5–A_4)增加 4.51 hm^2；其中 2000~2005 年(A_3–A_2)期间增长幅度最大；自 2005 年以来，增长速度降低。

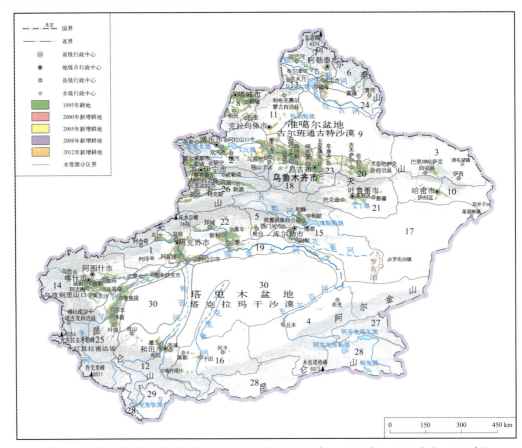

图 11.2　研究区不同时期的耕地分布(1995 年、2000 年、2005 年、2008 年与 2012 年)

注：图中数字表示每个水资源分区的编码，相应的水资源分区名称参见表 11.1

2. 水资源分区耕地变化差异分析

对比分析四个时期各水资源分区的耕地资源量(表 11.1)，特别是 2012 年耕地面积值，以及三个时间段各水资源分区的耕地变化量，呈现出以下特征。

表 11.1　不同时期各水资源分区内耕地面积及变化量对比

编码	水资源分区	面积值/hm²						变化量/hm²				
		1995 年 (A_1)	2000 年 (A_2)	2005 年 (A_3)	2008 年 (A_4)	2012 年		2000～1995 年 (A_2-A_1)	2005～2000 年 (A_3-A_2)	2008～2005 年 (A_4-A_3)	2008～2005 年 (A_4-A_3)	2012～1995 年 (A_5-A_1)
						(A_5)	%					
26	伊犁河流域	69.90	72.17	78.07	78.82	85.50	12.27	2.28	5.89	0.75	6.68	15.60
18	玛纳斯河流域	54.74	58.85	65.52	69.96	71.76	10.30	4.11	6.67	4.44	1.80	17.02
2	艾比湖水系	37.04	41.05	47.62	50.87	61.83	8.87	4.01	6.58	3.24	10.96	24.79
25	叶尔羌河流域	49.60	57.60	66.15	66.96	61.48	8.82	8.01	8.55	0.80	−5.48	11.88
1	阿克苏河流域	40.57	47.22	58.21	54.40	55.36	7.94	6.65	10.99	−3.81	0.96	14.79

续表

编码	水资源分区	面积值/hm²						变化量/hm²				
		1995年(A_1)	2000年(A_2)	2005年(A_3)	2008年(A_4)	2012年(A_5)		2000~1995年(A_2-A_1)	2005~2000年(A_3-A_2)	2008~2005年(A_4-A_3)	2008~2005年(A_4-A_3)	2012~1995年(A_5-A_1)
							%					
14	喀什噶尔河流域	50.62	46.81	50.71	52.12	45.78	6.57	−3.81	3.9	1.41	−6.34	−4.84
8	额敏河流域	47.50	39.93	43.15	44.36	45.40	6.51	−7.57	3.21	1.21	1.04	−2.10
22	渭干河流域	32.99	34.70	40.40	42.29	36.95	5.30	1.71	5.7	1.89	−5.34	3.96
23	乌鲁木齐河流域	33.37	34.46	35.07	35.80	33.64	4.83	1.09	0.61	0.73	−2.16	0.27
15	开都河-孔雀河流域	27.53	28.62	34.48	36.02	33.53	4.81	1.09	5.86	1.53	−2.49	6.00
20	天山北麓东段	28.32	28.93	28.36	29.36	27.77	3.98	0.61	−0.57	1.01	−1.59	−0.55
19	塔里木河干流区	13.68	17.28	23.98	26.21	25.48	3.66	3.6	6.69	2.23	−0.73	11.80
12	和田河流域	17.13	20.02	23.52	23.92	21.84	3.13	2.89	3.5	0.40	−2.08	4.71
7	额尔齐斯河流域西段	11.10	11.48	13.59	14.02	15.47	2.22	0.38	2.11	0.44	1.45	4.37
24	乌伦古河水系	5.94	7.63	9.99	10.78	15.37	2.21	1.69	2.36	0.79	4.59	9.43
21	吐鲁番盆地	8.83	9.36	7.68	7.74	9.72	1.39	0.53	−1.68	0.06	1.98	0.89
10	哈密盆地	4.19	6.33	7.58	7.87	9.35	1.34	2.14	1.26	0.28	1.48	5.16
6	额尔齐斯河流域东段	5.10	5.49	8.98	9.03	8.79	1.26	0.39	3.49	0.05	−0.24	3.69
16	克里雅河诸小河	6.24	7.91	9.96	9.88	8.39	1.20	1.67	2.06	−0.09	−1.49	2.15
11	和布克地域	3.73	2.81	5.36	6.02	6.22	0.89	−0.93	2.56	0.65	0.20	2.49
3	巴里坤-伊吾盆地	6.84	4.91	4.92	5.26	5.56	0.80	−1.92	0.01	0.34	0.30	−1.28
4	车尔臣河诸小河	2.53	3.18	3.50	3.83	4.87	0.70	0.65	0.32	0.33	1.04	2.34
5	迪那河流域	4.37	4.09	4.52	4.79	4.69	0.67	−0.28	0.43	0.27	−0.10	0.32
13	吉木乃诸小河	4.03	1.53	1.71	1.96	1.95	0.28	−2.5	0.18	0.25	−0.01	−2.08
17	库木塔格荒漠区	0.08	0.08	0.09	0.16	0.21	0.03	0	0.01	0.06	0.05	0.13
9	古尔班通古特沙漠区	0.14	0.10	0.10	0.10	0.10	0.01	−0.04	0	0.00	0.00	−0.04
	合计	566.11	592.55	673.24	692.50	697.01	—	26.43	80.69	19.26	4.51	130.90

注：表中按2012年水资源分区的耕地面积数值从大到小的顺序排列；本次水资源分区中，共包含30个小区，其中柴达木盆地西部区(27)、奇普恰普诸小河(28)、羌塘高原区(29)、塔克拉玛干沙漠(30)四个水资源分区没有耕地分布，所以只统计了其余26个水资源分区的耕地变化

(1) 2012年耕地面积数值中，最大的三个水资源分区分别为伊犁河流域、玛纳斯河流域和艾比湖水系，分别占耕地总面积的12.27%、10.30%和8.87%。其次为叶尔羌河流域、阿克苏河流域、喀什噶尔河流域和额敏河流域，面积分别占8.82%、7.94%、6.57%和6.51%。面积比例小于1%的水资源分区包括和布克地域、巴里坤-伊吾盆地、车尔臣河诸小河、迪那河流域、吉木乃诸小河、库木塔格和古尔班通古特沙漠区，其余分区面积比例位于1%~6%。

(2) 对比26个水资源分区1995年到2012年四个时间段的耕地变化量，可以看出，

水资源分区耕地变化可分为持续增加、增加再减少、减少再增加、基本持平等不同类型，如伊犁河流域、玛纳斯河流域、叶尔羌河流域、艾比湖水系、渭干河流域、开孔河流域、塔里木河干流区等为持续增加的类型。阿克苏河流域、克里雅河诸水系等为先增加后减少类型。喀什噶尔河流域、额敏河流域等为先减少后增加的类型。沙漠区及部分河流较小的水资源分区耕地面积变化不大，属基本持平类型。

(3) 各水资源分区不同时间段内耕地资源变化量呈现出以下特征：1995～2000年 (A_2–A_1) 期间，叶尔羌河流域耕地面积增加最多，变化量为 8.01 hm^2；额敏河流域耕地面积缩减幅度最大，变化量为 –7.57 hm^2。2000～2005年 (A_3–A_2) 期间，阿克苏河流域耕地面积增加幅度高达 10.99 hm^2；吐鲁番盆地耕地面积缩减最多，减少 1.68 hm^2。2005～2008年 (A_4–A_3) 期间，玛纳斯河流域新增耕地最多，耕地增加了 4.44 hm^2，阿克苏河流域耕地面积缩减最多，减少了 3.81 hm^2。

对比分析 1995 年与 2008 年新疆各水资源分区的耕地变化量，即 A_4–A_1，各水资源分区耕地变化呈现如下特征(图 11.3)：26 个有耕地分布的水资源分区耕地变化量有增有减，增加量远远超过减少量。耕地增加值最大者为艾比湖水系，值为 24.79 hm^2，其次为玛纳斯河流域、伊犁河流域、阿克苏河流域、叶尔羌河流域、塔里木河干流区，增加值依次为 17.02 hm^2、15.60 hm^2、14.79 hm^2、11.88 hm^2 和 11.80 hm^2。增加值位于 5～10 hm^2 之间的水资源分区为乌伦古河水系、开孔河流域、哈密盆地。增加值位于 1～5 hm^2 之间的水资源分区包括和田河流域、额尔齐斯河西段、渭干河流域、额尔齐斯河东段、和布克地域、车尔臣河诸小河、克里雅河诸小河。基本持平的水资源分区为吐鲁番盆地、迪那河流域、乌鲁木齐河流域、库木塔格荒漠区、和古尔班通古特沙漠区。耕地面积值减少的水资源分区从大到小依次为喀什噶尔河流域、额敏河流域、吉木乃诸小河、巴里坤-伊吾盆地和天山北麓东段。

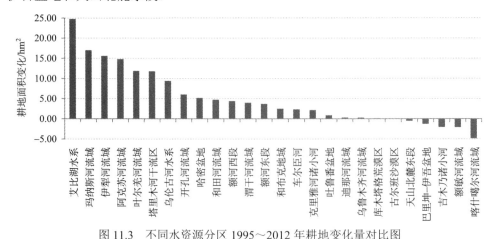

图 11.3 不同水资源分区 1995～2012 年耕地变化量对比图

3. 各水资源分区耕地变化的形态差异分析

对比 26 个水资源分区 1995 年、2000 年、2005 年、2008 年和 2012 年五个时期各自的耕地面积值，分析各自的面积变化和升降形式差异。因各水资源分区耕地面积基数值差异较大,为便于比较各自的变化方式,将不同水资源分区耕地面积变化形式进行对比,旨在分析各自的相对变化趋势,不分析各水资源分区之间的耕地变化绝对值。根据对比分析各自不同时期的形态差异,26 个水资源分区的耕地变化模式可归纳为上升、先降后升、先升后降和升降升降波动四大类(图 11.4),下面逐一进行分析。

A. 增长类。根据各水资源分区的耕地面积增长速度和形式又分为直线增长型和凹形指数增长型两种。

(1) 直线增长型(图 11.4-1):五个时期耕地面积值增长幅度相近,近似于直线增长,年度耕地值增长近似接近于直线趋势线,包括艾比湖水系、玛纳斯河流域、车尔臣河诸小河、额尔齐斯河流域西段、伊犁河流域和哈密盆地。

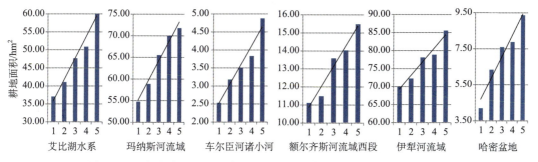

图 11.4-1 各水资源分区五个时期耕地面积变化形式对比(直线增长型)

横轴的 1、2、3、4、5 分别代表 1995 年、2000 年、2005 年、2008 年和 2012 年,下同

(2) 凹形指数增长型(图 11.4-2):总体上耕地面积呈现出扩大的态势,呈指数型增长,趋势线呈凹形,不同时期增长幅度不同,前两个时期和后两个时期增长明显存在阶梯,包括乌伦古河水系和库木塔格荒漠区。

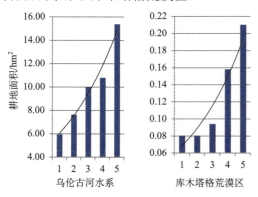

图 11.4-2 各水资源分区五个时期耕地面积
变化形式对比(凹形指数增长型)

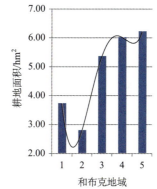

图 11.4-3 各水资源分区五个时期耕地
面积变化形式对比(缓降陡升型)

B. 先降后升类。在五个时期内,耕地面积呈先减后增模式。根据耕地增减模式,可分为缓降陡升型和陡降缓升型。

(1) 缓降陡升型(图 11.4-3):表现为 2000 年的耕地面积值最小,1995 年的耕地面积小于 2005 年、2008 年和 2012 年的耕地面积,且 2012 年耕地面积值最大,变化趋势线也为多项式模式,与陡降缓升模式的方向有一定差异,如和布克地域。

(2)陡降缓升型(图11.4-4):1995年的耕地面积值较大,明显高于2000年、2005年和2008年的耕地面积值,后三个时期值都在增长,增长幅度相对较小,呈多项式变化模式,其变化趋势线大致相同,包括巴里坤-伊吾盆地、吉木乃诸小河、古尔班通古特沙漠区和额敏河流域。

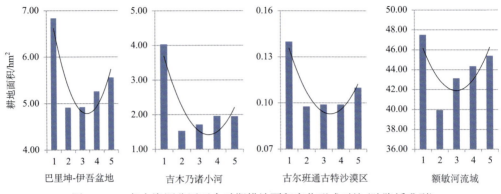

图11.4-4　各水资源分区五个时期耕地面积变化形式对比(陡降缓升型)

C. 先升后降类(图11.4-5):从1995年到2005年,耕地面积一直增加,到2005年达到最高值,2008年降低,趋势线为凸形增长降低模式,包括阿克苏河流域、克里雅河诸小河、叶尔羌河流域、乌鲁木齐河流域、开都河-孔雀河流域、额尔齐斯河流域东段、塔里木河干流区、渭干河流域与和田河流域。

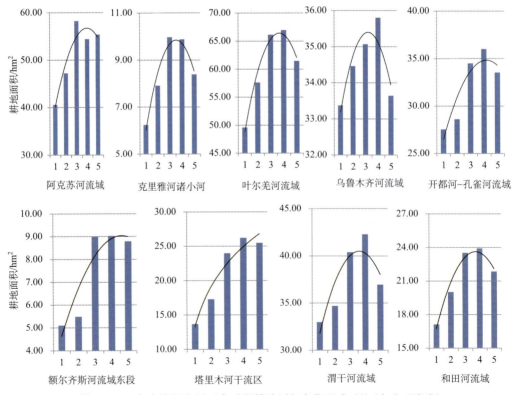

图11.4-5　各水资源分区五个时期耕地面积变化形式对比(先升后降类)

D. 升降波动类。在五个时期内，耕地面积时增时减。根据耕地增减模式，可分为升降升降型和降升降升型。

(1)升降升降型(图 11.4-6 a)：如天山北麓东段和吐鲁番盆地，耕地面积变化经历了先上升，再下降，之后上升的过程。两者的差异在于最高值出现的年份不同，前者是 2008 年值最大，后者是 2012 年最大。

(2)降升降升型(图 11.4-6b)：如迪那河流域和喀什噶尔河流域，耕地面积变化经历了先下降，再上升，最后下降的过程。两者的最高值均出现在 2008 年。

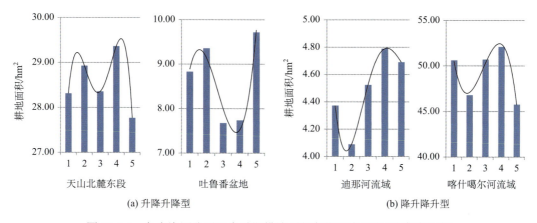

(a) 升降升降型　　　　　　　　　　　　(b) 降升降升型

图 11.4-6　各水资源分区五个时期耕地面积变化形式对比(升降波动类)

11.3　基于地貌特征的耕地资源分析

在众多影响并控制耕地质量及其空间分布的因子中，地貌特征具有非常重要的决定意义。地形与地貌在很大程度上决定着土地利用方向、农田基本建设、土地改造的技术设施及开发利用等(周勇等，2003)，地形与地貌条件通过直接影响区域土壤厚度、水分状况等来制约耕地的质量及其生产能力。在综合分析地貌的形态、成因、物质组成和年龄等属性的基础上，本研究筛选出公认与耕地资源分布相关性高的海拔高度、地势起伏度和地貌成因三个属性开展基于地貌特征的耕地资源变化分析。

依据 SRTM-DEM 数据和中国 1∶100 万数字地貌的制图规范(周成虎等，2009)和新疆数字地貌数据(杨发相，2011)，对新疆的海拔高度、地势起伏、地貌成因类型进行分级，并与五个时期土地利用数据进行叠加，分析不同时期耕地分布与地貌的相互关系(表 11.2、表 11.3、表 11.4)。

表 11.2 展现了不同地面高程区域全疆各个时期耕地面积的变化情况表明：①耕地资源主要分布在海拔低于 2 000 m 的低海拔和中海拔区域，其中以 500～2 000 m 的区域分布最广。②从变化量来看，同样是海拔低于 1 500 m 的区域变化最大，大规模的开发及撂荒等变化主要发生在中、低海拔区域。高于 1 500 m 的区域耕地变化较小，说明这些区域开发量较少。

表 11.2 基于海拔特征的耕地面积变化

海拔分级/m	耕地面积/hm²					变化量/hm²				
	1995 年	2000 年	2005 年	2008 年	2012 年	A_2-A_1	A_3-A_2	A_4-A_3	A_5-A_4	A_5-A_1
<500	97.45	106.20	120.94	130.11	130.74	8.75	14.75	9.17	0.63	33.29
500~1 000	189.39	193.19	226.89	235.87	237.68	3.80	33.70	8.98	1.81	48.29
1 000~1 500	244.10	254.80	286.20	286.54	288.01	10.70	31.40	0.34	1.47	43.91
1 500~2 000	30.66	33.56	33.95	34.63	35.17	2.91	0.39	0.68	0.54	4.52
2 000~2 500	4.07	4.11	4.46	4.56	4.56	0.04	0.35	0.10	0.06	0.55
2 500~3 000	0.41	0.56	0.57	0.56	0.56	0.16	0.00	0.00	0.00	0.16
3 000~3 500	0.04	0.13	0.22	0.22	0.22	0.08	0.10	0.00	0.00	0.18

注：A_1、A_2、A_3、A_4、A_5 分别代表 1995 年、2000 年、2005 年、2008 年、2012 年的耕地面积

依据新疆地貌的特征，按照地势起伏特征可将地貌类型归并为两大地貌区(周成虎等，2009；杨发相，2011)，即平原台地区和丘陵山地区，表 11.3 反映了不同地表起伏区内全疆各时期耕地面积变化特征。1995~2012 年新疆耕地资源的变化主要体现在平原台地地区，丘陵区的坡耕地面积也有所增加。自 2000~2005 年，耕地面积增加值最大，耕地面积变化量高达 80.69 hm²，其余时段耕地增加相对平缓。

表 11.3 基于宏观地貌特征的耕地面积变化

宏观地貌特征	耕地面积/hm²					变化量/hm²				
	1995 年	2000 年	2005 年	2008 年	2012 年	A_2-A_1	A_3-A_2	A_4-A_3	A_5-A_4	A_5-A_1
平原台地区	546.73	574.11	646.37	662.35	663.53	27.38	72.26	15.98	1.18	116.80
丘陵山地区	19.38	18.43	26.87	30.15	33.48	−0.95	8.44	3.28	3.33	14.10
总计	566.11	592.54	673.24	692.50	697.01	26.43	80.69	19.26	4.51	130.90

注：A_1、A_2、A_3、A_4、A_5 分别代表 1995 年、2000 年、2005 年、2008 年、2012 年的耕地面积

表 11.4 基于地貌成因类型的耕地资源变化对比

地貌成因类型	变化量/hm²				
	A_2-A_1	A_3-A_2	A_4-A_3	A_5-A_4	A_5-A_1
湖成	−0.15	0.72	0.16	0.04	0.77
干燥	0.59	3.56	1.82	0.19	6.01
流水	**27.72**	**62.75**	**12.91**	**3.64**	**107.01**
风成	0.90	9.34	3.70	0.56	14.50
黄土	−2.63	4.33	0.67	0.07	2.45

注：A_1、A_2、A_3、A_4、A_5 分别代表 1995 年、2000 年、2005 年、2008 年、2012 年的耕地面积

表 11.4 反映了不同地貌成因类型区各个时期耕地资源的变化量。可以看出，耕地资源主要分布在流水、湖成、风成、干燥和黄土地貌区域。耕地面积的增长主要集中在 2000~2005 年期间，以流水地貌区域耕地面积扩张最大，这与水资源对耕地资源分布的影响结果相一致。

11.4 耕地资源变化的区域差异

1. 水资源分区差异

新疆各水资源分区内的自然条件(如温度、降雨)区域差异显著，不同民族生产生活方式及其土地利用方式明显不同，经济发展和人口增长速度也有较大差异，再加上历史的原因，各水资源分区的耕地变化表现出很大的区域差异性。

总体而言，耕地面积增加(如伊犁河、玛纳斯河、阿克苏河等水资源分区)是因为这些地区的土地开发整理与复垦力度较大，相对耕地占用较少，故耕地面积保持增加趋势。此外，部分水资源分区(如哈密地区、乌伦古河水系、额尔齐斯河流域)的耕地面积虽然也是增加的，但面积变化率小于诸如伊犁河、玛纳斯流域，这是因为这些水资源分区经济结构以农业为主，以扩大耕地面积来提高产量增加经济收入，但受地域条件、如干旱、风沙、盐碱等自然灾害的限制以及水资源量的短缺，使得后备土地资源得不到有效的开垦利用，所以耕地面积增长较缓。而对于耕地面积减少的区域，主要是受政策影响和自然条件限制，如巴里坤-伊吾盆地，产业结构调整占用了较多耕地，而且自然条件限制该区域土地开发整理与复垦的力度，因而导致耕地面积减少。对于耕地面积呈现波动性变化的区域，即先减少后增加，或先增加后减少，则可能受多方面因素共同影响。如喀什噶尔河流域耕地面积先减少后增加，是因为喀什地区曾受到地震毁坏，部分居民地建设占用耕地，后来该区域的水资源量相对较多，土地开发整理与复垦的力度较大，所以耕地面积逐渐增加。

2. 不同地貌区差异

耕地资源变化不仅与水资源分区差异相关，也与不同地貌区的地貌条件(如地貌部位、地貌类型)的不同有关。

在不同海拔高度区，由于海拔高度影响温度、降雨等气候差异，限制了耕地资源的分布。而在不同地貌部位地区，地形条件也制约着耕地资源的分布。如新疆地区耕地面积大都集中分布在海拔 500~1 500 m 之间，其中海拔在 1 000~1 500 m 地区的耕地分布面积最多。从地表起伏角度看，则主要分布在平原台地区。原因是这些区域具有开垦耕地发展农业的优势，地形相对平坦，温度适宜，易于整理耕地，修建水利工程以满足农业灌溉用水。

若按照地貌成因类型分析，不同地貌成因类型区的耕地资源分布也存在显著差异。由前面分析可知，流水作用地貌区分布的耕地资源量最多，这是因为水资源是限制新疆耕地资源分布的主要因素。其次，在现代科技发展的推动下，修建水利工程，采用较先进的灌溉技术，也可以在其他土壤质量相对较好的地方，如黄土覆盖地貌区、干燥作用地貌区等开垦荒地，整理出耕地。特别是在风沙作用地貌区，当气候干燥、环境恶化时，荒漠化扩张，风沙侵吞耕地，造成撂荒地、耕地面积减少；如果采取措施进行荒漠化治理、环境保护措施使用得当，气候环境将有所改善，借助先进的技术开垦农田，改进引水灌溉技术，就会加大复垦，从而耕地面积增加。这也揭示了某些区域耕地面积存在周期性变化的部分原因，也反映了农田绿洲对气候环境变化的响应，彰显了沙进人退与人进沙退的相互更替。

第12章 新疆耕地后备资源潜力评价与分析

在过去50年里新疆粮食生产取得了显著成绩,人均粮食已超过全国平均水平(王春晓等,2000),为西北地区粮食供求平衡做出了重要贡献,从1991年开始就已成为粮食外调地区。目前,新疆已被确定为国家重要的商品粮接替区,但在全国范围内进行比较,新疆粮食生产总体还处于较低的水平,在粮食总产最高的1998～1999年度,新疆粮食总产量仅占全国的1.62%,还不具备全国商品粮基地的地位(陶江,2006)。1996～2005年新疆耕地面积增加43.88万 hm^2,增减相抵耕地面积净增加7.77万 hm^2,但是耕地年增加量是逐年减少的,而耕地减少量却在迅速增加,这表明未来新疆耕地面积减少的形势比较严峻。在现有粮食耕地面积、粮食单产和粮食综合生产能力的情况下,新疆粮食生产和供应处在安全的范围之内(王春晓等,2000;陶江,2006)。但从中长期来看,随着经济发展和人口增长,为确保新疆的粮食安全和构建国家商品粮接替区需要,适度开发后备耕地资源,进行耕地后备资源潜力评价就显得十分必要。

耕地后备资源潜力评价,隶属于土地适宜性评价的领域。它主要是通过对影响耕地后备资源质量的各项因素的综合鉴定识别,将耕地后备资源按照评价体系对其开发为耕地的适宜程度进行若干级别的划分,建立指标模型,计算适宜等级和适宜量。这种适宜性评价是以区域的粮食安全为最终目的,既追求耕地数量的增加,又兼顾开垦后耕地的质量水平。通过潜力评价,可以科学地确定耕地后备资源开发的适宜程度和开发时序,从而为调整和优化土地利用结构、制定合理的土地开发整体规划提供科学依据。同时,又对保障国家粮食安全有重要意义。

在此背景下,本章借助于遥感、地理信息系统等技术,基于多源基础数据,从适宜性角度出发,构建新疆后备耕地资源评价体系;分析评价新疆耕地后备资源数量、质量以及空间分布格局;发展基于以流域为单元的水土平衡条件约束下的后备耕地空间分布。这为新疆耕地资源评价、水土平衡空间分异、后备耕地开发潜力等提供基础和参考依据,也为国家耕地安全和粮食安全提供战略服务。

12.1 耕地后备资源潜力评价的原则与方法

1. 评价原则

耕地后备资源潜力评价是建立在指标的基础上的,指标选择是否合理直接影响到评价的成败。影响耕地质量的因素众多,且其间关系相互交错,因此,应依照一系列的原则仔细筛选出一些最为灵敏、准确且信息含量丰富的主要指标作为评价因子(任国柱和蔡玉梅,1998)。耕地后备资源潜力评价应遵循以下4项主要原则:综合性原则、主导性原则、等级性原则以及区域性原则。

1) 综合性原则

耕地后备资源的质量是由气候、土壤、地表形态、水资源分布等因素综合作用的结果。其指标评价体系应全面考虑各方面的特征及其相互关系对资源质量的影响(阎建忠，2000)，从而综合反映耕地后备资源开发的潜力适宜度。

2) 主导性原则

影响耕地质量的土地特征因素十分繁杂，经常出现信息重叠或相互影响，因此没有必要全部选作评价指标。通过对耕地后备资源影响因素综合分析考量，从影响耕地质量的众多指标中选择制约农用的主导因素，例如海拔高度和地表起伏度等地形地貌特征，并进行重点分析，从而增强耕地后备资源潜力评价的简洁性和准确性(周春芳，2004)。

3) 等级性原则

分级指标应具有等级层次特性，等级高的指标应包含等级低的指标，等级高指标可与小比例尺图对应，等级低指标可与大比例尺图相对应，通常可通过完备的编码体系来管理指标的等级。

4) 区域性原则

耕地后备资源的开发潜力适宜性评价实质是一项以区域为单元的研究工作。因此，基于研究区域耕地后备资源的特征分析，根据评价区域的自身特点，评价工作应该因地制宜地选择评价指标(李桂荣，2008)，建立评价体系，从而有针对性地评价该区域的耕地后备资源的适宜量和适宜度。水资源作为研究区最重要的区域特性，应在耕地后备资源的潜力评价中重点考察、分析，使评价成果更具有科学性和应用性。

2. 评价方法

由于强大的空间数据处理能力，GIS 成为了土地适宜性评价以及水土平衡分析方面有效的技术手段。从评价因子基础数据采集、空间叠加分析、面积量算、栅格运算、DEM 应用到基于 GIS 的土地适宜性评价定量模型、决策支持系统、专家系统等，GIS 在这一评价分析领域得到广泛应用。

本章借助于地理信息系统、遥感等技术，基于多源基础数据，充分系统地分析了耕地后备资源潜力评价的理论框架，从适宜性角度出发，构建新疆耕地后备资源评价体系；利用特尔菲法和层析分析法相结合的方法确定指标权重，再利用指数和法进行适宜性评价，从而构建多因素综合评价指标模型，计算研究区宜耕土地资源适宜性等级；通过进行五个适宜等级的评价，科学分析新疆耕地后备资源数量、质量以及空间分布格局；发展基于以流域为单元的水土平衡条件约束下的后备耕地空间分布，最终得出研究区耕地后备资源潜力评价分析的指导意义。

1)数据结构选择

GIS通过栅格数据结构和矢量数据结构两种格式来存储数据,相应地,耕地后备资源的适宜性也可以基于这两种数据结构进行分析评价,在以往研究中运用矢量数据结构所做的适宜性评价较为多见。

矢量数据的优点为数据结构紧凑、冗余度低,有利于网络和检索分析,图形显示质量好、精度高;缺点是数据结构复杂,许多分析操作甚至难于实现,多边形叠加分析比较困难。而栅格数据的优点为数据结构简单,便于空间分析和地表模拟,现势性较强;缺点是数据量大,投影转换比较复杂。两者比较,栅格数据操作总的来说容易实现,矢量数据操作则比较复杂。

矢量结构对于拓扑关系的搜索则更为高效,网络信息只有用矢量才能完全描述,而且精度较高。而栅格结构是矢量结构在某种程度上的一种近似,对于同一地物达到与矢量数据相同的精度需要更大量的数据;在坐标位置搜索、计算多边形形状面积等方面栅格结构更为有效,而且易于与遥感相结合,易于信息共享。实际上,基于矢量与基于栅格的适宜性评价原理是一样的,只是图形叠加处理有所区别。在本次研究应用中,根据数据资料特点、评价精度要求等因素,确定栅格模式为较合适的数据结构。

2)评价因素选取

因子选取与权重确定是评价过程中的关键。由于影响耕地质量的因子众多,它们之间普遍存在着相关性(倪绍祥,1999),因此,在进行适宜性评价时应十分注重筛选和剔除。研究遵循综合性、主导性、等级性和区域性的原则,使遴选的适宜性评价因子能较全面客观地反映研究区域耕地后备资源数量、质量的现实状况。

耕地后备资源潜力评价的实质是评价不同类别的地形、气候、土壤、水文等自然要素对研究区耕作适宜度的高低。每一评价因素又可划分为不同评价因子,通过相关科学评价方法综合考虑出耕地的后备资源潜力。本研究筛选出海拔、坡度、积温、土层厚度等指标评价因子,其特征及评价方法如下。

3)适宜性要素

适宜性要素主要分为4个方面。①地形因素,包括海拔、起伏度、坡度、坡向;②气候因素,包括≥10℃积温、干燥度等;③土壤因素,包括土壤厚度、土壤类型、盐渍化等;④极端干旱环境因素,包括沙漠、戈壁等。

(1)地形因素

农业生产的基础是土地,地形条件是构成土地类型的重要因子之一。各种地貌在其成因历史和发展演变方向上,都有其独特的规律性。地形与地貌各要素通过海拔高度、坡度、坡向、坡型、地表组成物质和现代地貌过程等影响着农业生产与布局。

a. 海拔高度

海拔的不同,常常会引起气候和土壤等的变化,不同地势等级导致热量、水分条件的差异,直接影响到生物气候带的变化,进而影响到土地利用和农业布局。

b. 起伏度

地表的起伏会影响到水分、热量和土壤的分布状况，也会影响到地表化学元素的迁移和再分配，从而影响农作物的生长。为了合理地确定一个地区的土地利用方式和作物布局，必须分析当地地表起伏，然后根据不同的土地利用方式和作物对它们变幅情况的要求，考虑和安排相应的利用方式和选择相应的作物品种，加以合理的组合(徐梦洁等，2001)。

c. 坡度

坡度的陡缓直接影响侵蚀作用的强弱和水土流失状况，同时随着水土流失的状况，影响作物产量。因此，在进行土地适宜性评价时，常以坡度作为重要的参考依据。农田耕地，以15°以下为宜；而15°～25°的丘陵山地区，如果平坦地面甚少，则可采取某些保持水土措施作为农耕地，或者用以发展经济林，种植果树较适宜；在25°以上的坡地，不能作为耕地，应退耕还林或退耕还草。

d. 坡向

在同一海拔上由于坡向不同，地面接受的光、热也不同，导致了土壤水分和生态环境的不同状况，从而直接影响到作物的生长和分布。就作物布局而言，在需要光、热的情况下，通常阳坡较阴坡为宜。但在干燥的环境条件下，要求土壤水份条件良好，阴坡反比阳坡优越。

(2) 气候因素

气候是自然环境的重要因子，也是自然生态资源的重要组成部分。一个地区的气候是对农业生产所提供的光、热、水等农作物生长和产量形成的基本因素。农业生态气候资源是发展农业生产的基本环境条件和物质能源，直接影响到农林牧业结构、农业布局、种植制度、品种培育和生产技术措施等。

a. ≥10 ℃积温

热量是影响作物生长发育和产量形成的主要因素之一，同时又直接影响作物的生物化学反应。积温表示了某个地区或某种作物的某个生育阶段内的总热量，有多种表达方式，最常用于农业的是≥10 ℃积温。用≥10 ℃积温表示热量资源的优点是：能较正确地反映出地区温暖时期的热量资源；春、秋季日平均温度稳定通过 10 ℃的日期，与许多喜温作物如玉米、水稻、高粱、棉花、大豆等的物候期相吻合，温度通过10 ℃的日期，基本上与初、终霜冻的出现和终止日期及大多数喜温作物的播种(或即将播种)，停止生长期一致(Dobson，1994)。

b. 干燥度

这里的干燥度，主要指是大气干旱，即空气十分干燥，并伴有一定的高温和风力，促使作物表面蒸腾强烈，虽然土壤并不缺水，但根系吸收的水分补偿不了作物表面的蒸腾消耗。干旱表现为长期无雨或少雨，造成空气干燥、土壤缺水，农作物生长发育受抑，导致明显减产甚至无收的一种农业气象灾害。因此干燥度也就成为了土地资源是否适宜农作物生长的关键因素。

(3) 土壤因素

a. 土壤厚度

土壤厚度是影响植物生长的一个重要因素,它影响着土壤水分、养分的贮量和植被根系分布的空间大小。水和养分是植物发生、生长、发育极为重要的物质基础,但在陆地表面,它们受土壤厚度的制约,土壤愈厚容量愈大,所含土壤水分和养分越多,植物才能正常生长;同时,土层深厚,有利于植被根系的延伸,增大了植被根系的分布范围,扩大了植被的营养空间(Johnson et al., 1999)。所以,深厚的土壤更有利于植被的生长、发育。

b. 土壤种类

由中国科学院南京土壤研究所编制的中国1:100万土壤类型数据中,新疆土壤种类大致分为人为土、水成土、半水成土、漠土、钙层土、干旱土、初育土、高山土11种。其中,人为土、水成土和半水成土最适宜耕种;漠土、钙层土和干旱土其次;半淋溶土、淋溶土和盐碱土经改良可以使用;初育土、高山土最不适宜;而其他地区多为城区、岩石、水域、沙洲、冰川雪被和西北盐壳等,不能用作农业用地。

c. 土壤盐渍化

盐渍化是荒漠化和土地退化的主要类型之一。耕地盐碱化能导致农业生产力的严重衰退,甚至严重到足以使生产者弃耕。中国的干旱区面积占全国总面积的1/3,盐碱土广泛分布于其中,土壤的盐渍化问题和灌溉引起的土壤次生盐渍化问题是制约干旱区农业发展的主要障碍,也是影响绿洲生态环境稳定的重要因素(Giles and Franklin, 1998)。将土壤盐渍化的指标纳入耕地后备资源评价体系是十分必要的。

(4) 极端干旱环境因素

沙漠指地面完全被沙覆盖、植物非常稀少、降水稀少、空气干燥的荒芜地区。沙漠地域大多是沙滩或沙丘,沙下岩石也经常出现,一般为风成地貌。戈壁是荒漠的一个类型,即地势起伏平缓、地面覆盖大片砾石的荒漠。戈壁地面因细砂已被风刮走,剩下砾石铺盖,因而有砾质荒漠和石质荒漠的区别。这种地区尽是沙子和石块,地面缺水,植物稀少。然而,在河流冲积后的沙地地区,由于地势平坦,其沙土层可在较稳定的情况下发育成土壤,在其水分状况较好的情况下,便可以耕种一些相适宜的农作物。

(5) 限制性要素

水是农业的命脉。影响我国农业布局、产量提高的因素除生长季的热量外,还有水分条件的限制。目前我国耕地面积中,约有1/3地区常常受着水旱灾害的威胁。干旱地区水资源的合理开发和国土整治规划有密切联系。水资源短缺、水污染严重和洪涝灾害,严重威胁着我国经济和社会可持续发展。

新疆虽然土地辽阔,光照丰富,但在气候干旱、降水稀少、蒸发强烈等自然环境以及人为过度开发等社会环境的制约下,新疆的植被愈发稀疏,生态愈发脆弱,经济发展与生态环境的供水需水矛盾也愈发剧烈,尤其是中下游水资源供需矛盾极为突出,生态环境恶化程度极其严重。新疆整体上已属于资源性缺水,因此水资源的开发和利用也成为了新疆可持续发展急需解决的最敏感的问题。因此,水文水资源要素成为了研究区域耕地后备资源潜力评价的最重要的限制性因素。

3. 适宜性评价方法

耕地后备资源是土地资源的一个重要组成部分，评价方法的研究与选取是决定评价结果可靠性的重要环节。

1）权重确定方法

在耕地后备资源适宜性综合评价中，通常用评价因子的指标权重来表示各评价因子在整个评价体系中对于适宜性综合指数的相对重要程度，确定权重成为了十分重要的一个环节。研究通过对各评价因子对其评价单元的适宜程度和贡献程度进行综合比分，确定指标权重。确定评价指标权重的方法主要有：特尔菲法、层次分析法、回归系数法、主成分分析法、模糊综合评判法和灰色关联度法等。本次研究通过综合考量、认真比对，采用特尔菲法和层次分析法相结合的方法，来进行评价因子指标权重的确定。

(1) 特尔斐法

特尔斐法(Delphi method)，又称专家调查法。最先由美国兰德公司(RAND Corporation)在20世纪50年代初创立，在软科学领域得到了广泛应用，其预测成功与否取决于研究者问卷的设计和所选专家的合格程度。20世纪60年代，美国兰德公司的O. 赫尔默和N. 达尔基在意见表决和汇总评述研究工作中首先提出这个方法。特尔菲法是一种客观地综合多数专家经验与主观判断的信息整理办法。它主要以问卷形式对一组选定的专家进行咨询，无需专家填写判断矩阵，只需要专家根据前一轮所得出的均值和离散度来修正自己的意见，经过几轮征询使专家的意见趋于一致而获得预测成果，从而使均值逐次接近最后的评估结果。这种方法由于建立在统计分析的基础上，客观地综合多数专家的经验，并且其结果具有一定的稳定性。

本研究采用的特尔菲法的基本做法是：采取调查的方法，分别向有关专家征求意见，就评价因子的重要程度进行排序，然后将专家的意见综合整理。实践证明，本研究将特尔菲法运用到耕地后备资源适宜性综合评价中显示它是一种十分有效的方法。

(2) 层次分析法

层次分析法(analytic hierarchy process，AHP)是由20世纪70年代美国运筹学家匹茨堡大学教授萨蒂(T. L. Saaty)应用网络系统理论和多目标综合评价方法，提出的一种层次权重决策分析方法。该方法是将与决策总是有关的元素分解成目标、准则、方案等层次，在此基础之上进行定性和定量分析的决策方法。层次分析法是通过系统的多个因素的分析，划分出各因素间相互联系的有序层次；再请专家对每一层次的各因素进行比较客观的判断后，给出相对重要性的定量表示；进而建立数学模型，计算每一层次全部因素的相对重要性的权重(李斌，1998)。

层次分析法具有高度的逻辑性、系统性、简洁性和实用性的特点，发展成熟，实践证明，是解决耕地后备资源潜力评价这样的多层次、多属性决策问题最行之有效的方法。首先将判断矩阵的每一列正规化；其次将正规化的矩阵按行加总；最后对加总后的值再进行正规化得到特征向量。其特征向量即为各定级因素的重要性权重。

由层次分析法和特尔菲法所得因素权重的加权平均值即为最终确定的评价因子指标

权重值。综合层次分析法和特尔菲法的评价结论,确定最终定级因素权重,这样,有利于提高定权的精度,保证因素最终权重值的合理性和实用性。

2) 指标评价方法

土地资源适宜耕种的质量优劣,主要表现在作物生物量上。因此在进行耕地后备资源潜力评价与分析时,需要综合运用农学、地学、气候学、水文学等多方面的相关知识,选取恰当的评价因子。随后,以一定的数理逻辑方法为主,行业专家的经验为辅,确定各项评价因子的权重。通过指标运算求得反映土地适宜耕种质量的综合指数。

常用的指标评价方法有加权指数和法(艾建玲等,2007)、加权指数乘法等。经过比较后,确定以指数求和法为最主要的评价方法,其公式如下:

$$P_i = \sum_{j=0}^{n} W_j * A_{ij} \tag{12.1}$$

式中,P_i 为第 i 个评价单元的耕地适宜性评价的综合指标值;W_j 为第 j 个参评因素的权重;A_{ij} 为第 i 个评价单元、第 j 个参评因素的分值;n 为参评因素的总个数。

3) 阈值划定

阈值是评价指标的一个范围值,根据指标的不同,阈值可以是一个确定的值,也可以是一个区间。评价指标阈值的确定直接影响到评价的可操作性。阈值的大小可以反映土地利用系统本身对扰动的敏感性。阈值区间越大,系统的稳定性越强,抗干扰的能力也就越强。阈值确定的方法有以下几种。

(1) 经验法

土地科学工作者在长期研究过程中,积累了大量土地评价、土地利用的经验,在确定土地评价指标阈值时,部分指标阈值可以通过土地科学工作者对多年科学研究的成果进行总结,从而对影响耕地质量的某些指标进行科学的判断,得出阈值。在采用经验法确定阈值时,要根据不同专家的特点对不同方面的指标进行判断。一般情况下,一个阈值的确定需要调查多位该领域的专家,最终通过一定的综合分析方法来确定该指标的阈值。但是,在特殊情况下,某领域中最具权威的专家只有 1 到 2 个,在这种情况下,可以采用某位最具权威的专家的判断作为阈值。同样,农民的种田经验也是确定耕地质量指标阈值的依据(张凤荣等,2003)。

(2) 试验法

通过进行物理、化学、生物等试验直接确定某些指标的阈值。这方面可借鉴土壤学、作物栽培学等有关学科的研究成果。有些科学试验非常清楚地提示了作物对耕地条件的要求,包括什么条件最适宜,什么条件可以忍受,什么条件不可忍受。如在 10~15℃ 的范围内小麦灌浆时间可达 60 天,但在 25~30℃ 下只有 20 多天。

(3) 统计法

采用统计分析的方法是确定土地评价指标阈值的重要手段。应用该方法的前提是大量数据的可获得性和准确性。通过寻找拟合趋势线的转折点、频率统计、聚类等数学分析方法确定评价指标的阈值(张凤荣等,2003)。另外,也可采用国家或区域制定的一些标准来确定评价指标的阈值,如环境质量标准、水土保持方面的规定等。

研究从适宜性角度出发,利用特尔菲法和层析分析法相结合的方法确定指标权重,再利用指数和法进行适宜性评价,从而构建多因素综合评价指标模型,计算研究区宜耕土地资源适宜性等级度,从而分析评价新疆耕地后备资源的数量、质量以及空间分布格局。之后,发展基于以流域为单元的水土平衡条件约束下的后备耕地空间分布,最终得出研究区耕地后备资源潜力评价分析的指导意义。

12.2 新疆人工绿洲分布概况与数据处理

1. 人工绿洲分布概况

研究区依靠丰富的光热资源、高山降雨和冰雪融水发展绿洲农业,种植着稻、麦、棉、甜菜等农作物,成为我国重要的农垦地区。新疆农业分布于大大小小、星罗棋布的数百块被沙漠戈壁包围的 7 万余平方公里的绿洲之中,其独特的地理条件、气候条件、自然资源形成了新疆农业的 3 个鲜明特点:绿洲农业、灌溉农业和机械化农业。根据中科院资源环境数据中心的 2012 年土地利用数据,获取新疆 2012 年人工绿洲分布格局(图 12.1),其面积约为 1.13 亿亩。

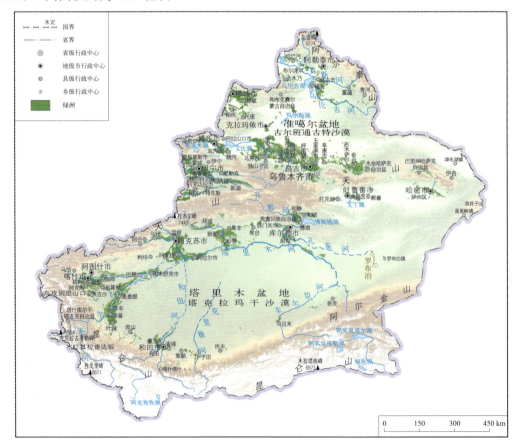

图 12.1 新疆 2012 年人工绿洲分布现状图

占新疆土地总面积4.27%的绿洲承载着全疆95%以上的人口,是新疆经济、资源、人口综合作用的载体,绿洲农业是干旱区人民生存与发展的基本命脉。新疆农业在新疆国民总产值中所占比重为47.25%,全区轻工业产值近90%源于农产品的加工。新疆的绿洲农业又是国家最大的棉花和名优特瓜果基地。新疆的水土开发和绿洲建设取得了巨大成就,促进了生产的发展,推动了社会进步(Giles and Franklin,1998)。

2. 数据采集

1)资料数据收集

适宜性要素的资料收集主要包括:①地形与地貌数据:SRTM、新疆1:25万DEM、新疆1:100万地貌数据;②气候数据:新疆60年标准站气温、降水等数据;中国气象局提供的全国标准站插值多年平均气象数据;③土地数据:中国科学院南京土壤研究所的1:100万土壤数据、中国科学院资源环境数据中心的2008年土地利用数据及2012年遥感影像的土地利用资料;④植被数据:中国科学院植物所的1:100万植被数据;⑤地质数据:中国地调局的1:50万地质数据。

限制性要素的资料收集主要有:①水文数据:新疆部分流域水文数据,新疆2007年、2008年水资源公报;②新疆河流与湖泊分布:测绘局提供的新疆1:25万河流与湖泊分布;③自然保护区分布:生态功能区划。

除此之外,还借阅到新疆各年度统计年鉴作为背景资料扩充。

2)外业调研

为有效评定研究区耕地后备资源潜力指标权重,得出高质量的适宜性等级分布,外业实地调查是最基础的前提工作。实地考察中运用etrexGPS,进行定点并建立遥感解译标志,分析研究区影像。在2010年7月至8月期间,对天山以北以及天山南麓典型绿洲区、地貌区和土地景观进行了野外考察,进一步实现实地资料采集、权重验证和修正以及不确定区域的等级确认,为耕地后备资源潜力评价方法的选择、权重和等级的确定、数量质量分布分析以及水土平衡信息数据的获取均提供了良好的前提条件。考察路线:乌鲁木齐-北屯-布尔津(喀纳斯)-克拉玛依-额敏-塔城盆地-精河-伊宁盆地(伊犁、察布查尔县、昭苏)-石河子-乌鲁木齐-吐鲁番。图12.2为典型景观照片,直观地体现了研究区土地资源的耕种适宜程度。

3)图件数字化

鉴于地图扫描数字化方法在速度、精度和自动化程度方面所具有的巨大优势,本章采用扫描数字化进行地图数据采集,即先对地图进行扫描获取栅格形式的数字化地图,然后把原来不含有地理坐标信息的扫描地图通过建立关联控制点,赋予地理坐标信息,进行校正与配准后,从中提取必要的矢量化地图信息。将图像由栅格格式向矢量格式转换要经过多边形边界提取、边界线追踪、拓扑关系生成、去除多余点及曲线圆滑这4个基本步骤。

图 12.2　研究区各类景观野外调查照片

3. 影像处理

在空间数据库中,所有的地图、影像和空间数据表格都根据不同的空间表达和记录方式进行地学编码。而数据化数据的记录形式,常常不是某个特殊地理信息系统的应用所要求的数据记录格式,因此,需要进行数据格式的转换。格式转换,包括数字化的表格数据到地图投影坐标的转换、地理坐标到投影坐标的转换、栅格坐标到某个投影类型的坐标转换。影像处理的过程包括几何精校正、配准、影像镶嵌与裁剪、去云及阴影处理和光谱归一化几个环节,具体流程图如图 12.3 所示。

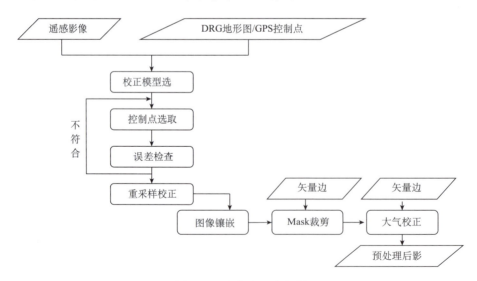

图 12.3　影像处理流程图

(1) 投影变换

相机和传感器的姿态、地形的起伏、地球曲率、扫描误差等，使得直接获取的遥感影像和纸质地图的原始数据存在几何变形，只有消除这些误差的影响，对影像进行投影变换，才能使数据信息既保留影像高质量，又具有地图的几何特征，即影像中的地物位于其正确的地理位置，在此基础上进行数据的加工处理和应用。

对影像进行投影变换可消除获取和处理中的误差，通过确定地物坐标与影像坐标之间的转换关系，并对原始数字影像灰度进行重采样实现数字影像的扫描行与核线重合，获取到核线的灰度序列，提高了影像匹配的效率和可靠性(陈述彭，1999)。

坐标转换首先通过使用逆转换方程使输入数据的投影坐标 x、y 转化为地理坐标经度和纬度 N、O，进行投影坐标到地理坐标的转换；再通过使用正转换方程将地理坐标的经度和纬度 N、O 转化为工作投影坐标 x'、y'，将地理坐标转换到工作投影坐标。基于对研究区地理位置等多方考虑，选定中央经线为东经 85°，坐标系统为 Albers-Krasovsky 1940。

(2) 校正配准

引起影像几何变形一般分为两大类：系统性和非系统性。系统性一般由传感器本身引起的，有规律可循和可预测性，可以用传感器模型来校正；非系统性几何变形是不规律的，它可以是传感器平台本身的高度、姿态等不稳定，也可以是地球曲率及空气折射的变化以及地形的变化等。影像几何精校正，步骤如下。

① GCP(地面控制点)的选取

GCP 均匀分布在整幅影像内，且要有一定的数量保证，可以以地形图(DRG)为参考进行控制选点，也可以野外 GPS 测量获得，或者从校正好的影像中获取。选取的控制点有以下特征：GCP 在图像上有明显的、清晰的点位标志，如道路交叉点、河流交叉点等；地面控制点上的地物不随时间而变化。

② 建立几何校正模型

地面点确定之后，要在图像与图像或地图上分别读出各个控制点在图像上的像元坐标(x, y) 及其参考图像或地图上的坐标(X, Y)，因此需要选择一个合理的坐标变换函数式(即数据校正模型)，然后用公式计算每个地面控制点的均方根误差(RMS)(陈述彭，1999；邬伦等，2001)。根据公式计算出每个控制点几何校正的精度，计算出累积的总体均方差误差，一般控制在一个像元之内，即 RMS<1。

(3) 数据格式转换

经综合分析，选用 100 m×100 m 栅格格式作为耕地后备资源评价的数据结构，因此各类数据需要利用 ArcGIS 软件的数据转换模块，实现矢量栅格化和栅格重采样这两种数据格式转换。

① 矢量数据栅格化

矢量格式向栅格格式转换又称为多边形填充，就是在矢量表示的多边形边界内部的所有栅格点上赋以相应的多边形编码，从而形成栅格数据阵列。其主要的算法包括：内部点扩散算法、复数积分算法、射线算法和扫描算法以及边界代数算法。

② 栅格数据重采样

栅格重采样，也就是将原始数据通过变换栅格大小，从而生成新的栅格数据的过程。常用的内插方法包括：(a)最邻近法，将最邻近的像元值赋予新像元。该方法的优点是输出图像仍然保持原来的像元值，简单、处理速度快。但这种方法最大可产生半个像元的位置偏移，可能造成输出图像中某些地物的不连贯。(b)双线性内插法，使用邻近 4 个点的像元值，按照其距内插点的距离赋予不同的权重，进行线性内插。该方法具有平均化的滤波效果，边缘受到平滑作用，而产生一个比较连贯的输出图像。其缺点是破坏了原来的像元值。(c)三次卷积内插法，该方法较为复杂，它使用内插点周围的 16 个像元值，用三次卷积函数进行内插。这种方法对边缘有所增强，并具有均衡化和清晰化的效果，但它仍然破坏了原来的像元值，且计算量大。

因最邻近法有利于保持原始图像中的灰级，但对图像中的几何结构损坏较大；后两种方法虽然对像元值有所近似，但也在很大程度上保留图像原有的几何结构。由于双线性内插法具有平均化的滤波效果，边缘受到平滑作用，能产生一个比较连贯的输出图像，因此，本研究选用双线性内插法进行栅格数据重采样。

12.3　新疆耕地后备资源适宜性评价

研究框架如图 12.4，基于地理信息系统、遥感等技术和多源基础数据，结合研究区

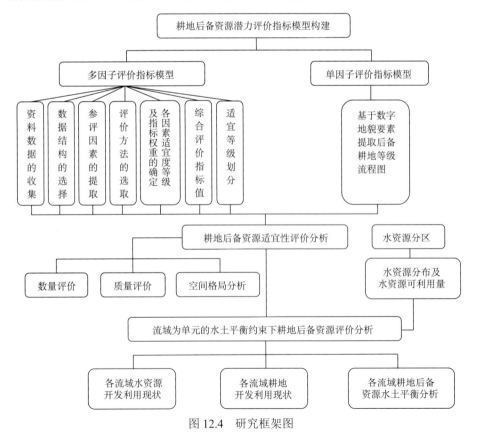

图 12.4　研究框架图

的典型特征，从适宜性角度出发，选取地形地貌、气候、土壤、极端干旱环境 4 项适宜性因素，以及海拔、坡度、积温、干燥度、土壤厚度、盐渍化程度等 10 项评价因子，采用 100 m×100 m 的栅格数据结构，利用特尔菲法和层析分析法相结合的方法确定指标权重，再利用指数和法进行适宜性评价，从而构建多因素综合评价指标模型，建立新疆耕地后备资源评价体系，之后通过对 5 个适宜等级的评价，科学分析了新疆耕地后备资源的数量、质量以及空间分布格局。

1. 耕地后备资源适宜性评价概念

耕地后备资源适宜性评价，其基本内涵是在查清适宜开发的耕地后备资源潜力的基础上，从耕地后备资源的限制性、自然适宜性角度，进行耕地后备资源开发的自然适宜度评价；并按照耕地总量动态平衡的要求对耕地后备资源进行产能的评定，从而建立耕地后备资源开发适宜性评价体系(薛剑，2006)。

适宜性评价，首先是对耕地后备资源类型进行限制条件分析，建立自然评价因素指标体系，进行耕地后备资源自然适宜度评定；其次，由于其最终目的是确保区域的粮食安全，因此在追求耕地数量增加的同时，又可以兼顾到开垦后耕地的质量水平，科学地确定耕地后备资源开发的适宜程度和开发时序。

2. 指标信息提取及权重确定

GIS 以其强大的空间数据处理能力，为土地适宜性评价提供了有效的技术手段，从评价因子基础数据采集、空间叠加分析、面积量算、栅格运算、DEM 应用到基于 GIS 的土地适宜性评价定量模型、决策支持系统、专家系统等，GIS 在土地适宜性评价领域得到广泛的应用(石玉林等，1985)。

耕地后备资源适宜性评价参评因素权重的确定方法主要有定性分析打分法和层次分析法等。在具体确定时，综合采用野外实地考察、座谈访问、专家咨询和层次分析等相结合的方法(Kirkby et al., 2000)。在分值确定时主要以不同评价单元和参评因素的实际状况值为基础，采用适宜性作为耕地分级评价的指标值，进一步采用赋分的方法得到各评价单元不同参评因素的分值，如采用分值"1、2、3、4、5"分别代表"最适宜、高度适宜、中度适宜、低度适宜和边缘适宜"。

1) 地形指标

美国 CGIAR 空间信息协会网站上(http://srtm.csi.cgiar.org/)共享的 SRTM 90 m 数字高程数据及空间分辨率为 3 弧秒，这是目前使用最为广泛的数据集。其高程基准是 EGM96 的大地水准面，平面基准是 WGS84，标称绝对高程精度是±16 m，绝对平面精度是±20 m。SRTM 的数据组织方式为每 5 度经纬度方格划分一个文件。

选择新疆所对应的幅数下载后，对每一幅图像进行拼接，转至 Krasovsky-1940-Albers 投影坐标系统，再按栅格单元 100 m×100 m 重采样，最后沿新疆边界切割。

(1) 海拔

根据 CGIAR SRTM 的 DEM 数据可以看出，新疆境内地势相差悬殊，最低海拔为

–154 m，最高海拔为 8 611 m。不论山地或盆地，都是南疆高于北疆。

《中国 1∶100 万地貌图制图规范》中采用的海拔分级指标 1 000 m、3 500 m、5 000 m 等级体系(周成虎等，2009)，虽然能够充分反映我国地势三级台阶的总体趋势，但是新疆地域辽阔，地形特征复杂，南北疆差异显著，用此种全国统一的海拔指标很难实现对其地形特征的有效分级，不能够较好地显示宜农用地的等级，不利于后备耕地的研究。因此，针对该省应用于农业的特殊地理环境，根据区域特点，地貌类型以及现有耕地空间分布数据进行综合评价，以 2 000 m、2 500 m 和 3 500 m 高程为界，将海拔分为 4 个等级(图 12.5)。

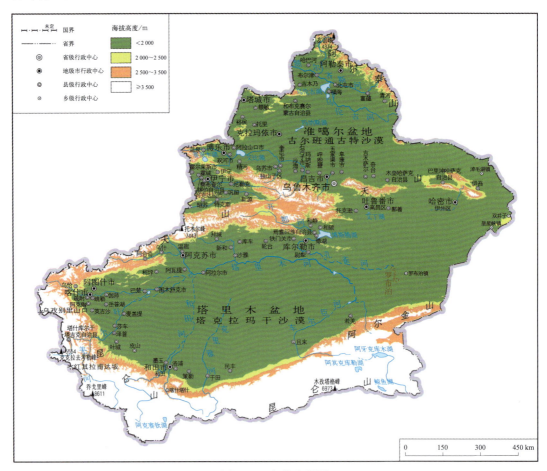

图 12.5　海拔分类图

由于新疆省的地域特殊性，其耕地后备资源的分级赋值也极具特殊性：

① 海拔在 2 000 m 以下的地区，其农业生产适宜度较高，故赋值为 1。

② 海拔在 2 000～2 500 m 区间内的地区，地貌类型、物质构成、物种等方面都比较繁杂，例如干燥、流水和黄土地带就较适宜农作，而其他类型就不太适宜用于农业用地，因此，总体说来此级地区土地的农业适宜度一般，故赋值为 3。

③ 对于在 2 500～3 500 m 范围内的地区，属于新疆广大地域的冻土线层面，若用于农业生产，适宜度较差，故赋值为 5。

④ 而在海拔 3 500 m 以上的地区，基本处于新疆冻土线以上，极不适宜耕种，完全不适合用于农业，所以应将此区域置于后备耕地考虑范围之外。各等级分布如图 12.6 显示。

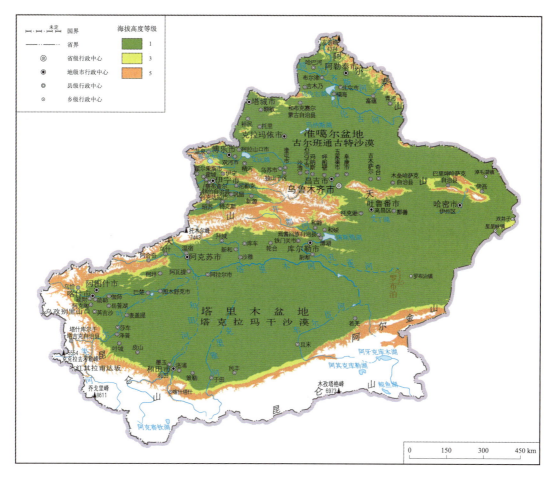

图 12.6　海拔高度等级图

(2)起伏度

地表起伏度，也称地势起伏度、地形起伏度，是指某点在其确定面积区域内的最高点与最低点之间的高差。利用 ArcGIS 软件空间分析模块中的邻域分析功能，对新疆 DEM 数据进行地学分析，计算域为 20×20 单元格，得出最大最小高程数据，再利用栅格计算功能对这两个高程最值相减，得到新疆地区的起伏度图(图 12.7)。

地表相对起伏度分级，参照中国数字地貌分类方法(程维明等，2014)所采用的起伏高度指标、地表起伏度的变化及其空间组合特征(周成虎等，2009)，中国陆地地貌的起伏度分级指标为<30 m(平原)、≥30 m(台地)、<200(丘陵)、200～500 m(小起伏山地)、500～1 000 m(中起伏山地)、1 000～2 500 m(大起伏山地)、和≥2 500 m(极大起伏山地)七级。

明显看出，在利用 1∶25 万 DEM 来计算新疆地势起伏度时，平原所占比例为 36.00%，台地次之为 20.28%，大起伏山地和极大起伏山地为最小，总共面积约占研究区的 1%，而丘陵与台体、小起伏山地所占比例相当。从得出的结果可以发现平原面积占研究区 1/3 有余，平原、台地和丘陵总共占研究区的 73.76%，大起伏山地和极大起伏山地面积虽占比例很小，但研究区海拔高达 6 690 m，这说明研究区新疆海拔比较高，局部地势起伏度较大，总体上地形比较平缓，多为起伏不大的平原、台地和丘陵。

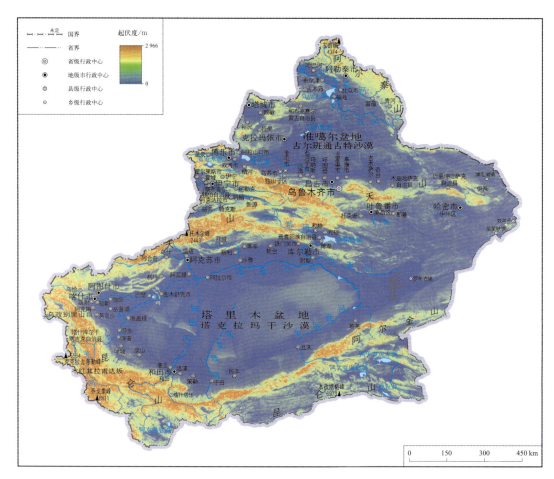

图 12.7　研究区起伏度图

参照起伏度对农业生产的影响，结合数字地貌类型数据，将中起伏、大起伏、极大起伏山地区合并，从而把起伏度分为五个级别，即平原、台地、丘陵、小起伏山地和其他山地(图 12.8)。

根据各等级起伏度对农业的适宜程度，将其依次赋值如下：平原区的农业生产适宜度最高，赋值为 1；台地区，土地的农业适宜度次高，赋值为 2；丘陵区，主要分布于准噶尔盆地和塔里木盆地两大沙漠区，若用于农业生产，适宜度较差，可赋值为 3；小起伏山地区，不太适宜耕种，但是若在降雨相对丰富的地区，在黄土覆盖地区的小起伏山地，靠本区降雨可满足农业灌溉，赋值为 4；而其他山地区，最不适宜农耕，应将此区域置于后备耕地考虑范围之外(图 12.9)。

第 12 章 新疆耕地后备资源潜力评价与分析

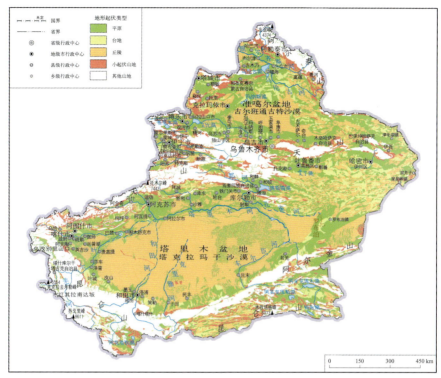

图 12.8 地形起伏分类图

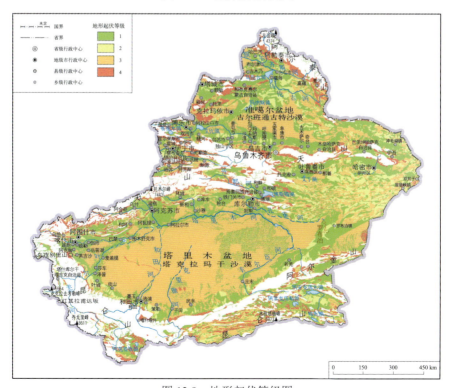

图 12.9 地形起伏等级图

(3) 坡度

坡度是局部的地表坡面在空间的倾斜程度，它的大小直接影响着地表物质流动和能量转换的规模与强度。利用 ArcGIS 软件的地学分析功能对 DEM 数据进行坡度分析（汤国安和宋佳，2006），得到坡度图（图 12.10）。数据显示，新疆省坡度范围在 0°～83.3°，阿尔泰山地、天山南北坡山区以及昆仑山区尤其陡峻，其他广大区域较为平缓。而除了准噶尔和塔里木两大盆地外，明显可以看出塔城盆地、伊犁谷地以及吐鲁番哈密地区也是较为平坦，适宜耕种。

地表形态中可以将平原分为平坦的、倾斜的、起伏的，山地坡面分为平缓坡、缓坡、陡坡和极陡坡等。根据农业耕种的需要，主要以 7° 为界，坡度在 7° 以下的较适宜耕种，在 7° 以上的较不适宜。在此界限之下又细化为五个等级，<2°、2°～7°、7°～15°、15°～25° 和 ≥25°。根据起伏度各个分级用于农业的适宜程度，将其赋值如下。

坡度 <2° 的区域极大，其农业生产适宜度最高，赋值为 1；坡度在 2°～7° 的地区，也十分适用于农业生产，赋值为 2；坡度在 7°～15° 的地区，若用于农业生产，适宜度较差，应赋值为 4；坡度在 15°～25° 的地区，若用于农业生产，适宜度更差，不太适宜耕种，赋值为 5；坡度在 ≥25° 的地区，极不适宜农耕，应将此区域置于后备耕地考虑范围之外。其分布如图 12.11 显示。

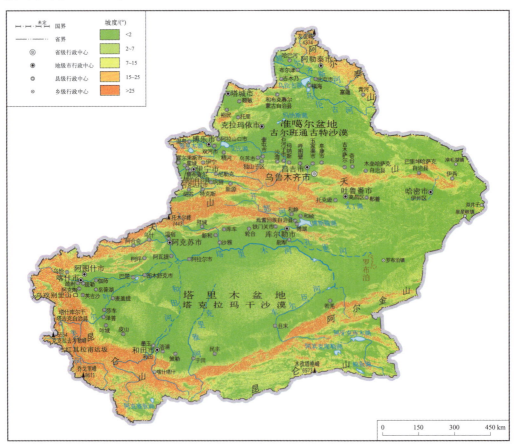

图 12.10 坡度分级图

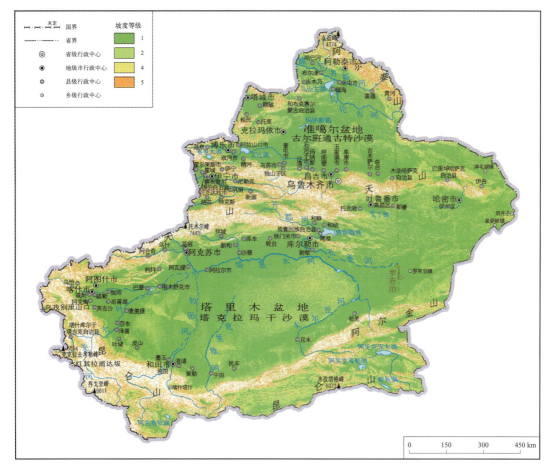

图 12.11　坡度等级图

(4) 坡向

坡向是局部的地表坡面在空间的倾斜方向,其决定了地表接收和重新分配太阳辐射的状况。利用 ArcGIS 软件的地学分析功能对新疆 DEM 数据进行坡向分析,得到坡向图。坡向因素对于农业利用主要体现在向阳向阴的坡面利用,将坡面方向按阳坡(南方向)、半阳坡(东南和西南方向)、半阴坡(东北和西北方向)和阴坡(北方向)划分为四个等级,同时将平地划分入阳坡等级内(图 12.12)。根据坡向在农业适宜程度上的优劣,将其依次赋值如下:阳坡的地区,赋值为 1;半阳坡的地区,赋值为 2;半阴坡的地区,赋值为 3;阴坡的地区,赋值为 4。其分布如图 12.13 显示。

(5) 地形因素综合评价

按照重要性原则对地形指标进行赋值,考虑指标的重要性和专家评判,所得权重配比。确定四项地形因子的权重分别为

$$W_{海拔}=0.4;\ W_{起伏度}=0.3;\ W_{坡度}=0.25;\ W_{坡向}=0.05$$

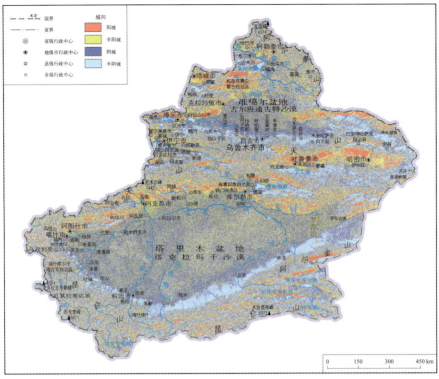

图 12.12　坡向分级图

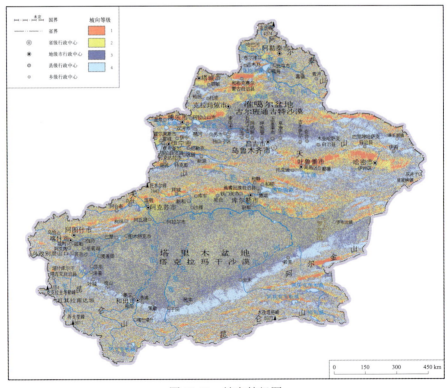

图 12.13　坡向等级图

利用指数和法计算在地形地貌因素下耕地适宜性评价综合指标值。计算结果，地形要素叠加后所得耕地后备资源的格局分布(图 12.14)。

2) 气候指标

(1) ≥10℃积温

将全国多年平均≥10 ℃积温 500 m×500 m 栅格数据按新疆边界裁切，再按 100 m×100 m 重新划分栅格单元，得到新疆≥10℃积温数据。并参照《新疆维吾尔自治区地图集》，将≥10 ℃积温图数字化，得到积温分级，即 1 500～2 500 ℃、2 500～3 500 ℃、3 500～4 500 ℃和>4 500 ℃。再利用地形因素裁切完全不可用于农业的土地(图 12.15)。

图 12.16 显示，境内最高积温主要集中在吐鲁番盆地，其次塔里木盆地和巴里坤伊吾地区热量也十分充足，而在伊犁谷地北部和古尔班通古特沙漠西部地区的气温也较为适宜耕种。根据≥10 ℃积温对各个分级适用于农业的程度，将其赋值如下：

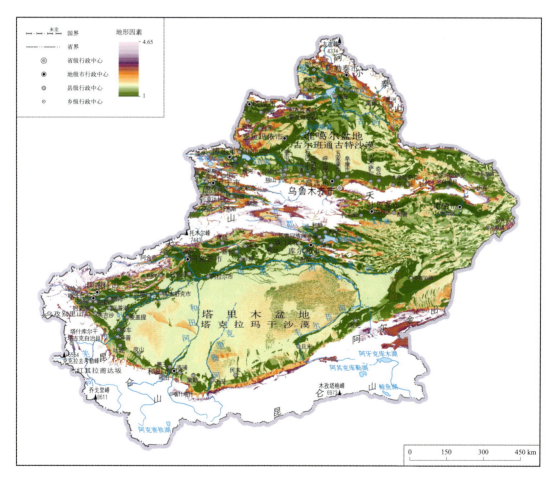

图 12.14　地形因素叠加图

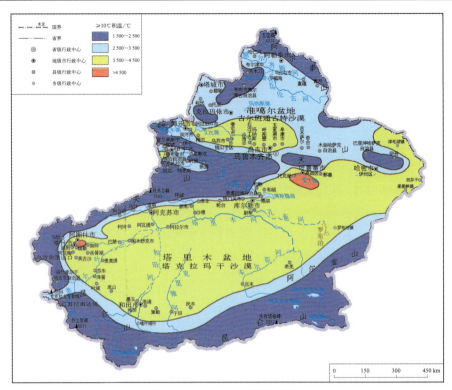

图 12.15 ≥10℃积温分类图

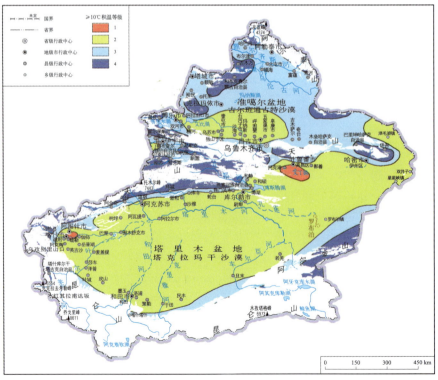

图 12.16 ≥10℃积温等级图

积温在>4 500 ℃的区域,其农业生产适宜度最高,赋值为 1;积温在 3 500~4 500 ℃的地区,也十分适用于农业生产,赋值为 2;积温在 2 500~3 500 ℃的地区,赋值为 3;积温在 1 500~2 500 ℃的地区,赋值为 4。其分布如图 12.16 所示。

由图 12.16 可知,新疆各地区的≥10℃积温,以吐鲁番盆地最为丰富。其次为塔里木盆地和东疆的南、北戈壁以及北疆准噶尔盆地西南部的阿拉山口、精河、克拉玛依、乌苏和莫索湾等地。而天山北麓平原其他地区、伊犁-博乐河谷以及天山南坡的焉耆-拜城山间盆地的≥10 ℃积温,约在 2 500~3 500 ℃。

(2) 干燥度

干燥度指数在此特指气候干燥度,在地理学和生态学研究中长期应用,是表征一个地区干湿程度的指标(孟猛等,2004);谢良尼诺夫在 1937 年提出一经验公式,利用温度与降水量计算干燥度,被称为 Selianinov 干燥度;原公式中的经验系数为 0.10,我国科学家根据我国的实际情况经过大量推算,将 0.10 改为 0.16(中国科学院自然区划工作委员会,1959)。修正的谢良尼诺夫公式为

$$K = 0.16 \frac{\text{全年} \geq 10℃ \text{的积温}}{\text{全年} \geq 10℃ \text{期间的降水量}}$$

式中,K 为干燥度。

我国的气候分类与区划把干燥度≥4.0 以上的地区划为干旱区。本研究利用我国干旱区年平均干燥度分布图等资料,再参照《中国自然地图集》,由全国多年平均干燥度数据得到新疆干燥度分布图(图 12.17),其干燥度分成五级,即<2、2~3、3~4、4~10 和>10。

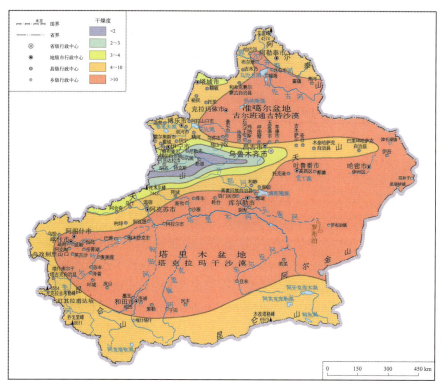

图 12.17 干燥度分类图

利用地形因素裁切，去掉地形因素叠加下的完全不可用于农业的土地。并根据干燥度各个分级适用于农业的程度，将其依次赋值如下：

干燥度<2 的地区，是新疆最为湿润的区域，其农业生产适宜度最高，赋值为 1；干燥度在 2~3 的地区，也十分适用于农业生产，赋值为 2；干燥度在 3~4 的地区，赋值为 3；干燥度在 4~10 的地区，赋值为 4；干燥度>10 的地区，为极度干旱区域，赋值为 5，其分布如图 12.18 显示。

从图 12.18 中可以看出，新疆年干燥度等值线 4 大致以天山山地为界，南疆塔里木盆地十分干旱，北疆地区干燥度较小，东疆淖毛湖、巴里坤三糖湖是新疆最干旱的地区。而全疆属于湿润的地区在伊犁河谷，其中巩留县、察布查尔县和巴音布鲁克县，干燥度最低，最为湿润。

(3) 气候因素综合评价

按照重要性原则对气候指标进行赋值，考虑指标的重要性和专家评判，所得权重配比。确定两项气候因子的权重分别为

$$W_{积温}=0.6；W_{干燥度}=0.4$$

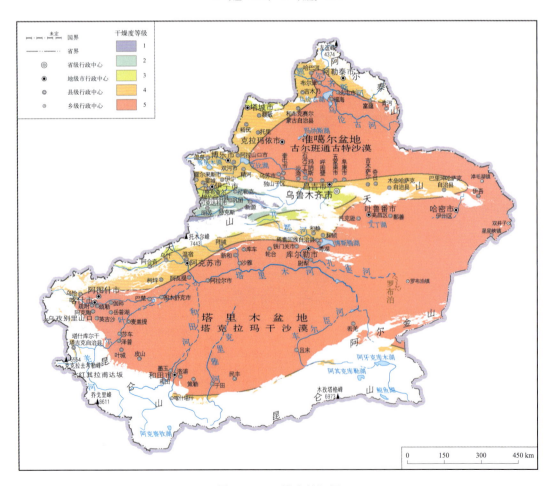

图 12.18　干燥度等级图

利用指数和法计算在气候因素下耕地适宜性评价综合指标值。计算结果,气候要素叠加后所得耕地后备资源的格局分布(图 12.19)。

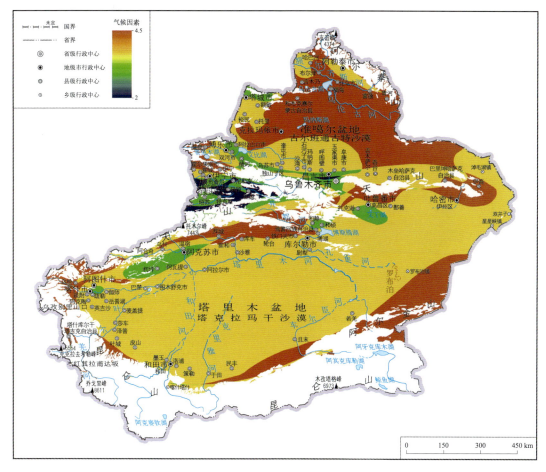

图 12.19　气候因素叠加图

3) 土壤指标

(1) 土壤厚度

全国 1：100 万土壤类型数据中提取新疆省剖面厚度。根据农业耕种的需要,主要以 30 cm 为界,土壤厚度在 30 cm 以上的较适宜耕种,在 30 cm 以下的较不适宜。结合外业调查,研究在此界限之下又细化为五个等级：>100 cm、100～70 cm、70～30 cm、30～20 cm 和<20 cm(图 12.20)。

结合地貌数据完善分类,再利用地形因素裁切,去掉地形因素叠加下的完全不可用于农业的土地。将此五个等级按照厚度大小依次赋值为 1、2、3、4、5。其分布如图 12.21 显示。

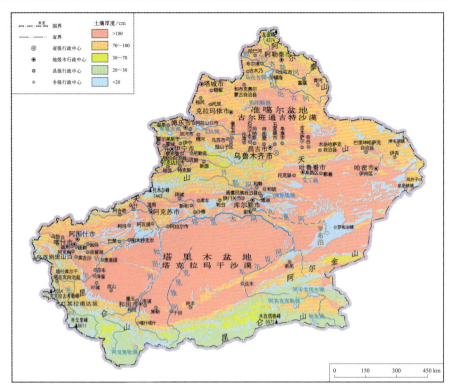

图 12.20　土壤厚度分类图

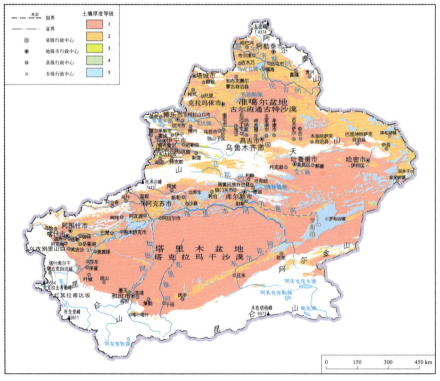

图 12.21　土壤厚度等级图

(2) 土壤种类

新疆 1∶100 万土壤类型数据中,新疆土壤种类大致分为人为土、水成土、半水成土、漠土、钙层土、干旱土、初育土、高山土 11 种。其中,平原土壤中的人为土、水成土和半水成土最适宜耕种;漠土、钙层土和干旱土其次;半淋溶土、淋溶土和盐碱土经改良可以使用;初育土、高山土最不适宜;而其他地区多为城区、岩石、水域、沙洲、冰川雪被和西北盐壳等,不能用作农业用地。按照耕种农作物的适宜程度将其分成五个等级(图 12.22)。

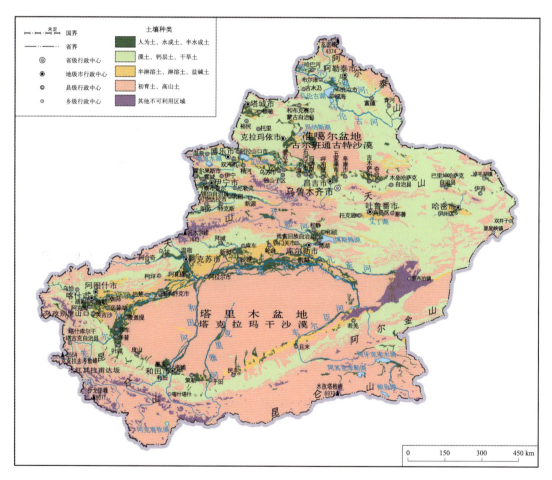

图 12.22 土壤种类分类图

利用地形因素裁切,去掉地形因素叠加下的完全不可用于农业的土地。并根据不同土壤种类适用于农业的程度,将其依次赋值如下。

平原土壤中,人为土、水成土和半水成土的地区最适宜耕种,赋值为 1;平原土壤中,漠土、钙层土和干旱土的地区,如果水资源充沛也十分适用于农业生产,赋值为 2;干旱土降低等级,可考虑到 4 级。平原土壤中,半淋溶土、淋溶土和盐碱土地区经改良可以使用,赋值为 3;平原土壤中,初育土、高山土不太适宜耕种,赋值为 4;平原土壤其他地区以及山地土壤区，多为城区、岩石、水域、沙洲、冰川雪被和西北盐壳等，不适宜用作农业用地，赋值为5；其分布如图12.23所示。

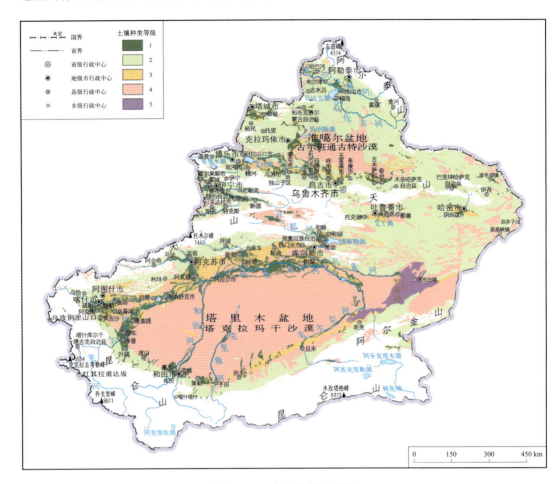

图12.23 土壤种类等级图

(3) 土壤盐渍化程度

新疆位于我国西部内陆，盐碱土地在南北疆均有广泛的分布。受干旱气候和封闭内陆盆地的影响，新疆盐碱土地具有面积大、类型多、积盐重、形成复杂等特点。新疆盐碱土总面积 $8.476\times10^6 hm^2$，现有耕地中31.1%的面积受到盐碱危害(Giles and Franklin, 1998)。根据土地利用数据，提取出灌区盐渍化等级分布(图12.24)。可以看出，新疆耕地大部分处在冲洪积扇扇缘以下及干三角洲地带。

在未利用土地数据中，将其按盐渍化程度由重到轻划分为五个等级，其中盐滩最为严重，其次是湖积成因的盐碱地，冲积成因的土地，冲积洪积成因的土地，以及洪积成因的未利用土地(图12.25)。由于盐滩根本不能耕种，故将其删除。然后将剩下的四个等级分别赋值为5、4、3、2，其等级分布如图12.26所示。

第 12 章 新疆耕地后备资源潜力评价与分析

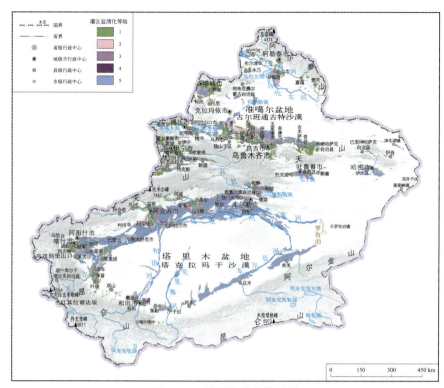

图 12.24 灌区盐渍化等级图

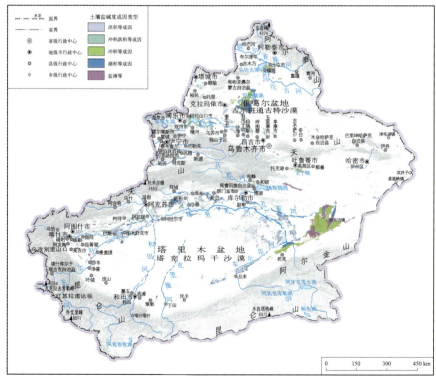

图 12.25 未利用地土壤盐碱度成因图

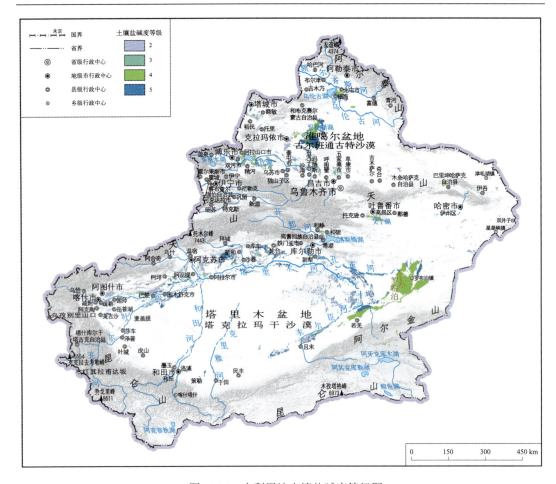

图 12.26 未利用地土壤盐碱度等级图

新疆土壤盐碱化特征与区域分布情况为：南疆的盐渍化程度要重于北疆，而且盐渍化土地主要分布在洪积扇的中下部、河流中下游、地势平缓低洼等区域。

(4) 土壤因素综合评价

按照重要性原则对土壤指标进行赋值，考虑指标的重要性和专家评判，所得权重配比。确定三项土壤因子的权重分别为：

$$W_{土壤厚度}=0.4；W_{土壤种类}=0.4；W_{盐碱度}=0.2$$

利用指数和法计算在土壤因素下耕地适宜性评价综合指标值。计算结果，土壤要素叠加后所得耕地后备资源的格局分布(图 12.27)。

4) 极端干旱环境指标

研究区独特的沙漠风貌使其极端干旱环境也成为了一项重要评价指标。本研究根据土地利用数据和风成地貌数据，提取研究区沙漠与戈壁的分布范围。未利用地的非沙漠分布区是适宜耕种的，赋适宜等级为 1；沙漠区的固定平沙地，由于其相对固定性，是可以用来耕种的，赋适宜等级为 3；固定缓起伏沙滩和草灌丛沙滩，适宜度稍差一些，赋值为 4；半固定平沙地、缓起伏沙滩和草灌丛沙滩，适宜度更加不好，但若水资源足够供给并采取一些措施，也可以用来耕种，赋值为 5。

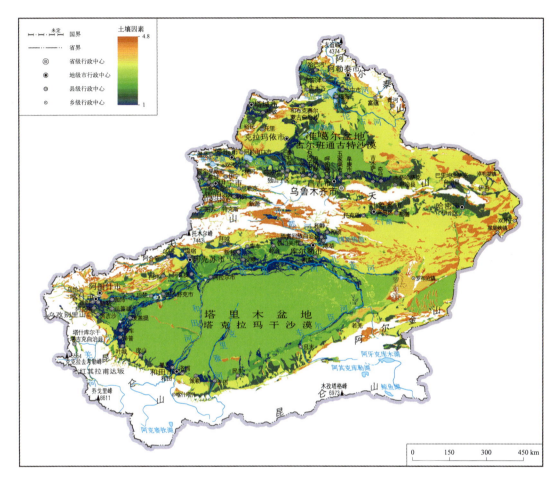

图 12.27　土壤因素叠加结果

图 12.28、图 12.29 分别显示了极端干旱环境指标下的特殊沙漠风貌的分类和等级。

3. 适宜性评价指标模型构建

(1)指标模型构建方法

耕地后备资源潜力评价分析的方法有很多种，指标模型是其中一种。本研究着重从土地适宜耕种的环境和机理，通过对影响农业耕作发展的各种因子的分析，结合特尔菲法、层次分析法以及主成分分析法来赋予每种指标一定的权重，借助指标模型进行综合，以求得等级分布数量及格局。

$$P_{(后备耕地适宜度)} = f(地形因素, 气候因素, 土壤因素, 极端干旱环境因素)$$

式中，函数中各指标因素又有其各自的相关因子进行各项指标值计算。

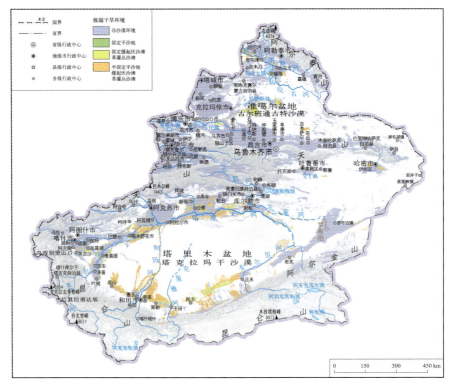

图 12.28　极端干旱环境指标分类图

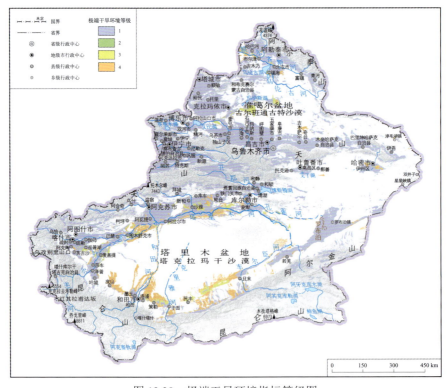

图 12.29　极端干旱环境指标等级图

从而适宜性评价指标模型构建如图 12.30 所示。

(2) 多因素综合评价指标值计算

建立多因素评价指标模型，充分考量地形、气候、土壤、极端干旱环境四方面的适宜性因素，综合确定这些因素的下一层次因子(包括海拔高度、起伏度、坡度、坡向、≥10℃积温、干燥度、土壤厚度、种类、盐渍化程度等)的权重配比，进行宜耕土地资源的适宜性提取。其多因素评价指标模型(图 12.31)。经由经验法、实验法和统计法进行阈值划定后，得出指标值计算分析结果如表 12.1 所示。

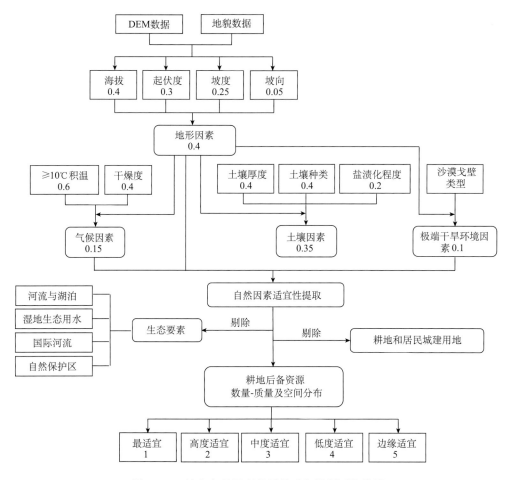

图 12.30 综合多种要素的耕地后备资源评价模型

表 12.1 适宜性要素提取结果

项目	宜耕土地资源					非宜耕土地资源
等级	1	2	3	4	5	—
适宜度	最适宜	高度适宜	中度适宜	低度适宜	边缘适宜	完全不适宜
面积/亿亩	1.21	1.00	0.58	0.48	0.46	21.23
百分比/%	32.40	26.80	15.50	12.90	12.30	

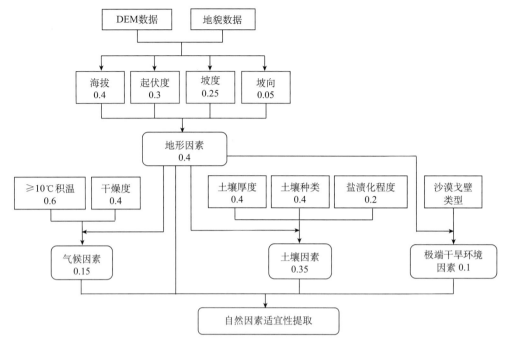

图 12.31　基于多因素评价耕地后备资源的指标权重赋值

经适宜性多因素提取，在整个新疆土地资源中适宜耕种的土地面积约为 3.73 亿亩，占总面积的 14.94%。各等级分布格局见图 12.32。

(3) 单因素综合评价指标值计算

地貌是指地表形态的高低起伏和外貌，是构成土地类型的最重要因素。它通过地势高度、坡度、坡向、坡型、地表组成物质和现代地貌过程等影响着农业生产、作物布局和土地利用类型。

各种地貌都有其特定的平面几何形态和立体几何形态，具有独特的物质结构、轮廓、规模和空间分布。地貌在其成因历史和发展演变方向上，也具有独特的规律性，而气候、土壤、生物界等自然因子，也都随之进行相应地变迁，从而构成整个自然体系。因此，建立地貌因素的单因素综合评价模型十分必要。

本研究采用比较单因素评价模型，系统地引入模糊数学方法，建立了各评价因素的隶属度函数。计算隶属度值，用隶属度值作为评分值来表示各项因素在土地系统中的状态。根据各评价因子对作物产量的效应曲线将隶属度函数分为"S"型隶属函数和抛物型隶属函数两种类型，并将曲线型函数转化为相应的折线型函数以便于计算，将"S"型曲线近似为升半梯形分布，将抛物型曲线近似为梯形分布(邬伦，2001)。

本研究针对地貌因素的独特之处，根据数字地貌数据进行耕地后备资源的评价等级分析，从而更好地验证多因素综合评价方法的优劣、指标权重的质量以及适宜性级别的划分。研究区囊括了除海成地貌外的全部地貌类型(程维明等，2009；杨发相，2011)，其中流水地貌、湖成地貌、黄土地貌和少量风成地貌等是适宜作为耕地后备资源的。各等级分类提取的技术路线图见图 12.33。

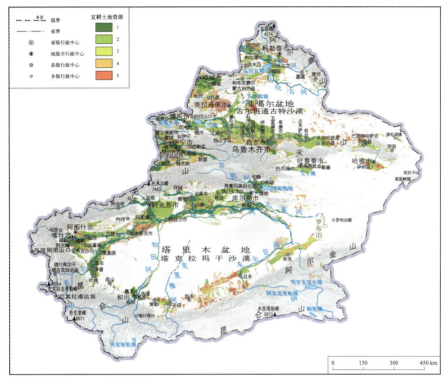

图 12.32　适宜性要素提取结果图

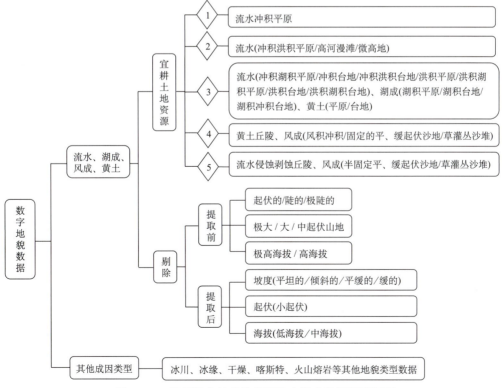

图 12.33　基于数字地貌数据提取宜耕土地资源等级图

指标值计算分析结果如表 12.2 所示。

表 12.2 基于数字地貌数据提取结果

项目	宜耕土地资源					非宜耕土地资源
等级	1	2	3	4	5	—
适宜度	最适宜	高度适宜	中度适宜	低度适宜	边缘适宜	完全不适宜
面积/亿亩	1.28	1.46	0.55	0.59	0.60	20.48
百分比/%	28.60	32.60	12.30	13.10	13.40	

经数字地貌数据类别提取，在整个新疆土地资源中适宜耕种的面积约 4.48 亿亩[①]，占总面积的 17.94%。各等级分布格局如图 12.34 所示。

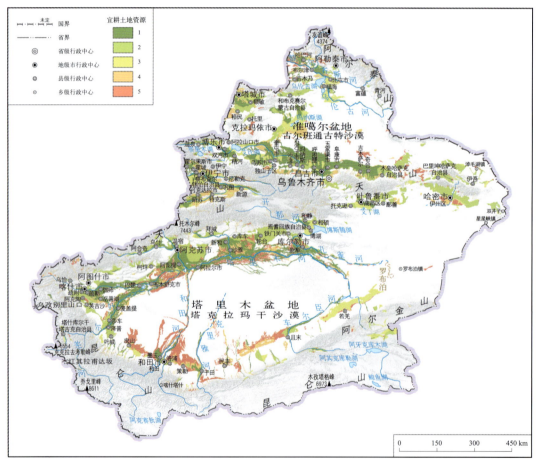

图 12.34 基于地貌数据提取的结果图

(4) 指标模型运算结果

根据 2012 年遥感影像的土地利用资料，本研究应用地理信息系统软件 ArcGIS 9.3

---

① 1 亩 ≈ 666.7 m^2，下同

和遥感解译软件 ERDAS IMAGE，分类整合相关信息，提取出新疆耕地、居民城建用地以及生态用地的分布格局(图 12.35)。

提取结果表明，新疆 7.56 万 km² 的绿洲区域中 92.2%为耕地，其余为居民城建用地。其近 1 亿亩的耕地面积中，平原地区分布最为广泛，其中 96.6%为平原旱地；其次还有丘陵旱地以及少量的山地旱地和平原水田。

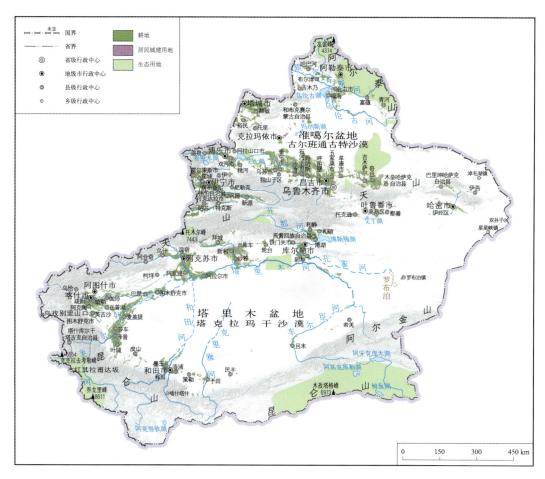

图 12.35　耕地、居民城建用地和生态用地的分布

研究显示，新疆耕地资源呈环状、带状和点状分布。环状分布体现在准噶尔盆地边缘和塔里木盆地边缘；条带状主要依水系分布，如位于冲积扇上部的石河子、和田和阿尔泰地区，扇缘泉水溢出带的乌鲁木齐、库尔勒，塔里木河和叶尔羌河的冲积平原区以及属于河谷平原的伊宁-博乐、塔城-额敏地区；而哈密、吐鲁番、伊吾-巴里坤地区被沙漠戈壁所包围，显现出少量耕地呈零星点状分布。

遵照耕地后备资源评价模型(图 12.30、图 12.31)，在自然因素适宜性提取结果中剔除耕地、居民城建用地以及生态用地后得到研究区的耕地后备资源分布(图 12.36)。

4. 适宜性评价结果与分析

(1) 数量评价

通过建立多因素综合评价指标模型和单因素评价指标模型，计算出适宜性多要素综合结果(表12.3)与基于数字地貌地貌数据分析的结果(表12.4)。

表 12.3 适宜性多要素分析结果　　　　　　　　(单位：亿亩)

等级	1	2	3	4	5	总面积
适宜度	最适宜	高度适宜	中度适宜	低度适宜	边缘适宜	—
宜耕土地	1.214	0.999	0.578	0.482	0.456	3.728
现有耕地	0.692	0.142	0.116	0.071	0.009	1.032
后备耕地	0.522	0.857	0.421	0.409	0.442	2.651

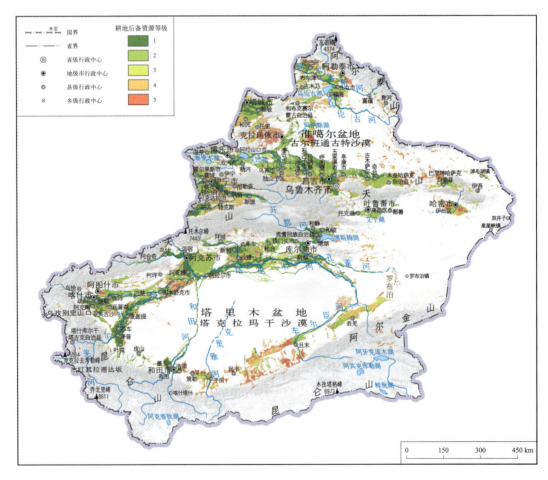

图 12.36　耕地后备资源格局分布图

第 12 章 新疆耕地后备资源潜力评价与分析

表 12.4 基于数字地貌数据分析的后备耕地等级 （单位：亿亩）

等级	1	2	3	4	5	总面积
适宜度	最适宜	高度适宜	中度适宜	低度适宜	边缘适宜	—
宜耕土地	1.566	1.172	0.555	0.587	0.605	4.485
现有耕地	0.619	0.280	0.076	0.033	0.009	1.017
后备耕地	0.947	0.882	0.449	0.554	0.596	3.428

比对分析后发现，两种方法的提取结果在总面积上比较相符，并且划分成的五个适宜等级下的宜耕土地资源量也十分的相似(图 12.37、图 12.38)。因此，利用所建立的适宜性指标模型所得到的新疆宜耕土地资源量是比较准确和可信的，其总面积约为 3.73 亿亩，其中第一等级最适宜耕种的土地资源约为 1.21 亿亩，占总量的 32.4%。

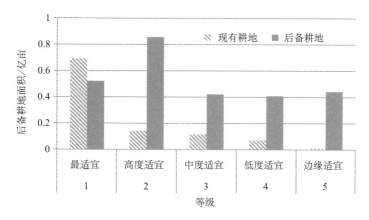

图 12.37 适宜性多要素综合结果

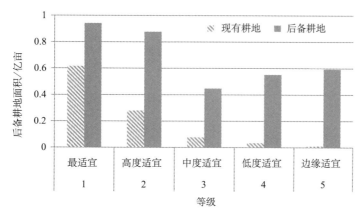

图 12.38 基于数字地貌数据分析结果

(2) 质量评价

可以看出，1.046 亿亩的现有耕地资源中，99.3%被适宜性综合评价指标模型算得的宜耕土地资源所覆盖，准确度极高。其中，最适宜、高度适宜和中度适宜级别的覆盖量最多，这符合了耕地和绿洲的发展规律，同时也验证了适宜性评价体系和多因素指标模型方法的正确性。由于多因素提取结果比单因素提取结果覆被的现有耕地面积更大范围更广，也相应地说明了适宜性指标综合评价在某些方面要比单纯的地貌数据指标评价更为精准。

单因素和多因素的指标模型计算出的宜耕土地资源各等级量和耕地后备资源各等级量数据曲线均呈现出较令人满意的一致性，图 12.39、图 12.40 直观地显示了两方面数据的耦合程度，充分说明了建立的适宜性综合评价指标模型合理、有效及可靠。在宜耕土地资源的基础上，除去被覆盖的现有耕地资源，剩下能用作战略储备的新疆耕地后备资源适宜总量有 2.651 亿亩，其中最适宜利用开发的耕地后备资源量为 0.522 亿亩，占总量的 19.6%。第二等级的耕地后备资源储量较为丰厚，约为 0.857 亿亩，占总量的 32.3%。

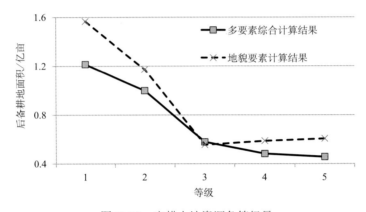

图 12.39　宜耕土地资源各等级量

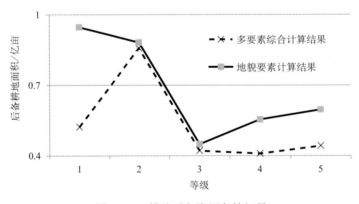

图 12.40　耕地后备资源各等级量

(3) 空间格局分析

在前面的耕地现状研究中显示，新疆耕地资源呈环状、带状和点状分布；在耕地后备资源潜力的研究评价中，明显地体现了环、带、点状分布特点（图 12.35）。

结合五类适宜等级综合指标评价结果，研究发现，其中最适宜用作耕地的后备资源主要集中在塔里木盆地北缘天山北麓、塔城额敏盆地和少部分阿尔泰地区；叶尔羌河和阿克苏流域以及伊犁河谷等地区分布着第二等级适宜度的部分后备资源；在塔里木盆地南缘与昆仑山北麓接壤的地区、古尔班通古特沙漠西部地区和哈密地区等分布着相当一部分的第三、第四、第五等级适宜度耕地后备资源，但是由于适宜度不高、水资源匮乏、或者灌溉技术不完善等原因的制约，这些地区的开发利用不太容易得以实现。

12.4 新疆耕地后备资源水土平衡分析

新疆整体上已属于资源性缺水地区，水资源开发和利用也成为了新疆可持续发展急需解决的最敏感的问题。为更好地实行新疆水土资源平衡分析，采用流域分区的方式，基于2012年水资源公报中的水文数据和2012年遥感影像的土地利用资料，借助GIS数据处理软件，利用空间分析模型和地统计学方法，对新疆水资源利用、耕地开发现状以及后备耕地资源量进行了定性和定量的分析计算，得到30个流域的水土平衡指数及其具体开发剩余量，从而科学地确定耕地后备资源开发的适宜程度和开发时序。

1. 水土平衡分析的重要性

水是农业的命脉。影响我国农业布局、产量提高的往往并不一定是生长季的热量不足，而是受了水分条件的限制。目前我国耕地面积中，约有1/3地区，常常受着水旱灾害的威胁。干旱地区水资源的合理开发与国土整治和规划密切相关。

新疆属于典型大陆性干旱和半干旱气候区。由于四周远离海洋和高山、高原的环绕阻隔，使境内的降水量少且分布不均。山区截获较多水汽，降水比较丰富，相应植被发育较好；平原区降水少，且由东南向西北逐渐递减，到盆地中心只有几十毫米，形成植被非常稀疏的沙漠和戈壁；而源于山区的径流注入盆地，沿盆地四周形成干旱区人类赖以生存的绿洲。虽然土地辽阔，光照丰富，但在气候干旱，降水稀少，蒸发强烈等自然环境以及人为过度开发等社会环境的制约下，新疆的植被愈发稀疏，生态愈发脆弱，经济发展与生态环境的供需水矛盾也愈发剧烈；其中塔里木河下游水资源供需矛盾极为突出，生态环境恶化程度极其严重。新疆整体上已属于资源性缺水（杨利普，1987b；周宏飞和张捷斌，2005；程维明，2001），因此水资源的开发和利用也成为新疆可持续发展急需解决的最敏感的问题。

近年来，许多学者也从不同角度对新疆水土问题进行了研究。张捷斌（2001）总结和分析了新疆水资源利用中的问题，提出了新疆水资源可持续利用的战略对策；张志新等（2000）在新疆水资源可利用量及发展潜力方面进行了深入研究；刘诚明（1999）对新疆平原区水均衡现状及地下水可利用资源做出了分析评估；阿不都克依木·阿布力孜等（2007）为绿洲水土资源合理开发利用提供依据；陈隆亨（1987）研究了水土资源合理利用问题；"新疆环境保护"中提出对伊犁地区进行了水土平衡计算并对其土地开发做出了远景预测；刘新平等分析了新疆耕地资源态势并提出了相关对策建议（刘新平等，2008）。

新疆的土地利用受到严重的水资源限制以及风沙作用、土壤瘠薄、土壤盐渍化等因素的制约，全区中低产田比例较高，弃耕现象严重（相保成，2006；张秋良等，2002），生态环境趋于恶化。众所周知，耕地资源是土地资源中的精华，一定的耕地保有量是人类生存所必需的基本条件。加上该地区农业的重要性。因此，有针对性地进行新疆耕地开发与水资源的平衡状态分析，对高效利用和合理调配资源，为水土动态平衡与调控，实现耕地资源的可持续利用(张红丽等，2004；蔡安乐，1994)，以及协调好水土保护与经济发展之间的关系有着重要意义。

2. 水资源分区

水资源分区是在一个时期内相对固定并带有一定强制性的分区模式，有利于在一个相当长的时期内各项水利规划都采用统一的基本资料，也有利于不同时期成果的参照与比较。水资源分区是水资源研究的基础性工作。以往的对新疆地区的水资源分析研究，都是按照行政区划，从地区、市、县等地域将新疆划分为几十个大区域，这样的分法并不依顺着河流的走向，产生的结果有些模棱两可，一些地区的分歧也较为明显，这样便不能较科学地体现新疆各地域的水资源可利用量和水资源分布规律，失去了对大力发展新疆农业和经济、兴修水利、引水工程、节水工程以及生态保护等众多方面指导的现实意义。

参照 1980 年以来制定的水资源评价分区和水资源利用分区，此次研究，采用了更为严谨、准确的水资源分区方法，根据水资源的自然、社会和经济属性，按照开发、利用、治理、配置、节约、保护要求，重点将流域水系与行政区划有机结合起来进行分区，保证了新疆各流域水系的完整性与组合性，满足了水资源评价和研究的需要。按照流域水资源分区进行的水土平衡分析研究，能够指导区域经济发展与生态环境的协调，实现区域资源和经济的互补性，利于社会经济和生态的良性循环。

新疆的河流水系绝大部分处于西北诸河区，包括塔里木河等西北内陆河以及额尔齐斯河、伊犁河等国际河流中国境内部分；只有藏西诸河流域的奇普恰普诸小河处于西南诸河区。西北诸河区又分为 11 个二级区，25 个三级小区，其二级区包括阿尔泰山南麓诸河、天山北麓诸河、中亚西亚内陆河区、古尔班通古特荒漠区、吐哈盆地小河、塔里木河源、塔里木河干流、塔里木盆地荒漠区、昆仑山北麓小河、柴达木盆地以及羌塘高原内陆区。三级小区中，将新疆地区整体划分为 26 个小流域(表 12.5)。

表 12.5 新疆维吾尔自治区水资源分区

水资源分区			编码	总面积 /km^2	其中：平原区面积 /km^2
一级区	二级区	三级区			
西南诸河			J000000	4 516	0
	藏西诸河		J060000	4 516	0
		奇普恰普诸小河	J060100	4 516	0
西北诸河			K000000	1 639 213	942 425
	柴达木盆地		K040000	17 365	0
		柴达木盆地西部	K040200	17 365	0

续表

水资源分区			编码	总面积/km²	其中：平原区面积/km²
一级区	二级区	三级区			
西北诸河	吐哈盆地小河		K050000	133 598	79 877
		巴伊盆地	K050100	56 522	33 201
		哈密盆地	K050200	40 677	24 765
		吐鲁番盆地	K050300	36 399	21 911
	阿尔泰山南麓诸河		K060000	81 792	35 050
		额尔齐斯河流域	K060100	48 782	15 285
		乌伦古河	K060200	25 355	15 436
		吉木乃诸小河	K060300	7 656	4 329
	中亚西亚内陆河区		K070000	77 759	22 223
		额敏河流域	K070100	20 806	9 135
		伊犁河流域	K070200	56 953	13 088
	古尔班通古特荒漠区		K080000	85 134	85 134
		古尔班通古特荒漠区	K080100	85 134	85 134
	天山北麓诸河		K090000	148 951	72 234
		天山北麓东段	K090100	17 707	11 714
		天山北麓中段	K090200	81 432	39 991
		艾比湖水系	K090300	49 812	20 529
	塔里木河源		K100000	429 363	172 074
		和田河流域	K100100	77 199	28 610
		叶尔羌河流域	K100200	84 426	25 857
		喀什噶尔河流域	K100300	75 542	23 018
		阿克苏河流域	K100400	48 827	20 223
		渭干河流域	K100500	38 163	17 860
		开孔河流域	K100600	105 205	56 506
	昆仑山北麓小河		K110000	196 568	99 199
		克里亚河诸小河	K110100	66 355	40 462
		车尔臣河诸小河	K110200	130 213	58 737
	塔里木河干流		K12000	31 606	31 606
		塔里木河干流区	K120100	31 606	31 606
	塔里木盆地荒漠区		K130000	345 028	345 028
		塔克拉玛干沙漠	K130100	214 887	214 887
		库木塔格荒漠区	K130200	130 142	130 141
	羌塘高原内陆区		K140000	92 049	0
		羌塘高原区	K140100	92 049	0
全疆				1 643 729	942 425

结合新疆区域特征，对天山北麓、塔里木河源等地区进行流域细化，从而得到 30 个小流域的新疆水资源分区（表 12.6）。各流域的分布状况如图 12.41 所示。

表 12.6 细化后的新疆水资源流域分区及编号

区号	流域	区号	流域	区号	流域
1	额尔齐斯河流域西段	11	天山北麓东段	21	叶尔羌河流域
2	额尔齐斯河流域东段	12	古尔班通古特沙漠区	22	和田河流域
3	吉木乃诸小河	13	巴里坤-伊吾盆地	23	塔里木河干流区
4	乌伦古河水系	14	哈密盆地	24	塔克拉玛干沙漠
5	额敏河流域	15	吐鲁番盆地	25	克里雅河诸小河
6	艾比湖水系	16	开都河-孔雀河流域	26	车尔臣河诸小河
7	伊犁河流域	17	迪那河流域	27	库木塔格荒漠区
8	和布克地域	18	渭干河流域	28	柴达木盆地西部区
9	玛纳斯河流域	19	阿克苏河流域	29	奇普恰普诸小河
10	乌鲁木齐河流域	20	喀什噶尔河流域	30	羌塘高原区

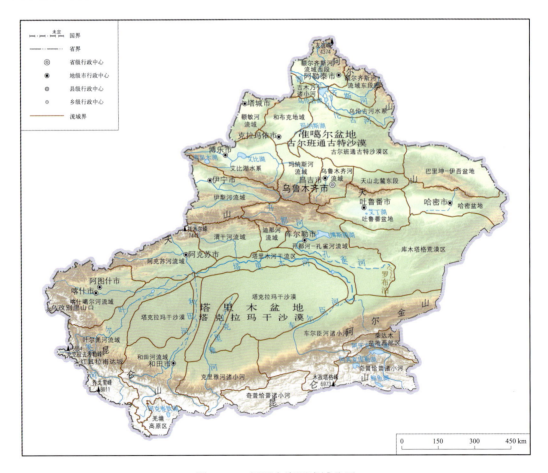

图 12.41 新疆水资源流域分区

3. 各流域水资源开发利用现状

《中国水资源公报》中认为，水资源总量指评价区内当地降水形成的地表、地下产水总量(不包括区外来水量)，由地表水资源量与地下水资源量相加、扣除两者之间互相转化的重复计算量而得。流经本区域、非本区域大气降水补给的地表与地下水量，称作过境水资源量或入境水资源量。当地水资源量和过境(或入境)水资源量都是本区域可以开发利用的水资源量。

1) 新疆地表水资源

从 1960 年中国科学院新疆综合考察队水文组(中国科学院新疆综合考察队，1966)估称的新疆地表水资源为 $852\times10^8 \text{ m}^3$ 开始，一直到 1999 年出版的《新疆河流水文水资源》的 $884\times10^8 \text{ m}^3$，各时期虽然数值不尽相同，但改值相差不大。2008 年新疆水资源公报中多年平均值为 $881.67\times10^8 \text{ m}^3$。分区基本上按流域划分，共 26 个区，依据《新疆河流水文水资源》的研究成果，参考了其他有关资料。全疆总计为 $876.7\times10^8 \text{ m}^3$，与以往数字相比稍有偏小。

2) 新疆地下水资源

迄今为止的研究表明，新疆山区的地下水基本上都补给了地表水，成为径流基流的组成部分。而平原地区的地下水 80%甚至更多是由地表水通过河道渗漏、渠系渗漏、田间渗漏和山系渗漏转化而成，降水入渗、山前侧渗，暴雨洪流补给总计约 20%左右。但目前比较公认的地下水资源量(不与地表水重复计算部分)为 $87.47\times10^8 \text{ m}^3$，仅占地表水资源量的 10%左右，而且渠系入渗量和田间补给量将随着渠系防渗和灌水技术的提高会有明显的减少，相当于灌溉面积的扩大，又会增加田间入渗补给量。但总的补给量会减少。当前，2008 年地下水供水量 $79.87\times10^8 \text{ m}^3$，其中农业为 $66.11\times10^8 \text{ m}^3$。

关于地下水可开采量，应该在全疆包括天然补给量 $87.47\times10^8 \text{ m}^3$ 的基础上，加上动用与地表水重复部分以及部分的超采。在对已有的可开采估算值分析后认为 $115.4\times10^8 \text{ m}^3$ 较为符合实际。各分区的地下水可利用量估算结果见表 12.7。

3) 水资源的可利用量

可利用量可以理解为在不造成水量持续减少、水质恶化及水环境变坏等不良后果的条件下，可供开发利用的水资源量；也可以理解为满足一定的生态保护标准下，现总水资源量中可以被当地净消耗于生产生活的那部分水资源量，这里必须强调一点，即有水权保证的情况(汤奇成等，1992)。因此，新疆在山区流到境外水量以及国际河流的部分水量不能计算在内。当然，新疆也有国外流入的水量。在可利用量的估算中，可将高山区的出境水量全部作为不可利用量，而平原区的出境假设量与现状出境水量的 50%，这样的处理比较合理。

关于地下水可利用量的计算，在没有更深入的分析研究前，暂以不与地表水资源量重复计算的地下水资源量为标准，即全疆的地下水可利用量为 $87.4\times10^8 \text{ m}^3$。分区的地下水可利用量(周宏飞,张捷斌,2005)见表12.7。至于可供水量则是指通过各种工程措施可提供的水资源量,已不在讨论的范围。在综合地表水和地下水的可利用量减去生态环境需水量之后,新疆总的可利用量为609.64亿 m^3(表12.7)。

表 12.7 新疆分区地表水资源、地下水可利用量及总可利用量 (单位:$10^8\ m^3$)

编号	分区名称	地表水资源量	地表水可利用量	地下水可利用量	可利用水量
1	额尔齐斯河西段	67.29	32.32	4.64	36.96
2	额尔齐斯河东段	42.79	20.55	2.95	23.50
3	吉木乃诸小河	1.34	1.10	0.07	1.17
4	乌伦古河水系	11.38	5.47	1.77	7.24
5	额敏河流域	20.12	9.68	4.90	14.58
6	艾比湖水系	40.19	22.43	6.27	28.70
7	伊犁河流域	167.10	80.28	18.20	98.48
8	和布克地域	3.92	3.12	0.66	3.78
9	玛纳斯河流域	40.54	32.17	6.85	39.02
10	乌鲁木齐河流域	9.05	7.18	1.53	8.71
11	天山北麓东段	9.87	7.50	1.68	9.18
12	古尔班通古特沙漠	0.09	0.00	0.00	0.00
13	巴里坤-伊吾盆地	5.75	2.60	0.83	3.43
14	哈密盆地	4.58	3.83	3.10	6.93
15	吐鲁番盆地	10.56	7.06	3.80	10.86
16	开都河-孔雀河东段	3.00	22.17	3.41	25.58
17	迪那河	5.22	2.69	0.42	3.11
18	渭干河流域	36.25	30.24	2.98	33.22
19	阿克苏河流域	100.50	55.76	5.94	61.70
20	喀什噶尔河流域	52.10	37.84	3.92	41.76
21	叶尔羌河流域	76.79	57.91	5.70	63.61
22	和田河流域	51.37	32.46	4.07	36.53
23	塔里木河干流区	0.00	10.63	0.00	10.63
24	塔克拉玛干沙漠	0.00	0.00	0.00	0.00
25	克里雅河诸小河	24.28	18.58	1.99	20.57
26	车尔臣河诸小河	21.30	16.54	1.72	18.26
27	库木塔格荒漠区	0.05	0.00	0.00	0.00
28	柴达木盆地西部	4.21	2.14	0.00	2.14
29	奇普恰普诸小河	4.47	0.00	0.00	0.00
30	羌塘高原区	22.82	0.00	0.00	0.00
	合计	878.93	522.24	87.40	609.64

以上水资源量的计算,一律采用多年平均值,(相当于 $P=50\%$),这是由于新疆河川年径流量的 C_V 值较小(汤奇成,1992),而且作为远景考虑,暂时采用多年平均值,不

4. 各流域土地利用和耕地开发现状

为更好地实行新疆水土资源平衡分析，本研究参照 2012 年遥感影像解译分析及实地考察得到的新疆土地利用数据，利用空间分析模型和地统计学方法，依照流域分区，配合水资源利用现状，精确计算得新疆现有耕地各流域分布面积（表 12.8），并进行分级，得出新疆各个流域现有耕地等级分级和分区位置（表 12.9、图 12.42），体现了新疆农业发展的规律及意义。

表 12.8 现有耕地各流域分布 （单位：万亩）

流域	现有耕地	流域	现有耕地
伊犁河流域	1 282.5	吐鲁番盆地	145.8
玛纳斯河流域	1 076.4	哈密盆地	140.25
艾比湖水系	927.45	额尔齐斯河流域东段	131.85
叶尔羌河流域	922.2	和布克地域	93.3
阿克苏河流域	830.4	巴里坤-伊吾盆地	83.4
喀什噶尔河流域	686.7	克里雅河诸小河	73.05
额敏河流域	681	迪那河流域	70.35
渭干河流域	554.25	吉木乃诸小河	29.25
乌鲁木齐河流域	504.6	车尔臣河诸小河	3.15
开都河-孔雀河流域	502.95	库木塔格沙漠	2.37
天山北麓东段	416.55	古尔班通古特沙漠区	1.5
塔里木河干流区	382.2	塔克拉玛干沙漠	0
和田河流域	327.6	羌塘高原区	0
额尔齐斯河流域西段	232.05	奇普恰普诸小河	0
乌伦古河水系	230.55	柴达木盆地西部	0

表 12.9 新疆各流域现有耕地分级指标

等级	现有耕地/万亩	流域名称
1	900~1 300	伊犁河流域、玛纳斯河流域、艾比湖水系、叶尔羌河流域
2	600~900	阿克苏河流域、喀什噶尔河流域、额敏河流域
3	300~600	渭干河流域、乌鲁木齐河流域、开都河-孔雀河流域、天山北麓东段、塔里木河干流区、和田河流域
4	100~300	额尔齐斯河流域西段、乌伦古河水系、吐鲁番盆地、哈密盆地、额尔齐斯河流域东段
5	0~100	和布克地域、巴里坤-伊吾盆地、克里雅河诸小河、迪那河流域、吉木乃诸小河、车尔臣河诸小河、库木塔格沙漠、古尔班通古特沙漠区

新疆维吾尔自治区现有耕地约 1 亿亩，主要分布在伊犁河流域、玛纳斯河流域、艾比湖以及叶尔羌河流域；除此之外，阿克苏河、喀什噶尔河、额敏河、渭干河、乌鲁木齐河、开都河-孔雀河这些流域也有相当数量的耕地。其中，伊犁河流域耕地所占比重最大，约 12.3%。新疆耕地以串珠状呈环形分布于塔里木盆地和准噶尔盆地周围，北疆占 55.1%，南疆占 41.4%，东疆占 3.5%（图 12.35，图 12.42）。

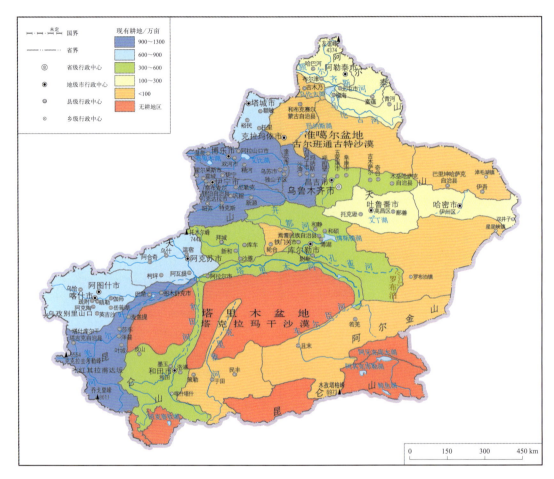

图 12.42　现有耕地重点流域分布图（2012 年）

新疆耕地以灌溉农业为主，旱地仅占总耕地 8.2%，多分布于北疆山区。另外，新疆的轮歇撂荒地近 1000 万亩，弃耕地约 1000 万亩，垦殖指数很低，只有 2%。新疆面积辽阔，但农业用地不多，主要分布于山前细土平原和大河冲积平原两侧。今后随着农业现代化事业的发展，农用土地在土地总面积中所占比重会不断增加，农田边缘的一部分戈壁沙漠，可逐渐改造为农业用地。同时，根据新疆 2012 年土地利用数据，直观地得到研究区各类资源的区域分布情况（图 12.43）。

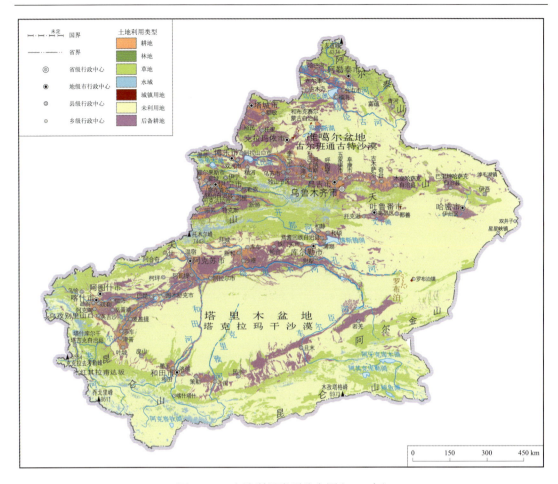

图 12.43　土地利用类型分布图(2012 年)

5. 各流域耕地后备资源格局评价

众所周知，土地的利用、生物资源的形成和分布等，通常最敏感的因素是水的空间分布特征；其次才是光热资源。而新疆光热丰富，主要矛盾是干旱，即新疆土壤的发育形成，土地资源的农业利用价值，主要受到水资源的限制。正是由于干旱的影响，农业生产上存在着"有水就有农业，无水既无农业"的局面。按土地面积计算，新疆属于贫水地区。水资源分布的地域性特点制约着新疆各地区土地利用的规模。

利用 GIS 数据处理软件，采用流域分区的方式，得到新疆耕地后备资源各流域的具体开发剩余量(表 12.10、图 12.44)。再进行分级计算后，得出新疆各个流域耕地后备资源的等级分级和分区位置(表 12.11、表 12.12，图 12.44，图 12.45)。

表 12.10 后备耕地各流域等级分布　　　　　　　　　　（单位：万亩）

区号	流域	总面积	后备耕地各等级				
			1	2	3	4	5
1	额尔齐斯河流域西段	1 154.7	242.8	217.5	185.9	284.3	224.2
2	额尔齐斯河流域东段	224.8	36.9	78.0	54.9	25.1	30.0
3	吉木乃诸小河	204.3	8.0	95.5	19.2	48.3	33.3
4	乌伦古河水系	372.6	69.8	142.5	46.7	56.3	57.3
5	额敏河流域	901.6	218.5	278.3	86.5	229.1	89.2
6	艾比湖水系	1 754.6	282.8	616.7	344.8	250.8	259.6
7	伊犁河流域	1 674.8	343.2	394.4	361.3	346.0	229.9
8	和布克地域	790.0	154.9	334.5	34.3	131.4	134.9
9	玛纳斯河流域	1 248.0	241.8	504.2	226.1	193.7	82.1
10	乌鲁木齐河流域	696.8	168.4	281.6	92.7	81.0	73.2
11	天山北麓东段	826.1	146.6	388.6	80.9	157.9	52.1
12	古尔班通古特沙漠区	797.7	0.3	62.8	130.1	286.7	317.8
13	巴里坤-伊吾盆地	655.6	101.8	149.9	112.4	122.3	169.1
14	哈密盆地	479.1	21.1	122.4	101.5	81.0	153.1
15	吐鲁番盆地	434.6	79.3	266.8	31.1	25.7	31.6
16	开都河-孔雀河流域	1 103.1	302.6	368.5	204.3	105.8	121.8
17	迪那河流域	539.2	62.0	455.6	4.5	5.2	11.9
18	渭干河流域	1 007.3	121.1	485.2	84.0	136.8	180.2
19	阿克苏河流域	1 634.3	301.4	930.9	131.2	109.2	161.5
20	喀什噶尔河流域	1 280.7	277.1	641.4	70.1	169.2	123.0
21	叶尔羌河流域	1 757.4	479.7	464.3	270.2	164.7	378.6
22	和田河流域	609.4	156.5	60.4	294.2	39.4	58.8
23	塔里木河干流区	2 344.7	1 200.3	391.7	525.4	65.2	162.1
24	塔克拉玛干沙漠	263.8	19.3	101.3	14.0	59.5	69.7
25	克里雅诸小河	1 241.6	64.1	83.1	313.3	279.4	501.7
26	车尔臣河诸小河	2 353.0	119.2	648.1	374.0	532.4	679.4
27	库木塔格荒漠区	119.3	0.1	4.0	17.8	79.2	18.1
28	柴达木盆地西部区	47.6	0.0	0.0	4.3	24.6	18.7
29	奇普恰普诸小河	0.0	0.0	0.0	0.0	0.0	0.0
30	羌塘高原区	0.0	0.0	0.0	0.0	0.0	0.0
合计		26 516.5	5 219.6	8 568.2	4 215.7	4 090.2	4 422.9

表 12.11 后备耕地各流域分布 (单位：万亩)

流域	后备耕地	流域	后备耕地
车尔臣河诸小河	2 353.04	和布克地域	789.97
塔里木河干流区	2 344.67	乌鲁木齐河流域	696.81
叶尔羌河流域	1 757.43	巴里坤-伊吾盆地	655.56
艾比湖水系	1 754.64	和田河流域	609.41
伊犁河流域	1 674.81	迪那河流域	539.19
阿克苏河流域	1 634.31	哈密盆地	479.09
喀什噶尔河流域	1 280.70	吐鲁番盆地	434.61
玛纳斯河流域	1 248.01	乌伦古河水系	372.62
克里雅河诸小河	1 241.55	塔克拉玛干沙漠	263.78
额尔齐斯河流域西段	1 154.72	额尔齐斯河流域东段	224.79
开都河-孔雀河流域	1 103.06	吉木乃诸小河	204.25
渭干河流域	1 007.26	库木塔格荒漠区	119.29
额敏河流域	901.61	柴达木盆地西部区	47.61
天山北麓东段	826.10	奇普恰普诸小河	0.00
古尔班通古特沙漠区	797.67	羌塘高原区	0.00

表 12.12 新疆各流域后备耕地分级指标 (单位：万亩)

等级	后备耕地	流域名称
1	1 500～2 500	车尔臣河诸小河、塔里木河干流区、叶尔羌河流域、艾比湖水系、伊犁河流域、阿克苏河流域
2	1 000～1 500	喀什噶尔河流域、玛纳斯河流域、克里雅河诸小河、额尔齐斯河流域西段、开都河-孔雀河流域、渭干河流域
3	500～1 000	额敏河流域、天山北麓东段、古尔班通古特沙漠区、和布克地域、乌鲁木齐河流域、巴里坤-伊吾盆地、和田河流域、迪那河流域
4	200～500	哈密盆地、吐鲁番盆地、乌伦古河水系、塔克拉玛干沙漠、额尔齐斯河流域东段、吉木乃诸小河
5	0～200	库木塔格沙漠、柴达木盆地西部区、奇普恰普诸小河、羌塘高原区

6. 水土平衡分析

水土资源平衡研究的一个重要内容是研究水土资源在时间、空间上的匹配问题，时空尺度不同，所得的结果会有很大差异。水土资源平衡研究采取以流域三级小区为计算单元，能够科学有效地体现新疆干旱区特殊环境下的资源利用水平，为农业水资源评价、作物结构调整、灌溉计划制订和节水研究提供了现实意义。

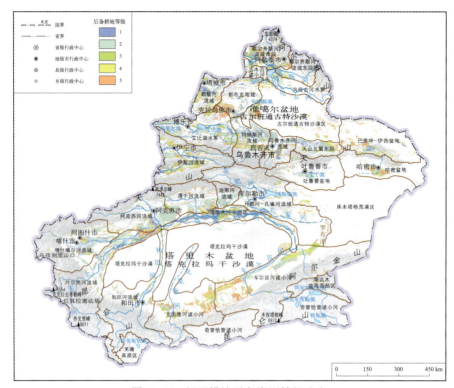

图 12.44　新疆耕地后备资源等级分布

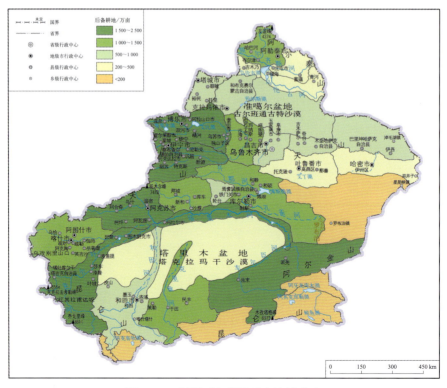

图 12.45　新疆后备耕地重点流域分布

1) 农业综合毛灌定额

在进行农田用水供需平衡的研究时，通常需要对各地区的作物分布及其组成类型进行研究，最后得出各个区的一年需水数值(任志远和郭彩玲，2000；王雪晶和卢胜飞，2005)。此次计算，为简化计算过程，在假设每区作物的组成类型基本不变的情况下，直接采用2008年的农业综合灌溉每亩的用水量(新疆维吾尔自治区水利厅，2009)作为每个区农业综合毛灌水定额(表12.13)。

表12.13 新疆流域分区水土平衡

区号	水资源分区	可利用水量/m³	毛灌定额/m³/亩	可灌面积/万亩	耕地面积/万亩	水土平衡/万亩	后备耕地/万亩
1	额尔齐斯河流域西段	36.96	595.0	621.18	232.05	389.13	1 154.72
2	额尔齐斯河流域东段	23.50	595.0	394.96	131.85	263.11	224.79
3	吉木乃诸小河	1.17	595.0	19.61	29.25	-9.64	204.25
4	乌伦古河水系	7.24	595.0	121.63	230.55	-108.92	372.62
5	额敏河流域	14.58	266.6	546.89	681	-134.11	901.61
6	艾比湖水系	28.70	641.8	447.18	927.45	480.27	1 754.64
7	伊犁河流域	98.48	594.4	1 656.80	1 282.5	374.3	1 674.81
8	和布克地域	3.78	380.2	99.37	93.3	6.07	789.97
9	玛纳斯河流域	39.02	380.2	1 026.30	1 076.4	-50.1	1 248.01
10	乌鲁木齐河流域	8.71	380.2	229.14	504.6	-275.46	696.81
11	天山北麓东段	9.18	388.1	236.51	416.55	-180.04	826.10
12	古尔班通古特沙漠区	0.00	0.0	0.00	1.5	-1.5	797.67
13	巴里坤-伊吾盆地	3.43	602.0	56.94	83.4	-26.46	655.56
14	哈密盆地	6.93	602.0	115.08	140.25	-25.17	479.09
15	吐鲁番盆地	10.86	822.5	132.04	145.8	-13.76	434.61
16	开都河-孔雀河流域	25.58	648.4	394.51	502.95	-108.44	1 103.06
17	迪那河流域	3.11	648.4	47.96	70.35	-22.39	539.19
18	渭干河流域	33.22	790.1	420.45	554.25	-133.8	1 007.26
19	阿克苏河流域	61.70	790.9	780.12	830.4	-50.28	1 634.31
20	喀什噶尔河流域	41.76	749.3	557.32	686.7	-129.38	1 280.70
21	叶尔羌河流域	63.61	749.3	848.93	922.2	-73.27	1 757.43
22	和田河流域	36.53	801.0	456.05	327.6	128.45	609.41
23	塔里木河干流区	10.63	790.1	134.54	382.2	-247.66	2 344.67
24	塔克拉玛干沙漠	0.00	0.0	0.00	125.85	-125.85	263.78
25	克里雅河诸小河	20.57	801.0	256.80	73.05	183.75	1 241.55
26	车尔臣河诸小河	18.26	468.4	389.84	3.15	386.69	2 353.04
27	库木塔格沙漠	0.00	0.0	0.00	2.37	-2.37	119.29
28	柴达木盆地西部	2.14	0.0	0.00	0.00	0.00	47.61
29	奇普恰普诸小河	0.00	0.0	0.00	0.00	0.00	0.00
30	羌塘高原区	0.00	0.0	0.00	0.00	0.00	0.00
合计		609.64		9 990.16	10 455.15	-464.99	26 516.54

必须指出，这里采用的是毛灌水定额量，所以不再涉及河道利用系数、渠系利用系数(Williams and Williamson，1989；Mandel and Shiftan，1981)等问题。

2) 水土平衡计算

根据可利用水量 609.643×10^8 m³，平均毛灌水定额为 608.5 m³/亩，再与现有耕地面积进行分区对比，就可求得还剩余可灌面积。可算得可灌面积为 9 990.16 万亩。2008 年现有耕地面积为 1.04 亿亩，经水土平衡计算后发现，水土平衡后已超 464.99 万亩。各流域可利用水量、毛灌定额、可灌面积、2012 年耕地面积和水土平衡面积见表 12.13。

由于经计算现有耕地总量已超过 400 万亩，其总量应该得以控制，并尽快推广借鉴高效能的节水灌溉技术，降低毛灌水定额量。但与此同时，也应看到有一些区域仍有少量的发展潜力，可以充分利用。

3) 水土平衡评价

(1) 从全疆范围来看，可灌面积与现有的耕地面积基本平衡，两者相差仅 1%。也即，如果没有重大的节流措施和工程措施，要扩大灌溉面积是很困难的。

(2) 新疆虽然是一个"非灌不殖"的地区，也即没有灌溉就没有农业，但不可忽视的是，新疆也有一些"旱地"，即不用灌溉，靠天吃饭。旱地一是分布在年降水量较多的地区，如伊犁地区；二是分布在海拔较高的山前地区，如奇台地区。本来旱地已被大力改造为水浇地，但近年来据说旱地又有所扩大，并且小有规模。

(3) 上述可利用水量应不只是用于农田。虽然农业用水特别是灌溉用水量，在 2012 年占总用水量 91.4%，二、三产的用水量比重不大，但随着新疆新一轮的大规模开发包括能源及其他工业的发展，用水量将大大增加。另外，三产用水量随着人口的增加以及生态环境用水量的增加，必然导致灌溉用水量在总用水量中的比重下降。

(4) 造成分区的可灌面积和已有耕地面积对比中出现负值情况的原因很多，但地下水的利用量是关键因素之一。虽然 2012 年地下水已占总用水量的 15.1%，与总可利用量中地下水占 15.5%基本一致。但在乌鲁木齐地区，艾比湖流域、克拉玛依、昌吉、吐鲁番和哈密地区地下水的超采现象已相当突出。

4) 水土平衡分析

本研究采用流域分区的方式，基于 2012 年水资源公报中的水文数据和 2012 年遥感影像的土地利用资料，借助 GIS 数据处理软件，对新疆省水资源利用及耕地开发现状进行了定性和定量的分析计算，并做出严谨的水土平衡分析评价，得到各流域的具体开发剩余量，即水土平衡率。

对比发现，流域水土平衡差异较大。按照由大到下的顺序排列，可得出正、负的流域平衡量(表 12.14、图 12.46)。

表 12.14　各流域水土平衡　　　　　　　　　　　（单位：万亩）

流域	水土平衡	流域	水土平衡
额尔齐斯河流域西段	389.13	阿克苏河流域	−50.28
车尔臣河诸小河	386.69	叶尔羌河流域	−73.27
伊犁河流域	374.30	开都河-孔雀河流域	−108.44
额尔齐斯河流域东段	263.11	乌伦古河水系	−108.92
克里雅河诸小河	183.75	喀什噶尔河流域	−129.38
和田河流域	128.45	渭干河流域	−133.80
和布克地域	6.07	额敏河流域	−134.11
古尔班通古特沙漠区	−1.50	天山北麓东段	−180.04
库木塔格沙漠	−2.37	塔里木河干流区	−247.66
吉木乃诸小河	−9.64	乌鲁木齐河流域	−275.46
吐鲁番盆地	−13.76	艾比湖水系	−480.27
迪那河流域	−22.39	塔克拉玛干沙漠	0
哈密盆地	−25.17	柴达木盆地西部区	0
巴里坤-伊吾盆地	−26.46	奇普恰普诸小河	0
玛纳斯河流域	−50.10	羌塘高原区	0

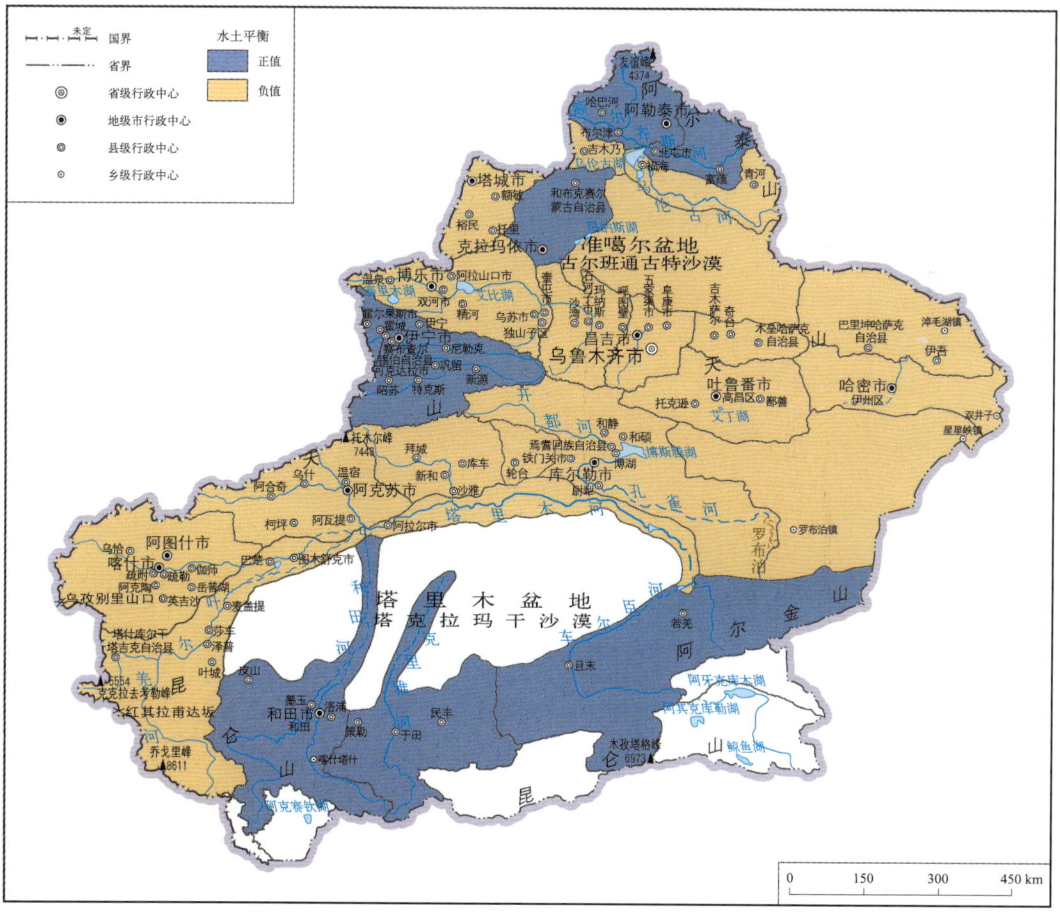

图 12.46　流域水土平衡正负分布

通过水土平衡流域对比，主要可利用的流域有伊犁河流域、额尔齐斯河流域、车尔臣河诸小河。根据水土平衡(万亩)分布将新疆流域划分为五类等级，进行分级分析后，得出新疆各个流域耕地后备资源的等级分级和分区位置，见表12.15和图12.47。

表12.15　新疆各流域水土平衡分级指标　　　　　　　　　　　　（单位：万亩）

等级	水土平衡	流域名称
1	500～200	额尔齐斯河流域西段、车尔臣河诸小河、伊犁河流域、额尔齐斯河流域东段
2	200～100	克里雅河诸小河、和田河流域
3	100～-100	和布克地域、古尔班通古特沙漠区、库木塔格沙漠、吉木乃诸小河、吐鲁番盆地、迪那河流域、哈密盆地、巴里坤-伊吾盆地、玛纳斯河流域、阿克苏河流域、叶尔羌河流域
4	-100～-200	开都河-孔雀河流域、乌伦古河水系、喀什噶尔河流域、渭干河流域、额敏河流域、天山北麓东段
5	-200～-500	塔里木河干流区、乌鲁木齐河流域、艾比湖水系

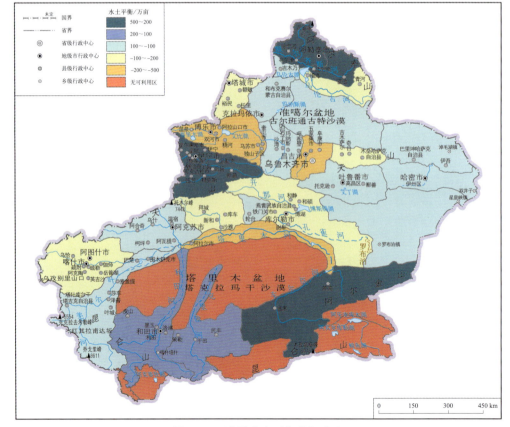

图12.47　流域水土平衡等级分布

将各流域的水土平衡量和基于多要素综合获得的后备耕地进行对比（表12.12），采用流域分区的方式，借助GIS图像处理软件，叠加研究区内城市、道路、水系以及地势晕眩图，得到以流域为单元的新疆耕地后备资源开发分布图（图12.48）。

第 12 章 新疆耕地后备资源潜力评价与分析

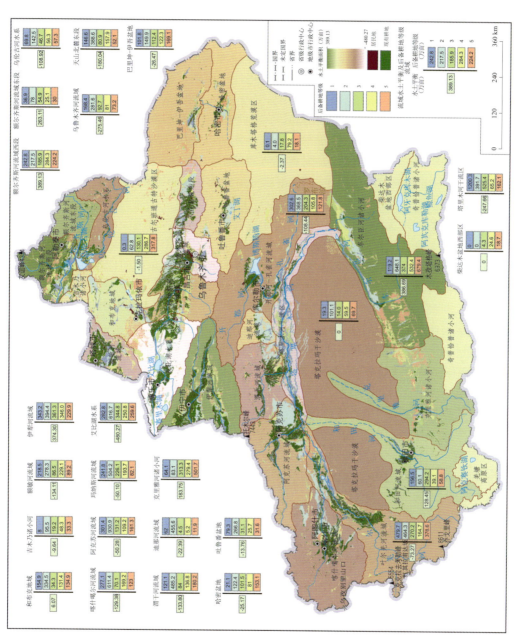

图 12.48 新疆耕地后备资源开发分布图

研究结果表明：

(1) 2012 年，新疆维吾尔自治区有耕地面积约为 1.05 亿亩，主要分布在伊犁河流域、玛纳斯河流域、艾比湖以及叶尔羌河流域；除此之外，阿克苏河、喀什噶尔河、额敏河、渭干河、乌鲁木齐河、开都河-孔雀河等流域的分布也比较可观。

(2) 经自然因素评价后耕地后备资源总量 2.65 亿亩，其中最适宜耕种的后备耕地即第一等级占 0.52 亿亩。后备耕地主要分布在车尔臣河诸小河、塔里木河干流区、叶尔羌河、艾比湖水系以及伊犁河；此外阿克苏河、喀什噶尔河、玛纳斯河、克里雅河诸小河以及额尔齐斯河西段等流域的分布也较可观；而开都河-孔雀河、渭干河、额敏河和天山北麓东段等流域地区也有一定数量的分布。

在北疆，后备耕地重点分布在伊犁河、玛纳斯河以及额尔齐斯河流域；南疆重点分布在车尔臣河诸小河、叶尔羌河以及阿克苏河流域；而东疆则十分稀少。

(3) 根据可利用水量 609.64×10^8 m^3，可算得可灌面积为 9 990.16 万亩。经水土平衡计算后可得，新疆现有耕地总量已超过 464.99 万亩，其总量应该就此保持，并及时推广借鉴一些高效能的节水灌溉技术，降低毛灌定额量。及时按各流域做出相应调整，降低水土资料的不平衡度，缓解生态压力。

水土平衡值为正的流域主要是：额尔齐斯河流域西段、车尔臣河诸小河、伊犁河流域、额尔齐斯河流域东段、克里雅河诸小河以及和田河流域等。水土平衡值为负的流域主要是：艾比湖水系、乌鲁木齐河流域、塔里木河干流区、天山北麓东段、额敏河流域、渭干河流域以及喀什噶尔河流域等。

(4) 与此同时，也应看到有一些流域仍有少量的发展潜力，可以充分利用，例如额尔齐斯河、车尔臣河、伊犁河以及和田河等流域，还可灌溉耕地分别为 652.24 万亩、386.69 万亩、374.30 万亩和 128.45 万亩。而艾比湖水系、乌鲁木齐河流域、塔里木河干流区水土资源开发利用极不平衡。

随着科技水平发展、节水灌溉的普及，毛灌水定额的减少势必对新疆后备耕地资源产生积极影响。在科学可持续利用的条件下，有效地利用额尔齐斯河、伊犁河、车尔臣河以及和田河等流域，将为新疆的发展建设做出重要贡献。

参 考 文 献

阿不都克依木·阿布力孜, 马燕, 瓦哈甫·哈力克. 2007. 水资源约束下的典型干旱区农业水土平衡研究. 农业系统科学与综合研究, 23(4): 443-451.
艾建玲, 陈佑启, 姚艳敏. 2007. 基于GIS的东北地区后备农用地资源评价. 经济地理, 27(4): 637-639.
艾南山. 1987. 侵蚀流域系统的信息熵. 水土保持学报, 1(2): 1-7.
白洁, 陈曦, 李均力, 等. 2011. 1975~2007年中亚干旱区内陆湖泊面积变化遥感分析. 湖泊科学, 23(1): 80-88.
白金中, 李忠勤, 张明军, 等. 2012. 1959~2008年新疆阿尔泰山友谊峰地区冰川变化特征. 干旱区地理, 35(01): 116-124.
白占国. 1993. 从地貌空间结构特征预测土壤侵蚀的研究——以神府东胜煤田区为例. 中国水土保持, 12: 23-25.
蔡安乐. 1994. 水资源承载力浅谈——兼谈新疆水资源适度承载力研究中应注意的几个问题. 新疆环境保护, 16(4): 190-196.
蔡运龙, 汪涌, 李玉平. 2009. 中国耕地供需变化规律研究. 中国土地科学, 23(3): 11-18, 31.
柴慧霞, 周成虎, 陈曦, 等. 2008. 基于地理格网的新疆地貌区划方法与实现. 地理研究, 27(3): 481-492.
曹伯勋. 1995. 地貌学及第四纪地质学. 武汉: 中国地质大学出版社.
陈华勇, 陈衍景, 刘玉琳. 2000. 新疆额尔齐斯金矿带的成矿作用及其与中亚型造山作用的关系. 中国科学(D辑), 30(S1): 38-44.
陈建平, 丁火平, 王功文, 等. 2004. 基于GIS和元胞自动机的荒漠化演化预测模型. 遥感学报, 8(3): 254-260.
陈建军, 季建清, 余绍立. 2008. 基岩河道流域地貌研究的定量计算方法及其进展. 地质科技情报, 27(4): 39-48.
陈隆亨. 1987. 西北干旱地区土地资源开发利用中的几个问题. 兰州学刊, (3): 39-40.
陈宁欣, 王皓年. 1984. 大洋洲地质基础和地貌结构简析. 河南大学学报, 3: 77-82.
陈述彭. 1990. 地学的探索·地理学. 北京: 科学出版社.
陈述彭. 2003. 地学的探索·地球信息科学. 北京: 科学出版社.
陈述彭, 鲁学军, 周成虎. 1999. 地理信息系统导论. 北京: 科学出版社.
陈述彭, 周成虎, 陈秋晓. 2004. 格网地图的新一代. 测绘科学, (4): 1-4.
陈小兵, 杨劲松, 乔晓英, 等. 2008. 绿洲耕地示意面积确定与减灾研究——以新疆渭干河灌区为例. 中国地质灾害与防治学报, 19(1): 118-123.
程维明, 赵尚民. 2009. 中国冰川地貌空间分布格局研究. 冰川冻土, 31(4): 587-596.
程维明, 柴慧霞, 方月, 等. 2012. 基于水资源分区和地貌特征的新疆耕地资源变化分析. 自然资源学报, 27(11): 1809-1822.
程维明, 柴慧霞, 周成虎. 2009. 新疆地貌空间分布格局分析. 地理研究, 28(5): 1157-1168.
程维明, 周成虎. 2014. 多尺度数字地貌等级分类方法. 地理科学进展, 33(1): 23-33.
程维明, 周成虎, 李建新. 2001. 新疆玛纳斯湖景观演化及其生态环境效应. 第四纪研究, 21(6): 560-565.
崔卫国, 穆桂金, 文倩, 等. 2007. 玛纳斯河山麓冲积扇演化及其对区域构造活动的响应. 水土保持研究, 14(1): 161-163.
崔卫国, 穆桂金, 夏斌, 等. 2006. 玛纳斯河山麓冲积扇演变遥感研究. 地理与地理信息科学, 22(3): 39-42.
程维明, 周成虎, 汤奇成. 2001. 我国西部水资源供需关系地区性差异变化研究. 自然资源学报, 16(4): 348-352.
崔文采. 1987. 合理开发利用新疆土壤. 干旱区地理, (1): 59-63.
邓静中. 1984. 农业区划的性质、任务和进一步深入问题. 中国农业资源与区划, (1): 57-68.
邓起东. 2000. 天山活动构造. 北京: 地震出版社.
刁承秦. 1991. 四川地貌格局的形成及其特征: 研制四川省1∶1 000 000地貌图的体会. 西南师范大学学报(自然科学版), (3): 384-388.
丁永建, 刘时银, 叶柏生, 等. 2006. 近50年中国寒区与旱区湖泊变化的气候因素分析. 冰川冻土, 28(5): 623-632.
段建平, 王丽丽, 任贾文, 等. 2009. 近百年来中国冰川变化及其对气候变化的敏感性研究进展. 地理科学进展, 28(02): 231-237.
范兆菊, 张永福, 许萌. 2005. 新疆后备耕地资源的开发利用研究. 干旱地区农业研究, 23(3): 177-181.
樊华, 张凤华. 2007. 新疆石河子绿洲耕地变化及驱动力研究. 干旱区研究, 24(5): 574-578.
樊自立, 李疆. 1984. 新疆湖泊的近期变化. 地理研究, 3(1): 77-86.
樊自立, 张累德. 1992. 新疆湖泊水化学研究. 干旱区研究, 9(3): 1-6.
封志明, 刘宝勤, 杨艳昭. 2005. 中国耕地资源数量变化的趋势分析与数据重建(1949~2003). 自然资源学报, 20(1): 35-43.
冯平, 冯焱. 1997. 河流形态特征的分维计算方法. 地理学报, 52(4): 324-329.
高华中, 贾玉连. 2005. 西北典型内陆湖泊近40年来的演化特点及机制分析. 干旱区资源与环境, 19(5): 93-96.
高佩玲. 2006. 新疆冲洪积扇区多层结构含水层地下水系统预报模型的比较. 灌溉排水学报, 25(5): 57-60.
高抒, 张捷. 2006. 现代地貌学. 北京: 高等教育出版社.
郭铌, 张杰, 梁芸. 2003. 西北地区近年来内陆湖泊变化反映的气候问题. 冰川冻土, 25(2): 211-214.
郭彦彪, 李占斌, 崔灵周. 2002. 流域地貌形态的定量化研究. 水土保持学报, 16(1): 117-120.
韩恒悦, 米丰收, 刘海云. 2001. 渭河盆地带地貌结构与新构造运动. 地震研究, 24(3): 251-257.
韩效忠, 李胜祥, 郑恩玖, 等. 2004. 伊犁盆地新构造运动与砂岩型铀矿成矿关系. 新疆地质, 22(4): 378-381.
何毅, 杨太保, 陈杰, 等. 2015. 1972~2013年东天山博格达峰地区冰川变化遥感监测. 地理科学, 35(7): 925-932.
侯磊. 2008. 基于GIS和RS的山地分布式流域水文模型研究. 乌鲁木齐: 新疆农业大学硕士学位论文.
胡汝骥. 1979. 天山东部喀尔力克山峰区的冰川作用. 新疆地理, (1): 69-82.
胡汝骥. 1992. 新疆巩留县博图沟泥石流灾害调查. 干旱区地理, 5(1): 25-28.
胡汝骥. 2004. 中国天山自然地理. 北京: 环境科学出版社.
胡汝骥, 姜逢清, 王亚俊, 等. 2007. 论中国干旱区湖泊研究的重要意义. 干旱区研究, 24(2): 137-140.
胡汝骥, 马虹, 樊自立, 等. 2002. 近期新疆湖泊变化所示的气候趋势. 干旱区资源与环境, 16(1): 20-27.
黄翀, 刘高焕. 2005. 元胞模型在地貌演化模拟中的应用浅析. 地理科学进展, 24(1): 105-115.
姜鲁光, 张祖陆. 2003. 鲁中南山地流域地貌的高程-面积分析. 山东师范大学学报(自然科学版), 18(1): 63-66.

江凌, 潘晓玲, 丁英, 等. 2005. 新疆土壤资源与绿洲可持续发展. 新疆农业科技, (3): 38.
励强, 袁宝印. 1990. 地貌发育阶段的定量研究. 地理学报, 45(1): 110-120.
李斌. 1998. 层次分析法和特尔菲法的赋权精度与定权. 系统工程理论与实践, (12): 74-79.
李炳元, 潘保田, 程维明, 等. 2013. 中国地貌区划新论. 地理学报, 68(3): 291-306.
李后强, 艾南山. 1991. 分形地貌学及地貌发育的分形模型. 自然杂志, 15(7): 516-519.
李后强, 程光钺. 1990. 分形与分维. 成都: 四川教育出版社.
李桂荣. 2008. GIS技术支持下的县域后备土地资源评价与开发战略研究. 新疆大学硕士学位论文.
李吉均, 方小敏, 马海州, 等. 1996. 晚新生代黄河上游地貌演化与青藏高原隆起. 中国科学(D辑), 26(4): 316-322.
李吉均, 文世宣, 张青松. 1979. 青藏高原隆升的时代、幅度和形式探讨. 中国科学(B辑), 9(6): 608-616.
李均力, 方晖, 包安明, 等. 2011. 近期亚洲中部高山地区湖泊变化的时空分析. 资源科学, 33(10): 1839-1846.
李均力, 盛永伟. 2013. 1976~2009年青藏高原内陆湖泊变化的时空格局与过程. 干旱区研究, 30(4): 571-581.
李锰, 朱令人, 龙海英. 2002a. 天山地区地貌系统的自仿射分形与多重分形特征研究. 中国地震, 18(4): 401-408.
李锰, 朱令人, 龙海英. 2002b. 地貌分形理论模型的数值模拟. 大地测量与地球动力学, 22(2): 47-52.
李锰, 朱令人, 龙海英. 2003a. 新疆天山地区地貌分形与多重分形特征研究. 内陆地震, 17(1): 20-26.
李锰, 朱令人, 龙海英. 2003b. 不同类型地貌的各向异性分形与多重分形特征研究. 地球学报, 24(3): 237-242.
李盛富, 颜启明, 王新宇, 2006. 等. 伊犁盆地水西沟群冲积扇-扇三角洲沉积体系研究. 新疆地质, 24(3): 297-304.
李四光. 1973. 地质力学概论. 北京: 科学出版社.
李卫红, 陈亚宁, 郝兴明, 等. 2006. 新疆天山北坡河川径流对气候变化的响应研究——以头屯河为例, 中国科学: 地球科学, 36(S2): 39-44.
李志忠. 2002. 塔里木石油公路沿线全新世风沙地貌形成演化的初步研究. 新疆师范大学学报(自然科学版), 21(1): 51-57.
李忠勤, 韩添丁, 井哲帆, 等. 2003. 乌鲁木齐河源区气候变化和1号冰川40年观测事实. 冰川冻土, 25(2): 117-123.
梁虹, 卢娟. 1997. 喀斯特流域水系分形、熵及其地貌意义. 地理科学, 17(4): 310-315.
林畅松, 杨海军, 刘景彦, 等. 2008. 塔里木早古生代原盆地古隆起地貌和古地理格局与地层圈闭发育分布. 石油与天然气地质, 29(2): 189-197.
林秋雁, 石耀霖. 1992. 宏观地貌演化的数学模拟. 中国科学院研究生院学报, 9(2): 225-230.
刘成林, 王弭力, 焦鹏程, 等. 2006. 中国新疆罗布泊盐湖断裂构造特征、形成机制及成钾意义. 地质学报, 12: 90.
刘诚明. 1999. 新疆平原区水均衡现状分析及地下水可利用资源评估. 新疆水利, (5): 17-22.
刘闯. 2004. 中尺度对地观测系统支持下中国综合自然地理区划新方法论研究. 地理科学进展, 23(6): 1-9.
刘春涌, 张慧. 2000. 新疆风蚀地质地貌景观"魔鬼城". 干旱区研究, 17(4): 80-81.
刘桂芳, 黄金国, 马建华. 1996. 自组织和地貌演化. 地理译报, 15(4): 5-11.
刘和甫. 2001. 盆地-山岭耦合体系与地球动力学机制. 地球科学-中国地质大学学报, 26(6): 581-596.
刘会平. 1996. 长江流域地貌区划新方案. 华中师范大学学报(自然科学版), 30(3): 347-352.

刘军会, 傅小锋. 2005. 关于中国可持续发展综合区划方法的探讨. 中国人口·资源与环境, 15(4): 11-16.

刘美琳. 2014. 多源遥感影像冰川提取技术方法与应用. 兰州交通大学博士学位论文.

刘时银, 姚晓军, 郭万钦, 等. 2015. 基于第二次冰川编目的中国冰川现状. 地理学报, 70(1): 3-16.

刘新平, 吕晓, 罗桥顺. 2008. 1996~2005年新疆耕地数量变化分析. 水土保持研究, 15(1): 128-130, 134.

刘训. 2001. 天山-西昆仑山地区沉积-构造演化史——新疆地学断面走廊域及邻区不同地体的沉积-构造演化. 古地理学报, 3(3): 21-31.

刘旭华, 王劲峰, 刘明亮, 等. 2005. 中国耕地变化驱动力分区研究. 中国科学(D辑), 地球科学, 35(11): 1087-1095.

刘燕华, 郑度, 葛全胜, 等. 2005. 关于开展中国综合区划研究若干问题的认识. 地理研究, 24(3): 321-329.

龙瀛, 韩昊英, 毛其智. 2009. 利用约束性CA制定城市增长边界. 地理学报, 64(8): 999-1008.

陆中臣, 贾绍凤, 黄克新, 等. 1991. 流域地貌系统. 大连: 大连出版社, 313-325.

罗格平, 周成虎, 陈曦. 2005. 从景观格局分析人为驱动的绿洲时空变化——以天山北坡三工河流域绿洲为例. 生态学报, 25(9): 2198-2205.

罗平, 杜清运, 何素芳. 2003. 人口密度模型与CA集成的城市化时空模拟实验. 测绘科学, 28(4): 18-21.

马尔科夫 K K. 1957. 地貌学基本问题. 陈恩泽等译. 北京: 地质出版社.

马道典, 张莉萍, 王前进, 等. 2003. 暖湿气候对艾里木湖影响. 冰川冻土, 25(2): 219-223.

马晓丽, 高敏华, 塔西甫拉提·特依拜, 等. 2008. 塔里木盆地南缘绿洲耕地动态变化驱动力定量研究. 新疆农业科学, 45(5): 921-925.

孟猛, 倪健, 张治国. 2004. 地理生态学的干燥度指数及其应用评述. 植物生态学报, 28(6): 853-861.

孟晓静, 杨立中. 2009. 城市危险源对地震次生火灾影响的计算机模拟. 热科学与技术, 8(1): 90-94.

南峰, 李有利, 邱祝礼. 2005. 新疆奎屯河流域山前河流地貌特征及演化. 水土保持研究, 12(4): 10-13.

倪绍祥. 1999. 土地类型与土地评价概论. 北京: 高等教育出版社.

牛生明, 李忠勤, 怀保娟. 2014. 近50年来天山博格达峰地区冰川变化分析. 干旱区资源与环境, 28(9): 134-138.

彭建, 杨明德, 梁虹. 2002. 基于GIS的路南巴江喀斯特流域地貌演化定量研究. 中国岩溶, 21(2): 89-94.

钱亦兵, 吴世新, 吴兆宁, 等. 2011. 喀尔力克山冰川资源近50a来的变化及保护对策. 干旱区地理, 34(05): 719-725.

乔纪纲, 何晋强. 2009. 基于分区域的元胞自动机及城市扩张模拟. 地理与地理信息科学, 25(3): 67-70.

乔木, 陈模. 1994. 新疆农业地貌分类——以编制新疆1:100万农业地貌图为例. 干旱区地理, 17(4): 53-61.

乔木, 陈模, 哈力甫·司马义. 1995. 关于新疆1:100万农业地貌区划问题的讨论. 干旱区研究, 12(2): 54-57.

乔彦肖, 赵志忠. 2001. 冲洪积扇与泥石流扇的遥感影像特征辨析. 地理学与国土研究, 17(3): 35-38.

秦伯强. 1999. 近百年来亚洲中部内陆湖泊演变及其原因分析. 湖泊科学, 11(1): 11-19.

屈建军, 左国朝, 张克存, 等. 2005. 库姆塔格沙漠形成演化与区域新构造运动关系研究. 干旱区地理, 28(4): 424-428.

曲国胜, 李亦纲, 李岩峰, 等. 2005. 塔里木盆地西南前陆构造分段及其成因. 中国科学: 地球科学, 35(3): 193-202.

任国柱, 蔡玉梅. 1998. 中国耕地后备资源开发的特点和对策. 资源科学, 20(5): 46-47.

任志远, 郭彩玲. 2000. 区域水土资源平衡与灌溉优化模型研究——以陕西关中灌区为例. 干旱区地理,

23(2): 264-268.

阮诗昆, 庄儒新. 2007. 泥石流流域地貌发育阶段的定量分析. 资源环境与工程, 21(6): 695-697, 722.

单鹏飞. 1989. 宁夏地貌格局与咸苦水、高氟潜水分布规律的系统分析. 宁夏大学学报, 4: 63-68.

邵时雄, 郭盛乔, 韩书华. 1989. 黄淮海平原地貌结构特征及其演化. 地理学报, 44(3): 314-322.

沈霞, 孙虎. 2008. 近 57 年来新疆哈密耕地变化及驱动力分析. 农业系统科学与综合研究, 24(4): 497-500.

沈玉昌, 苏时雨, 尹泽生. 1982. 中国地貌分类、区划与制图研究工作的回顾与展望. 地理科学, 2(2): 97-105.

施雅风. 2005. 简明中国冰川目录. 上海: 科学普及出版社.

施雅风, 张祥松. 1995. 气候变化对西北干旱区地表水资源的影响和未来趋势. 中国科学: 化学 生命科学 地学, (9): 968-977.

石玉林, 康庆禹, 赵存兴, 等. 1985. 中国宜农荒地资源. 北京: 科学技术出版社.

史正涛, 宋友桂, 安芷生. 2006. 天山黄土记录的古尔班通古特沙漠形成演化. 中国沙漠, 26(5): 675-679.

史学建. 1998. 东亚边缘海域地貌格局与岛弧地震活动时空差异的关系探讨. 海洋通报, 17(2): 51-57.

孙广友. 1988. 三江平原地貌结构形成演化与合理开发的初步研究. 地理学与国土研究, 4(1): 18-25.

孙然好, 张百平, 潘保田, 等. 2006. 祁连山北麓地貌信息熵与山体演化阶段分析. 干旱区地理, 29(1): 88-93.

孙希华, 姚孝友, 周虹, 等. 2005. 基于 DEM 的山东沂沭泗河流域地貌演化域水土流失研究. 水土保持通报, 25(4): 24-28.

陶江. 2006. 新疆粮食生产的时空变化研究. 生产力研究, (11): 56-58.

汤国安, 宋佳. 2006. 基于 DEM 坡度图制图中坡度分级方法的比较研究. 水土保持学报, 20(2): 157-192.

汤家法, 李泳. 1998. 沟谷系统中流域面积与周长关系及其地貌学意义. 山地研究, 16(4): 268-271.

汤君友, 杨桂山. 2003. 试论元胞自动机模型与 LUCC 时空模拟. 土壤, 35(6): 456-460.

汤奇成, 曲耀光, 等. 1992. 中国干旱区水文及水资源利用. 北京: 科学出版社.

田洪阵, 杨太保, 刘沁萍. 2012. 近 40 年来冷龙岭地区冰川退缩和气候变化的关系. 水土保持研究, 19(5): 38-42.

万晔, 韩添丁, 段昌群, 等. 2005. 滇西名山点苍山地区地貌结构与特征研究. 冰川冻土. 27(2): 241-248.

王春晓, 李建疆, 刘健华. 2000. 二十一世纪初新疆粮食生产发展探讨. 新疆农业科学, (4): 154-156.

王杰, 张旺生, 张伟, 等, 2007. 基于 MAPGIS 的湟水流域地貌演化研究. 安徽农业科学, 35(17): 5264-5265, 5299.

王凯, 杨太保, 何毅, 等. 2015. 近 30 年阿尼玛卿山冰川与气候变化关系研究. 水土保持研究, 22(3): 300-303.

王立伦, 刘潮海, 康兴成, 等. 1983. 我国阿尔泰山现代冰川的基本特征——以哈拉斯冰川为例. 冰川冻土, 5(4): 27-38.

王璐, 岑豫皖, 李锐, 等. 2009. 基于区块特征的元胞自动机土地利用演化模型研究. 地理与地理信息科学, 25(3): 74-76, 107.

王升忠. 2007. 陆地地貌的空间尺度与格局. 地理教学, 2: 4-6.

王树基. 1978. 关于塞里木湖的形成、演化与第四纪与冰川作用的关系. 干旱区地理, (1): 47-55.

王树基. 1995. 亚洲中部山地梯级地貌初步研究. 干旱区地理, 18(3): 1-7.

王树基. 1998. 亚洲中部山地夷平面研究——以天山山系为例. 北京: 科学出版社.

王兮之, Bruelheide H, Runge M, 等. 2002. 基于遥感数据的塔南策勒荒漠-绿洲景观格局. 生态学报,

22(9): 1491-1499.

王协康, 方铎. 1998. 流域地貌系统定量研究的新指标. 山地研究, 16(1): 8-12.

王秀娜, 杨太保, 田洪振, 等. 2013. 近40a来南阿尔泰山区现代冰川变化及其对气候变化的响应. 干旱区资源与环境, 27(2): 77-82.

王雪晶, 卢胜飞. 2005. 中小河流流域水土平衡浅谈. 水利科技与经济, 11(5): 297-298.

王亚俊, 孙占东. 2007. 中国干旱区的湖泊. 干旱区研究, 24(4): 422-427.

王亚俊, 吴素芬. 2003. 新疆吐鲁番盆地艾丁湖的环境变化. 冰川冻土, 25(2): 229-231.

王子煜, 漆家福, 王立武, 等. 2001. 塔里木盆地与相邻褶皱带的区域构造演化. 长春科技大学学报, 31(4): 323-327.

邬伦, 刘瑜, 张晶. 2001. 地理信息系统——原理、方法和应用. 北京: 科学出版社.

吴敬禄, 沈吉, 王苏民, 等. 2003. 新疆艾比湖地区湖泊沉积记录的早全新世气候环境特征. 中国科学: 地球科学, 33(6): 569-575.

吴世新, 周可法, 刘朝霞, 等. 2005. 新疆地区近10年来土地利用变化时空特征与动因分析. 干旱区地理, 28(1): 52-58.

吴兆宁, 黄建华, 玉素甫艾力. 2007. 新疆东天山土屋铜矿床形成和保存的古地理环境. 干旱区地理, 30(2): 191-195.

吴珍汉, 吴中海, 江万, 等. 2001. 中国大陆及邻区新生代构造-地貌演化过程与机理. 北京: 地质出版社.

吴正. 1999. 地貌学导论. 广州: 广东高等教育出版社.

伍光和, 田连恕, 胡双熙, 等. 2000. 自然地理学(第三版). 北京: 高等教育出版社.

郗金标, 张福锁, 田长彦. 2006. 新疆盐生植物. 北京: 科学出版社.

肖鲁湘, 罗格平, 陈曦, 等. 2005. 干旱区冲洪积扇-冲积平原绿洲浅层地下水质时空变化初步分析——以三工河流域绿洲为例. 干旱区地理, 28(2): 225-228.

相保成. 2006. 水资源危机与经济社会可持续发展. 中国农村水利水电, (6): 51-54.

新疆荒地资源综合考察队. 1985. 新疆重点地区荒地资源合理利用. 乌鲁木齐: 新疆人民出版社.

新疆维吾尔自治区测绘局. 2004. 新疆维吾尔自治区地图集. 北京: 中国地图出版社.

新疆维吾尔自治区科学技术委员会. 1975. 中国天山现代冰川目录. 中国科学院地理研究所资料.

新疆维吾尔自治区水利厅. 2009. 2008年新疆维吾尔自治区水资源公报. 新疆日报.

新疆维吾尔自治区畜牧厅. 1993. 新疆草地资源及其利用. 乌鲁木齐: 新疆科技卫生出版社.

徐梦洁, 葛向东, 张永勤, 等. 2001. 耕地可持续利用评价指标体系及评价. 土壤学报, 38(3): 275-284.

许林书, 李琦. 1998. 小流域地貌结构与农林牧综合发展关系的研究. 东北师大学报(自然科学版), 3: 95-101.

薛剑. 2006. 耕地后备资源开发适宜性评价研究. 河北农业大学硕士学位论文, 6.

严钦尚, 夏训诚. 1962. 新疆额尔齐斯河与乌伦古河流域地貌发育. 地理学报, (4): 257-274.

严钦尚, 曾昭璇. 1985. 地貌学. 北京: 高等教育出版社.

阎建忠. 2000. 区域耕地总量动态平衡研究——以酉阳县为例. 西南农业大学学报, 22(1): 65-67.

燕乃玲, 虞孝感. 2003. 我国生态功能区划的目标、原则与体系. 长江流域资源与环境, 12(6): 579-585.

杨发相. 2011. 新疆地貌及其环境效益. 北京: 地质出版社.

杨发相, 付强, 穆桂金, 等. 2007. 中国绿洲区划探讨. 干旱区研究, 24(5): 569-573.

杨发相, 穆桂金. 1996. 艾丁湖萎缩与湖区环境变化分析. 干旱区地理, 19(1): 73-77.

杨发相, 穆桂金, 雷加强. 2004. 新疆地貌及其过程对公路交通建设的影响. 干旱区地理, 27(4) 525-529.

杨帆, 贾进华. 2006. 塔里木盆地乌什凹陷白垩系冲积扇-扇三角洲沉积相及有利储盖组合. 沉积学报,

24(5): 681-689.

杨国良. 2000. 华中地区自然区划的新方案. 四川师范大学学报·自然科学版, (2): 208-211.

杨怀仁. 1984. 中国东部断裂构造地貌分析. 见: 中国地理学会地貌专业委员会编辑, 中国地理学会第一次构造地貌学术讨论会会议论文选集. 北京: 科学出版社, 31-43.

杨惠安. 1987. 音苏盖提冰川的一般特征. 冰川冻土, 9(1): 97-98.

杨景春. 1993. 中国地貌特征与演化. 北京: 海洋出版社.

杨利普. 1984. 新疆山地合理利用区划. 新疆地理, 7(2): 5-13.

杨利普. 1987a. 新疆综合自然区划概要. 北京: 科学出版社.

杨利普. 1987b. 干旱地区水资源评价和认识的若干问题——以新疆为例. 地理学报, 42(3): 193-198.

杨青生, 黎夏. 2006. 基于支持向量机的元胞自动机及土地利用变化模拟. 遥感学报, 10(6): 836-846.

杨松, 巫锡勇, 柴春阳. 2009. 喇嘛溪流域地貌演化阶段的定量分析. 路基工程, 1: 36-38.

杨晓平, 邓起东, Molnar P, 等. 2004. 新疆天山南麓库尔楚西北冲洪积扇面的 10Be 年代. 核技术, 27(2): 125-129.

姚永慧, 汪小钦, 周成虎, 等. 2007. 新疆玛纳斯湖近 50 年来的变迁. 水科学进展, 18(1): 17-23.

叶良辅. 1920. 北京西山地质志. 地质专报, (甲种第 1 号): 51-63.

叶良辅, 谢家荣. 1925. 扬子江流域巫山以下之地质构造及地文史. 地质汇报, (7): 69-70.

叶青超. 1982. 黄河三角洲的地貌结构及发育模式. 地理学报, 37(4): 379-363.

尹泽生, 扬逸畴, 李炳元, 等. 1977. 西藏地貌区划. 地理集刊. 北京: 科学出版社, 87-105.

袁方策, 黄文房, 朱德祥, 等. 1991. 阿尔泰地区科学考察论丛. 北京: 科学出版社.

袁方策, 毛德华, 杨发相, 等. 1994. 新疆地貌概论. 北京: 气象出版社.

袁国强. 1990. 桐柏大别山区地貌结构特征及其演化. 地域研究与开发, 9(7): 69-72.

张保升. 1981. 秦岭地貌结构. 西北大学学报(自然科学版), 1: 78-84, 101.

张凤荣, 王静, 陈百明, 等. 2003. 土地持续利用评价指标体系与方法. 北京: 中国农业出版社.

张国梁. 2012. 贡嘎山地区现代冰川变化研究. 兰州大学博士学位论文.

张国庆, 田明中, 郭福生. 2007. 江西省丹霞地貌的空间格局及地学背景. 资源与产业, (4): 27-30.

张国伟, 李三忠, 刘俊霞, 等. 1999. 新疆伊犁盆地的构造特征与形成演化. 地学前缘, 6(4): 203-214.

张红丽, 陈旭东, 雷海章, 等. 2004. 新疆农业水资源可持续利用能力的评价. 新疆农垦经济, 2.

张捷, 包浩生. 1994. 分形理论及其在地貌学中的应用-分形地貌学研究综述及展望. 地理研究, 13(3): 104-112.

张捷斌. 2001. 新疆水资源可持续利用的战略对策. 干旱区地理, 24(3): 217-224.

张俊, 周成虎, 李建新. 2006. 新疆焉耆盆地绿洲景观的空间格局及其变化. 地理研究, 25(2): 350-358.

张俊, 周成虎, 潘懋, 等. 2003. 焉耆盆地景观遥感制图及其格局变化研究. 干旱区研究, 20(2): 86-91.

张明军, 王圣杰, 李忠勤, 等. 2011. 近 50 年气候变化背景下中国冰川面积状况分析. 地理学报, 66(09): 1155-1165.

张秋良, 马国青, 常金宝, 等. 2002. 西北地区生态建设中的水资源容量问题. 干旱区资源与环境, 16(2): 50-55.

张山山. 2004. 基于 CA 的时空过程模拟建模方法. 武汉大学学报(信息科学版), 29(2): 175-178.

张晓晖, 李铁胜, 张福勤. 2001. 新疆东准噶尔喀姆斯特地区晚古生代浊积岩沉积构造环境分析. 中国科学(D 辑), 31(7): 591-600.

张志新. 2000. 试论新疆水资源可持续利用的对策. 灌溉排水, 1.

张祖陆. 1990. 沂沭断裂带构造地貌格局及其形成与演化. 山东师范大学学报(自然科学版), 5(4): 74-79.

章曙明, 王志杰, 尤平达, 等. 2008. 新疆地表水资源研究. 北京: 中国水利水电出版社.

赵济. 1960. 新疆冲积平原、洪积平原的地貌特征及其垦荒条件. 地理学报, 26(2): 121-128.

赵煜飞, 朱江. 2015. 近50年中国降水格点日值数据集精度及评估. 高原气象, 34(1): 50-58.

赵煜飞, 朱江, 许艳. 2014. 近50a中国降水格点数据集的建立及质量评估. 气象科学, 34(04): 414-420.

郑度. 1999. 喀喇昆仑山-昆仑山地区自然地理. 北京: 科学出版社.

郑度, 葛全胜, 张雪芹. 2005. 中国区划工作的回顾与展望. 地理研究, 25(4): 330-344.

郑洪波, Butcher K, Powell C. 2002. 新疆叶城晚新生代山前盆地演化与青藏高原北缘的隆升-地层学与岩石学证据. 沉积学报, 20(2): 274-281.

郑洪波, Butcher K, Powell C. 2003. 新疆叶城晚新生代山前盆地演化与青藏高原北缘的隆升-沉积相与沉积盆地演化. 沉积学报, 21(1): 46-51.

中国科学院《中国自然地理》编辑委员会. 1985. 中国自然地理(总论). 北京: 科学出版社.

中国科学院登山科学考察队. 1985. 天山托木尔峰地区的自然地理. 乌鲁木齐: 新疆人民出版社.

中国科学院兰州冰川冻土研究所. 1987. 中国冰川目录-天山山区. 北京: 科学出版社.

中国科学院兰州冰川冻土研究所. 1981. 中国冰川目录. 北京: 科学出版社.

中国科学院兰州冰川冻土研究所. 1986. 中国冰川目录-天山山区 (西北部准噶尔地区). 北京: 科学出版社.

中国科学院新疆地理研究所. 1986. 天山山体演化. 北京: 科学出版社.

中国科学院新疆地理研究所. 1988. 新疆1∶100万地貌图(说明书). 北京: 科学出版社.

中国科学院新疆资源开发综合考察队. 1994. 新疆第四纪地质与环境. 北京: 中国农业出版社.

中国科学院新疆资源开发综合考察队. 1989. 新疆水资源合理利用与供需平衡. 北京: 科学出版社.

中国科学院新疆综合考察队. 1959. 吐鲁番盆地地貌区划草稿. 中国科学院地理研究所资料.

中国科学院新疆综合考察队. 1966. 新疆水文地理. 北京: 科学出版社.

中国科学院新疆综合考察队. 1978. 新疆地貌. 北京: 科学出版社.

中国科学院自然区划工作委员会. 1959. 中国地貌区划. 北京: 科学出版社.

中国自然资源丛书编撰委员会. 1995. 中国自然资源丛书·新疆卷. 北京: 中国环境科学出版社.

钟骏平, 马黎春, 李保国, 等. 2008. 再论罗布泊"大耳朵"地区的干涸时间. 干旱区地理, 31(1): 10-16.

周成虎. 2006. 地貌学辞典. 北京: 中国水利水电出版社.

周成虎, 程维明, 钱金凯. 2009. 数字地貌遥感解析与制图. 北京: 科学出版社.

周成虎, 孙战利, 谢一春. 1999. 地理元胞自动机研究. 北京: 科学出版社.

周春芳. 2004. 北京市后备土地资源宜耕评价指标体系研究. 中国农业大学硕士学位论文.

周宏飞, 张捷斌. 2005. 新疆的水资源可利用量及其承载能力分析. 干旱区地理, 28(6): 756-762.

周尚哲, 焦克勤, 赵井东, 等. 2002. 乌鲁木齐河河谷地貌与天河三第四纪抬升研究. 中国科学(D辑), 32(2): 157-162.

周特先, 王利, 曹明志. 1985. 宁夏构造地貌格局及其形成与发展. 地理学报, 40(3): 215-224.

周廷儒. 1956. 中国地形区划草案(见中国自然区划草案). 北京: 科学出版社.

周廷儒. 1960. 新疆综合自然区划纲要. 地理学报, 26(2): 87-103.

周勇, 田有国, 任意, 等. 2003. 定量化土地评价指标体系及评价方法探讨. 生态环境, 12(1): 37-41.

周幼吾, 郭东信, 程国栋, 等. 2000. 中国冻土. 北京: 科学出版社.

朱会义. 2007. 中国土地利用的分区优势及其演化机制. 地理学报, 62(12): 1318-1326.

朱弯弯, 上官冬辉, 郭万钦, 等. 2014. 天山中部典型流域冰川变化及对气候的响应. 冰川冻土, 36(06): 1376-1384.

Abuodha J O Z. 2004. Geomorphological evolution of the southern coastal zone of Kenya. Journal of African

Earth Sciences, 39: 517-525.

Aizen V B, Aizen E M, Melack J M. 1996. Precipitation, melt and runoff in the northern Tien Shan. Journal of Hydrology, 186(1-4): 229-251.

Aizen V B, Kuzmichenok V A, Surazakov A B, et al. 2007. Glacier changes in the Tien Shan as determined from topographic and remotely sensed data. Global and Planetary Change, 56(3-4): 328-340.

Arnau-Rosalén E, Calvo-Cases A, Boix-Fayos C. et al. 2008. Analysis of soil surface component patterns affecting runoff generation. An example of methods applied to Mediterranean hill slopes in Alicante (Spain). Geomorphology, 101(4): 595-606.

Barbera P I, Rosso R. 1989. On the fractal dimension of river networks. Water Resources Research, 25(4): 735-741.

Barbera P I, Rosso R. 1990. Reply. Water Research, 26(9): 2245-2248.

Bolch, T. 2007. Climate change and glacier retreat in northern Tien Shan (Kazakhstan/Kyrgyzstan) using remote sensing data. Global and Planetary Change, 56(1-2): 1-12.

Bolch T, Kulkarni A, Kääb A, et al. 2012. The state and fate of Himalayan glaciers. Science, 336(6079): 310-314.

Bolch T, Yao T, Kang S, et al. 2010. A glacier inventory for the western Nyainqentanglha Range and the Nam Co Basin, Tibet, and glacier changes 1976 – 2009. The Cryosphere, 4(3): 419-433.

Chai H X, Cheng W M, Zhou C H, et al. 2013. Climate effects on an inland alpine lake in Xinjiang, China over the past 40 years. Journal of Arid Land, 5(2): 188-198.

Cheng W, Wang N, Zhao S, et al. 2016. Growth of the Sayram Lake and retreat of its water supplying glaciers in the Tianshan Mountains from 1972 to 2011. Journal of Arid Land, 8(1): 13-22.

Cheng W, Zhou C, Liu H, et al. 2006. The oasis expansion and eco-environment change over the last 50 years in Manas River Valley, Xinjiang. Science in China: Series D Earth Sciences, 49(2): 163-175.

Cheng W, Zhou C, Tang Q, et al. 2002. Landscape distribution charasteristic of northern foothill belts of Tianshan Mountains. Journal of Geographical Sciences, 12 (1): 23-28.

Cui X F. 2006. Characteristics of recent tectonic stress field in Jiashi, Xinjiang and adjacent regions. Acta Seismologica Sinica, 19(4): 370-379.

Dobson J E. 1994. GIS technology trend: Geographic analysis 1995 international GIS sourcebook. GIS world 1994.

Donald O R, Thomas C W. 1997. Dynamics of water-table fluctuations in an upland between two prairie – pothole wetlands in North Dakota. Journal of Hydrology, 191(1-4): 266-289.

Dozier J. 1989. Spectral signature of alpine snow cover from the Landsat Thematic Mapper. Remote Sensing of Environment, 28: 9-22.

Drew F. 1873. Alluvial and lacustrine deposits and glacial records of the upper Indus basin. Geol. Soc. London Auaterly J. 29: 441-447.

Farr T G, Paul A R, Edward C, et al. 2007. The shuttle radar topography mission. Reviews of Geophysics, 45(2): RG2004.

Giles P T, Franklin S E. 1998. An automated approach to the classification of the slope units using digital data. Geomorphology, (21): 251-264.

González J, Bachmann M, Scheiber R, et al. 2010. Definition of ICESat selection criteria for their use as height references for TanDEM-X. IEEE Transactions on Geoscience and Remote Sensing, 48(6): 2750-2757.

Gui D, Wu Y, Zeng F, et al. 2011. Study on the oasification process and its effects on soil particle distribution in the south rim of the Tarim Basin, China in recent 30 years. Procedia Environmental Sciences, 3: 14-19.

Guo W, Liu S, Wei J, et al. 2013. The 2008/09 surge of central Yulinchuan glacier, northern Tibetan Plateau, as monitored by remote sensing. Annals of Glaciology, 54(63): 299-310.

Hall D K, Bayr K J, Schöner W, et al. 2003. Consideration of the errors inherent in mapping historical glacier positions in Austria from the ground and space (1893–2001). Remote Sensing of Environment, 86(4): 566-577.

Huang J F, Wang R H, Zhang H Z. 2007. Analysis of patterns and ecological security trend of modern oasis landscapes in Xinjiang, China. Environmental Monitoring and Assessment, 134(1-3): 411-419.

Ishiyama T, Saito N, Fujikawa S, et al. 2007. Ground surface conditions of oases around the Taklimakan Desert. Advances in Space Research, 39: 46-51.

Jia B Q, Zhang Z Q, Ci L J, et al. 2004. Oasis land-use dynamics and its influence on the oasis environment in Xinjiang, China. Journal of Arid Environments, 56: 11-26.

Jing Z F, Jiao K Q, Yao T D, et al. 2006. Mass balance and recession of Ürümqi glacier No. 1, Tien Shan, China, over the last 45 years. Annals of Glaciology, 43(1): 214-217.

Johnson K N, Johnson A, Robert B. 1999. The evaluation on land suitability. Journal of Forestry Bethesda, 97(5): 6-7.

Jones R N, McMahon T A, Bowler J M. 2001. Modelling historical lake levels and recent climate change at three closed lakes, Western Victoria, Australia (c. 1840–1990). Journal of Hydrology, 246(1-4): 159-180.

Kirkby M J, Bissonais Y L, Coulthard T J, et al. 2000. The development of land quality indicators for soil degradation by water erosion. Agriculture, Ecosystems and Environment, 81(2): 125-135.

Kropáček J, Braun A, Kang S C, et al. 2012. Analysis of lake level changes in Nam Co in central Tibet utilizing synergistic satellite altimetry and optical imagery. International Journal of Applied Earth Observation and Geoinformation, 17: 3-11.

Kocurek G, Ewing R C. 2005. Aeolian dune field self-organization – implications for the formation of simple versus complex dune-field patterns. Geomorphology, 72: 94-105.

Kong Y L, Pang Z H. 2012. Evaluating the sensitivity of glacier rivers to climate change based on hydrograph separation of discharge. Journal of Hydrology, 434-435: 121-129.

Kutuzov S, Shahgedanova M. 2009. Glacier retreat and climatic variability in the eastern Terskey-Alatoo, inner Tien Shan between the middle of the 19th century and beginning of the 21st century. Global and Planetary Change, 69(1-2): 59-70.

Lei J, Luo G P, Zhang X L, et al. 2006. Oasis system and its reasonable development in sangong river Watershed in north of the Tianshan Mountains, Xinjiang, China. Chinese Geographical Science, 16(3): 236-242.

Liu J S, Wang S Y, Yu S M. et al. 2009. Climate warming and growth of high–elevation inland lakes on the Tibetan Plateau. Global and Planetary Change, 67(34): 209-217.

Luo G P, Yin C Y, Chen X, et al. 2010. Combining system dynamic model and CLUE-S model to improve land use scenario analyses at regional scale: A case study of Sangong watershed in Xinjiang, China. Ecological Complexity, 7(2): 198-207.

MacGregor K R, Anderson R S, Edwin D. 2009. Waddington, Numerical modeling of glacial erosion and headwall processes in alpine valleys. Geomorphology, 103: 189-204.

Mandel S, Shiftan Z L. 1981. Ground water resources investigation and development. Acakemic Press.

Mandelbort B B. 1982. The Fractal Geometry of Nature. Freeman.

McFeeters S K. 1996. The use of the normalized difference water index (NDWI) in the delineation of open water features. International Journal of Remote Sensing, 17(7): 1425-1432.

Mercier F, Cazenave A, Maheu C. 2002. Interannual lake level fluctuations (1993–1999) in Africa from Topex/Poseidon: connections with ocean-atmosphere interactions over the Indian Ocean. Global and Planetary Change, 32(2-3): 141-163.

Miliaresis G C. 2001. Extraction of bajadas from digital elevation models and satellite imagery. Computers & Geosciences, 27: 1157-1167.

Molnar P, England P, Martinod J. 1993. Mantle dynamics, uplift of the Tibetan Plateau and the Indian monsoon. Reviews of Geophysics, 31(4): 357-396.

Moore R D, Wolf J, Souza A J. et al. 2009. Morphological evolution of the Dee Estuary, Eastern Irish Sea, UK: A tidal asymmetry approach. Geomorphology, 103: 588-596.

Pelletier J D. 2007. Fractal behavior in space and time in a simplified model of fluvial landform evolution. Geomorphology, 91(3-4): 291-301.

Perron J T, Kirchner J W, William E. 2009. Dietrich. Formation of evenly spaced ridges and valleys, 460(23): 502-505.

Philips J. 1995. Nonlinear dynamics and the evolution of relief. Geomorphology, 14: 57-64.

Qi D L, Yu R, Zhang R, et al. 2005. Comparative studies of Danxia landforms in China. Journal of Geographical Sciences, 15(3): 337-345.

Rodgers D W, Gunatilaka A. 2002. Bajada formation by monsoonal erosion of a subaerialforebulge, Sultanate of Oman. Sedimentary Geology, 154: 127-146.

Rosso R, Bacchi B, Barbera P L. 1991. Fractal relation of mainstream length to catchment area in river networks. Water Resources Research, 27(3): 381-387.

Smith T R, Birnir B, Merchant G E. 1997a. Towards an elementary theory of drainage basin evolution: I. The theoretical basis. Computers & Geosciences, 23(8): 811-822.

Smith T R, Merchant G E, Birnir B. 1997b. Towards an elementary theory of drainage basin evolution: II. A computational evaluation. Computers & Geosciences, 23(8): 823-849.

Song C Q, Huang B, Ke L H. 2013. Modeling and analysis of lake water storage changes on the Tibetan Plateau using multi-mission satellite data. Remote Sensing of Environment, 135: 25-35.

Sorg A, Bolch T, Stoffel M, et al. 2012. Climate change impacts on glaciers and runoff in Tien Shan (Central Asia). Nature Climate Change, 2(10): 725-731.

Strahler A N. 1952. Hyosomotric analysis of erosional topography. GSA Bulletin, 63(11): 1117-1142.

Strahler A N. 1954. Statistical Analysis in Geomorphic Research. Journal of eol. 62: 1-6.

Strahler A N. 1956. Quantitative Slope Analysis. GSA Bulletin, 67(1-6): 71-596.

Stroeven A P, Swift D A. 2008. Glacial landscape evolution-Implications for glacial processes, patterns and reconstructions. Geomorphology, 97: 1-4.

Stroeven A P, Hättestrand C, Heyman J, et al. 2008. Landscape analysis of the Huang He headwaters, NE Tibetan Plateau - patterns of glacial and fluvial erosion. Geomorphology, 103: 212-226.

Tan L G, Zhou T F, Yuan F, et al. 2006. Mechanism of Formation of Premian Volcanic Rocks in Sawu'er Region, Xinjiang, China: Constraints from Rare Earth Elements. Journal of Rare Earths, 24: 626-632.

Tapponnier P, Molnar P. 1976. Slip-line field theory and large-scale continent tectonics. Nature, 264: 319-324.

Tapponnier P, Molnar P. 1977. Active faulting and tectonics of China. Journal of Geophysical Research, 82: 2905-2930.

Tapponnier P, Peltzer G, Dain A Y. 1982. Propogating extrusion tectonics in Asia: New insights from simple experiments with plasticine. Geology, 10: 611-616.

Tarboton D G, Bras R L, Iturbe I R. 1988. The fractal nature of river networks, Water Resources Research, 24(8): 1317-1322.

Tarboton D G, Bras R L, Iturbe I R. 1990. Comment on "On the Fractal Demension of Stream networks" by Paolo La Barbera and Renzo Ross. Water Resources Research, 26(9): 2243-2244.

Thomas R, Nicholas A P Quine, T A. 2007. Cellular modelling as a tool for interpreting historic braided river evolution. Geomorphology, 90: 302-317.

Tomkin J H. 2009. Numerically simulating alpine landscapes: The geomorphologic consequences of incorporating glacial erosion in surface process models. Geomorphology, 103: 180-188.

Wang S J, Zhang M J, Li Z Q, et al. 2011. Glacier area variation and climate change in the Chinese Tianshan Mountains since 1960. Journal of Geographical Sciences, 21(2): 263-273.

Wiel M, Coulthard T J, Macklin M G et al. 2007. Embedding reach-scale fluvial dynamics within the CAESAR cellular automaton landscape evolution model. Geomorphology, 90: 283-301.

Williams R S, Hall D K, Sigurðsson O, et al. 1997. Comparison of satellite-derived with ground-based measurements of the fluctuations of the margins of Vatnajökull, Iceland, 1973-1992. Annals of Glaciology, 20(3): 53-71.

Williams T A, Williamson A K. 2010. Estimating water-table attitudes for regional ground-water flow modeling. U. S. Gulf Coast, Ground Water, 27(3): 333-340.

Xu W Q, Chen X, Luo G P et al. 2011. Using the CENTURY model to assess the impact of land reclamation and management practices in oasis agriculture on the dynamics of soil organic carbon in the arid region of North-western China. Ecological Complexity, 8: 30-37.

Yao T D, Thompson L, Yang W, et al. 2012. Different glacier status with atmospheric circulations in Tibetan Plateau and surroundings. Nature Climate Change, 2(9): 663-667.

Yao X J, Liu S Y, Li L, et al. 2014. Spatial-temporal characteristics of lake area variations in Hoh Xil region from 1970 to 2011. Journal of Geographical Sciences, 24(4): 689-702.

Zhang G Q, Xie H J, Kang S C, et al. 2011. Monitoring lake level changes on the Tibetan Plateau using ICESat altimetry data (2003–2009). Remote Sensing of Environment, 115(7): 1733-1742.

Zhang H, Wu J, Zheng Q, et al. 2003. A preliminary study of oasis evolution in the Tarim Basin, Xinjiang, China. Journal of Arid Environments, 55: 545-553.

附录　新地质年代表（Geological Time Scale）

地质年代、地层单位及其代号				同位素年龄（百万年 Ma）		构造阶段		生物演化阶段		中国主要地质、生物现象
宙（字）	代（界）	纪（系）	世（统）	时间间距	距今年龄	大阶段	阶段	动物	植物	
显生宙 Phanerozoic (PH)	新生代 Cenozoic (Kz)	第四纪(Q) Quaternary	全新世(Q_4/Q_h) Holocene	约2-3	0.012	联合古陆解体	喜马拉雅阶段（新阿尔卑斯阶段）	人类出现	被子植物繁盛	
			更新世($Q_1Q_2Q_3/Q_p$) Pleistocene		2.48 (1.64)					冰川广布，黄土生成
		新近纪(N)	上新世(N_2) Pliocene	2.82	5.3			哺乳动物繁盛	无脊椎动物继续演化发展	西部造山运动，东部低平，湖泊广布
			中新世(N_1) Miocene	18	23.3					
		古近纪(E)	渐新世(E_3) Oligocene	13.2	36.5					哺乳类分化
			始新世(E_2) Eocene	16.5	53					蔬果繁盛，哺乳类急速发展
			古新世(E_1) Palaeocene	12	65					（我国尚无古新世地层发现）
	中生代 Mesozoic (Mz)	白垩纪(K) Cretaceous	晚白垩世(K_2) 早白垩世(K_1)	70	135 (140)		燕山阶段（老阿尔卑斯阶段）	爬行动物繁盛	裸子植物繁盛	造山作用强烈，火成岩活动矿产生成
		侏罗纪(J) Jurassic	晚侏罗世(J_3) 中侏罗世(J_2) 早侏罗世(J_1)	73	208					恐龙极盛，中国南山俱成，大陆煤田生成
		三叠纪(T) Triassic	晚三叠世(T_3) 中三叠世(T_2) 早三叠世(T_1)	42	250		印支阶段			中国南部最后一次海侵，恐龙哺乳类发育
	古生代 (Pz) Palaeozoic	二叠纪(P) Permian	晚二叠世(P_2) 早二叠世(P_1)	40	200	联合古陆形成	印支—海西阶段	两栖动物繁盛	蕨类植物繁盛	世界冰川广布，新南最大海侵，造山作用强烈
		石炭纪(C) Carbonifer-ous	晚石炭世(C_3) 中石炭世(C_2) 早石炭世(C_1)	72	362 (355)		海西阶段			气候温热，煤田生成，爬行类昆虫发生，地形低平，珊瑚礁发育
		泥盆纪(D) Devonian	晚泥盆世(D_3) 中泥盆世(D_2) 早泥盆世(D_1)	47	409			鱼类繁盛	裸蕨植物繁盛	森林发育，腕足类鱼类极盛，两栖类发育
		志留纪(S) Silurian	晚志留世(S_3) 中志留世(S_2) 早志留世(S_1)	30	439		加里东阶段	海生无脊椎动物繁盛	藻类及菌类繁盛	珊瑚礁发育，气候局部干燥，造山运动强烈
		奥陶纪(O) Ordovician	晚奥陶世(O_3) 中奥陶世(O_2) 早奥陶世(O_1)	71	510					地热低平，海水广布，无脊椎动物极繁，末期华北升起
		寒武纪(∈) Cambrian	晚寒武世($∈_3$) 中寒武世($∈_2$) 早寒武世($∈_1$)	60	570 (600)			硬壳动物繁盛		浅海广布，生物开始大量发展
元古宙 Precambrian (PT)	元古代 Proterozoic (Pt)	新元古代 (Pt_3)	震旦纪(Z/Sn) Sinian	230	800			裸露动物繁盛		地形不平，冰川广布，晚期海侵加广

续表

地质年代、地层单位及其代号				同位素年龄 (百万年 Ma)		构造阶段		生物演化阶段		中国主要地质、生物现象
宙 (字)	代 (界)	纪 (系)	世 (统)	时间间距	距今年龄	大阶段	阶段	动物	植物	
元古宙 Precambrian (PT)	元古代 Proterozoic (Pt)	新元古代 (Pt$_3$)	青白口纪	200	1000	地台形成	普宁阶段	真核生物出现		沉积深厚造山变质强烈,火成岩活动矿产生成
		中元古代 (Pt$_2$)	蓟县纪	400	1400					
			长城纪	400	1800				(绿藻)	
		古元古代 (Pt$_1$)		700	2500		吕梁阶段			
太古宙 Archaean (AR)	太古代 Archaeozoic (Ar)	新太古代 (Ar$_2$)		500	3000			原核生物出现		早期基性喷发,继以造山作用,变质强烈,花岗岩侵入
		古太古代 (Ar$_1$)		800	3800	2800 陆核形成		生命现象开始出现		
冥古宙 (HD)					4600					地壳局部变动,大陆开始形成

注:1. 表中震旦纪、青白口纪、蓟县纪、长城纪,只限于国内使用;原来的早第三纪和晚第三纪分别更名为古近纪和新近纪。
    2. 该地质年代表来源于网络论坛共享文献。